微电网优化配置关键技术及应用

赵 波 著

科 学 出 版 社
北 京

内 容 简 介

本书较为全面地介绍了微电网优化配置所涉及的内容，阐述了相关理论、模型和方法，并依托实际工程，对优化配置问题进行了详细讨论。全书共8章，第1章介绍可再生能源以及微电网基本概念；第2章介绍微电网优化配置技术体系和相关优化配置软件；第3章讨论微电网发电模型、经济模型，以及自然资源模型；第4、5章分别讨论离网型微电网和并网型微电网的优化配置问题；第6章进一步讨论了考虑综合因素下的微电网优化配置问题；第7章论述微电网优化配置软件设计与实现；第8章以实际工程为例，对不同类型典型微电网优化配置问题进行分析。

本书可供从事微电网研究及工程设计的人员参考，也可作为相关电力专业的高年级本科生和研究生的教材。

图书在版编目（CIP）数据

微电网优化配置关键技术及应用/赵波著. —北京：科学出版社，2015.6
ISBN 978-7-03-044745-6

Ⅰ.①微… Ⅱ.①赵… Ⅲ.①电网－电力工程－优化配置
Ⅳ.①TM727

中国版本图书馆 CIP 数据核字（2015）第 124356 号

责任编辑：张海娜 王 苏 / 责任校对：桂伟利
责任印制：吴兆东 / 封面设计：蓝正设计

科学出版社出版
北京东黄城根北街16号
邮政编码：100717
http://www.sciencep.com
北京厚诚则铭印刷科技有限公司印刷
科学出版社总发行 各地书店经销
*
2015年6月第 一 版 开本：720×1000 1/16
2025年1月第七次印刷 印张：21 1/4
字数：415 000

定价：180.00 元

（如有印装质量问题，我社负责调换）

序

可再生能源是未来能源发展方向，开发和利用可再生能源有助于解决当前面临的能源和环境双重危机。近年来，世界各国都加大了可再生能源的发展力度。基于可再生能源的分布式发电和微电网技术凭借其优势也受到了越来越多的关注和应用。作为智能电网的有机组成部分，分布式发电与微电网技术未来将得到高速发展。

微电网是由多种分布式电源、储能系统、能量转换装置、负荷以及监控、保护装置汇集而成的小型发配电系统，是一个能够实现自我控制、保护和管理的独立自治系统，既可以与电网并网运行，也可以孤岛运行。由于微电网内常常由高比例的可再生能源分布式电源组成，电源出力波动性大、随机性强，有时需要配置不同类型的储能系统，系统组成和运行较为复杂，这对微电网优化设计提出了新的问题和挑战。微电网优化配置是微电网设计阶段需要解决的首要问题，是其能否充分发挥效用的关键，不合理的配置设计方案将会导致较差的性能表现和较低的投资效益。无论在理论研究还是示范工程建设与运行研究中，优化配置均是项目成败的关键因素之一。在微电网技术不断发展、建设项目不断增多的情况下，深入研究微电网优化配置技术与方法，具有重要的学术价值和实际意义。

赵波博士所带领的研究团队长期在分布式发电和微电网技术领域展开工作，是我国较早开展微电网技术研究的团队，近几年获得了丰富的研究成果。2010 年，研究团队建成了我国首个自主研发的含多种分布式电源和储能系统的微电网实验平台，具备了较好的研究基础；同时，研究团队在微电网工程应用上积累了丰富的实践经验，如南京电力公司风光储微电网、舟山东福山岛风光柴海水淡化离网型微电网、南都光储一体化微电网、温州鹿西岛并网型微电网示范工程和温州南麂岛离网型微电网示范工程等，理论联系实际，取得了一系列重要的创新性成果。该书是赵波研究团队多年研究工作的总结，很好地阐述了微电网优化配置相关的理论和技术问题，并提出了具有较高实用价值的解决方法。

该书具有重要的学术和应用价值，相信该书的问世将对该领域的学术研究、工程应用和人才培养起到有力的推动作用。

天津大学

王成山

2015 年 6 月 19 日

前　言

在能源和环境双重压力下，可再生能源发电技术得到了迅速发展。全球著名趋势学家杰里米·里夫金在其著作《第三次工业革命》中指出，第三次工业革命将向可再生能源转型，分布式发电将成为未来的趋势，每一大洲的建筑转化为微型发电厂，可方便地收集和利用可再生能源。这与微电网技术的发展趋势不谋而合。

经过几年的发展，微电网的技术研究和应用推广已度过幼稚期，市场规模稳步增长。随着相关技术的成熟、设备成本的下降及化石能源价格的持续上涨，微电网的应用场合、规模等将会发生显著变化，在未来智能电网建设中扮演重要的角色。

微电网技术研究涵盖规划设计、运行控制、故障检测与保护、电能质量及接入标准等多个方面。其中，微电网优化配置问题是微电网设计阶段需要解决的核心问题，优化配置方案的优劣将直接决定微电网是否能安全、经济运行。因此，必须加强微电网优化配置课题的研究，完善和丰富微电网优化配置技术体系，以保证微电网优化配置方案的合理性和微电网的安全、高效运营。

微电网优化配置技术涵盖的内容相当丰富，涉及自然资源特性、分布式电源模型、评价指标、运行控制策略、优化配置模型与求解方法等多个方面，是一项十分复杂的任务，现有研究在建模、运行控制策略、优化分析等方面仍存在一定的不足。

作者及其所在团队近几年一直致力于从事分布式电源及微电网的相关技术研究，有幸参与设计及调试了国内几个较有影响力的微电网示范工程。在每个示范工程的设计阶段，微电网的优化配置均是困扰作者的一个难题，它是决定示范工程是否成功的核心因素之一。基于此，作者重点开展了含多种分布式电源的微电网优化配置研究的课题，期望以基础理论的突破去辅助实际工程的设计，而实际工程的反馈用以不断提高基础理论的研究深度。在这种背景下，作者决心编写一部阐述微电网优化配置分析理论、模型和方法的著作，总结近几年所取得的经验和教训。

全书共8章，现分别简述如下。

第1章简要介绍太阳能、风能、水能、生物质能、地热能和海洋能等不同可再生能源及其特点，并阐述国内外微电网的发展现状、基本概念，以及规划设计、运行控制、经济运行与能量管理、建模与仿真等关键技术。

第2章介绍微电网优化配置方法论，并从建模研究、运行策略、评价指标、约束条件、求解方法、决策方法和分析评估等方面详细阐述微电网优化配置技术体系及其内涵，并分析比较了国内外典型的混合可再生能源发电系统辅助优化软件。

第3章详细介绍目前比较常见、技术较为成熟的分布式电源发电模型，包括风机、光伏、柴油发电机等，以及常见的储能系统模型，包括铅酸蓄电池、锂电池和液流电池等，介绍典型负荷模型、微电网经济模型及自然资源模型。

第 4 章以光水储柴、光储柴、风储柴、风光储柴等类型为例介绍离网型微电网的典型应用场景，详细介绍离网型微电网经济性、可靠性和环保性等方面的评价指标，进一步阐述离网型微电网的不同运行策略，分析离网型微电网优化配置模型和优化求解方法，最后通过算例分析对离网型微电网优化配置过程进行流程说明。

第 5 章以光储、光储柴、风光储柴等类型为例介绍并网型微电网的典型应用场景，介绍并网型微电网经济性、可靠性和环保性等方面的评价指标，详细讨论并网型微电网不同运行策略的优化配置模型，通过算例分析对并网型微电网优化配置过程进行流程说明。

第 6 章详细阐述考虑间歇性电源引入的不确定性、分布式电源与需求侧的综合管理、蓄电池储能设备/复合储能系统的寿命优化，以及接入位置与接入容量的相互影响等诸多因素下的微电网优化配置问题。本章是作者近几年微电网优化配置研究成果的总结，能够进一步阐述相应的微电网优化配置方法。

第 7 章详细分析作者团队开发的微电网优化配置工具软件的体系结构、设计流程、关键功能及有待关注和完善的方面。

第 8 章以东福山岛、渔山岛、鹿西岛和阿里地区的实际微电网工程为例，从工程背景、运行策略制定、优化配置模型和方法等方面，详细阐述不同类型微电网的优化配置流程和方法。读者通过本章的学习，可以加深对实际微电网工程优化配置的了解和认识。

本书介绍的绝大多数分析方法都由作者及其所在的团队编写相应的计算程序。这些分析方法和软件已在一些微电网示范工程优化设计中得到了应用。

本书由赵波负责主要编写工作。周金辉、周丹负责第 1 章的编写，葛晓慧、吴红斌负责第 3 章的编写，陈健负责第 4 章的编写，薛美东负责第 5 章的编写，张雪松、李鹏负责第 7 章的编写，其余章节由赵波编写。全书由赵波、陈健和薛美东负责统稿。

在本书的编写过程中，得到了天津大学王成山教授的热心帮助，在此表示衷心的感谢。

在本书的编写过程中，虽对体系的安排、素材的取舍、文字的叙述尽了最大努力，但由于作者学识有限，疏漏之处在所难免，恳切期望读者批评指正。

作者联系方式：zhaobozju@163.com。

作　者

2015 年 3 月

于浙江杭州

目　　录

第1章 绪 论

近年来，基于可再生能源的分布式发电技术得到了越来越广泛的应用，但分布式发电同样会带来诸多潜在的问题。当大量分布式电源接入电网时，有可能造成电网对其不可控制和难以管理的局面，并引发诸如安全稳定性和电能质量等相关问题。国内外现有研究表明，将分布式发电系统以微电网的形式接入电网，是发挥分布式发电系统效能的有效方式。本章首先对不同可再生能源及其特点进行简要介绍，然后从微电网发展现状、基本概念及关键技术等方面进行阐述，为读者全面了解微电网优化配置的关键技术提供参考和帮助。

1.1 可再生能源

可再生能源是指在自然界中可以不断再生、永续利用、取之不尽、用之不竭的资源，它对环境无害或危害极小，而且资源分布广泛，适宜就地开发利用。可再生能源主要包括太阳能、风能、水能、生物质能、地热能和海洋能等。

1.1.1 太阳能

太阳能(solar energy)是太阳内部连续不断进行核聚变反应所产生的能量。广义上的太阳能是地球上许多能量的来源，如风能、化学能、水的势能。太阳能是一种洁净能源，其开发和利用几乎不产生任何污染，加之其储量的无限性，是人类理想的替代能源。

地球上，太阳能资源的分布与各地的纬度、海拔、地理状况和气候条件有关，资源丰度一般以全年总辐射量和全年日照总时数表示。就全球而言，美国西南部、非洲、澳大利亚、中国西藏、中东等地区的全年总辐射量或日照总时数最大，为世界太阳能资源最丰富地区。

我国属太阳能资源丰富国家，太阳能年总辐射量大致为930～2330kW·h/(m^2·年)。以1630kW·h/(m^2·年)为等值线，自大兴安岭西麓向西南至滇藏交界处，把中国分为两大部分，其西北地区高于1630kW·h/(m^2·年)，此线东南侧低于这个等值线。大体上说，中国有2/3以上地区的太阳能资源较好，特别是青藏高原和新疆、甘肃、内蒙古一带，利用太阳能的条件尤其有利[1]。根据各地接受太阳总辐射量的多少，可将全国划分为五类地区，如表1.1所示。

表 1.1　我国太阳能资源区域划分

地区类型	年日照时数/h	年总辐射量/[kW·h/(m²·年)]	等量热量所需标准燃煤/kg	包括的主要地区	备注
一类	3200～3300	1855～2330	225～285	宁夏北部、甘肃北部、新疆南部、青海西部、西藏西部	最丰富地区
二类	3000～3200	1625～1855	200～225	河北西北部、山西北部、内蒙古南部、宁夏南部、甘肃中部、青海东部、西藏东南部、新疆南部	较丰富地区
三类	2200～3000	1390～1625	170～200	山东、河南、河北东南部、山西南部、新疆北部、吉林、辽宁、云南、陕西北部、甘肃东南部、广东南部、福建南部、江苏北部、安徽北部、天津、北京、台湾西南部等地	中等地区
四类	1400～2200	1160～1390	140～170	湖南、广西、江西、浙江、湖北、福建北部、广东北部、陕西南部、江苏南部、安徽南部、黑龙江、台湾东北部等地	较差地区
五类	1000～1400	930～1160	115～140	四川大部分地区、贵州	最差地区

太阳能具有如下优点。

(1)太阳光无地域限制,处处皆有,可直接开发和利用,无须开采和运输,便于采集;

(2)开发利用太阳能不会污染环境,它是最清洁的能源之一;

(3)每年到达地球表面上的太阳辐射能约相当于 130 万亿 t 煤,是现今世界上可以开发的最大能源;

(4)根据太阳产生的核能速率估算,氢的储量足够维持上百亿年,而地球的寿命也约为几十亿年,从这个意义上讲,可以说太阳的能量是用之不竭的。

其缺点如下。

(1)尽管到达地球表面的太阳辐射总量很大,但是能流密度很低;

(2)由于受到昼夜、季节、地理纬度和海拔等自然条件的限制及晴、阴、云、雨等随机因素的影响,到达某一地面的太阳辐照度既是间断的,又是极不稳定的;

(3)太阳能利用装置因为效率偏低,成本较高,经济性还不能与常规能源相竞争。

太阳能发电主要有两大类:一类是太阳光发电(也称太阳能光发电);另一类是太阳热发电(也称太阳能热发电)。

太阳能光发电是将太阳能直接转变成电能的一种发电方式,包括光伏发电、光化学发电、光感应发电和光生物发电四种形式。在光化学发电中有电化学光伏电池、光电解电池和光催化电池。

太阳能热发电是先将太阳能转化为热能,再将热能转化成电能。它有两种转化方式。一种是将太阳热能直接转化成电能,如半导体或金属材料的温差发电,真空器件中的热电子和热电离子发电,碱金属热电转换,以及磁流体发电等;另一种是将太阳热能通过热机(如汽轮机)带动发电机发电,与常规热力发电类似,只不过其热能不是来自燃料,而是来自太阳能。

1.1.2 风能

风能(wind energy)是地球表面大量空气流动产生的动能。由于地面各处受太阳辐照后气温变化不同及空气中水蒸气的含量不同,因而引起各地气压的差异,在水平方向,高压空气向低压地区流动,即形成风。风能资源取决于风能密度和可利用的风能年累积小时数。

地球上的风能资源十分丰富。根据相关资料统计,每年来自外层空间的辐射能为 1.5×10^{18} kW·h,其中 2.5%(即 3.8×10^{16} kW·h)的能量被大气吸收,产生大约 4.3×10^{12} kW·h 的风能。风能资源受地形的影响较大,世界风能资源多集中在沿海和开阔大陆的收缩地带,如美国的加利福尼亚州沿岸和北欧一些国家。世界气象组织于 1981 年发表了全世界范围风能资源估计分布图,按平均风能密度和相应的年平均风速将全世界风能资源分为 10 个等级。8 级以上的风能高值区主要分布于南半球中高纬度洋面和北半球的北大西洋、北太平洋及北冰洋的中高纬度部分洋面上,大陆上风能则一般不超过 7 级,其中以美国西部、西北欧沿海、乌拉尔山顶部和黑海地区等多风地带的风级较大。

中国风能资源丰富,最新风能资源普查初步统计结果显示,中国陆上离地 10m 高度的风能资源总储量约 43.5 亿 kW,居世界第 1 位。其中,技术可开发量为 2.5 亿 kW,技术可开发面积约 20 万 km^2,此外,还有潜在技术可开发量约 7900 万 kW。另外,海上 10m 高度的可开发和利用的风能储量约为 7.5 亿 kW。全国 10m 高度的可开发和利用的风能储量超过 10 亿 kW,仅次于美国、俄罗斯,居世界第 3 位。陆上风能资源丰富地区主要分布在三北地区(东北、华北、西北)、东南沿海和附近岛屿[2]。

风能具有如下优点。

(1)风能为洁净能源,无污染,绿色环保;

(2)风能设施日趋进步,大量生产降低成本,在适当地点,风力发电成本已低于其他发电机;

(3)风能设施多为不立体化设施,可保护陆地和生态;

(4)风能为可再生能源,可满足未来长远能源需求。

其缺点如下。

(1)风能具有间歇和波动性,风能无法存储(除非储存在电池里),风能也不能被驾驭,以满足电力需要的时机;

(2)一般比较好的风力发电站往往设在偏远地区,远离城市及负荷中心区域;

(3)风力发电需要大量土地来兴建风力发电场,才可以生产比较多的能源;

(4)进行风力发电时,风力发电机会发出巨大的噪声,造成声污染。

1.1.3　水能

水能(water energy)是一种清洁绿色能源,是指水体的动能、势能和压力能等能量资源。广义的水能资源包括河流水能、潮汐水能、波浪能、海流能等能量资源;狭义的水能资源指河流的水能资源。全球水能资源的理论蕴藏量约为 39.9 万亿 kW·h,技术可开发量约为 14.6 万亿 kW·h,其中亚洲占比最大。

我国国土辽阔,河流众多,大部分位于温带和亚热带季风气候区,降水量和河流径流量丰沛;地形西部多高山,并有世界上最高的青藏高原,许多河流发源于此;东部则为江河的冲积平原;在高原与平原之间又分布着若干次一级的高原区、盆地区和丘陵区。地势的巨大高差,使大江大河形成极大的落差,如径流丰沛的长江、黄河等落差均有 4000 多米。

我国水能资源居世界第一。根据 2003 年全国水力资源复查结果,我国水能资源的理论蕴藏量、技术可开发量分别为 6.08 万亿 kW·h 和2.47 万亿 kW·h(随着进一步的勘察,水能资源量可能会进一步增加),均居世界第一,分别占世界水能资源的 15%和 17%。从分布上看,主要分布在西南地区和长江、雅鲁藏布江等流域,四川、西藏、云南、贵州、重庆等西南省(市、地区)占比在 70%左右,长江、雅鲁藏布江及西藏诸河、西南国际诸河占比 80%左右[3]。

水能具有如下优点。

(1)水能发电成本低,积累多,投资回收快,大中型水电站一般 3～5 年就可收回全部投资;

(2)水能无污染,是一种清洁能源;

(3)水电站一般都有防洪灌溉、航运、养殖、美化环境、旅游等综合经济效益;

(4)水电投资与火电投资差不多,施工工期也并不长,属于短期近利工程;

(5)操作、管理人员少,一般不到火电 1/3 的人员就足够了;

(6)运营成本低,效率高;

(7)可按需供电;

(8)控制洪水泛滥,提供灌溉用水,改善河流航动。

其缺点如下。

(1)对生态有一定的破坏作用,大坝以下水流侵蚀加剧,河流的变化及对动植物

的影响等;

(2)需筑坝移民等,基础建设投资大,搬迁任务重;

(3)在降水季节变化大的地区,少雨季节发电量少甚至停发电;

(4)下游肥沃的冲积土减少。

1.1.4 生物质能

生物质是指通过光合作用而形成的各种有机体,包括所有的动植物和微生物。而所谓生物质能(biomass energy)就是太阳能以化学能形式储存在生物质中的能量形式,即以生物质为载体的能量。它直接或间接来源于绿色植物的光合作用,可转化为常规的固态、液态和气态燃料,取之不尽、用之不竭,是一种可再生能源,同时是唯一一种可再生的碳源。生物质能的原始能量来源于太阳,所以从广义上讲,生物质能是太阳能的一种表现形式[4]。

很多国家都在积极研究和开发利用生物质能。生物质能蕴藏在植物、动物和微生物等可以生长的有机物中。有机物中除矿物燃料以外的所有来源于动植物的能源物质均属于生物质能,通常包括木材、森林废弃物、农业废弃物、水生植物、油料植物、城市和工业有机废弃物、动物粪便等。地球上的生物质能资源较为丰富,而且是一种无害的能源。地球每年经光合作用产生的物质有1730亿t,其中蕴含的能量相当于全世界能源消耗总量的10~20倍,利用率不到3%。

依据来源的不同,可以将适合于能源利用的生物质分为林业资源、农业资源、生活污水和工业有机废水、城市固体废物和畜禽粪便等五大类。

生物质能具有如下优点。

(1)生物质能属可再生资源,生物质能由于通过植物的光合作用可以再生,可保证能源的永续利用;

(2)生物质的硫含量、氮含量低、燃烧过程中生成的SO_x、NO_x较少,可有效地减轻温室效应;

(3)生物质能分布广泛,缺乏煤炭的地域,可充分利用生物质能;

(4)生物质能是世界第四大能源,仅次于煤炭、石油和天然气。随着农林业的发展,特别是炭薪林的推广,生物质资源还将越来越多;

(5)生物质能源可以以沼气、压缩成型固体燃料、气化生产燃气、气化发电、生产燃料酒精、热裂解生产生物柴油等形式存在,应用在国民经济的各个领域。

其缺点如下。

(1)由于其分散性,生物质能适合于小规模分散利用;

(2)植物的光合作用仅能将少量的太阳能转化为有机物,能量密度较低;

(3)根据现有技术和相关支持政策,生物质能的规模利用和高效利用尚有一定的困难,经济效益较差。

1.1.5 地热能

地热能(geothermal energy)是从地壳抽取的天然热能,这种能量来自地球内部的熔岩,并以热力形式存在,是引致火山爆发及地震的能量。地球内部的温度高达7000℃,而在80～100km的深度处,温度会降至650～1200℃。透过地下水的流动和熔岩涌至离地面1～5km的地壳,热力得以转送至较接近地面的地方。高温的熔岩将附近的地下水加热,这些加热了的水最终会渗出地面。运用地热能最简单和最合乎成本效益的方法,就是直接取用这些热源,并抽取其能量。

地热能集中分布在构造板块边缘一带,该区域也是火山和地震多发区。如果热量提取的速度不超过补充的速度,那么地热能便是可再生的。地热能在世界很多地区的应用相当广泛。据估计,每年从地球内部传到地面的热能相当于100PW·h。据2010年世界地热大会统计,全世界共有78个国家正在开发利用地热技术,27个国家利用地热发电,总装机容量为10715MW,年发电量为67246GW·h,平均利用系数为72%。目前,世界上最大的地热电站是美国的盖瑟尔斯地热电站,其第一台地热发电机组(11MW)于1960年启动,以后的10年中,2号(13MW)、3号(27MW)和4号(27MW)机组相继投入运行。20世纪70年代共投产9台机组,80年代以后又相继投产一大批机组,其中除13号机组容量为135MW,其余多为110MW机组。我国的地热资源也很丰富,但开发利用程度很低,主要分布在云南、西藏、河北等地区[5]。

地热发电是地热利用的最重要方式,高温地热流体应首先应用于发电。地热发电和火力发电的原理是一样的,都是利用蒸汽的热能在汽轮机中转变为机械能,然后带动发电机发电。不同的是,地热发电不像火力发电那样需要装备庞大的锅炉,也不需要消耗燃料,它所用的能源就是地热能。地热发电的过程,就是把地下热能首先转变为机械能,然后把机械能转变为电能的过程。要利用地下热能,首先需要有"载热体"把地下的热能带到地面上来。能够被地热电站利用的载热体,主要是地下的天然蒸汽和热水。按照载热体类型、温度、压力和其他特性的不同,可把地热发电的方式划分为蒸汽型地热发电和热水型地热发电两大类。

地热能具有如下优点。

(1)地热能分布广泛,蕴藏量十分丰富;

(2)单位成本比开探化石燃料或核能低;

(3)建造地热时间周期短,且建造难度较低。

其缺点如下。

(1)地热能分布较为分散,利用难度大,效率较低;

(2)利用地热能流出的热水含有很高的矿物质;

(3)地热能利用过程中会产生有毒气体,对空气造成污染。

1.1.6 海洋能

海洋能(ocean energy)指依附在海水中的可再生能源。海洋通过各种物理过程接收、储存和散发能量,这些能量以潮汐、波浪、温度差、盐度梯度、海流等形式存在于海洋之中。地球表面积约为 $5.1\times10^{8}km^{2}$,其中陆地表面积为 $1.49\times10^{8}km^{2}$ 占29%;海洋面积达 $3.61\times10^{8}km^{2}$。以海平面计,全部陆地的平均海拔约为840m,而海洋的平均深度却为380m,整个海水的容积多达 $1.37\times10^{9}km^{3}$。一望无际的大海,不仅为人类提供航运、水源和丰富的矿藏,还蕴藏着巨大的能量,它将太阳能及其派生的风能等以热能、机械能等形式储存在海水里,不像在陆地和空中那样容易散失[6]。

海洋能具有如下优点。

(1)海洋能在海洋总水体中的蕴藏量巨大;

(2)海洋能来源于太阳辐射能与天体间的万有引力,海洋能具有可再生性;

(3)海洋能类型较多,其中温度差能、盐度差能和海流能较为稳定,潮汐能与潮流能不稳定但变化有规律可循,开发规模大小均可;

(4)海洋能属于清洁能源,其本身对环境污染影响很小。

其缺点如下。

(1)海洋能单位体积、单位面积、单位长度所拥有的能量较小;

(2)海洋能中波浪能既不稳定又无规律,其开发利用难度较大;

(3)获取能量的最佳手段尚无共识,大型项目可能会破坏自然水流、潮汐和生态系统。

1.2 微 电 网

与传统化石能源相比,风能、太阳能和小水电等可再生能源具有安全无污染、分布广、有利于小规模分散利用等特点。随着可再生能源的开发和利用,分布式发电(distributed generation,DG)引起了广泛关注。分布式发电是指利用各种可用的分散存在的能源,包括可再生能源(风能、太阳能、生物质能、小型水能等)及就地可方便获取的化石类燃料(主要是天然气)进行发电供能的技术[7-9]。分布式电源位置灵活、分散,极大地满足了电力需求和资源分布的特点,与电网互为备用可以起到改善其供电可靠性和电能质量等作用[10-12]。

分布式发电技术的多样性增加了并网运行的难度,当大量高密度分布式电源接入电网时,将有可能造成电网对其不可控制和难以管理的局面,并引发诸如安全稳定性和电能质量等相关问题[13-15]。分布式电源的安装位置和装机容量也必须满足较多的限制因素,而独自并网的分布式电源易影响周边用户的供电质量,同时很难实现能源的综合优化。这些问题都制约着分布式发电技术的发展。总之,阻碍分布式发电获得广泛应用的难点不仅仅是分布式发电本身的技术壁垒，现有的电网技术也还不能完全适应大规模分布式发电技术的接入要求。

为了有效解决电网与分布式电源之间的问题和矛盾，充分发挥分布式电源的优势，进一步提升电力系统的运行性能，微电网(microgrid)应运而生[16-18]。微电网是指由多种分布式电源、储能系统、能量转换装置、负荷及监控、保护装置汇集而成的小型发配电系统，是一个能够实现自我控制、保护和管理的独立自治系统，既可以与电网并网运行，也可以孤岛运行。现有研究表明，将分布式发电系统以微电网的形式接入电网，是发挥分布式发电系统效能的有效方式[19-21]。典型微电网示意如图 1.1 所示。

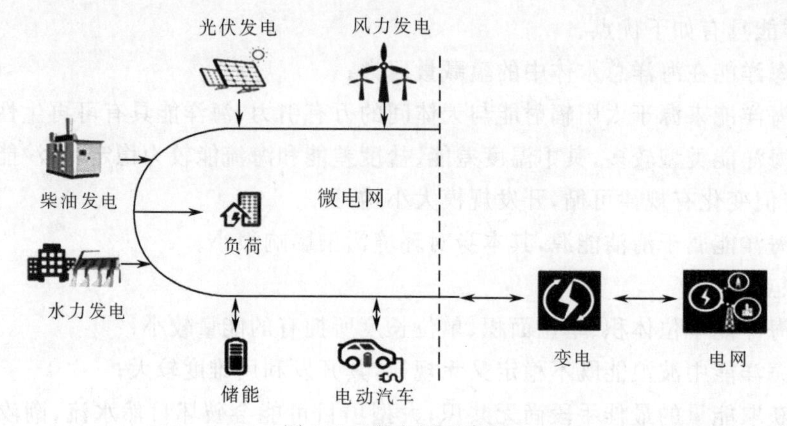

图 1.1　微电网示意图

微电网一经提出便受到了广泛的重视。由于微电网技术在提高能源利用效率、增加供电可靠性和安全性等方面的巨大潜力，美国政府加强了对微电网相关技术的支持，资助相关科研机构和实验室、高等院校、电力企业等开展一系列专项研究，逐渐加快微电网示范工程的建设步伐[22]。美国能源部将微电网视为未来智能电网的重要组成技术，并列入美国"Grid2030"计划[23,24]。2006 年，欧洲联盟(简称欧盟)发布了《欧洲智能电网技术平台:欧洲未来电网的远景和策略》，阐述了智能电网的概念，提出建立以集中式电站和微电网为主导的智能电网形式。在欧盟第五、第六和第七框架下资助了一系列微电网研究计划[22]。2009 年，欧盟制定了微电网技术发展路线图，规划了未来二十年微电网在技术研究、实物装置、市场及对基础设施的影响等四个方面的发展。日本成立了新能源与工业技术发展组织(NEDO)[25]，统一协调其国内高等院校、科研机构及相关企业对可再生能源和微电网的理论与应用研究，并成功建设了一批微电网示范工程。

2013 年 7 月，国家发展和改革委员会(简称国家发改委)印发了《分布式发电管理暂行办法》的通知[26]，以促进节能减排和可再生能源发展，有助于推动和实施分布式发电和微电网计划。2013 年 9 月起，我国正式启动创建 100 座"新能源示范城市”,2014年1月,国家能源局公布了第一批新能源示范城市(产业园区)的名单,总计81个城市和8个产业园区。新能源示范城市的建设,必然离不开分布式发电和微电网的参与。2014年9月,国家能源局下发《国家能源局关于进一步落实分布式光伏发电有关政策的通知》,以推动分布式光伏发电项目的试点寻找和建设。

由于微电网的发展历程相对较短,从整体上看,目前微电网仍处于实验和示范阶段,但经过多年的发展,微电网的技术研究和应用推广已度过幼稚期,市场规模稳步增长。随着相关技术成熟、设备成本下降及化石能源价格的持续上涨,微电网的应用场合和规模、市场定位等将会发生显著变化,微电网未来的应用前景一片光明。

1.2.1 国外发展概况

近年来,微电网相关研究及应用在美国、欧洲和日本等国家和地区发展迅速。各国对微电网的研究力度也逐步增大,在理论研究的基础上,积极投入到微电网实验平台及示范工程的建设中,以在未来的能源行业竞争中占据主动地位。

美国电气可靠性技术解决方案协会(Consortium for Electric Reliability Technology Solution,CERTS)的研究领域涵盖分布式能源的资源整合技术,是美国微电网技术的主要研究机构[27],包括电力集团、劳伦斯伯克利国家实验室、橡树岭国家实验室、西北太平洋国家实验室、电力系统工程研究中心和圣地亚哥国家实验室。CERTS各成员机构在经济分析、控制技术、储能技术和保护技术等研究领域各有侧重,并较早建立了CERTS实验室相关平台及示范工程,实现技术和经济运行的理论验证和工程应用[28]。

美国国家可再生能源实验室(National Renewable Energy Laboratory,NREL)在分布式发电和微电网理论研究、市场相关、系统集成和测试验证等方面开展了积极的探索,并开发了相应的模型和工具,以辅助用户分析、评估和优化可再生能源发电系统,涵盖建筑能源系统、燃料和车辆、可再生能源技术分析及项目开发和融资等几个方面。NREL建立了包含光伏、风机、微型燃气轮机、蓄电池储能等在内的微电网实验室,并积极参与了相关示范工程的建设,提供项目援助、设计方案、财政分析、战略规划、培训和研讨会等方面的支持。

伊利诺理工大学、北卡罗来纳州立大学等其他高校和科研机构也在微电网研究和建设方面做出了贡献[29]。此外,美国企业和机构如通用电气、IBM、甲骨文等,都参与了微电网的技术研究和产品开发工作,涉及微电网控制系统、能量管理系统等方面,加速和推动了微电网技术的产业化及其应用推广。

欧盟在第五、第六和第七框架下支持了一系列关于发展分布式发电和微电网技术的研究项目。由希腊雅典国立科技大学牵头组织,众多高校和企业参与,针对分布式能源集成、微电网连接到配电网的协调控制策略、经济调度措施、能量管理方案、继电保护技术,以及微电网对大电网的影响等内容开展重点研究,目前已形成分布式发电和微电网控制、运行、保护、安全及通信等基本理论体系、依托项目,相继在希腊、德国、西班牙等国家建设了一批微电网实验平台和示范工程[24]。

此外,欧洲分布式协会能源实验室(分布式电源实验室)和微电网联盟(Microgrid Consortium)等机构致力于集合欧洲微电网实验室和研究团队,对微电网相关技术和应用开展研究[30,31]。不同于美国将微电网作为智能电网的关键组成部分,欧盟将微电网作为智能电网建设的基础,在技术研究和示范工程上,欧盟更加注重微电网对大电网的相关影响及可再生能源渗透率等方面的研究。

欧洲企业也积极参与了微电网技术及产品的开发工作,致力于解决阻碍微电网产业化发展的技术性瓶颈问题,如ABB、西门子等企业研发了相关电力电子设备、智能管理系统等,并向用户提供智能化解决方案,在微电网技术向产业化发展的过程中具有很大的影响力。

日本对微电网的研究起步较早,技术相对领先。由NEDO牵头组织,统一协调国内高等院校、相关科研机构和企业,相继在八户市、爱知县、京都市和仙台市等地区建设了微电网示范工程,对微电网能量管理、电能质量控制等方面进行了研究[32,33]。日本在微电网技术的研究上主要关注发电侧和用电侧平衡稳定控制技术,以解决微电网中可再生能源不稳定性及个别用户负荷变化对整体负荷的影响。日本企业机构如东芝、日立、夏普、清水建设、东京燃气、三菱重工等在微电网设计与系统构建、能量管理系统、控制系统及储能系统等领域产品和应用开展了一定的工作,为相关工程的实施提供了技术支撑。

此外,加拿大、韩国等国家也逐步加大了微电网技术研究及实验平台、示范工程建设的力度[34]。可以预见,未来几年,世界范围内微电网实验平台和示范工程将迎来一个爆发式的增长。表1.2和表1.3列举了若干国外典型微电网实验平台和示范工程。

表1.2　国外典型微电网实验平台

名称	地点	系统组成	技术重点
CERTS	美国俄亥俄州Dolan技术中心	三台燃气轮机,一般负荷、可控负荷和敏感负荷	下垂控制策略、分布式电源并联运行、敏感负荷的高质量供电问题
Wisconsin	美国威斯康星大学麦迪逊分校	两台位置对等的直流稳压电源、纯阻性负荷	下垂控制策略、微电网暂态电压和频率调整、联网和孤岛模式之间的无缝切换
NREL	美国劳伦斯伯克利国家实验室	模拟电网、燃气轮机、光伏、风机、蓄电池、柴油机	三套独立系统同时运行、分布式发电系统可靠性测试、微电网运行导则制定
Sandia	美国圣地亚哥国家实验室	模拟电网、光伏、燃料电池、燃气轮机、风机	分布式电源利用效率,分布式电源功率变化、负荷变化对微电网稳态运行的影响
NTUA	希腊雅典国立大学	光伏、蓄电池	分层控制策略;底层的微源控制和负荷控制器;经济性评估;联网和孤岛模式切换

续表

名称	地点	系统组成	技术重点
Demotec	德国卡塞尔大学太阳能研究所	柴油发电机，光伏、风力发电机，电灯、冰箱等常用负荷及电机等负荷	联网孤岛模式切换、下垂控制、不同负荷对暂态影响、功率波动对稳定性影响
ARMINES	法国巴黎矿业学院能源研究中心	光伏、蓄电池、柴油机	联网和孤岛运行、上层调度管理、开发上层软件
Labein	西班牙毕尔巴鄂市	光伏、柴油发电机、直驱式风机、蓄电池、飞轮储能、超级电容器	中央和分散控制策略，频率的一次、二次和三次调整，联网和孤岛模式切换
CESI	意大利米兰市	蓄电池、全钒氧化电池、超级电容、飞轮储能、生物质能、燃气轮机和柴油机	通信技术、电能质量分析、不同结构微电网研究、微电网上层控制
直流微电网	韩国首尔大学	建筑光伏、光热发电、储能系统、直流负荷	高效直流发电系统关键技术研究，如系统结构、能量管理等

表 1.3 国外典型微电网示范工程

名称	国家	类型	系统组成	备注
Kythnos	希腊	独立	三相系统(10kW 光伏、53kW·h 蓄电池、9kVA 柴油机，负荷：12 户家庭)，单相系统(2kW 光伏、32kW·h 蓄电池，用于通信设备的供电)	微电网运行、多主控制方法，提高供电可靠性等方面
Pulau Ubin	新加坡乌敏岛	独立	100kW 光伏、1MW·h 储能、6 台 40kVA 发电机	解决海岛供电问题
Continuon	荷兰	并网	335kW 光伏、蓄电池，提供 200 幢别墅电力	联网孤岛自动切换、黑启动、孤岛运行、蓄电池智能充放电管理
MVV	德国	并网	光伏、蓄电池、燃气轮机、微型燃气轮机，将陆续增加燃料电池、飞轮	微电网的社会认可、运行导则制定、经济效益分析
Bornholm	丹麦	并网	39MW 柴油机、39MW 汽轮机、37MW 热电联产、30MW 风力发电机	微电网黑启动、孤岛运行后与大电网重新并网
Kyoto	日本	并网	4 台 100kW 内燃机、250kW 燃料电池、100kW 铅酸蓄电池、2 组光伏、50kW 风机	微电网的能量管理、电能质量控制
Hachinohe	日本	并网	光伏、内燃机、风机、蓄电池	孤岛运行测试、微电网上层调度管理
Bulyan-sungwe	乌干达	并网	3.6kW 光伏、2 台 4.6kW 柴油机、21.6kW·h 蓄电池，两所宾馆、学校、修道院电力供应	对非洲分布式发电及微电网建设具有指导意义

1.2.2　国内发展概况

近年来,国内高校、相关科研机构及企业对微电网相关技术也展开了积极研究,在理论研究、实验室建设和示范工程建设方面取得了一系列的成果。

国内高等院校率先针对分布式发电与微电网技术开展了相关研究。2013 年 11 月,由天津大学承担的国家 973 计划项目“分布式发电供能系统相关基础研究”通过验收,在分布式发电供能微电网系统接入大电网及其规划设计、运行控制与能量管理、建模与仿真等方面取得了一定的突破。此外,天津大学建设了包含风机、光伏、微型燃气轮机、燃料电池、铅酸蓄电池、锂电池、压缩空气、飞轮储能的实验平台,是电源类型较为丰富、功能较为齐全的微电网实验系统。合肥工业大学建设了国内最早的微电网实验平台,采用了光伏、模拟风能供电,使用模拟电源模拟发电机组[35],在微电网能量管理、规划设计和运行控制等方面进行了探索和研究。杭州电子科技大学建设的微电网实验系统是中日双方共同实施的“先进稳定并网光伏发电微电网系统”,包含光伏、柴油发电机、铅酸蓄电池和超级电容,光伏发电比例达 50%。

其次,电力公司及其科研单位在微电网的技术研究、应用和示范工程建设中发挥着重要的作用。2010 年,国网浙江省电力公司电力科学研究院建设了我国第一个具有自主知识产权的微电网综合实验系统。该实验系统包含了多种分布式电源和储能系统,具备灵活的拓扑结构[36]。2011 年,其承担了国家 863 计划项目“含分布式电源的微电网关键技术研发”,联合天津大学、合肥工业大学、中国电力科学研究院、重庆大学和东南大学,针对微电网规划技术、协调控制技术、能量管理技术、实验平台及示范工程建设几个方面开展研究。此外,国家电网浙江省电力公司电力科学研究院已主持建设了多个微电网示范工程,如南京供电公司综合科技楼微电网系统、浙江舟山东福山岛独立型风光柴蓄海水淡化系统、浙江温州南麂岛独立型风光柴储系统和浙江温州鹿西岛并网型风光储系统等。

中国电力科学研究院建设了国家能源大型风电并网系统研发(实验)中心张北实验基地研究实验楼微电网系统,并与内蒙古东部电力有限公司(简称蒙东电力公司)承建了蒙东太平林场独立型风光柴储系统和陈巴尔虎旗并网型风光储系统示范工程。中国电力科学研究院分布式供电与微电网科技攻关团队牵头/完成了若干微电网相关研究报告,先后承担了国家 863 项目、美国能源基金会项目、国家电网等项目,参与制定分布式电源/微电网方面的 IEEE/IEC 标准、行标、企标多项,在分布式电源和微电网示范工程建设方面起到了引导和规范作用。中国兴业太阳能技术控股有限公司在广东珠海东澳岛建立了兆瓦级独立型风光柴储系统,以解决实际用电困难等问题。南方电网在微电网技术研究和工程建设方面开展了一定的工作,并计划在西沙群岛建设兆瓦级智能微电网示范项目。

北京四方继保自动化股份有限公司、国电南瑞科技股份有限公司、南京南自信息技术有限公司、许继集团有限公司等电气企业在电力电子技术、保护技术、通信技术及监控技术等方面研究并开发了相应的产品，为国内示范工程的建设提供了强有力的技术保障。

表 1.4 和表 1.5 列出了国内典型微电网实验平台和示范工程。

表 1.4 国内典型微电网实验平台

名称	系统组成	备注
合肥工业大学	单相、三相光伏，2 台 30kW 模拟风机，5kW 燃料电池，2 台 15kW 发电机，蓄电池，超级电容	主要功能是作为教学和科研基地，侧重于分布式发电方面的研究
杭州电子科技大学	120kW 光伏、120kW 柴发、光伏发电比例 50%、50kW·h 铅酸蓄电池组、100kW 超级电容	两幢楼宇的供电依赖于光伏发电，光伏发电不足时主要依靠外电网；独立运行时，由柴油发电机与储能系统供电
国家电网浙江省电力公司电力科学研究院	60kW 光伏、10kW 直驱风机、30kW 双馈模拟风机、250kW 柴发、100kW·h 蓄电池、250kW 飞轮、85kW 压缩空气、超级电容	具有灵活拓扑结构，可实现并网与独立运行模式的灵活切换，通过线路模拟装置，可设置不同类型的故障模拟点
天津大学	8kW 直驱风机，30kW 模拟双馈风机，40kW 光伏，30kW 微燃机，燃料电池，锂电池、铅酸蓄电池，225kW 飞轮储能、超级电容、85kW 压缩空气	集多种分布式电源和储能系统于一体的大型微电网实验室，含有多个组成不同的子微电网，可开展多种实验及测试工作
中国电力科学研究院	10kW 小型风机、140kW 光伏、400kW·h 锂电池	实现并网/孤网双模式灵活运行，开发了基于功率预测的微电网能量管理系统，兼容多目标优化控制及并网点功率控制等多种运行方式
上海电力学院	9.6kW 小型风机、10kW 模拟风机、28kW 光伏、80kW·h 磷酸铁锂蓄电池、40kW 超级电容	将校园打造成自我循环的电力系统，在供应本校电力需求的同时，成为智能电网技术的实验基地

表 1.5 国内典型微电网示范工程

名称	类型	系统组成	备注
南京供电公司	并网	50kW 光伏、15kW 风机、50kW·h 铅酸蓄电池	通过电池储能系统的充放电控制，有效地抑制了由光照强度、风力等自然因素引起的可再生能源输出功率的波动
浙江舟山东福山岛	独立	100kW 光伏、210kW 风机、200kW 柴发、960kW·h 铅酸电池、24kW 海水淡化	解决多种能源的运行模式、相互影响与协调控制技术等涉及独立型微电网安全稳定运行的关键问题

续表

名称	类型	系统组成	备注
浙江南都	并网	55kW光伏、1920kW·h铅酸蓄电池、锂电池、100kW/min超级电容	以蓄电池"削峰填谷"式储能为主，实现并网/离网模式的灵活切换；采用集装箱式，功能模块化，可实现即插即用
天津中新生态城	并网	30kW光伏、6kW风机、60kW·h储能装置	第一次实现了微电网系统与配电自动化系统的互联互通，首次实现了微电网系统与智能楼宇的数据交换
广东珠海东澳岛	独立	1040kW光伏、50kW风机、1220kW柴发、2000kW·h铅酸蓄电池	全岛可再生能源发电比例达到70%，解决海岛供电问题
河北承德	并网	60kW风机、50kW光伏、128kW·h锂电池	为该地区广大农户提供电源保障，实现双电源供电，提高用电电压质量
蒙东陈巴尔虎旗	并网	110kW光伏、50kW风机、50kW·h铅酸蓄电	解决农村智能配电网建设中分布式电源、储能与微电网接入控制的关键技术问题，微电网在农村电网的接入和建设模式
蒙东额尔古纳太平林场	独立	200kW光伏、20kW风电、80kW柴发、100kW·h铅酸蓄电池	
青海玉树	并网	2MW光伏、12.8MW水电、15.2MW·h储能	国内首个兆瓦级水光互补微电网发电项目
西藏阿里	独立	10MW光伏、10MW·h储能	与现有小水电和火电厂组成独立供电系统，缓解当地用电紧张的局面
浙江温州南麂岛	独立	1000kW风机、835kW光伏、1600kW柴发、超级电容、4000kW·h锂电池	解决电力供应不足问题，保护生态环境引入电动汽车储能系统，将岛上现有的燃油汽车全部换成电动汽车
浙江温州鹿西岛	并网	1560kW风机、300kW光伏、4000kW·h铅酸蓄电池、超级电容	解决海岛电力供应紧张问题，对并网型微电网关键技术加以测试和验证
浙江温州北麂岛	独立	1.274MW光伏、0.8MW·h磷酸铁锂电池、5.8MW·h铅酸电池、1000kW柴发	采用双端多个分布式发电子系统技术，储能混合调配，大大延长蓄电池的使用寿命，可有效提高投资回报率和运行经济性
山东长岛	并网	300kW·h磷酸铁锂电池、300kW·h铅酸蓄电池、1.2MW柴油发电机	保证对重要负荷的连续供电，降低停电经济损失，提高长岛电网的供电能力和可靠性
福建湄洲岛	并网	2MW·h磷酸铁锂电池，远期规划48MW风电、16MW光伏	提高全岛供电可靠性和电能质量，为打造绿色智慧城市树立典范

1.3 微电网基本概念

微电网往往包含多种分布式电源和储能系统，是具有自治能力的小型供能系统，不同国家和地区依据自身发展和研究特点，给出了微电网不同的定义。

(1)美国。CERTS最早提出了微电网的概念[22]，认为微电网是一种由负荷和微型电源共同组成的系统，可同时提供电能和热能，实现热电联供。微电网内部电源主要由电力电子变换装置负责能量转换，并提供相应的控制。相对于大电网，微电网表现为单一的受控单元，可同时满足用户对电能质量和供电安全等方面的需求。当微电网与主网因为故障突然解列时，微电网具备孤岛运行能力，从而维持对自身内部的能量供应。

(2)欧洲。欧盟微电网项目(European Commission Project Microgrid)认为微电网是利用可再生能源，可使用不可控、部分可控和全控三种微型电源，配有储能系统，并使用电力电子变换装置进行控制调节，实现冷热电三联供[22]。

(3)日本。东京大学认为微电网是一种由分布式电源组成的系统，通常经过联络线与大电网相连，由于供电与需求之间的不平衡，微电网可选择与大电网联合运行或者孤岛运行。三菱公司认为微电网是一种包含电源、热能设备及负荷的小型可控系统，对外表现为一整体单元并可以接入大电网运行[37,38]。

(4)中国。在我国，对微电网的普遍认识是:微电网是指由多种分布式电源、储能系统、能量转换装置、负荷及监控、保护装置汇集而成的小型发配电系统，是一个能够实现自我控制、保护和管理的独立自治系统，既可以与大电网并网运行，也可以孤岛运行。

从微观看，微电网是一个小型的电力系统，它具备完整的发输配电功能，可以实现局部的功率平衡与能量优化，它与带有负荷的分布式发电系统的本质区别在于微电网同时具有并网和独立运行能力。从宏观看，微电网又可以认为是配电网中的一个“虚拟”电源或负荷[39]。

综上可见，虽然世界各国对微电网的定义有所差异，但对微电网的组成、结构、功能及用途等方面的观点基本一致。

按照是否与大电网相连，微电网可分为独立型和并网型两种类型。两种类型的微电网在其适用地区、解决问题、电源组成和储能系统作用等方面均有所不同。独立型与并网型微电网的比较见表1.6。

表1.6 独立型与并网型微电网比较

比较	独立型	并网型	
模式	偏远山区及海岛微电网模式	偏远农村微电网模式	城市微电网模式
适用地区	偏远山区、海岛等	偏远山区等薄弱电网区域	工业园区、社区、楼宇等

续表

比较	独立型	并网型	
解决问题	从无电或用电困难到可靠用电	从供电可靠性及电能质量差到安全经济高质量用电	从可靠用电到安全经济优质用电
电源组成	需配置柴油发电机等可控电源	可根据具体情况,决定是否配置柴油发电机等可控电源	大电网作为支撑,一般不需要配置柴油发电机等可控电源
储能系统作用	主要承担主电源、平滑功率、提高可再生能源利用率、黑启动等作用	功能较为多样化,可承担削峰填谷、平滑功率、运行备用、不间断供电、改善电能质量、黑启动等作用	

1.3.1 微电网结构

微电网系统按母线形式可以分成三类:纯交流母线系统、纯直流母线系统和交-直流混合母线系统。这三种形式有各自的特点。

1. 纯交流母线系统

在纯交流母线系统中,直流 DG、直流储能和直流负荷经电力电子变换装置接入交流母线,交流 DG、交流负荷和交流负载可直接接入交流母线,储能系统不仅可以向电网供电,也可以从电网获取电能。纯交流母线系统结构如图 1.2 所示。

纯交流母线系统在国外的应用比较广泛。纯交流母线系统具有兼容常规电网、各发电设备功率叠加、运行简单、系统扩充容易、系统造价低等优点,并具有可根据用户用电量的增加而进行系统容量扩充的特点。

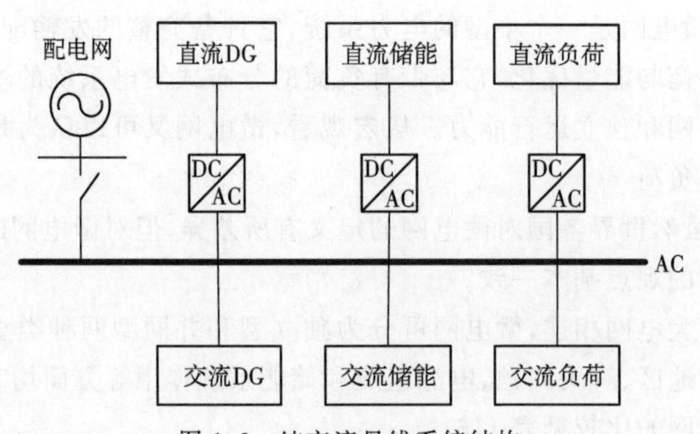

图 1.2　纯交流母线系统结构

2. 纯直流母线系统

在纯直流母线系统中,交流 DG、交流储能和交流负荷经电力电子变换装置接入直流母线,直流 DG、直流储能和直流负荷可直接或经电力电子变换装置接入直流母线。纯直流母线系统结构如图 1.3 所示。

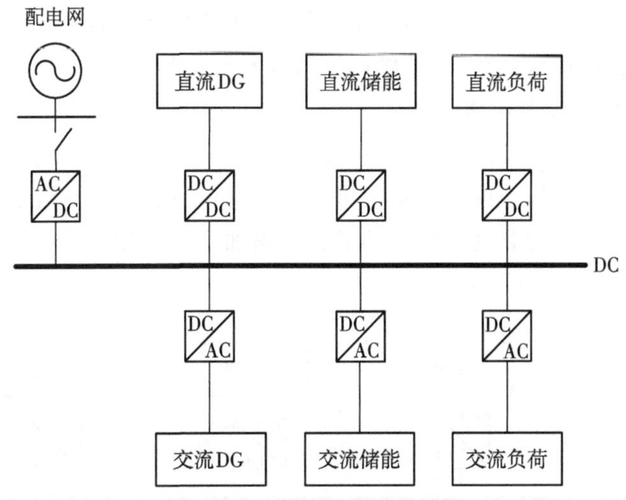

图 1.3 纯直流母线系统结构

目前,微电网系统有不少采用纯直流母线系统,与高压交流(HVAC)连接对比,采用高压直流(HVDC)连接可以有效地减少传输损耗,降低柴油发电机的耗油量,HVDC 连接表现出了更好的运行性能。

交流和直流系统优缺点比较如表 1.7 所示。

表 1.7 交、直流系统比较

比较	交流系统	直流系统
结构特点	储能电池组通过双向变流器接入交流母线,光伏阵列通过单向变流器接入交流母线,风机、波浪能发电机出力通过单向变流器接入交流母线,柴油发电机和本地负载均接入统一的交流母线	储能电池组、光伏出力、风机和波浪能发电机出力均接入直流母线,柴油发电机和本地交流负载均接入系统交流母线;直流母线通过双向变流器接入交流母线
系统优点	(1)各分布式电源及储能电池均通过各自的变流器并入统一交流母线,因此变流器容量相对较小。 (2)由于系统采用交流母线,负荷或分布式电源扩容都比直流系统结构便利	(1)系统可采用统一的大容量 DC/AC 变流器,且 DC/DC 装置较简单,因此成本相对交流系统低。 (2)由于采用一个 DC/AC 装置,因此该装置的控制相对交流系统简单
系统不足	(1)各单元都需要独立的 DC/AC 变流器,因此成本相对直流系统较高;各 DC/AC 单元的控制相对独立,因此对系统整体控制要求较高。 (2)储能系统采用多套 DC/AC 并网装置,储能系统作为主电源独立运行时,多个储能装置之间的均流控制相比直流系统困难	(1)系统采用直流母线,且通过统一的DC/AC变流器接入交流系统,因此直流母线扩容受限制。 (2)当 DC/AC 模块出现故障或者检修时,只能由柴油发电机为负载供电,光伏、风力和波浪能发电无法投入运行。 (3)系统设备配套采购困难,市场上用于光伏系统的 DC/DC 模块和用于风力、波浪能发电机的 AC/DC 模块单独采购困难

无论采用交流系统结构还是直流系统结构，虽然控制策略在实现上略有差异，但储能电池的充放电策略和整个系统的能量管理基本一致。

3. 交-直流混合母线系统

在交-直流混合母线系统中，交流母线和直流母线同时存在，是前两种母线形式的混合，可以在一定程度上弥补各自的劣势。它既可以直接向交流负荷供电，又可以直接向直流负荷供电，但是两种形式的混合也增加了运行控制的复杂度。交-直流混合母线系统结构如图 1.4 所示。

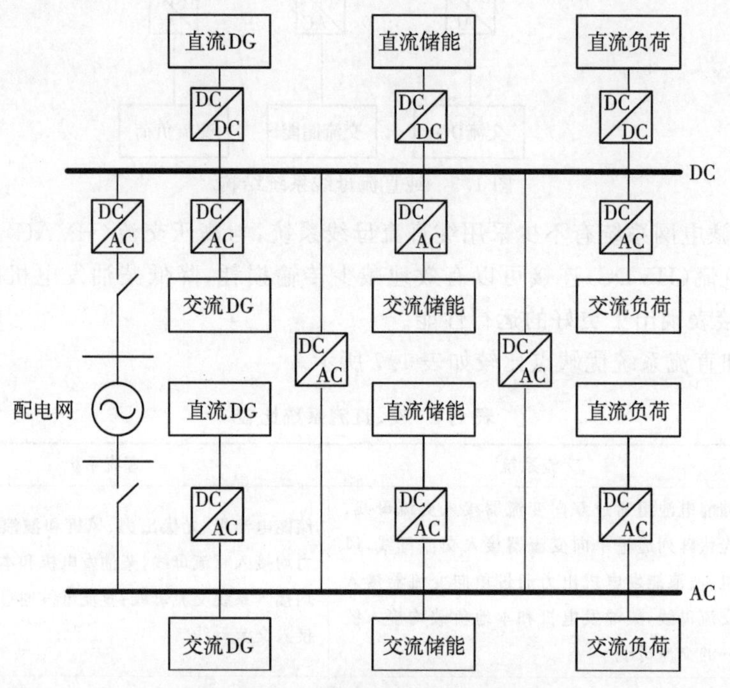

图 1.4 交-直流混合母线系统结构

采用交-直流混合微电网结构，具有如下特点：①分布式电源及储能装置以交流、直流形式输出电能，采用交-直流混合母线结构，可以减少 AC/DC 或 DC/AC 等变换环节，减少电力电子器件的使用；②某些负荷（如风扇、冰箱、普通空调等）只能使用交流供电，某些新型负荷（如计算机、家用电器、通信设备和电动汽车等）或可采用直流供电，采用交-直流混合母线结构，可以减少用户设备内变频装置，降低设备的制造成本。因此，采用交-直流混合母线结构，省略了许多变换环节和变换装置，使得微电网控制更加灵活、损耗降低，提升整个系统的经济性和可靠性。

1.3.2 微电网运行方式

微电网既可以看做一个小型的电力系统，也可以看做配电网中一个虚拟的电源或负荷。微电网的运行特性也包含了两方面含义:一方面是微电网与外部电网的相互作用,这主要在微电网并网运行时体现;另一方面是微电网自身的运行特性,这主要在微电网独立运行时体现。图 1.5 给出了微电网的各种运行状态及其之间的相互转化。

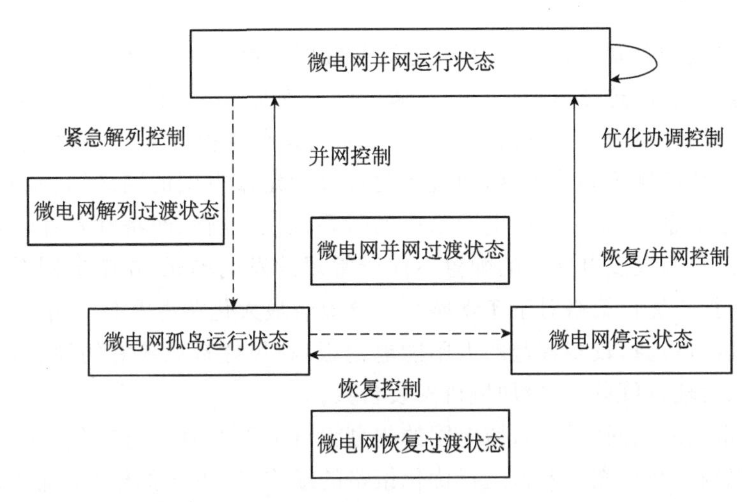

图 1.5 微电网运行状态

微电网按照运行方式可以分为并网模式和孤网模式。

1. 并网模式

并网模式下,控制的目的是通过对微电网内部分布式能源的合理调度,协调微电网和外网之间的关系,达到合理化利用微电网内部的资源设备,同时满足上层电网对微电网的某些辅助服务的需求目的。此时,外电网通常会视微电网为一个可控的负荷模型,此时,外电网对微电网有一定的负荷曲线调节的需求,例如,尽量降低峰值负荷的高度及缩减出现的时段,或者通过合理的内部资源配置,或者需求侧负荷管理技术,平移负荷以使能源得到更加有效的利用。同时在适当的时候,并网模式下微电网如果有多余的电力,也可以作为一个电源模型,可以通过配网侧零售市场向外网卖出多余电力,除各分布式电源单元可以参与竞价外,需求侧可控资源也可参与市场竞价。

2. 孤网模式

微电网独立运行时,针对可再生能源波动、负荷波动引起的电压和频率偏差通常由微电网内分布式电源的就地控制来补偿。微电网能量管理系统的主要功能是通过对储能系统的充放电管理,可调节分布式电源如燃料电池、柴油发电机的出力调度、负荷侧的控制等,确保微电网内发电与需求的实时功率平衡,防止电池的过充与过放,保证微电网的长期稳定运行。

1.4 微电网关键技术

1.4.1 规划设计

微电网系统的规划设计[40,41]主要包括系统网络结构优化设计及分布式发电单元类型、容量、位置的选择与确定。根据微电网系统实施区域的负荷和可利用能源情况,综合考虑设备的运行与响应特性、初期投资与运行维护费用、能源利用效率、环境友好程度及系统控制策略等因素,通过优化计算确定微电网的网络结构和分布式发电单元的配置信息,实现整个微电网系统的可靠性、安全性、经济性及环境友好性等多目标优化。分布式发电单元的配置不同于常规的发电单元,在微电网系统规划设计中,单元配置的优化策略对于实现整个系统效益最大化尤为重要。例如,在日照强度较高的地区,可选择较多容量的太阳能电池板;在风能资源较好的地区,以风电为主,其他电源为辅,可以适当增加风机安装台数。

有别于常规配电网的规划,微电网的规划设计问题与其运行优化策略具有高度的耦合性,规划时必须充分考虑运行优化策略的影响,应基于系统全寿命周期内的运行特性及费用对微电网进行综合优化规划与设计。

1.4.2 运行控制

运行控制是微电网稳定运行的关键。微电网中的分布式电源和储能设备按照并网方式可以分为逆变器型电源、同步电机型电源和异步电机型电源,其中大部分为基于电力电子技术的逆变器型电源。对于逆变器型分布式电源,并网逆变器控制是微电网控制的关键,特别是当微电网中有多个逆变器型电源时,需要进行电源间协调控

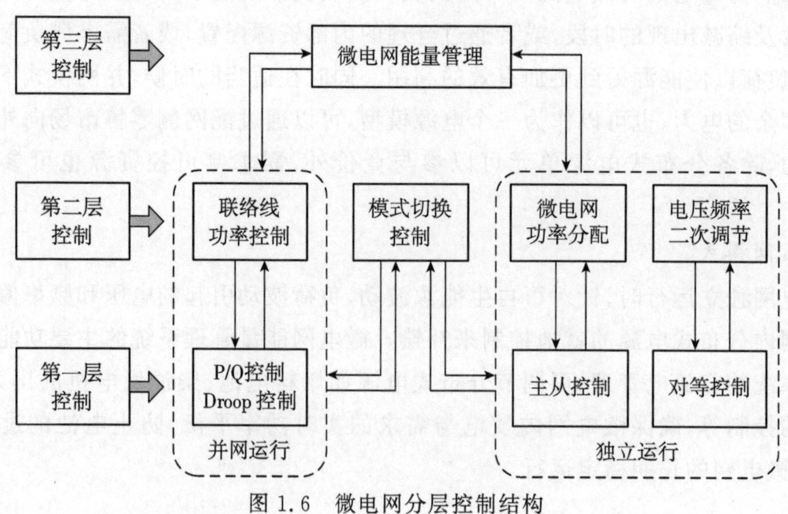

图 1.6　微电网分层控制结构

制,以满足微电网在并网运行、离网运行,以及两种运行模式间切换时的性能需求,保证微电网运行的稳定性。微电网一般采用如图 1.6 所示的三层控制结构。

1. 第一层控制

依据分布式电源或储能设备在微电网中所起作用的不同,需要采取不同的控制策略,主要分为恒功率控制(P/Q 控制)、恒压/恒频控制(V/f 控制)和下垂控制(Droop 控制)等。其中,下垂控制又具有两种基本形式:①f-P 和 V-Q 下垂控制方法;②P-f 和 Q-V 下垂控制方法。前者根据功率的变化决定频率和电压值,后者根据频率和电压的变化决定功率值。

微电网并网运行时,由外电网提供电压和频率参考,各分布式电源一般采用P/Q控制。部分可控型分布式电源(储能设备、水轮机或燃气轮机等)也可采用 f-P 和 V-Q下垂控制方法。在电网电压幅值和频率降低时,能够支撑电网电压和频率。当主网发生非永久性故障导致微电网并网点(PCC 点)三相电压跌落或不对称时,通过相应控制方法可提高各分布式电源的故障穿越能力,从而增大 PCC 点处正序电压分量和减小负序电压分量,降低电网电压的不对称度。

微电网离网运行时,需要由微电网内具备电压、频率控制能力的电源建立电压和频率参考,各电源间的协调控制可分为主从控制模式和对等控制模式。在主从控制模式中,微电网内由一个分布式电源(或储能设备)运行于 V/f 控制模式,为微电网提供电压和频率参考,而其他分布式电源则采用 P/Q 控制模式。此种模式下,负荷功率的变化主要由主电源跟随,因此要求其具备较大的功率输出裕度,且能够足够快地跟随负荷的波动变化;在对等控制模式中,微电网的电压、频率调节与控制由多个可控型分布式电源(或储能设备)共同完成,在控制上都具有同等的地位,通常选择P-f 和 Q-V 下垂控制方法,根据分布式电源接入点就地信息进行控制。与主从控制模式相比,在对等控制模式中采用下垂控制的分布式电源可以自动参与输出功率的分配,易于实现分布式电源的即插即用。

2. 第二层控制

第二层控制的主要目标是微电网并网运行时,降低微电网内可再生能源与负荷的功率波动对主网的影响,使微电网作为一个友好、可控的负荷接入主网。通过微电网中心控制器(MGCC)对各分布式电源下发合理的功率指令,结合需求侧响应对可控负荷进行控制,实现联络线功率的有效控制;利用功率型和能量型储能设备组成的复合储能系统,分别抑制可再生能源输出功率的高频和低频波动分量。

微电网离网运行时,采用主从控制模式维持微电网电压和频率恒定,负荷的变化主要由主电源跟随,通过 MGCC 实现各分布式电源间的功率合理分配。采用对等控制模式时,同时解决电压频率稳定控制和输出功率合理分配,但负载变化前后系统的稳态电压和频率会有所变化,因此本质上是一种有差控制。此时,该层控制的目标主要是恢复微电网电压和频率,以保证电压和频率满足负荷可靠运行的要求。一种可行的方法是采用集中二次控制,由 MGCC 根据检测到的电压和频率,调整微电网中各下垂控制器的下垂曲线设定点等控制参数,实现微电网电压和频率恢复控制。其缺陷是过于依赖 MGCC,一旦 MGCC 出现故障,将无法实现电压和频率恢复。另一种方法是采用分布式二次控制,各分布式电源根据微电网内关键节点的电压、频率等信息,在本地分布式电源的控制器内通过电压和频率恢复控制算法实现下垂控制参数的调节,使微电网电压和频率恢复控制系统的可靠性得到提高。

微电网运行模式间的无缝切换控制也通过第二层控制实现,需要具备电网故障检测、离网控制、再同步控制等功能。其关键技术是实现并网开关与主电源控制模式切换之间的协调控制,若主电源在微电网并网和离网运行模式下均采用 P-f 和Q-V 下垂控制方法,则在微电网运行模式切换时,无须切换控制模式。例如,采用主从控制模式,在系统模式切换时,主电源的控制模式需要在 P/Q 控制和 V/f 控制模式之间同步切换。

3. 第三层控制

第三层是微电网系统监控与能量管理层,通过微电网能量优化算法,主要实现两种控制目标:①在微电网并网运行时,与大电网之间联络线输出功率参考值(作为微电网第二层控制目标参考值);②在微电网离网运行时,调整各分布式电源输出功率参考值或下垂曲线稳态参考点和分配比例系数设定等信息。最终目的是实现微电网经济运行,具体功能实现将在后面介绍。

1.4.3 经济运行与能量管理

微电网的运行优化策略[42]通过能量管理系统在已知各种运行信息的基础上实现,目的是根据分布式电源出力预测、微电网内负荷需求、电力市场信息等数据,按照不同的优化运行目标和约束条件做出决策,实时制定微电网运行调度计划,通过对分布式电源、储能设备和可控负荷的灵活调度来实现系统的优化运行。

微电网的经济性是其吸引用户并能在电力系统中得以推广的关键所在。通过微电网能量优化管理,实现绿色能源的高效利用及个性化电能的安全、可靠、优质供应,最终达到微电网全局经济性,即根据系统实时运行情况动态地对微电网负荷在各个分布式电源间进行全局性优化分配。相比大电网,微电网能量管理的特点在于:①分布式电源和可控负荷在时间上与储能设备的协调配合;②应对分布式电源的随机性和波动性。

从实现方式上,微电网能量管理系统架构可分为分布式和集中式两种,如图 1.7 所示。采用分布式架构时,每个微电网元件都有自己独立的运行目标和策略,通过协商或竞价机制达成购电/售电计划,再反馈到每个微电网元件执行。采用集中式架构时,中央控制器采集所有微电网元件信息,根据一致的运行目标和策略制订微电网的运行计划，协调控制微电网元件，微电网元件接受中央控制器调度并反馈自身运行状态。

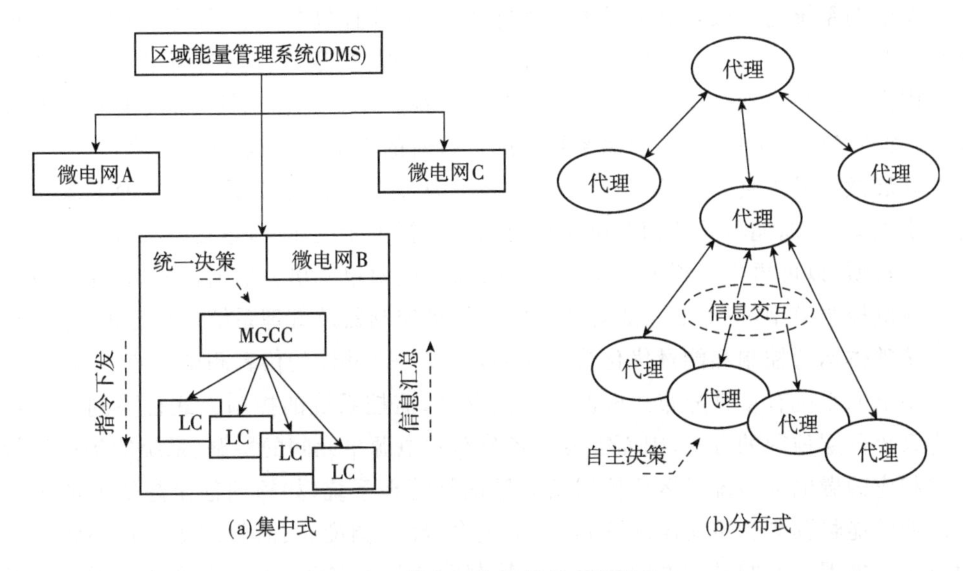

(a)集中式 (b)分布式

图 1.7 微电网能量管理系统架构

目前，微电网能量管理系统大部分采用集中式架构，通过 MGCC 和本地控制器(LC)进行控制。MGCC 的作用包括启动和停止能量管理系统的运行、执行能量优化调度策略。LC 则集成在各个 DG 逆变器中，主要功能包括功率控制、稳定性控制、并离网运行模式切换控制、紧急控制及故障隔离与保护等。

1.4.4 故障检测与保护

分布式电源的引入使微电网系统的保护与常规配电网的保护存在很大不同，采用电力电子变流接口接入的分布式电源，仅能够提供$(1.5\sim2)I_N$的故障电流，故障特性与传统的旋转电源差别较大。主要表现在：①常规的配电网保护策略主要针对单向潮流系统设计，而在微电网系统中，潮流一般是双向流动的，因此需要开发新的保护原理；②对于内部电力电子设备较多的微电网，存在并网运行和离网运行时短路电流水平有较大差别的问题，常规过流保护在某种运行方式下可能出现灵敏度不足的情况，一套定值无法满足多种运行模式的需求；③不同微电网的系统结构及分布式电源数量区别较大，故障特性存在较大差别，保护策略需要考虑各种运行情况；④微电网与配电网相连的 PCC 点处保护要求能够准确识别电网的各种故障类别及故障区域，并迅速做出反应，决定微电网是否需要进入离网运行，进而触发微电网运行模式间的切换。因此，需要研发适用于微电网运行的故障检测与保护控制系统。

1.4.5 建模与仿真

微电网系统内一般含有大量的电力电子设备,并且包含发电、输电、配电、用电等多个环节。系统运行特性与传统电网存在较大差别,制定运行控制策略时需要考虑上述因素。开展前期建模仿真研究,能够预先验证策略的合理性,加快策略开发进度,节省现场调试工作量,并确保系统实际运行时的安全性、稳定性及可靠性。

开展微电网仿真研究,准确全面的建模非常重要。首先需要对微电网系统中的各种供电单元、储能单元及相关单元级控制器进行单元级建模,包括系统各组成单元的数学模型、以可再生能源为初始能源的分布式电源单元出力的随机模型、储能单元的充放电控制模型等;然后需要对微电网系统级控制器及管理系统进行建模;最后建立系统整体运行控制和能量优化管理模型,形成一个整体的仿真测试系统。

微电网系统有多种分布式电源单元的存在,监控系统的控制方式也不同于常规电力系统分层控制的方式,因而需要为各分布式电源单元间的协调、系统的集成运行开发相应的微电网系统级运行控制及能量优化管理系统,如短期甚至超短期的可再生能源的能量预测和负荷需求预测、机组组合、经济调度、实时管理等应用系统。电力电子变换器的控制是微电网系统运行控制尤其是动态运行仿真过程中需要重点考虑的一个问题。

除此之外,系统的电源、负荷可以是单相也可以是三相的,电路可以是三线制、四线制甚至五线制的,系统可以是单点接地也可以是多点接地的。这些导致系统不对称、不均衡,使现有针对互联电力系统的分析方法不能完全适用于微电网系统。因而,需要开发一系列系统稳态和动态工具,以进行性能仿真和分析,如潮流分析、动态电压控制、系统不平衡、不对称的预测和评估、不同组成单元的动态交互及对系统稳定性的影响等。

1.4.6 电能质量

分布式电源的特殊性造成的电能质量问题仅仅是微电网相比传统配电网电能质量问题特殊性的一个方面。微电网的特殊网络性质和运行特点,以及包含其中的众多储能设备、监测控制设备都使微电网电能质量问题的产生原因和传播范围有了许多新的特点。在微电网的电能质量问题的影响因素和控制方法方面,也因为微电源普遍采用的电力电子技术和新的控制方法而出现了许多新的电能质量控制特性。

分布式电源的电能质量危害可以通过针对性地安装补偿装置或改进控制方法改善。直流问题可以通过在逆变器电网侧串联变压器的方式解决。对于感应电动机式微电源启动带来的电压跌落问题,可以通过在电网接口处安装软启动限流装置解决。功率因数偏低的问题可以通过安装具有自动调整功能的补偿电容器组加以改善。对谐波谐振现象的抑制措施除了安装有源滤波器及补偿设备的一般性方法,还可以从改善网络环境的角度入手。

1.4.7 通信技术

微电网的运行控制策略需要在采集不同特性的分布式电源单元信息的基础上，通过配网级、微电网级、单元级各控制器间的通信来实现。以电力电子器件为接口的分布式电源单元与常规同步机的特性有很大差别，系统惯性很小，且要求控制及时，因而在微电网的运行控制与能量管理过程中对通信技术的可靠性和速度提出了很高的要求。另外，通信技术还直接关系到微电网能否提供更快的辅助服务。对低消耗、高性能、标准型信息交换设备的需求和通信协议的标准化是能量管理系统开发中的一个重要组成部分。

在微电网中，通信系统的分布往往是沿着电力线路的，所以微电网通信系统的结构与微电网本身的结构及控制方式密切相关。典型的通信系统结构由星形、环形及网状结构混合而成。为满足微电网系统复杂的要求，通信线路需要具有良好的安全性，并能支持新型网络应用；通信系统必须具备足够的带宽，对采集到的大量数据进行检索、精简、管理、存储与整合；通信系统必须整合各种开放的标准，降低系统出现兼容性问题的风险；同时，通信系统还需要覆盖系统的各个环节，包括发电、输电、配电、用电及调度等。

1.4.8 实验研究

北美、欧盟、日本等国家、地区和组织已开展微电网的研究和建设，并根据各自的能源政策和电力系统的现有状况，提出了具有不同特色的微电网概念和发展规划。在微电网的运行、控制、保护、能量管理及对电力系统的影响等方面进行了大量研究工作，并取得了一定进展。微电网研究的核心问题在于如何保证微电网的稳态经济运行及微电网受到扰动后如何维持暂态稳定，即微电网的控制策略问题。而微电网的实验系统建设，作为微电网控制策略及相关技术理论的实现载体，可为微电网研究提供验证平台，也受到各国政府的重视。

目前，微电网的实验室建设和示范工程项目格外令人关注，欧盟、美国、中国、加拿大、日本等国家和组织从各自的具体情况出发，依据不同的发展目的，建立了一批微电网实验室和示范工程。

1.4.9 接入标准

微电网的规划、设计、建设和运行管理涉及多个行业、部门。为保证微电网接入配电网的性能和质量，迫切需要国家层面的统一标准，对微电网接入配电网的系统调试和验收进行规范。标准的编写和发布实施，在提高微电网安全运行水平、充分发挥分布式电源效能、构建更加清洁高效的供配电网络等方面将发挥重要作用。

比较早的分布式电源标准是《商业中紧急备用电力系统推荐标准》(IEEE 44621995),规定了紧急备用分布式电源安装和应用原则。用户可以采用分布式电源给本地负荷提供动力,主要用途是作为紧急备用提高可靠性,但是发电机不允许并网运行。

2003年,IEEE发布了《分布式电源并网标准》(IEEE 1547),IEEE 1547实际上是分布式电源一系列互联标准中的第一项标准。该标准规定了10MVA以下分布式电源互联的基本要求,涉及所有有关分布式电源互联的主要问题,包括电能质量、系统可靠性、系统保护、通信、安全标准、计量等。

但是IEEE 1547并未覆盖所有分布式电源互联的范围,也存在一些使用限制,主要包括:①未规定并网点分布式电源最大接入容量限制;②未涉及分布式电源自身的保护及电网调度运行要求;③未涉及配电网规划、设计和运营;④未考虑负荷在分布式电源和电网间自动切换策略等。为了补充上述缺陷,IEEE 1547标准已经扩展,包括如下内容。

2005年制订IEEE 1547.1:《分布式电源与电力系统互联适应性测试程序》,以确认分布式电源是否适合与电力系统联网。

2007年制订IEEE 1547.2:《分布式电源与电力系统互联应用导则》,提供了互联应用技术背景和应用的细节,以支持对IEEE 1547的理解。

2007年制订IEEE 1547.3:《分布式电源与电力系统互联的监测、信息交换和控制导则》,以提高分布式电源与电力系统间的交互性能。

2003年制订IEEE 1547.4:《分布式孤岛电力系统的设计、操作和集成导则》,重点介绍了微电网工程实现应考虑的关键问题。该导则最新修订版于2008年7月发布。

IEEE 1547.4涵盖了规划和商业化运营微电网主要考虑的因素,主要包括:①有功潮流的大小与方向;②系统电压、频率及电能质量控制模式;③公共连接点数量;④继电保护策略与整定;⑤系统监视与控制;⑥区域负荷需求;⑦分布式电源的功能与特性;⑧系统稳态与瞬态约束;⑨电源间相互作用;⑩系统备用、负荷投切及负荷侧响应;⑪异步电机启动。该导则还讨论了在并网和孤岛情况下的典型运行控制策略。

目前,中国也正在开展微电网相关标准的制订工作,部分技术标准已进入报批阶段,主要涉及微电网规划设计、运行控制、调试验收及入网检测等各个方面。

参考文献

[1] 李柯,何凡能.中国陆地太阳能资源开发潜力区域分析.地理科学进展,2010,09:1049-1054.

[2] 宋婧.我国风力资源分布及风电规划研究.北京:华北电力大学博士学位论文,2013.

[3] 彭程.中国水能资源状况与开发前景.中国水利学会,2004:44.

[4] 马常耕,苏晓华.生物质能源概述.世界林业研究,2005,6:32-38.

[5] 黄少鹏.中国地热能源开发的机遇与挑战.中国能源,2014,9:4-8,16.

[6] 游亚戈,李伟,刘伟民.海洋能发电技术的发展现状与前景.电力系统自动化,2010,14:1-12.

[7] Ackermann T,Andersson G,Söder L. Distributed generation: A definition. Electric Power Systems Research,2001,57(3):195-204.

[8] 王成山,王守相.分布式发电供能系统若干问题研究.电力系统自动化,2008,32(20):1-4.

[9] 王建,李兴源,邱晓燕.含有分布式发电装置的电力系统研究综述.电力系统自动化,2005,29(24):90-97.

[10] Gil H A,Joos G. Models for quantifying the economic benefits of distributed generation. IEEE Transactions on Power Systems,2008,23(2):327-335.

[11] Pepermans G,Driesen J,Haeseldonckx D. Distributed generation: Definition, benefits and issues. Energy Policy,2005,33(6):787-798.

[12] 冯光.储能技术在微网中的应用研究.武汉:华中科技大学博士学位论文,2009.

[13] Mcdermott T E,Dugan R C. Distributed generation impact on reliability and power quality indices. Rural Electric Power Conference,IEEE,2002:D3.

[14] 黄伟,孙昶辉,吴子平.含分布式发电系统的微网技术研究综述.电网技术,2009,33(9):14-18.

[15] 李鹏,张玲,王伟.微网技术应用与分析.电力系统自动化,2009,33(20):109-115.

[16] Lasseter R H,Paigi P. Microgrid:a conceptual solution. Power Electronics Specialists Conference,PESC,IEEE 35th Annual,2004,6:4285-4290.

[17] Hatziargyriou N,Asano H,Iravani R. Microgrids. Power and Energy Magazine,IEEE,2007,5(4):78-94.

[18] Lasseter R H,Akhil A,Marnay C. The CERTS microgrid concept. Office of Power Technologies,US Department of Energy,Washington D. C. , 2002.

[19] 王成山,李鹏.分布式发电、微网与智能配电网的发展与挑战.电力系统自动化,2010,34(2):10-14.

[20] 苏玲,张建华,王利,等.微电网相关问题及技术研究.电力系统保护与控制,2010,38(19):235-239.

[21] 鲁宗相,王彩霞,闵勇,等.微电网研究综述.电力系统自动化,2007,31(19):100-107.

[22] 郑漳华,艾芊.微电网的研究现状及在我国的应用前景.电网技术,2008,32(16):27-31.

[23] "Grid2030"a national vision for electricity's second 100 years. http://energy. gov. com.

[24] 杨占刚.微网实验系统研究.天津:天津大学博士学位论文,2010.

[25] NEDO. http://www. Nedo. go. jp.

[26] 国家发展改革委关于印发《分布式发电管理暂行办法》的通知. http://www. gov. cn.

[27] Consortium for Electric Reliability Technology Solutions (CERTS) . http://certs. lbl. gov.

[28] Lasseter R H,Eto J H,Schenkman B. CERTS microgrid laboratory test bed. IEEE Transactions on Power Delivery,2011,26(1):325-332.

[29] Flueck A J, Nguyen C P. Integrating renewable and distributed resources-IIT perfect power smart grid prototype. Power and Energy Society General Meeting, IEEE, 2010:1-4.
[30] European Distributed Energy Resources Laboratories. http://www.der-lab.net.
[31] Microgrids. http://www.microgrids.eu.
[32] Araki I, Tatsunokuchi M, Nakahara H. Bifacial PV system in Aichi Airport-site demonstrative research plant for new energy power generation. Solar Energy Materials and Solar Cells, 2009, 93(6):911-916.
[33] Morozumi S, Nakama H, Inoue N. Demonstration projects for grid-connection issues in Japan. e &iElektrotechnik Und Informationstechnik, 2008, 125(12):426-431.
[34] Kim J, Jeon J, Kim S. Cooperative control strategy of energy storage system and microsources for stabilizing the microgrid during islanded operation. IEEE Transactions on Power Electronics, 2010, 25(12):3037-3048.
[35] Meiqin M, Ming D, Jianhui S. Testbed for microgrid with multi-energy generators. Canadian Conference on Electrical and Computer Engineering, CCECE, 2008:637-640.
[36] Zhao B, Zhang X, Chen J. Integrated microgrid laboratory system. IEEE Transactions on Power Systems, 2012, 27(4):2175-2185.
[37] 刘文. 微电网孤岛运行的主从控制策略研究. 广州:广东工业大学博士学位论文,2012.
[38] 朱兴林. 微型电网的自适应控制系统研究. 重庆:重庆理工大学博士学位论文,2010.
[39] 王家华,张艳杰. 分布式发电与微电网技术在电网中的应用. 云南电业,2010,3(38):35,36.
[40] 丁明,张颖媛,茆美琴. 微网研究中的关键技术. 电网技术,2009,33(11):6-11.
[41] 刘文,杨慧霞,祝斌. 微电网关键技术研究综述. 电力系统保护与控制,2012,40(14):152-155.
[42] 王成山,武震,李鹏. 微电网关键技术研究. 电工技术学报,2014,29(2):1-11.

第 2 章　微电网优化配置概述

微电网的优化配置是保证微电网可靠经济运行的关键问题之一，直接影响微电网内各种能源的梯级综合利用效率、供电可靠性和电能质量。因此，微电网优化配置研究是微电网规划、设计及建设关注的焦点之一。微电网优化配置涵盖的内容十分丰富，本章首先对微电网优化配置方法论进行介绍，然后对微电网优化配置的技术体系及其内涵进行详细阐述，最后详细介绍国内外混合可再生能源发电系统辅助优化软件，为读者全面了解微电网优化配置技术提供参考和帮助。

2.1　优化配置方法论

对于传统发电机，在燃料充足的前提下，可控制其按照预期的工况运行。但是，对于风机、光伏等可再生分布式发电，其输出功率取决于自然资源状况，且随着气候条件的变化而变化。因此，准确评估可再生能源发电的输出功率是一个很大的挑战(可再生能源发电一般可根据其输出功率特点，依据气象数据来评估其输出功率)。此外，负荷也具有很大的不确定性。通常，根据源荷自身的特性，优化配置方法大致可分为确定性方法和不确定性方法[1]。

1. 确定性方法

在确定性方法中，随时间变化的气象数据和负荷数据被认为是确定值，它们可以由历史数据或者经算法处理后的合成数据得到。为了使数据更加精确，数据源通常利用当地的气象站或测量工具得到，如可测量得到全年的太阳辐射数据和风速数据[2,3]。为了更精确地评估光伏发电数据，通常还需要考虑温度因素，因此还需要测量光伏发电时的温度数据。

由于数据可能出现偏差和缺失，一些气象数据和负荷数据是无法直接利用的，可通过其他方法对数据进行处理或获取可利用的完整数据。当前主要有三种方法：第一种是利用相邻区域的测量数据来代替该区域的测量数据[4]，如风速、光照强度、温度等；第二种是从网络资源上获得合适的数据；第三种是利用统计分析方法将不完整的数据变为完整的数据[5]。

优化配置时，确定性方法理论上可以直接被用于可靠性或成本分析。但是，由于气候条件和负荷数据都在不断变化，利用历史数据模拟未来的气候数据和负荷数据必将存在误差，优化配置结果可能与实际工程存在一定偏差，需要根据实际经验与项目目标进行结果修正。

2.不确定性方法

在不确定性方法中，将可再生能源发电和负荷需求等待求参量作为随机变量，在特定场景下利用理论公式来确定可再生能源发电和负荷需求的相关运行数据，如利用风速[6]、太阳辐射强度[7]及负荷[8]的概率密度函数来确定所需的原始数据。

但是，不确定性方法也面临着如下挑战。

(1)不同区域的可再生能源发电和负荷数据的概率密度函数不同，并且这些概率密度函数的取值与历史数据有关，因此对于特定区域，这些数据可能是不合适的。

(2)在不确定性方法中，可再生能源之间、负荷之间的联系通常被忽略，因为这种方法将它们分开处理。事实上，风速和太阳能辐射强度数据具有一定的关联性，并且负荷与可再生能源发电之间也存在一定的联系。

(3)在现实模型中，风速、太阳辐照强度、负荷的当前时刻数据与前一时刻的数据存在一定的联系。不确定性方法考虑前后时刻数据的相关性大大增加了数据产生的复杂程度。

总之，确定性方法可以直接利用历史数据参与微电网的优化配置，而不确定性方法需要通过理论公式来获取所需的数据，进而参与微电网的优化配置，但是它能克服源荷的不确定性对实际优化配置结果的影响。因此，在优化配置时，需要根据相关资源分析，在特定的场景下应选择合适的方法进行求解，以满足理论研究和实际工程的需求。

2.2　优化配置技术

微电网优化配置是微电网规划设计阶段需要解决的首要问题。优化配置方案合理与否将直接关系到微电网能否安全运行和经济效益的好坏，不合理的配置设计会导致较高的供电成本和较差的性能表现，甚至根本体现不出微电网系统自身固有的优越性。因此，微电网优化配置技术是充分发挥微电网系统优越性的前提和关键。

微电网优化配置是根据用户所在地的地理位置和条件、气象资料、电网资料、分布式电源工作特性、供能需求及系统设计要求等数据来确定微电网各组成部分的类型和容量[9]，以及相应运行策略等参数，以使微电网尽可能工作在理想的匹配状态下，达到经济性、可靠性和环保性等方面的优化。微电网优化配置技术涵盖的内容相当丰富，涉及分布式电源及系统模型、评价指标、求解方法等多方面。国内外学者针对微电网优化配置关键问题展开了一系列的研究，使优化配置技术体系逐步趋于完善，如图 2.1 所示。

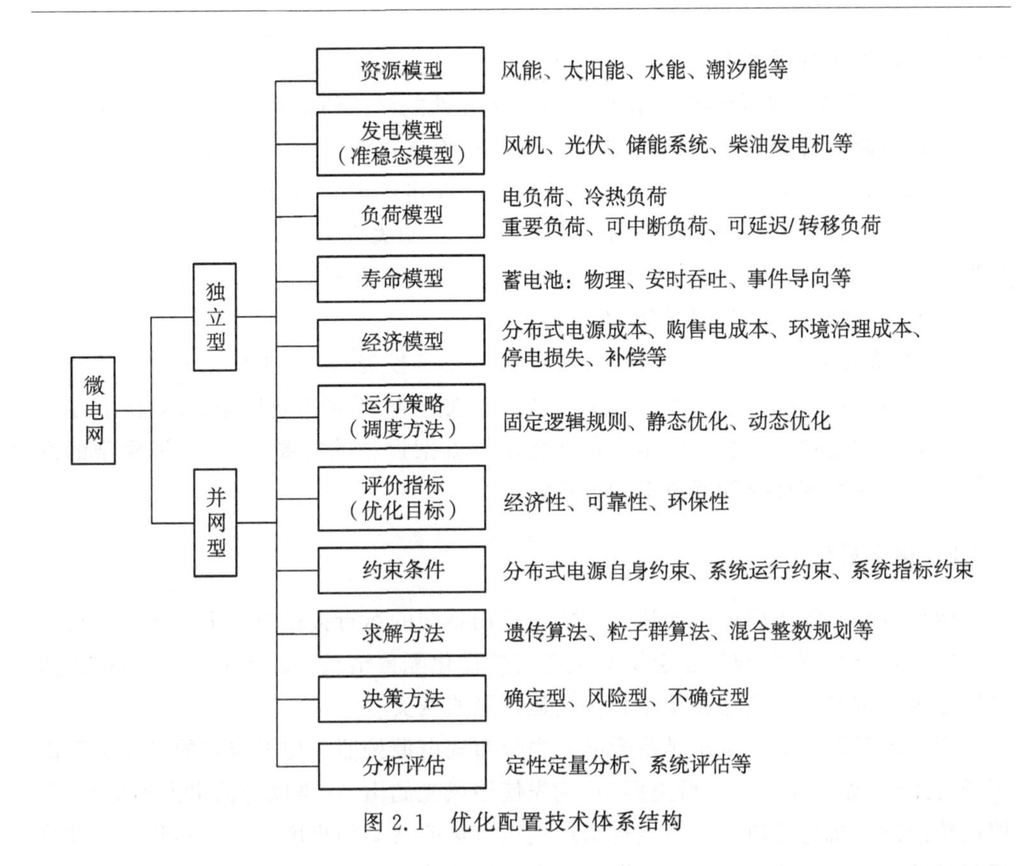

图 2.1　优化配置技术体系结构

2.2.1　建模研究

对微电网进行建模研究是进行优化配置的基础工作，主要包括发电模型、寿命模型、负荷模型、经济模型及资源模型，需要研究微电网内分布式电源工作特性、负荷特性、经济特性、自然资源特性及其模型建立方法等。国内外学者在优化配置研究过程中，已建立了相关模型，为进行优化计算奠定了一定的基础[10-12]。

(1)资源模型。自然资源模型也是发电功率计算中需要关注的一个重要方面。由于计算风机、光伏等可再生能源发电系统输出功率时，需要风速和光照强度等自然资源数据，但实际中往往较难获得详细完整的历史数据。目前，优化配置研究中大多直接采用工具软件拟合获得的数据，对自然资源模型的研究相对较少。

(2)发电模型。基于分布式电源发电与响应特性研究，分析了影响分布式电源输出功率的决定因素，以及不同分布式电源的功率输出特点。由于优化配置分析大多基于小时级步长对微电网运行工况进行仿真，因此，在优化配置中大多建立分布式电源的准稳态模型，为得到优化计算所必需的输出功率等发电数据提供了必要的手段。

(3)负荷模型。基于负荷需求特性及重要程度，将负荷按照种类划分为电负荷、冷/热负荷，按照重要等级划分为重要负荷、可中断负荷和可延迟/转移负荷[13-15]，为优化配置建模和分析提供了参考。

(4)寿命模型。寿命模型也是微电网经济和性能评估的重要因素。目前,根据不同分布式电源的寿命特性,建立了较为简单的分布式电源寿命模型,以得到系统全寿命周期内的评估结果。其中,蓄电池储能系统是微电网内预期寿命相对较短的组件,其寿命受工况影响较大,寿命模型相对比较复杂。相关学者基于蓄电池储能系统寿命损耗特性,建立了基于物理特性、安时吞吐量和事件导向等模型,但也忽略了一些影响因素,导致蓄电池寿命估算的准确性不足。

(5)经济模型。目前,经济模型大多考虑了设备投资、购售电及停电损失等经济因素,通过环境治理,成本计及了污染气体的排放影响,并考虑折旧率、通货膨胀率等因素。建立微电网的经济模型是进行优化配置方案评估的必要工作,经济模型的准确与否将直接影响优化配置方案的合理性。

2.2.2 运行策略

运行策略决定了微电网的运行方式。采用不同的运行策略会产生不同的运行工况。因此,运行策略的设定也会影响微电网的优化配置结果。总体上,运行策略大致可以分为固定逻辑规则运行策略和优化运行策略两类[16]。

固定逻辑规则运行策略是指微电网中分布式电源按照预先设定好的优先级和次序进行工作,如在风光储柴微电网中,优先使用风光储出力,当风光储出力不足时,再使用柴油发电机进行供电。固定逻辑规则运行策略在某种程度上是一种基于事前分析和经验的运行策略,设定的逻辑规则并不随负荷或自然资源的变化而有所改变。目前,独立型微电网较多采用固定逻辑规则运行策略。

优化运行策略则可分为静态优化运行策略与动态优化运行策略两类。静态优化运行策略是指微电网中分布式电源的优先级和次序由当前时刻负荷和自然资源等条件决定,优化选择当前时刻最经济或其他设定目标最优的运行方案,从而决定当前时刻分布式电源的运行工况。动态优化运行策略则根据未来一定周期内(如 24h)负荷和自然资源的预测数据,选择优化周期内最经济或其他设定目标最优的运行方案,从而决定未来一定周期内分布式电源的运行工况。静态优化运行策略仅考虑当前时刻,未涉及未来时段内的优化,而动态优化运行策略则寻求的是未来一定周期内的最优化,以寻求全局化最优,两者有所差别。虽然动态优化运行策略在理论上更具有优势,但由于实际中,负荷和自然资源预测的难度较大,往往难以完全体现其优势。对以上几种运行策略进行有机结合,采用混合运行策略也是一种可行的调度模式。

2.2.3 评价指标

评价指标是衡量微电网性能的重要尺度,评价指标的合理性与准确性会影响最终得到的优化配置方案[17-21]。评价指标大致可以分为经济性指标、可靠性指标、环保性指标及其他指标，如图 2.2 所示。经济性指标主要反映微电网运行的经济性，考虑分布式电源的购置成本、运行维护成本、置换成本及燃料成本等因素。通过经济性指标，可以衡量微电网运行经济性的优劣。可靠性指标主要反映微电网的供电性能，如电量不足指标、平均停电频率、平均停电持续时间、平均供电可用度等指标。通过可靠性指标，可以衡量微电网供电性能在某一方面的优劣。环保性指标主要反映微电网运行的环境效益，如清洁能源渗透率，CO、CO_2、SO_2等污染气体的排放量等。通过环保性指标，可以衡量微电网环保效益的优劣。此外，还可以设定其他评价指标，如微电网系统自发自用比例、可再生能源渗透率等，或根据设计需要设置相应的评价指标。为了便于经济性指标、技术性指标和环保性指标衡量的统一化，目前研究较多将技术性指标和环保性指标转换为经济性指标以总体评价微电网的经济性。

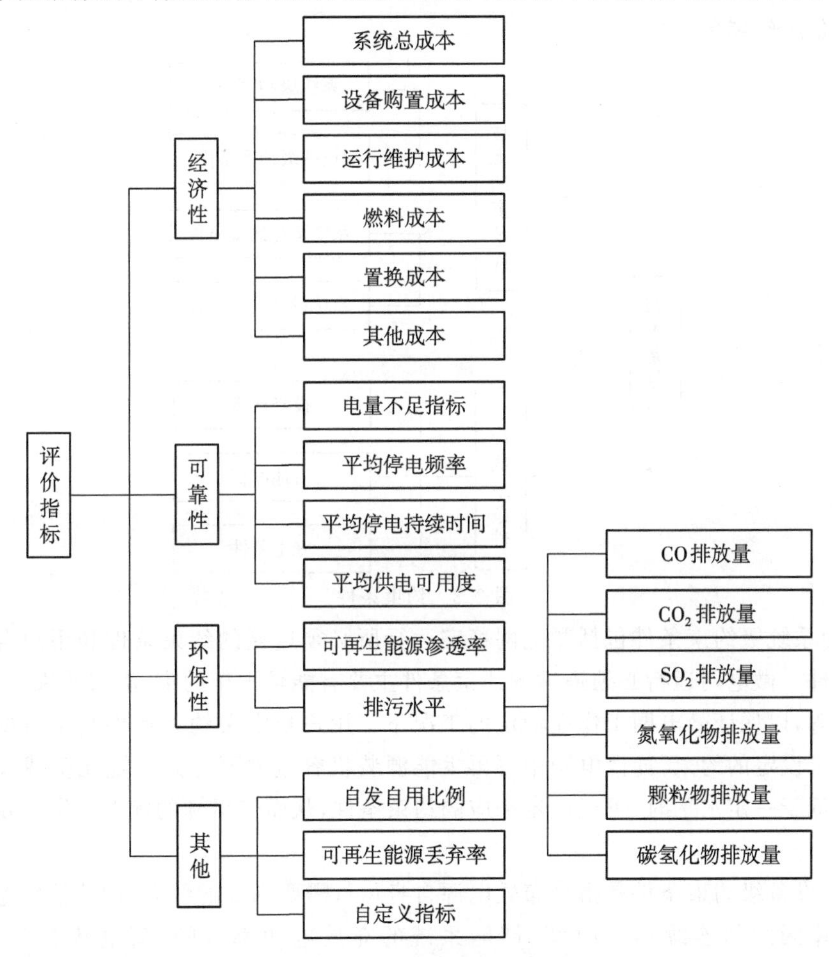

图 2.2　优化配置评价指标

在优化配置时，需要根据微电网不同的优化需求，选取一个或多个指标作为优化目标。在优化目标的选取上，较多选择经济性指标作为优化目标，从而寻求微电网经济性能的最优化。随着人们对微电网系统供电可靠性、安全性、环保性等方面要求的提升，结合这些因素的优化目标被更多地考虑进来，多目标优化已经成为当今的研究趋势。目前，多目标优化研究主要集中于成本、污染排放及供电可靠性这几个目标，通过对多目标下最优解的求解，得到满足条件的优化配置方案。综合现有研究，目前更多地强调经济性指标优化，对微电网技术性指标的建立和优化有所弱化，并不能很好地满足越来越多样化的优化需求。

2.2.4 约束条件

在进行微电网优化配置时，需要设定若干约束条件。约束条件大致可以分为技术约束条件和工程约束条件，如图 2.3 所示。其中，技术约束条件包括系统级约束条件和设备级约束条件。

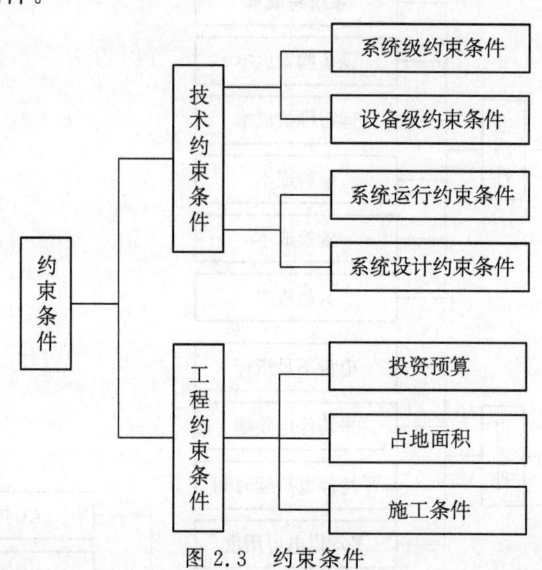

图 2.3 约束条件

(1)系统级约束条件包括微电网稳定运行所必须遵循的约束条件和用户自定义约束条件。微电网运行必须遵循的约束条件主要有能量平衡约束、潮流约束、电能质量约束等，以保证微电网工作在稳定的工况下。用户自定义约束条件则是根据实际设计需求设定的约束，如微电网中可再生能源装机容量需要达到一定比例或失负荷率需要低于一定水平时，可以设定相应的约束条件，从而使得到的配置方案满足设计要求。

(2)设备级约束条件是指分布式电源自身运行需要满足的约束，如柴油发电机的运行功率区间与连续运行时间、储能系统的充放电功率区间、荷电状态（state of charge，SOC）区间及期望使用寿命等，以保证分布式电源工作在符合规定的状态下。

从另外的角度还可将技术约束条件分为系统运行约束条件和系统设计约束条件。

(1)系统运行约束条件涵盖微电网运行的系统级和设备级约束条件,包括能量平衡约束、潮流约束,以及分布式电源自身运行需满足的约束,如柴油发电机的运行功率区间及连续运行时间、储能系统的充放电功率区间和 SOC 区间等。

(2)系统设计约束条件则是根据实际设计需求设定的约束,包括系统级和设备级约束,系统级约束如限定可再生能源装机比例、可再生能源丢弃率、失负荷率、供电可靠性及排污限制约束等。设备级约束如限定各分布式电源的容量上下限、储能系统期望使用寿命等。

工程约束条件主要是考虑工程投资预算、现场的实际环境限制及施工条件限制对优化配置的影响。工程约束条件需要转换成相应的数学表达式在配置模型中求解。由于部分工程约束转换成数学约束条件表达有一定的难度,可在配置分析中结合实际工程经验进行分析,通过设定相应的约束条件,以使得到的微电网优化配置方案符合设计需求。

2.2.5　求解方法

通过建立微电网系统模型,设定相应的优化目标和约束条件,则可以通过一定的求解方法对优化配置问题进行求解。求解方法大致有枚举法(遍历法)、智能优化算法和混合算法,如图 2.4 所示。

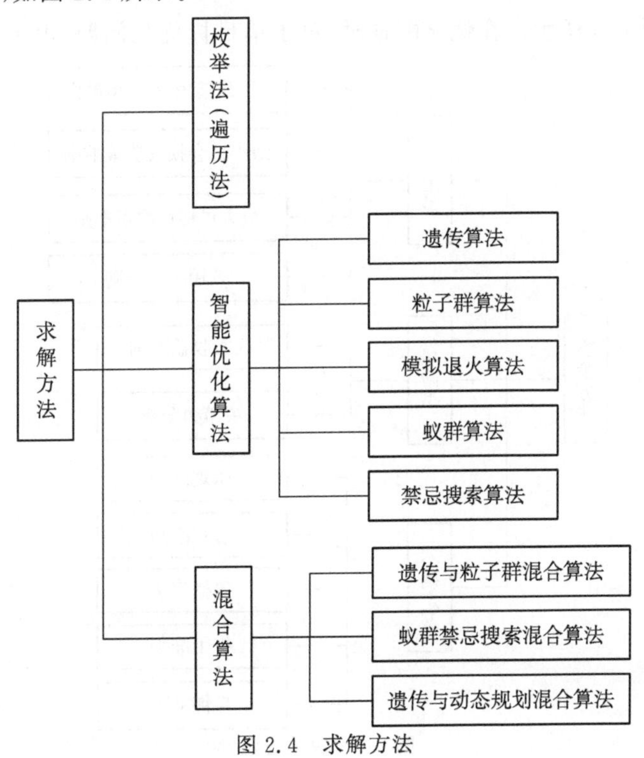

图 2.4　求解方法

枚举法(遍历法)是在有限备选方案下较为适宜的求解方法,它将所有备选方案逐一进行仿真计算,以得到设定目标下的最优方案。优化算法作为解决微电网优化配置的有效手段,得到了越来越多的关注和应用。国内外学者围绕新兴的智能优化算法,如遗传算法、粒子群算法、禁忌搜索算法、模拟退火算法及蚁群算法等[22-24],结合微电网的优化配置特点,对改进智能优化算法的收敛性、准确性和快速性等方面进行了一定探索,并提出一些性能优良的改进型优化算法。随着智能优化算法的不断发展,结合不同算法优点的混合优化算法及其他新型优化算法被提出,并在微电网优化配置领域得到了应用。目前,相关学者仍致力于研究性能表现优良的多目标优化算法,以便能够更加准确、快速地寻找到最优解。

通过优化算法进行求解的实现手段大致可以分为两类,一是借助现有软件工具进行求解,但由于软件工具的种种局限性,可能并不能满足实际多样化的需求;二是借助优化算法编程进行求解,相比软件工具,使用优化算法编程进行求解则较为灵活,其中若干相对成熟的算法可以直接通过算法工具包等形式进行调用。

2.2.6 决策方法

在进行微电网优化配置问题求解后,往往需要决定采用的优化配置方案。根据问题的不同,相关学者提出了一系列决策方法,大致可以分为确定型、风险型和不确定型几类,如图 2.5 所示。在优化配置时,对于单目标优化问题,由于存在唯一的最

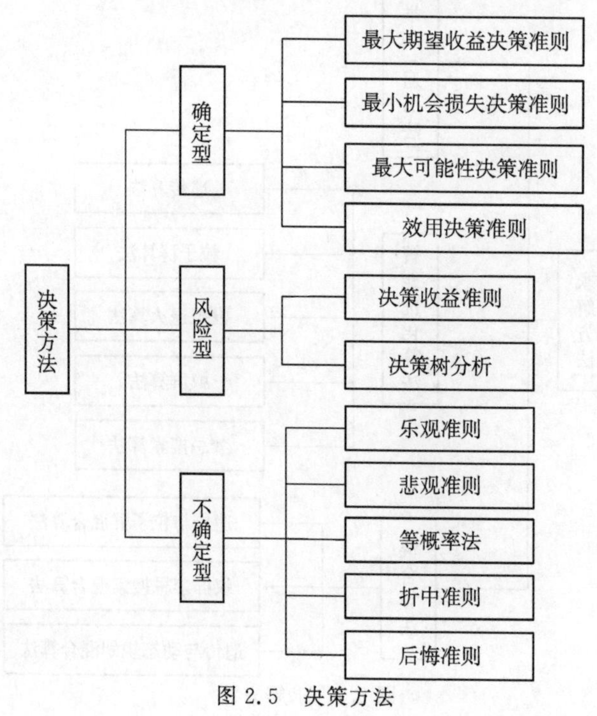

图 2.5　决策方法

优解，其选择较为简单，但对于多目标优化问题，其得到的是一个优化解集，并不存在唯一的最优解，因此需要借助一定的决策方法。其中，较为简单的方法是将不同的目标值按照一定的权重加以综合，得到总的目标值，但最后的结果受权重因子的影响较大。此外，模糊决策、多属性决策等方法也被更多地应用于优化问题分析中[25]。

2.2.7　分析评估

在得到优化解或优化解集后，需要对其进行分析和评估，可与现有供电系统或其他方案（如完全柴油发电系统）进行对比，以评价优化配置方案的可行性和优势，全面分析评估优化配置方案在经济效益、环境效益及社会效益等方面的情况。科学的分析评估方法对微电网的推广具有重要意义，会对用户、独立开发商和电力公司等投资主体提供决策帮助。

综上可见，微电网优化配置涵盖的内容十分丰富。其中，微电网特性及其模型研究是优化配置的基础，评价指标与优化目标是衡量优化配置方案的标尺，优化算法是求解优化配置问题的有效手段。这几个方面是紧密联系的，其他因素考虑是否完备，也决定了优化配置方案的合理性和有效性。由于微电网组成和运行的复杂性，其优化配置是一项十分复杂的任务。

随着智能电网及微电网技术的不断发展，一些新概念、新技术将被更多地引入微电网应用中，这就对微电网优化配置理论提出了更高的要求。因此，针对现有问题，充分结合新概念、新技术，对微电网优化配置研究进行探索是十分必要和紧迫的。

2.3　优化配置工具软件概况

基于微电网优化配置及相关功能的分析软件在世界范围内都在快速发展，它们在一定程度上推动了微电网优化配置的理论研究和工程设计。本节主要对现有的一些可用于微电网优化配置的软件[26-30]进行简单介绍和对比分析。它们主要分为三类：第一类是功能较为全面，适用于微电网系统辅助优化设计的软件，包括 HOMER、HOGA、H_2RES 等；第二类是功能较为单一，不完全适用于微电网系统辅助优化设计的软件，但能够对一些类型的微电网系统进行仿真分析，包括 RETScreen、EnergyPLAN、DER-CAM 等；第三类是仅针对单一形式发电系统仿真分析的软件，主要有 Ecotect、PVSYST、PV* SOL、Windsim、WAsP 和 WindFarm 等。本节分别对上述三类软件的功能和特点进行简单介绍，并分析总结它们存在的不足之处。

2.3.1　微电网系统辅助优化设计软件

第一类软件包括 HOMER、Hybrid2、H_2RES、HOGA 和 PDMG 等。HOMER 软件是一个目前微电网优化设计中使用较为广泛的仿真软件，它包含多种可再生能源发电的仿真模块，主要侧重于微电网系统的优化配置和敏感性分析。Hybrid2软件更多地用于微电网系统的仿真和运行策略分析。H_2RES软件主要侧重于微电网系统的可再生能源渗透率及利用率方面的优化设计。HOGA软件则采用遗传算法(GA)进行多目标计算，模型方面与HOMER软件类似。国内学者开发的PDMG软件在储能系统和控制策略优化方面进行了一些改进，在模型和算法上与HOGA软件类似。第一类软件功能最为全面，了解其输入输出和模块组成，有助于了解优化配置软件的组成、功能和设计。本节对使用最为广泛和最具代表性的HOMER、Hybrid2、H_2RES、HOGA、PDMG等软件进行介绍。

1. HOMER软件

1)HOMER软件简介

HOMER软件是美国国家可再生能源实验室使用C/C++语言开发的、用于辅助微电网系统优化设计的软件。HOMER软件可以模拟并网和独立微电网系统，微电源可包含光伏、风机、小型水电、生物质能发电、往复式发电机、微汽轮机、燃料电池、蓄电池及氢储能。HOMER软件还在进一步开发和完善，更多的微电源将会加入软件中。HOMER软件允许用户基于技术性和经济性去比较不同微电网系统配置的优劣。通过软件，用户还可以对一些不确定性变量进行量化分析(敏感性分析)。图2.6是该软件的主界面图。

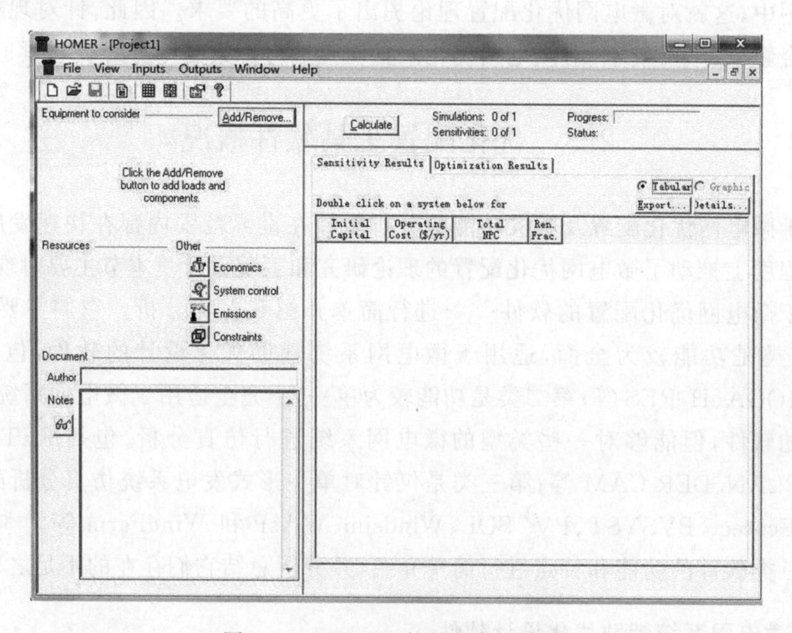

图2.6　HOMER软件的主界面图

2)HOMER软件的实现

HOMER软件模拟仿真微电网的物理性能指标和寿命周期成本(包括系统安装

和寿命周期运行成本)。使用 HOMER 软件时,需要先输入数据,再进行仿真,得到输出数据,进一步可以优化得到最优配置及敏感性分析。

(1)数据输入。①负荷:包括首要负荷,可转移负荷和热负荷。②系统组件:包括风机、光伏列阵、小水电、柴油发电机、蓄电池、变流器、电解槽等。③资源情况:包括光照、风速、水流量、燃料等。④经济模型变量:主要包括贴现率、微电网工程寿命、系统各项初始投资成本和置换费用,系统运行维护费用及碳排放惩罚费用等。⑤系统运行策略,即调度策略。HOMER 软件只能进行两种简单运行策略下的仿真,分别为负荷跟随策略和循环充电策略。⑥约束条件:包括运行备用约束,系统允许的年最大缺电率约束,可再生能源出力比例约束等。⑦敏感度分析变量值:若需要对某些变量进行敏感度分析,则需要对该变量设定若干个不同的值。

(2)仿真及数据输出。HOMER 软件可以仿真包括一定容量的光伏列阵、单台或多台风机、小水电、蓄电池组、电解槽、储氢罐等在内的任意组合的微电网系统。

HOMER 软件的默认仿真步长为 1h,它可对特定配置的微电网系统进行 8760h(即一整年)的仿真。首先是计算每小时各种可再生能源的出力,并与该时间内的负荷需求进行比较,来决定可再生能源出力过剩时如何处理,或出力不足时柴油发电机运行功率(或从电网购买电量);完成一年的计算后,HOMER 软件会判断该配置是否满足仿真用户设置的一些约束条件,如缺电概率约束、可再生能源出力比例约束、污染气体排放约束等;若该配置满足所有约束,则 HOMER 软件会计算该系统配置全寿命周期内的各种设备的成本,以及燃料年消耗量、柴油发电机年运行时间、蓄电池预计寿命和系统需要从电网购买的电量等参数。HOMER 软件使用总净现值成本(NPC)来表示系统工程寿命内的所有成本和收入,用贴现率将未来的现金流换算到当前的情况。

HOMER 软件体现仿真功能的输出主要有以下几类。①费用方面的相关信息,包括满足所有约束的各个配置的 NPC,及构成 NPC 的各单项成本,即各组件的初始投资成本、工程寿命期内各部分的置换成本、每年运行维护成本和燃料成本等。②供电方面的相关信息,包括系统每年发出的总电量、各个组件发出的总电量,以及电量剩余量或者功率缺额量。③供热方面的相关信息,包括每个供热组件每年的供热量等。④燃料发电机运行方面信息,包括其年运行时间、开停次数、最大和最小输出功率和年燃料消耗量等。⑤蓄电池相关信息,包括每年通过蓄电池循环的电量,电池寿命等。

(3)优化。HOMER 软件的仿真功能是指模拟特定的系统配置的运行过程,而优化功能则会计算得出最优配置。HOMER 软件认为满足用户指定约束,且 NPC 最低的系统配置是最优配置。

在优化过程中,HOMER 软件会分别对不同的系统配置进行仿真,筛除那些不满足用户指定约束的配置,然后按满足所有约束配置的 NPC 的高低进行排序。

HOMER 软件进行优化时的决策变量可以是光伏容量、风机台数、柴油发电机容量、蓄电池数量、变流器容量、电解槽容量、储氢罐容量和运行策略等。

(4)敏感性分析。HOMER 软件的敏感性分析则会对一组不同的假设输入下进行多次仿真优化。敏感性分析可以揭示一些输入变化后如何改变输出。微电网系统设计方案的多样性及关键参数的不确定性(负荷大小、未来燃料价格等)给系统的分析和设计带来很大的困难。

在敏感性分析中,HOMER 软件允许用户对某输入变量设定多种可能的取值,此时这个变量可以称为敏感性变量。HOMER 软件会对用户设定的敏感性变量的每个值进行反复仿真计算,检查某个值变化时会对仿真结果产生何种影响,最后将敏感性分析结果输出。通过 HOMER 软件的灵敏性分析功能,设计者可以确定一些不确定变量在一定范围内变化时,对某最优系统配置产生何种影响,最后得出鲁棒性较强的系统配置结果。

3)HOMER 软件的优缺点

HOMER 软件有很多优势,不仅有仿真微电网系统的功能,还能够对多种可行的方案进行优化,计算得出 NPC 最低的可行方案。软件具有敏感性分析功能,可以分析一个或者多个输入变化时对优化结果的影响。不足之处是 HOMER 软件目前还不支持地热能等可再生能源发电技术的仿真优化,运行策略较为简单,无法满足实际系统多样化的运行需求。软件主要是基于经济性方面对微电网系统进行仿真优化,缺少基于技术等方面的仿真优化功能。

2. Hybrid2 软件

1)Hybrid2 软件简介

Hybrid2 软件是由美国国家可再生能源实验室和麻省大学合作开发的,可用于分析有多种微电源(光伏、风机、蓄电池储能和柴油发电机)和负荷(交直流负荷、热负荷)的并网型与独立型混合微电网系统。由于 Hybrid2 软件提供了比较全面的系统分析,有多种运行策略方案可供选择,该软件在大学研究工作中广受欢迎。图 2.7 是该软件的主界面图。

2)Hybrid2 软件的实现

Hybrid2 软件建立了结合概率分布的时序模型,用时间序列数值逼近负荷和资源数据,时间间隔通常为 10min～1h。Hybrid2 软件考虑风机出力和负荷的短期波动(Hybrid2 软件认为光伏出力是不波动的),风速、风机出力和负荷符合正态分布,而在一些情况下,风速可以使用 Weibull 分布。当软件获取场景数据和负荷曲线后,Hybrid2 软件对特定配置组合和运行策略进行仿真。

(1)Hybrid2 软件的输入。①负荷参数:包括主要负荷、可延时负荷、可选负荷和热负荷。②站点/资源参数:包括站点参数及风速、光照、温度等资源的时间序列数据。③系统参数。Hybrid2 软件可以仿真的系统是一个基于三种母线(即直流(DC)

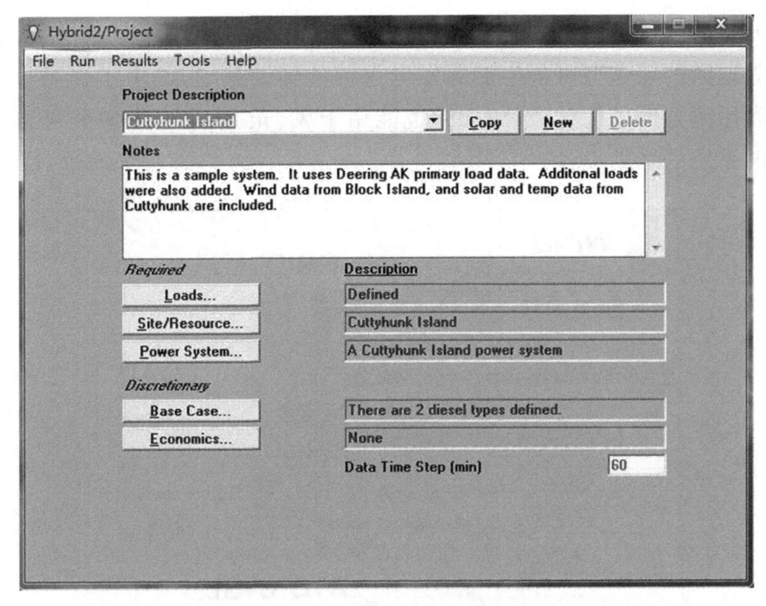

图 2.7　Hybrid2 软件的主界面图

母线、交流(AC)母线和总母线)的系统，各种类型的组件连接到不同类型的母线之上。仿真用户需要输入连接到各母线上的组件，包括风机、光伏列阵、柴油发电机、变流器等。④基本案例参数。Hybrid2 软件允许用户对仅使用柴油发电机的系统和使用可再生能源发电技术的系统在技术性和经济性方面进行比较。

(2)Hybrid2 软件的输出。①性能方面的概要文件，其中包括该系统仿真期间的能量流动和燃料消耗量等。②经济方面的概要文件，其中包括系统总成本净现值费用、能量的平准化费用、收益率和年度现金流等。③详细概要文件，其中包括每个仿真步长内各仿真变量的值，主要有负荷大小、未满足负荷的大小、每个发电组件的出力情况、储能系统存储的电能数量、电能转换过程中的损耗量、仅使用柴油发电机系统和可再生能源发电系统的柴油消耗量等。

3)Hybrid2 软件的优缺点

Hybrid2 软件的优点是可以辅助用户对一些混合可再生能源发电系统进行仿真设计，允许用户设定一些更为精细的约束。与 HOMER 软件只有两种简单的运行策略不同，该软件允许用户设定不同的柴油发电机和储能系统运行准则，具备丰富的运行策略类型。不足之处是目前该软件不支持地热能、小水电、生物质能等可再生能源发电系统的仿真，软件只能针对具体配置的系统进行仿真分析，没有优化和敏感度分析功能。

3. H_2RES 软件

1)H_2RES 软件简介

H_2RES 软件是一款由克罗地亚 Zagreb 大学开发的、用于混合可再生能源发电系统仿真分析的软件。图 2.8 是该软件的系统示意图。H_2RES 软件主要用于海岛、偏远山区等地区的独立型可再生能源发电系统的辅助规划,侧重于提高可再生能源渗透率及利用率方面的优化设计;同时也能用于风、光、小水电等单一可再生能源接入大电网的系统的辅助设计。

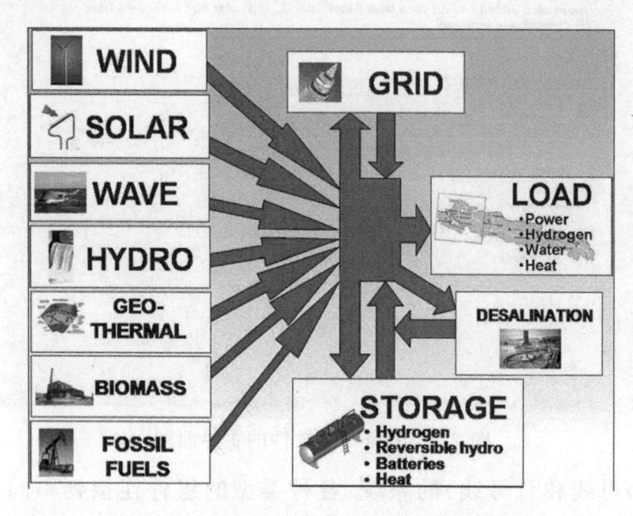

图 2.8　H_2RES 软件可仿真的系统示意图

2)H_2RES 软件的实现

H_2RES 软件能够对包含光伏发电、风力发电、小水电、柴油发电等发电模块,蓄电池储能系统、抽水蓄能系统、储氢系统等储能模块,电负荷、热负荷及海水淡化等负荷的混合可再生能源系统进行小时级的仿真。此外,该软件还正在进一步开发波浪能发电等可再生能源发电仿真模块。

使用 H_2RES 软件进行仿真时,需要在其可再生能源发电仿真模块中分别输入风速、光照强度、降水量等数据。其中,风力发电模块使用的风速数据由离地面 10m 左右高度获得,该软件会将风速调整至风机轮毂高度处的风速,然后计算风机的输出。对于光伏模块输出的仿真,则是通过将水平面上总的光照强度换算为光伏板倾斜面上的光照强度,然后计算光伏模块的输出。降水量数据主要用于计算小水电模型的输出,H_2RES 软件基于降水量、流域面积和水库蒸发量的计算得出水库储水量的多少。软件整合了一年的序列数据到一个长期的场景。

H_2RES 软件的几个主要仿真模块如下。

(1)风力发电仿真模块。H_2RES 软件允许仿真者最多同时设定两个不同地点的风电场和四种不同类型风机进行仿真。用户需要输入风机厂商提供的关于风机输出方面的一些参数,如风机的切入风速、额定风速、切出风速等参数。

(2)光伏发电仿真模块。仿真时,用户需要提供光伏板倾斜面上的总光照强度数据,或者提供水平面上总的光照强度数据。该软件对于每个月太阳辐射角的计算是基于 RETScreen 软件或 PV-GIS 软件完成的。H_2RES 软件还可以计算由逆变器、线损等原因造成的光伏模块的输出损耗。

(3)小水电仿真模块。用户使用 H_2RES 软件对小水电模型进行仿真时，需要输入一年中每个小时的降水量数据，或者输入每日、每周或每个月平均降水量数据交由软件去合成每小时的降水量数据。除了降水量数据，用户还需要提供水库容量、水库面积等数据，软件会根据水库单位面积蒸发量的多少和水库面积计算水库的蒸发量，最后用降水量减去蒸发量，求出每个时刻水库可用水量的大小。

(4)负荷仿真模块。H_2RES 软件会基于系统内所有可再生能源每个小时内的出力情况，计算系统内负荷是否能够被满足。如果存在多余电能，则多余的部分会被存入蓄电池储能系统，或者用于制水制氢等，也可以转入可转移负荷。如果系统与大电网相连，则多余的电能也可以被送至大电网。在可再生能源发电和蓄电池放电均无法满足系统需要时，开启柴油发电机保证供电。除了用电负荷方面的优化，H_2RES 软件也针对用水和用氢负荷进行优化。

(5)生物质能仿真模块。H_2RES 软件在对生物质能发电技术进行仿真时，考虑了生物质能原料的相关转换过程，输出数据中包括电能、热能或者热电混合方面的相关数据。其生物质能仿真模块也可以被设定为热输出跟随，即以产热为主，产电为辅。使用该软件仿真生物质能的输出时，需要设定其最小出力系数，保证生物质能设备的出力不低于其允许的最小值。若可用的生物质能原料提供的出力小于其允许的最小值，则生物质能设备停止工作。H_2RES 软件仿真时只会考虑该小时可用的生物质能原料的多少，不会结合下一个小时的可用量综合考虑。

(6)地热能仿真模块。H_2RES 软件在对地热能发电进行仿真时，假定除了停机维护之外，地热发电设备在其他情况下均可以持续不间断的发电。因为地热能的输出相对稳定，不同于间歇性和不可控性很强的风、光等类型的可再生能源。

(7)储能模块。H_2RES 软件能够仿真的储能类型有电解槽、储氢罐和燃料电池组成的储能模块，水泵、水轮机和水库组成的抽水储能模块，以及蓄电池储能模块。仿真时，软件会计算每个时刻储能系统所能储存的最大电能，如果可供储存的多余电能大于储能系统的最大可存储量，则多余部分电能会被遗弃，或者供给海水淡化等负荷使用。

该软件对储能系统进行仿真时，认为其效率是近似恒定的：设定电解槽-储氢罐储能系统的效率为 50％～60％，抽水储能系统的效率为 70％，蓄电池储能系统的效率为 90％。并且设定电解槽电解出的氢气的压力刚好存入储氢罐中，无须花费额外的能量将氢气压缩进储氢罐，这样，只需要设定电解槽容量和储氢罐容量，就能计算出各个时刻该储能系统的最大可用储能量。对于抽水储能系统，H_2RES 软件假定其可用储能容量由上游水库可用容量和下游水库可抽水量决定。对于海岛等地区的混合可再生能源系统，若其下游水库为大海，则认为其下游水库可抽水量是无限的。

H_2RES 软件设定的可再生能源出力的优先次序依次为地热能、生物质能源、风光等其他可再生能源。目前，该软件还不支持自动根据成本最小或者污染最小来选择性地使用可再生能源。

3）H_2RES 软件的优缺点

H_2RES 软件的优点是提供的分布式电源仿真模块相对其他软件更为丰富，如生物质能仿真模块、地热能仿真模块等。不足之处是该软件经济方面的仿真分析功能不够完善，目前尚无法对混合可再生能源发电系统的经济性进行有效的仿真分析。

4. HOGA 软件

1）HOGA 软件简介

HOGA 软件是西班牙 Saragossa 大学基于 C++语言开发的、用于混合可再生能源发电系统仿真和优化的一款软件。图 2.9 是该软件的主界面图。

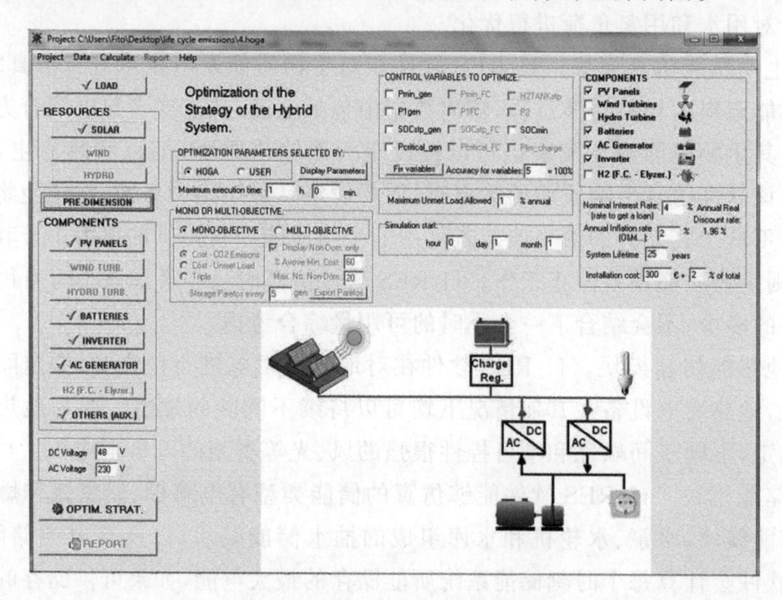

图 2.9　HOGA 软件的主界面图

2）HOGA 软件的实现

与 HOMER 软件类似，该软件也假设满足用户指定约束，且 NPC 最低的系统配置是最优配置，不同的是该软件采用遗传算法进行相关优化计算，且该软件不仅能进行经济性方面的单目标优化，也能进行 NPC、二氧化碳排放、未满足负荷等方面的多目标优化。由于上述多个优化目标之间往往是相互排斥的，即这些目标不能同时达到最优，所以该软件进行多目标优化时，得出的往往是一个最优解集，而不是单一的最优解。因此，使用该软件进行多目标优化得到最优解集后，仍需决策者基于各方面考虑后做出最后决策。

HOGA 软件可对独立型或并网型混合可再生能源发电系统进行仿真，其系统可包括以下组件的全部或其中一部分：光伏发电系统、风力发电系统、柴油发电机系统、小水电系统、燃料电池系统、储氢罐系统、蓄电池储能系统、变流器等。该软件可仿真的负载包括直流负载、交流负载、用氢负载、用水负载。HOGA 软件仿真时需要输入的数据与 HOMER 软件需要的数据类似，这里不再重复介绍。

3）HOGA 软件的优缺点

HOGA 软件的优点就是采用了计算速度较快的遗传算法，但是也因为遗传算法本身的不足导致该软件计算时有可能陷入局部寻优，得出的优化结果可能是局部最优解而不是全局最优解。该软件的另一个优点是能够进行多目标计算，得出最优解集，但是没有对最优解集的进一步处理。

5. PDMG 软件

1）PDMG 软件简介

PDMG 软件是由天津大学开发的、主要用于微电网规划设计的软件。该软件具备间歇性数据分析、分布式电源及储能容量优化、结合专家干预的技术经济比较等较为完整的微电网规划设计功能。图 2.10 是该软件的主界面图。

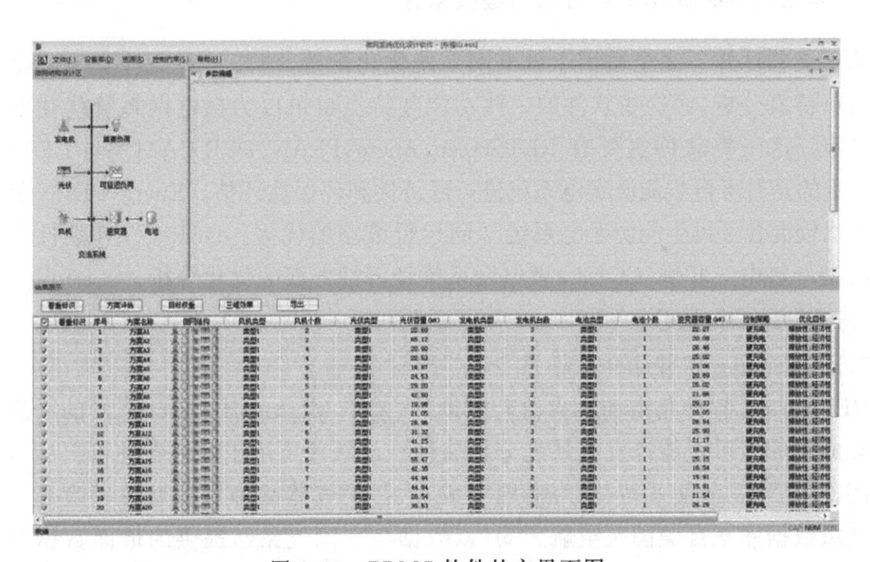

图 2.10　PDMG 软件的主界面图

2）PDMG 软件的实现

软件的实现步骤包括获取和分析原始数据、分布式电源规划、微电网方案评估，具体如下。

（1）获取和分析原始数据。包括风速数据、光照数据和负荷数据等。根据历史统计数据，用月平均风速通过二参数 Weilbull 分布生成全年风速数据，用月平均光照生成全年光照数据；也可通过给出典型日的风速、光照数据扩展成全年数据。该软件对负荷数据的处理借鉴了HOMER软件的处理方式,根据输入的典型日数据,考虑负荷增长率及季节性加入随机波动,扩展成全年的负荷数据。

(2)分布式电源规划。以经济最优为目标,根据当地气象资源及负荷情况对分布式电源进行优化,得到间歇性DG和可控性DG的容量。针对储能系统进行规划:包括间歇性分析、储能容量优化、储能系统(ESS)实现设计三部分。

(3)微电网方案评估。对以上产生的多个微电网设计方案进行仿真和技术经济评估,以其中经济性和技术性结合最佳的方案作为最终推荐方案。

3)PDMG软件的优缺点

PDMG软件的优点是能直接设置多种实际应用场景,例如,平滑联络线功率波动、削峰填谷,用户无须手工制定目标曲线,更好地满足了微电网实际工程应用的要求;具有专门的逆变器设计模块,通过对不同类型逆变器的建模可以计算出口电压及能耗,为储能串并联设计提供依据,具有混合储能设计功能。但是该软件目前还正处于开发阶段,一些功能的实现有待继续开发和验证,能够仿真的可再生能源的种类也较少。

2.3.2 微电网系统优化设计可供借鉴类软件

第二类软件并不完全适用于微电网系统优化配置,但能够对一些类型的微电网系统进行仿真分析,而这些软件的一些功能和特点也可以为微电网系统优化配置软件所借鉴。这一类软件主要有RETScreen、EnergyPLAN、DER-CAM等。RETScreen软件侧重的是对可再生能源发电系统进行经济性和环保性评估。EnergyPLAN软件主要用于比较混合可再生能源发电系统不同运行策略的优劣。DER-CAM软件主要用于并网型冷热电三联供(CCHP)微电网系统经济性方面的优化分析。

1. RETScreen软件

1)RETScreen软件简介

RETScreen软件是由加拿大政府资助的、基于Microsoft Excel开发的一款标准化和集成化的可再生能源发电系统分析软件。该软件可用于评估各种可再生能源技术的能源生产量、节能效益、全寿命周期成本、污染气体减排量和财务风险等。软件中的气象数据库来自美国航空航天局,该数据与中国气象站提供的地面数据有较大差别,在使用时应予注意。图2.11是该软件的主界面图。

2)RETScreen软件的实现

该软件包含8个独立的模块,分别是风力发电系统模块、光伏发电系统模块、小水电系统模块、太阳能热风系统模块、生物质能供热系统模块、太阳能供热系统模块、被动式太阳能供热系统模块和地源热泵供热系统分析模块。每个模块包含以下5个工作表:模型工作表、设备数据工作表、成本分析工作表、温室气体排放工作表和财务信息总结工作表。

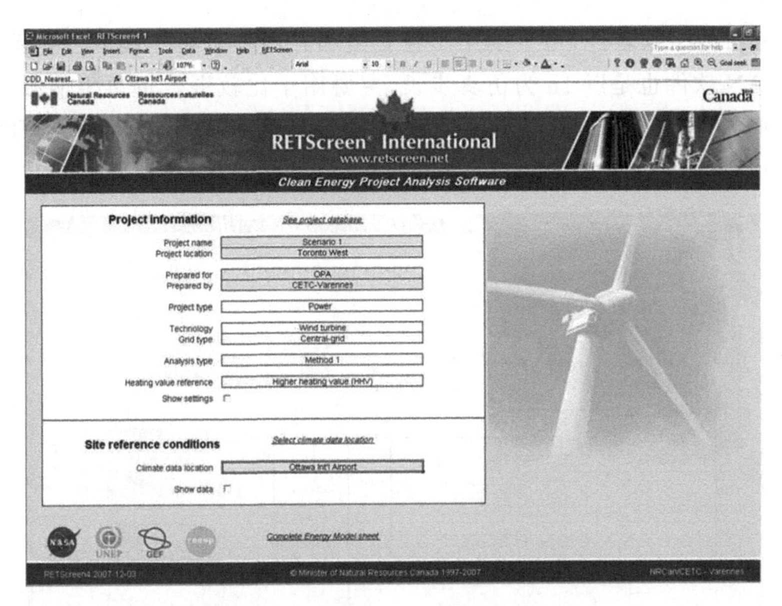

图 2.11　RETScreen 软件的主界面图

RETScreen 软件需要输入 3 种类型的参数，包括站点参数、系统特性参数和经济参数。下面以光伏发电系统分析模块为例介绍其所需的输入。

(1)站点参数：包括电站所在地纬度、年太阳辐射量和年平均温度等参数。

(2)系统特性参数：包括光伏阵列的额定容量和效率、光伏模块的类型、光伏列阵的倾角、变流器容量及效率和负荷数据等参数。

(3)经济参数：包括工程初始投资费用、年运行费用、项目年收入及通货膨胀率、折现率、工程寿命等一些用于项目经济性评估的参数。

RETScreen 软件的输出主要包括以下四部分。

(1)该项目每年可再生能源的发电量、减少的温室气体排放量等。

(2)该项目所需的支出和收入，包括初始总成本、年运行成本、年平均收入等。

(3)该项目年度现金流，包括每年税前和税后累积的现金流。

(4)该项目经济方面的可行性，包括项目内部收益率、净现值费用、年度正向现金流、项目盈利指数等。

3)RETScreen 软件的优缺点

RETScreen 软件在对供热系统的研究有较大优势，可对多种供热方式进行仿真分析。不足之处是单次仅能对单一形式可再生能源系统进行仿真，无法对混合可再生能源发电系统进行仿真分析。

2. EnergyPLAN 软件

1)EnergyPLAN 软件简介

EnergyPLAN 软件是由丹麦 Aalborg 大学开发的，是用于混合可再生能源发电系统仿真分析的一款软件，可分别用于独立型和并网型可再生能源发电系统仿真。EnergyPLAN 软件也是以 1h 为仿真步长，主要用于比较混合可再生能源发电系统不同运行策略的优劣，也可用于不同配置的系统经济性和可行性方面的比较。图 2.12 是该软件的主界面图。

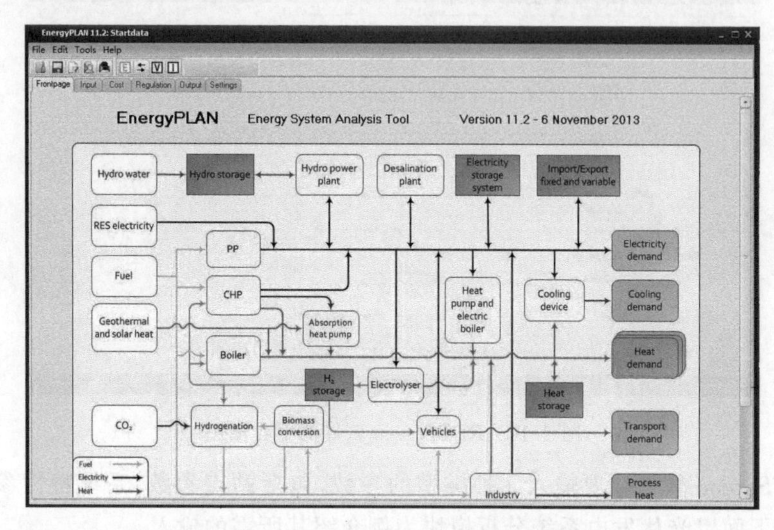

图 2.12　EnergyPLAN 软件的主界面图

2)EnergyPLAN 软件的实现

该软件可仿真的电源类型包括热电联产(CHP)系统、光伏发电系统、风机发电系统、波浪能发电系统等可再生能源发电系统，可仿真的负荷可同时包括电负荷和热负荷，可仿真的储能系统类型包括抽水储能和电解槽储能。

使用该软件进行相关技术分析时，用户需要设定四组输入量：第一组输入量是系统年用电量和系统每年所需的集中供热量，如果系统需要应对交通等一些较为灵活的用电需求，则输入中也应该包括这部分用电量；第二组输入量主要包括光伏发电系统容量和风机发电系统容量，以及太阳能热利用和工业 CHP 集中供热方面的相关参数；第三组输入量包括分布式 CHP 系统、锅炉和热泵的容量和运行效率等参数；第四组输入量主要是系统的一些运行约束，如分布式 CHP 最小出力约束、可再生能源出力比例约束等。此外，需要设定的量还包括为使热泵达到一定运行效率而设定的热泵出力方面的一些参数。软件的输出量主要包括各个运行策略下的系统年发电量、年燃料消耗量、年运行费用等数据。

该软件主要侧重于不同运行策略下运行结果的比较，主要有以下两类策略。①供热跟随策略。在该运行策略下，系统所有电源的运行首先需要满足热负荷的需要。在不包含分布式 CHP 的集中供热系统中，供热主要依靠工业 CHP 集中供热和太阳能发热系统进行供热，锅炉仅在上述供热系统供热不足时起补充供热的作用。在包含分布式 CHP 的系统中，各单元供热的优先次序依次为太阳能发热系统、工业

CHP 系统、分布式 CHP 系统、热泵和锅炉。②供热和供电跟随策略。该运行策略通过增加电力消费和减少电力输出来实现供热和供电平衡，通过锅炉和热泵优先供热来代替分布式 CHP 单元供热，同时分布式 CHP 系统也会减少其热出力。

3）EnergyPLAN 软件的优缺点

EnergyPLAN 软件提供的功能模块十分丰富，相对其他软件在 CHP 系统的研究较为深入，并提供多种运行策略可供选择以进行仿真比较。不足之处是 EnergyPLAN 软件仅能进行仿真分析，涉及的输入参数也较多，输出结果并不包含时序明细结果。

3. DER-CAM 软件

1）DER-CAM 软件简介

DER-CAM 软件是由美国 Berkeley 实验室开发的、主要用于并网型冷热电三联供系统优化分析的软件。图 2.13 是该软件的主界面图。该软件能够在技术和经济方面对系统可行性进行评估，还具有优化调度仿真的功能。

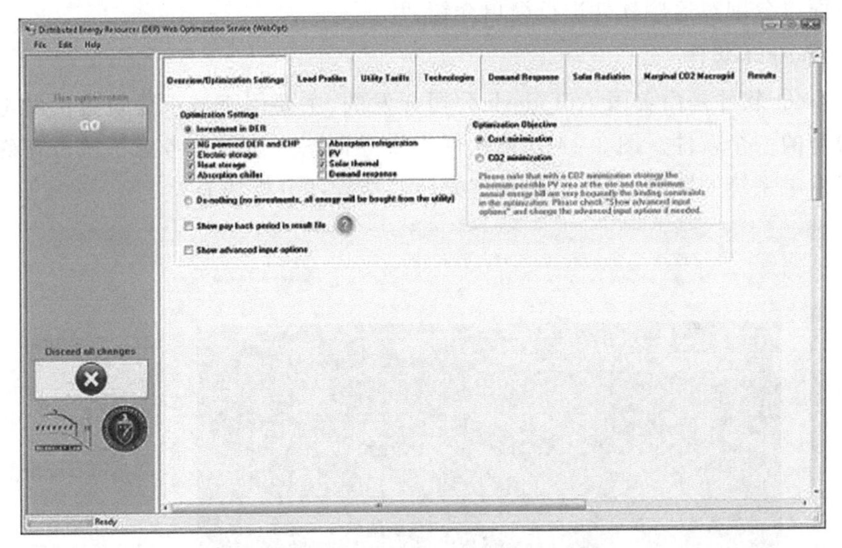

图 2.13　DER-CAM 软件的主界面图

2）DER-CAM 软件的实现

DER-CAM 软件以系统的运行费用最小为优化目标，通过比较各种分布式发电技术的成本来确定系统配置及其各部分装机容量的大小；同时比较从电网购电成本和分布式发电成本的高低、购买燃料成本和回收热量成本的高低等来确定系统的运行方式。该软件通过以下几个步骤实现其优化功能：首先寻找满足特定用户需要且费用最低的分布式电源配置；再确定系统配置后，以费用最低为目标，确定该配置下各种分布式电源的装机容量；最后确定各分布式电源的装机量后，以总费用最低为目标，确定各分布式电源的运行方式。

使用该软件进行相关仿真时，需要的输入量有：小时级的电负荷、热负荷数据；电价、天然气价格及其他一些相关价格；系统初始投资费用、运行维护费用等；待选的发电技术、冷热回收技术的基本特性参数；电源输出的热电比等参数。仿真后输出的数据包括：系统的配置及其各部分装机容量、优化调度策略、产生电能和热能的费用等。

3）DER-CAM 软件的优缺点

软件提出了独创的分布式电源用户侧模型。该模型将分布式发电的安装和运行成本等与电力部门的供电费用结构进行比较，可以为用户提供供电效果佳且成本低的分布式发电技术组合及热电联产的技术配置决策。

2.3.3　光伏和风电系统分析软件

风光是世界范围内研究和应用最广泛的可再生能源。第三类软件是专一性很强、针对单一形式发电系统仿真分析的一些软件，主要有针对光伏发电系统的 Ecotect、PVSYST 和 PV* SOL，针对风力发电系统的 Windsim、WAsP 和 WindFarm 等。下面将分别对这些软件进行简单介绍。

1. Ecotect 软件

Ecotect 软件是由美国 Autodesk 公司开发的、主要用于城市建筑光伏发电系统辅助设计的一个软件。图 2.14 是该软件的主界面图。该软件考虑了城市特殊环境对光伏发电系统的影响，如该软件具有光照遮挡程度分析功能。

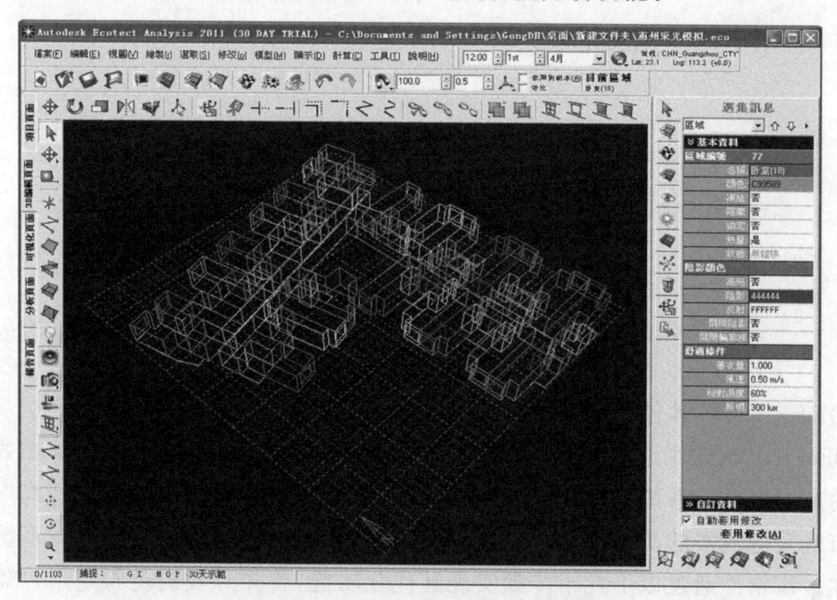

图 2.14　Ecotect 软件的主界面图

Ecotect 软件的最大特点是能够兼容大多数类型的三维文件，用户可以将一些复杂建筑的 3D 结构图导入到该软件中进行分析。通过该软件的光照遮挡程度分析功能,用户可以对建筑一体化光伏发电系统进行最佳安装位置、最佳安装方向和最佳倾斜角度等方面的设计。

该软件认为光伏板是以恒定效率进行输出,忽略了逆变器损失和环境温度等因素对光伏输出的影响,可能使仿真结果存在较大误差。

2. PVSYST 软件

PVSYST 软件是由瑞士 Genava 大学开发的,是目前光伏系统设计领域使用较为广泛的软件之一。它能够较完整地对光伏发电系统进行研究、设计和数据分析。该软件集成了广泛的气象数据库、光伏系统组件数据库,以及一般的太阳能分析工具等。

PVSYST 软件在仿真分析中考虑了光照阴影、不同光伏模块之间配合不当、线损、逆变器损失、环境温度等因素对光伏输出的影响,具有 3D CAD 模型分析功能,用于分析周围环境对发电系统的影响。图 2.15 是该软件的主界面图。

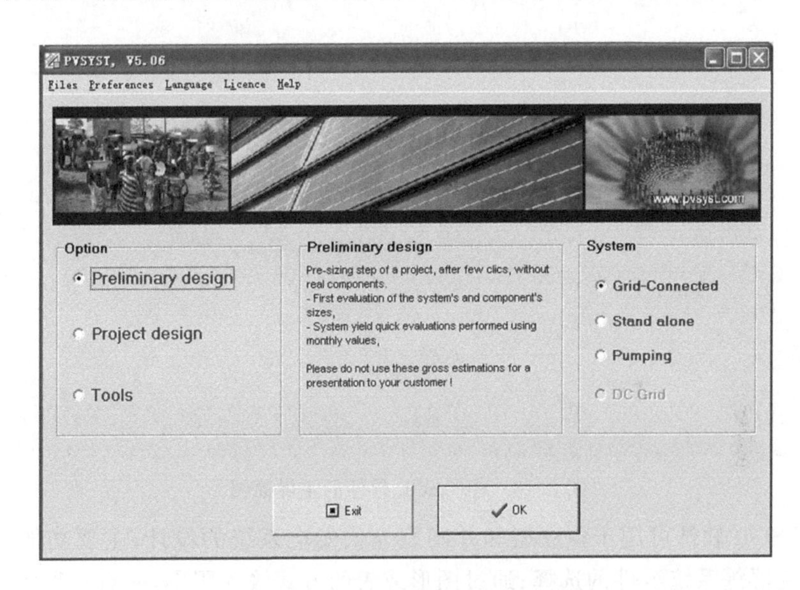

图 2.15　PVSYST 软件的主界面图

PVSYST 软件提供了 3 种水平上的光伏系统研究,基本对应于实际项目不同的发展阶段。

(1)初步设计模式:在这种模式下,光伏发电系统的产出仅需要输入很少的系统特征参数,而无须指定详细的系统单元即可使用月平均数据进行快速评估,得到一个粗略的系统费用评估。

(2)项目设计模式:用详细的小时模拟数据来进行详细的系统设计。设计人员可以模拟不同的系统运行情况并比较它们。该软件可以在设计光伏阵列、选择逆变器、蓄电池组等方面给设计人员提供很大的帮助。

(3)详细数据分析模式:该软件可以通过表格或者图形的形式显示输出某光伏系统运行时的详细数据。

此外,PVSYST 软件还包含了数据库管理功能,如气象数据库、光伏组件数据库及一些用于处理太阳能资源的特定工具,可由用户自行扩展。但该软件不支持复杂 3D 模型的导入,需要依靠其软件自身的模块去创建复杂 3D 模型,这使建模过程变得异常复杂和费时,且创建的模型不够准确。

3. PV* SOL 软件

PV* SOL 软件是德国 Valentin 软件公司开发的、主要用于光伏发电系统分析评估的一款软件。该软件可以从技术和经济角度去评估光伏发电系统,最终结果可以通过图形、项目详细报告等形式显示或打印。图 2.16 是该软件的主界面图。

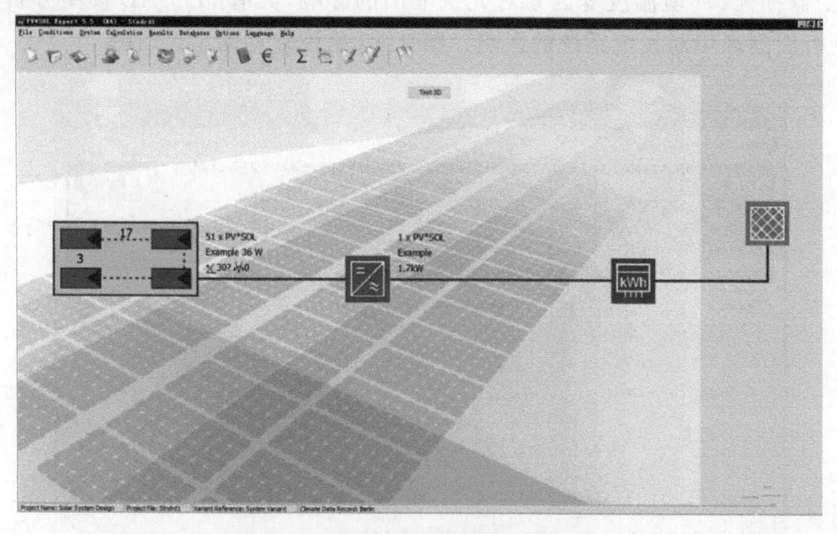

图 2.16　PV* SOL 软件的主界面图

PV* SOL 软件可用于独立型和并网型光伏发电系统的设计,主要功能有:光伏组件、逆变器等系统组件的选择;通过图形或表的方式输入阴影,并对各种阴影(建筑物、树等)的影响进行分析;仿真光伏组件和逆变器的性能;进行能量生产/需求的详细信息及其他各种经济分析;自定义扩展详细系统组件数据库在内的所有数据库单元。该软件提供了大量的用户可扩充接口,包括光伏组件数据库、逆变器数据库、蓄电池数据库、负载概况等,其气象数据库也包括了欧美许多国家和地区的详细数据,并支持用户自定义扩充。

4. Windsim 软件

Windsim 软件是由挪威 Windsim 公司研发,率先将计算流体力学(CFD)技术应用于风电机组优化布局中,是目前全球功能最强大、最专业的一款 CFD 风资源评估软件。软件主界面见图 2.17。

图 2.17　Windsim 软件主界面图

该软件包含的模块有基础核心模块、多核应用模块、风电场优化模块、激光遥感数据修正模块。其中,基础核心模块的主要功能有地图编辑、风场计算、风机和测风塔位置设定、测风塔位置优化、风机排布、计算风资源图、计算年发电量、3D 可视化。多核应用模块分为双核/四核/无限制核,主要功能是显著减少仿真计算的时间,利用多核并行同时计算同一个扇区,或者同时计算不同的扇区,从而加快计算进程,更快地获得计算结果。风电场优化模块是在考虑国际电工技术委员会(IEC)风机规范的前提下,自动获得当前风场的最佳布局,同时可以考虑费用和收入,根据场址的大小确定最优的风机数目和每台风机的位置,使风场的收益最大化。基于声雷达(SODAR)和激光雷达(LIDAR)的遥感测量技术在风电领域很受欢迎,但它在测量风速时做出的一些假设在山地条件下可能是错误的,利用 Windsim 软件的激光遥感数据修正模块可以改善这个不足,并修正测量数据。

5. WAsP 软件

丹麦 RISO 国家实验室研制的 WAsP 软件主要包括 WAsP 软件和 WAsP Engineering软件,是目前国际进行测风数据处理、风能资源分析、风电场场微观选址、风机及风场发电量计算、风机最优化布置的通用软件。软件主界面见图 2.18 和图 2.19。

WAsP 软件包含的功能模块有风观察数据的统计分析、风功率密度分布图的生成、风气候评估、风力发电机组年发电量的计算。其中,风观察数据的统计分析是对气象站或测风塔实测数据进行分析,得到风数据统计表。该统计表给出了各扇区和全年风速风频分布。风功率密度分布图的生成以风数据统计表为基础,剔除障碍物、地表粗糙度及地形地貌对风的影响,通过计算得到某一标况下的风分布,即风图谱。

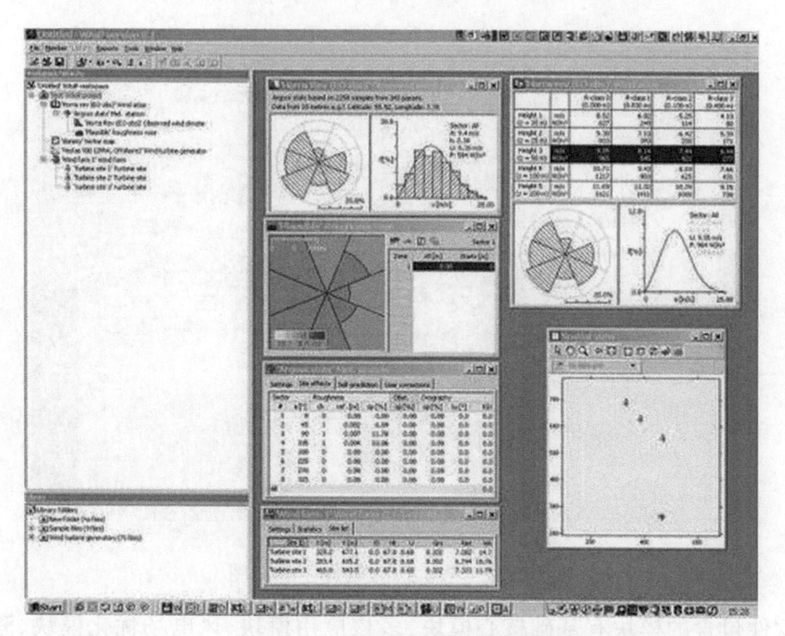

图 2.18　WAsP 软件主界面图

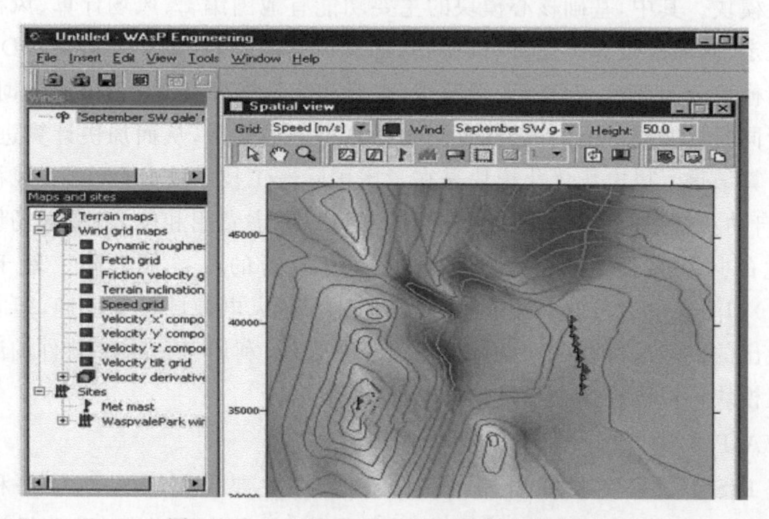

图 2.19　WAsP Engineering 软件主界面图

风气候评估以已有的风图谱为基础，考虑某点周围障碍物、地表粗糙度及地形对风的影响，就可以估算出该点的平均风速和风功率密度等风况特征。风力发电机组年发电量的计算，在初选机型确定后，根据厂家提供的风力发电机组功率曲线或由厂家提供参数，由 WAsP 软件生成风力发电机组的功率曲线，结合风况估算得出的风况特征，就可以计算出风力发电机组在该点的理论年发电量。

WAsP Engineering 软件是在 WAsP 软件的基础上进一步扩展其功能。目前，最新版本为 WAsP Engineering 2.0。WAsP Engineering 软件主要用于对复杂地形下的极端风速、风切变效应、流动的偏角、极端湍流强度进行评估,侧重于对风的特性及由此带来的负载的研究,是对 WAsP 软件的一个补充。WAsP Engineering 软件的核心流体模型已经在 RISO 实验室运行了 20 多年,并成为 WAsP 软件的一个核心运算模型,而 WAsP Engineering 软件又在结合 WAsP 软件模型的基础上,发展了新的运算模型:粗糙度描述模型、粗糙度的变化模型、复杂地型产生的紊流等各种情形,预测复杂地形下 50 年极端风速的程序等。在各种风况下,风机叶片在不停运转,如果风切变效应很大将有很大的负荷作用于风机的叶片。地形、风机、风电场工程建设等各种情况都会或多或少地影响该区域未来的紊流变化。WAsP Engineering 软件通过不同地形的独立特性来建立紊流模型。通过 WAsP Engineering 软件的紊流模拟器来模拟未来的各种可能,了解紊流对未来风场的影响。

6. WindFarm 软件

英国 ReSoft 公司推出的 WindFarm 软件主要用于分析、设计和优化风电场,可同时考虑地形和尾流效应来计算风电场电能产量。对风机进行产能最大化和成本最小化设计,并符合自然条件、规划设计和工程建设的要求,具有先进的制图工具,还能进行风力流动计算、噪声计算和风速数据的预测分析。该软件主界面见图 2.20。

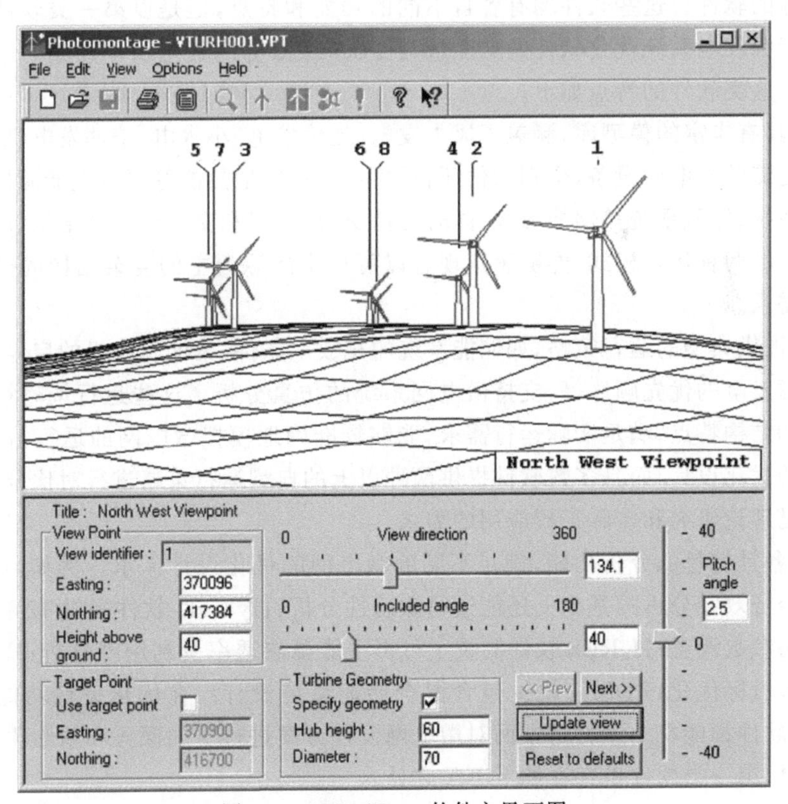

图 2.20　WindFarm 软件主界面图

WindFarm 软件分为 3 个模块。设备模块包括图形使用界面、数据转换、地图转化、网格和轮廓阅读器、风机工作室等。优化和电量产出模块包括优化设计、电量产出、风力流动、风力分析、噪声计算等。视觉化模块包括集锦照片、视觉影响区域、阴影闪烁、动画图像、框线视图等。软件的主要功能特色体现在以下几个方面:采用了先进的算法优化风电场,增加电量产出,减少成本,满足了环境和自然条件的要求;结合风力流动模块和先进的尾流模型计算风电场电量产出,采用测量相关联预测模块计算长期风速预测;具有高性能制图能力,包括位图处理和数字化显示,创建细致的视觉影响区域(ZVI)图像,包括采用 ZVI 模块得出多个风电场的累积影响评估;创建规划集锦照片,包括风机制图和动画图像,显示风电场和地形的三维框线视图;将噪声模型作为优化条件,考虑了风电场可能对周边房屋产生的阴影闪烁影响。

除了上述介绍的这些优化软件之外,国际上还存在一些其他可再生能源发电技术或者可再生能源发电系统仿真分析的软件,这里不再一一介绍。

2.3.4 现有优化软件存在的不足之处

前面重点介绍了 HOMER、Hybrid2 等用于微电网或可再生能源发电系统辅助优化设计的软件。这些软件均有各自不同的功能和特点,但是以第一类软件即混合可再生能源发电系统优化软件的功能最为全面,在微电网优化设计领域的应用也更加广泛。这类软件的特点如下。

(1)具有丰富的模型库,涵盖了风力发电、光伏发电、小水电、柴油发电机、蓄电池储能等主流的微电网设备,个别软件还包含生物质能、地热能等可再生能源模型和抽水蓄能系统、储氢系统等储能形式;同时支持交流、直流和交直流混合结构,以及并网型和独立型两种运行模式,能够满足现有以可再生能源为主的复杂结构的微电网优化设计需求。

(2)提供典型的运行策略,如储能系统的充放电条件、柴油发电机的启停条件、可再生能源发电的优先顺序等,支持微电网系统的仿真分析。这些运行策略符合微电网组成和结构特点,满足实际运行需求,能够较准确地模拟微电网的运行情况,指导微电网的优化设计,而且多数软件提供两种以上的典型运行策略进行对比分析,能够基本满足理论研究和实际工程应用的需求。

(3)各具特色的分析功能,满足不同的微电网的优化设计需求。例如,HOMER 软件在经济效益分析的基础上还能进行敏感性分析;Hybrid2 软件提供 12 种控制策略及策略参数调整;H_2RES 软件侧重于可再生能源渗透率及利用率分析;HOGA 软件提供多目标优化;PDMG 软件包含混合储能系统设计。在优化设计功能的基础上,上述软件都能在一些特定方面对微电网设计方案进行更加深入和精细化的评估。

但是,第一类软件也存在如下不足之处。

(1)HOMER 软件只提供两种简单的运行策略供用户选择,难以适应更加复杂的实际工程要求;部分设备模型较为简单,如水轮机模型和蓄电池寿命模型,与一些实际工程情况存在偏差;只能以经济性为目标进行优化设计。

(2)Hybrid2 软件不具备系统类型、设备容量的优化功能,只能针对类型和容量确定的可再生电源发电系统进行仿真。

(3)H_2RES 软件侧重于提升微电网的可再生能源渗透率及利用率,但是经济效益的仿真分析功能不够完善。

(4)HOGA 软件采用遗传算法,可能陷入局部寻优导致优化结果不是全局最优解;此外,对于最优解集也没有进一步的分析和处理。

(5)PGMG 软件采用的模型相对简单,约束条件不够具体,优化结果可能与实际工程存在较大差距。

相对于第一类软件,第二类软件在某些方面的功能略显不足。RETScreen 具有包含多种可再生能源的模型库及经济分析功能,但是缺少典型的运行策略,只能对单一资源的效益进行统计分析,主要用于温室气体减排效果的评估;EnergyPLAN 和 DER-CAM 侧重于 CHP 或者 CCHP,因此模型库以热电系统和热负荷为主,运行策略采用以热定电、热电平衡,与现有含多类型分布式电源的微电网形式还存在一定的差别。

而第三类软件只能针对某一种可再生能源进行效益分析,模型库具有针对性,也不存在系统级的运行策略,难以满足微电网实际工程中对包含多种电源形式的混合可再生能源发电系统的优化设计需求。但是可以根据需求,借助这些软件提升微电网中单一能源的分析能力和精度。

除此之外,现有的优化软件在仿真中主要考虑有功功率平衡约束,缺乏传统电力系统分析方面的仿真功能,在仿真过程中忽略了保证系统安全稳定运行所需要计及的系统电压稳定等约束。因此,采用现有软件优化得到的设计方案还不能完全满足系统安全稳定运行要求,需要通过电力系统稳态和暂态分析进一步改进,限制了上述软件在实际工程中的应用。

综上所述,现有的优化软件均有各自的功能和特点,能够在一定程度上辅助用户进行可再生能源发电系统优化设计方面的工作和理论研究,满足用户不同的设计需求,其中尤以第一类软件的使用最为广泛。但是,上述软件在功能和模型方面均存在一些不足之处,其优化结果尚不能直接应用于实际工程,需要进一步通过电力系统稳态和暂态分析等逐步完善,才能满足实际工程应用的要求。因此,结合现有优化配置理论、电力系统分析理论,以及实际工程经验,开发一款具有理论深度和工程实用价值的、适用于不同应用场合的混合可再生能源发电系统优化设计软件具有重大意义。

参考文献

[1] Tan Y J, Lasantha M, Kashem M M. A review of technical challenges in planning and operation of remote area power supply systems. Renewable and Sustainable Energy Reviews, 2014, 38: 876-889.

[2] Sreeraj E S, Chatterjee K, Bandyopadhyay S. Design of isolated renewable hybrid power systems. Solar Energy, 2010, 84(7): 1124-1136.

[3] Kaldellis J K, Zafirakis D, Kavadias K. Minimum cost solution of wind-photovoltaic based stand-alone power systems for remote consumers. Energy Policy, 2012, 42: 105-117.

[4] Arriaga M, Cañizares C A, Kazerani M. Renewable energy alternatives for remote communities in Northern Ontario, Canada. IEEE Transactions on Sustainable Energy, 2013, 4(3): 661-670.

[5] Mondal A H, Denich M. Hybrid systems for decentralized power generation in Bangladesh. Energy for Sustainable Development, 2010, 14(1): 48-55.

[6] Khatod D K, Pant V, Sharma J. Analytical approach for well-being assessment of small autonomous power systems with solar and wind energy sources. IEEE Transactions on Energy Conversion, 2010, 25(2): 535-545.

[7] Karaki S H, Chedid R B, Ramadan R. Probabilistic performance assessment of autonomous solar-wind energy conversion systems. IEEE Transactions on Energy Conversion, 1999, 14(3): 766-772.

[8] Castro R M G, Ferreira L A F. A comparison between chronological and probabilistic methods to estimate wind power capacity credit. IEEE Transactions on Power Systems, 2001, 16(4): 904-909.

[9] 艾斌, 杨洪兴, 沈辉, 等. 风光互补发电系统的优化设计 II 匹配设计实例. 太阳能学报, 2003, 24(5): 718-723.

[10] Katsigiannis Y A, Georgilakis P S, Karapidakis E S. Multiobjective genetical gorithm solution to the optimum economic and environmental performance problem of small autonomous hybrid power systems with renewables. Renewable Power Generation, IET, 2010, 4(5): 404-419.

[11] Kaviani A K, Riahy G H, Kouhsari S H M. Optimal design of a reliable hydrogen-based stand-alone wind/PV generating system, considering component outages. Renewable Energy, 2009, 34(11): 2380-2390.

[12] Deshmukh M K, Deshmukh S S. Modeling of hybrid renewable energy systems. Renewable and Sustainable Energy Reviews, 2008, 12(1): 235-249.

[13] 杨阳, 张粒子, 王沈征. 考虑用电能效的负荷控制优化策略及模型. 电力系统自动化, 2012, 36(18): 103-108.

[14] 卢键明. 我国电力需求侧响应的模型方法及实施模式研究. 北京: 华北电力大学博士学位论文, 2010.

[15] Choi S, Park S, Kang D, et al. A microgrid energy management system for inducing optimal

demand response. IEEE International Conference on Smart Grid Communications, New York, 2011:19-24.

[16] 洪博文,郭力,王成山,等. 微电网多目标动态优化调度模型与方法. 电力自动化设备,2013,33(3):100-107.

[17] Morris G Y, Abbey C, Wong S, et al. Evaluation of the costs and benefits of microgrids with consideration of services beyond energy supply. IEEE Power and Energy Society General Meeting, New York, 2012:1-9.

[18] Costa P M, Matos M A. Economic analysis of microgrids including reliability aspects. Probabilistic Methods Applied to Power Systems, International Conference on PMAPS, London, 2006:1-8.

[19] 吴耀文,马溪原,孙元章,等. 微网高渗透率接入后的综合经济效益评估与分析. 电力系统保护与控制,2012,40(13):49-54.

[20] 袁越,曹阳,傅质馨,等. 微电网的节能减排效益评估及其运行优化. 电网技术,2012,36(8):12-18.

[21] 曾鸣,李娜,马明娟,等. 考虑不确定因素影响的独立微网综合性能评价模型. 电网技术,2013,37(1):1-8.

[22] 德明. 多目标智能优化算法及其应用. 北京:科学出版社,2009.

[23] 王凌. 智能优化算法及其应用. 北京:清华大学出版社,2001.

[24] Miranda V, Srinivasan D, Proenca L M. Evolutionary computation in power systems. International Journal of Electrical Power & Energy Systems, 1998, 20(2):89-98.

[25] 徐泽水. 不确定多属性决策方法及应用. 北京:清华大学出版社,2004.

[26] Siraki A G, Pillay P, Williamson S S. Comparison of PV system design software packages for urban applications. XII World Energy Congress, Montreal, 2010.

[27] Klise G T, Stein J S. Models used to assess the performance of photo voltaic systems. Sandia National Laboratories Report, Albuquerque, 2009.

[28] Georgilakis P S. State-of-the-art of decision support systems for the choice of renewable energy sources for energy supply in isolated regions. International Journal of Distributed Energy Resources, 2005, 2(2):129-150.

[29] Markovic D, Cvetkovic D, Masic B. Survey of software tools for energy efficiency in a community. Renewable and Sustainable Energy Reviews, 2011, 15 (9):4897-4903.

[30] Bopp G, Lippkau A. World-wide overview about design and simulation tools for hybrid PV systems. 4th European Conference on PV Hybrid Systems and Mini-Grids, Athens, 2008.

第3章 微电网模型

微电网中往往存在多种分布式电源和储能设备。目前比较常见、技术上较为成熟的分布式电源包括风机、光伏电池、柴油发电机、微型燃气轮机、燃料电池、小水电等，常见的储能设备包括铅酸蓄电池、锂电池、液流电池等。风能、太阳能和水能等可再生能源是分布式电源的重要能量来源，具有随机性、间歇性和波动性等特点。下面对优化配置所需的常见分布式电源和储能设备的模型及风、光、水等自然资源模型进行简要介绍。

3.1 自然资源分析

3.1.1 风资源

1.风能特性

风作为一种自然现象，是地球外表大气层受到太阳热辐射而引起的空气流动。形成风的主要原因是太阳辐射对地球表面的不均匀性加热。太阳对地球产生的辐射，透过厚厚的大气层到达地球表面时，地球表面各处海洋和陆地，高山岩石和平原土壤，沙漠、荒原和植被、森林地区等吸收热量不同；又由于地球自转、公转、季节、气候的变化和昼夜交替的影响，地表各处散热情况也各不相同，散热多的地区，靠近地表的空气受热膨胀，压力减少，形成低气压区，这时空气从高气压区向低气压区流动，这就产生了风，也就是说风能最终还是来自太阳能。受地理位置和地形地貌的影响，风的形成也有所不同，下面介绍几种不同的风。

(1)贸易风。在地球赤道上，热空气上升，将分为流向地球南北两极的两股强力气流。在纬度30°附近，这两股气流又会下降，并分别流向赤道与两极。在接近赤道地区，由于大气层中存在大量空气环流，便形成了固定方向的风，人们利用这种定向风，进行远洋航海贸易，所以称为贸易风。地球自西向东旋转的结果，使贸易风向西倾斜，因此，北半球便产生了东北风，而南半球则产生了东南风。

(2)海陆风。因为陆地土壤热容量比海水热容量小很多，陆地升温要比海洋快得多，因此陆地上的气温将显著高于附近海洋上的气温。在水平气压的梯度力作用下，高空的空气会从陆地流向海洋，下沉至低空，又由海面流向陆地，再度上升，最终形成低层海风和铅直剖面上的海风环流。

(3)山谷风。山谷风类似海洋风，是由温差形成的风，昼夜风向相反。山坡白天受热快，温度会高于山谷上方同等高度的空气温度，坡地上的暖空气将从山坡流向谷地上方，谷地的空气则会沿着山坡向上补充上坡流失的空气，这时将形成由山谷吹向山坡的风，称为谷风。夜间山坡的冷却降温速度比同等高度的空气快，冷空气沿坡地向下流入山谷侧，称为山风。山谷能改变气流运动的方向，还能使风速增大，而丘陵、山地会因为摩擦而使风速减小，孤立的山峰会因海拔高而使风速增大。

(4)季节风。季节风是由大气环流、海陆分布、大陆地形等因素造成的。随着季节的变迁，太阳辐射在陆地和海洋上产生热力差异。陆地的温度变化较海洋大，这便引起了呈季节性变化的循环气流，这种风称为季节风。

2.风速特性

风速具有随机性、间歇性、低能量密度等特征。这些给风能的预测和利用等都带来了较大不便，且外部环境对同一区域的风速影响较大，如地表面粗糙度、地形、障碍物等都对风速有较大影响。

(1)风随时间变化。在一天里，风的强弱是随机变化的。在地面上，白天风大，而夜间风小；在高空中却是夜间风大，白天风小。沿海地区，由于陆地和海洋热容量不同，白天产生海风(从海洋吹向陆地)；夜间产生陆风。在不同的季节，由于太阳和地球的相对位置在发生变化，使地球上存在季节性温差，所以又会发生季节性变化。在我国，大部分地区风的季节性变化规律是春季最强，冬季次强，秋季第三，夏季最弱。

(2)风随高度变化。受空气黏性和地面摩擦的影响，风速还会随高度发生变化，因地面的平坦度、地表粗糙度及风通道上的气温变化不同而异。其中受地表粗糙度的影响程度最大。从地球表面到10000m高空层内，空气的流动受到涡流、黏滞和地面摩擦等因素的影响，风速随着高度的增加而增大。

(3)风变化的随机性。自然风由两部分构成，一部分是平均风速，另一部分是激烈变动的瞬间紊乱气流。气流紊乱主要与地面的摩擦有关。除此之外，当风速与稳定层是垂直分布时会产生重力波，在山风下侧也会产生山岳波。这种紊乱气流不仅影响风速，也明显影响风向。

3.风能资源评估体系

《风电场风能资源评估方法》(GB/T 18710—2002)给出了科学有效的风资源评估体系，该评估体系给出的风能资源评估指标包括不同时段的平均风速、风功率密度、风能密度、湍流强度和风能可利用时间等。

1)平均风速

瞬时风速具有很大的随机性，所以计算时通常都采用固定时间间隔内的平均风速作为考察对象。在风电场资源评估中，一般按照国际惯例采用每小时平均风速。根据每小时的平均风速值得到日平均风速值和月、年平均风速值为

$$V_{\mathrm{m}} = \frac{1}{N}\sum N_{\mathrm{a}}V_{\mathrm{a}} \tag{3.1}$$

式中，V_m是平均风速；V_a为历史风速统计资料中的各等级风速，它对应的累积小时数为N_a，其中N为总小时数。采用双参数韦布尔分布拟合风速的频率分布以后，可根据拟合的风速分布参数值求得所拟合时间段内的平均风速，其计算公式为

$$\bar{V} = c\Gamma\left(1 + \frac{1}{k}\right) \tag{3.2}$$

式中，Γ(·)为伽马函数；k和c为双参数韦布尔分布的参数。

2)风功率密度

风能是通过能量转化的形式实现风力发电。风功率密度是衡量风能的指标之一。风功率密度蕴含风速、风速分布和空气密度的影响，是风场风能资源的综合指标，空气在1s的时间内以速度v_i流过单位面积产生的动能称为风功率密度，其计算公式为

$$E = \frac{1}{2}\sum_{i=1}^{n}\rho v_i^3 \tag{3.3}$$

式中，n为设定时段内的记录数；v_i^3为第i次记录的风速（单位为m/s）值的立方；ρ为空气密度（单位为kg/m^3），会随气压、气温和湿度变化而变化，其计算公式为

$$\rho = \frac{1.276}{1 + 0.0036t} \times \frac{P - 0.378e}{1000} \tag{3.4}$$

式中，P为气压（单位为hPa）；t为气温（单位为℃）；e为水气压（单位为hPa）。

一个地方风能大小的衡量，视常年的平均风能多少而定。风速是随机型量，因此考察一段时间内的平均风功率密度更有意义。其中平均风功率密度是有限时间段内风功率密度的平均值，是指与风向垂直的单位面积中风所具有的功率。当风速为离散型的数列时，平均风功率的计算公式为

$$\bar{E} = \frac{1}{n}\sum_{i=1}^{n}\frac{1}{2}\rho f_i v_i^3 \tag{3.5}$$

式中，f_i为风速v_i的风频率。

若在T时间段内的风速符合韦布尔概率分布，且参数值k和c已知，则平均风功率密度的计算公式为

$$\bar{E} = \frac{1}{2}\rho c^3 \Gamma\left(1 + \frac{3}{k}\right) \tag{3.6}$$

式中，各变量的含义同前。

3)风能密度

风能密度表达式为

$$D_{WE} = \frac{1}{2}\sum_{j=1}^{m}\rho(v_j^3)t_j \tag{3.7}$$

式中，m为风速区间数目；t_j为某扇区或全方位第j个风速区间的风速发生的时间（单位为h）。

4)湍流强度

风场的湍流特征会对风力发电机组产生不利的影响,主要是减少输出功率,还可能引起极端荷载,最终削弱和破坏风力发电机组。湍流强度 I_T 值在 0.10 或以下表示湍流相对较小,中等程度湍流的 I_T 值为 0.10～0.25,更高的 I_T 值表明湍流过大。

10min 湍流强度按下式计算:

$$I_{\mathrm{T}} = \frac{\sigma}{V} \tag{3.8}$$

式中,σ 为 10min 风速标准偏差(单位为 m/s);V 为 10min 平均风速(单位为 m/s)。

5)风能可利用时间

风能可利用时间是对全年内有效风速时间的评估,风能利用小时数越高,说明风资源质量越好。我国风能资源丰富地区每年风速在 3m/s 以上的时间近 4000h,如新疆、内蒙古等地区甚至可达 7000h。概率分布拟合出来以后,也可以方便求得风能的年可利用时间。

有效风力范围内的风能可利用时间可由下式求得

$$t = N\int_{V_2}^{V_1} f(V)\mathrm{d}V \tag{3.9}$$

年风能可利用小时计算公式为

$$T_{\mathrm{e}} = 8760\left\{\exp\left[-\left(\frac{V_1}{c}\right)^k\right] - \exp\left[-\left(\frac{V_2}{c}\right)^k\right]\right\} \tag{3.10}$$

式(3.9)和式(3.10)中,V_1、V_2 分别代表风力发电机的启停风速;N 为统计时间段内总时间。

离散风速可利用时间由下式给出

$$t = \sum N_i \tag{3.11}$$

式中,N_i 为$[V_1, V_2]$区间内某一风速的累计小时数。

4. 风速分布模型的选取

风速具有较大的随机性,所以在判断一个地区的风能资源状况时,必须依赖该地区常年风统计特性,风速的概率分布是体现风统计特性的一个重要形式。近年来,国内外学者在风速分布的探讨和研究中,提出了一些风速分布拟合模型,如瑞利分布、对数正态分布、韦布尔分布等,其中应用最多的是双参数韦布尔分布模型。

1)韦布尔分布模型[1]

双参数韦布尔分布含有两个参数,分别是尺度参数 c 和形状参数 k,其中形状参数 k 值的变化对分布曲线的形状有很大的影响,当 $k=1$ 时,分布函数曲线呈指数形;当 $k=2$ 时,分布便成为瑞利分布,瑞利分布函数取决于一个调节参数——尺度参数。当一个随机二维向量的两个分量呈独立的、有着相同方差的正态分布时,这个向量的模呈瑞利分布,它也是韦布尔分布的一种特殊形式。

从概率论和统计学角度看，韦布尔分布是连续性的概率分布，其概率密度为

$$f_{\mathrm{w}}(v)=\frac{k}{c}\left(\frac{v}{c}\right)^{k-1}\exp\left[-\left(\frac{v}{c}\right)^{k}\right] \tag{3.12}$$

韦布尔分布函数表示为

$$F(v)=1-\exp\left[-\left(\frac{v}{c}\right)^{k}\right] \tag{3.13}$$

式中，v 是风速；c 是比例参数；k 是形状参数。显然，它的累积分布函数是扩展的指数分布函数。

2)韦布尔分布参数的估计

韦布尔分布的形状参数和尺度参数的求解方法有多种。较为常用的方法有最小二乘法、平均风速和标准差预测法、平均风速和最大风速预测法、极大似然值法等。在此只重点介绍介绍最小二乘法、平均风速估计法和极大似然值三种求解方法。

(1)最小二乘法。根据风速的韦布尔分布可知，风速小于 V_{g} 的累计概率为

$$p(v\leqslant V_{\mathrm{g}})=1-\exp\left[-\left(\frac{V_{\mathrm{g}}}{c}\right)^{k}\right] \tag{3.14}$$

两边取对数整理得

$$\ln\{-\ln[1-p(v\leqslant V_{\mathrm{t}})]\}=k\ln V_{\mathrm{t}}-k\ln c \tag{3.15}$$

令 $x=\ln V_{\mathrm{t}}$，得

$$y=\ln\{-\ln[1-p(v\leqslant V_{\mathrm{t}})]\} \tag{3.16}$$

参数 c 和 k 可由最小二乘法拟合 $y=a+bx$ 得到。具体方法为：将观测到的风速划分成 n 个风速间隔，$0\sim V_1, V_1\sim V_2, \cdots, V_{n-1}\sim V_n$，统计每个间隔出现的频率 $f_1, f_2, \cdots, f_n$，并计算累计频率 $p_1=f_1, p_2=f_1+f_2, p_n=f_{n-1}+f_n$。根据风速累积频率值和风速的对应值，便可以得到 a、b 的最小二乘估计值，求法如下。

令 $x_i=\ln V_{\mathrm{t}}$，得

$$y_i=\ln[\ln(1-p_i)] \tag{3.17}$$

将对应数值代入 $y=a+bx$，求得拟合曲线 a、b 的最小二乘估计值为

$$a=\frac{\sum x_i^2\sum y_i-\sum x_i\sum x_iy_i}{n\sum x_i^2-\left(\sum x_i\right)^2} \tag{3.18}$$

$$b=\frac{-\sum x_i^2\sum y_i+n\sum x_iy_i}{n\sum x_i^2-\left(\sum x_i\right)^2} \tag{3.19}$$

将式(3.18)和式(3.19)反推可求出参数 c 和 k 的值为

$$c=\exp\left(-\frac{a}{b}\right) \tag{3.20}$$

$$k=b \tag{3.21}$$

(2)平均风速估算法。根据韦布尔分布的均值和方差近似关系可得

$$k - \left(\frac{\sigma}{v_{\mathrm{m}}}\right)^{-1.086} \tag{3.22}$$

$$c = \frac{v_{\mathrm{m}}}{\Gamma(1+1/k)} \tag{3.23}$$

式中，σ 是标准偏差；v_{m}是平均风速速度；$\Gamma(\ )$是伽马函数，定义为

$$\Gamma(x) = \int_0^{\infty} t^{x-1}\mathrm{e}^{-t}\mathrm{d}t \tag{3.24}$$

平均风速 v_{m}和标准差 σ 的计算方法如下：

$$v_{\mathrm{m}} = \frac{1}{N}\sum_{i=1}^{N} V_i \tag{3.25}$$

$$\sigma = \sqrt{\frac{1}{N-1}\sum_{i=1}^{N}(V_i - v_{\mathrm{m}})^2} \tag{3.26}$$

式中，N 是观察到的风速不同值的数目；V_i是特定风速。

(3)极大似然值法。高斯首先提出极大似然函数法概念，此方法后经费希尔(Fisher)引用和发展。该方法具有很多优点，和总体的密度函数满足一般性正则条件，如具有一致性、渐近无偏性、渐近有效性等优良特性，同时具有较高的计算精度，这些优点得到使用者的追捧。极大似然估计遵循的是根据使子样观察值出现的概率最大的原则，然后来母体求得未知参数估计值，也即固定样本观察值 $x_1, x_2, \cdots, x_n$，最后在 θ 取值的可能范围内挑选出作为估计值的参数值 $\hat{\theta}$，使概率 $L(x_1, x_2, \cdots, x_n, \hat{\theta})$ 达到最大值。

韦布尔分布下极大似然估计函数如下：

$$L(k,c) = \prod_{i=1}^{n} f(V_i, k, c) = \prod_{i=1}^{n}\left(\frac{k}{c}\right)\left(\frac{V_i}{c}\right)^{k-1}\exp\left[-\left(\frac{V_i}{c}\right)^k\right] \tag{3.27}$$

方程求解十分复杂，在此不做详细论述，有需要的请查阅相关文献资料。

3)风速概率抽样

概率抽样又称为随机抽样。概率抽样是以随机原则和概率理论为依据来进行抽取样本的抽样，总体中的每一个被抽中的抽样单位都有事先已知的非零概率。总体单位被抽中的概率都是可以通过设计样本来给定的，进而通过某种随机化操作来实现。虽然随机样本一般不会和总体完全一致，但它所依据的大数定律是可以计算和控制抽样误差的，因此会正确地说明样本的统计值在多大程度上适合总体，根据样本调查结果是可以从数量上推断总体的，也可以在一定程度内说明总体的性质、特征。概率抽样可分为简单随机抽样、分类抽样、系统抽样、整群抽样及多阶段抽样等类型。现实生活中大多数的抽样调查都是采用概率抽样的方法来抽取样本。

对大量实测数据的分析结果表明，一个地区的风速变化近似服从韦布尔分布，分布函数为

$$F(v) = 1 - \exp\left[-\left(\frac{v}{c}\right)^k\right] \tag{3.28}$$

式中，c 和 k 分别是韦布尔分布的尺度参数和形状参数。

根据反变换法的理论：如果$\{X_i\}$是一个在[0,1]上均匀分布的随机变量，则它的概率分布函数为 $F_1(x)$；现要求解的$\{Y_i\}$分布函数为 $F_2(y)$，则只要取 $x=F_2(y)$，即 $y=F_2^{-1}(x)$。

令 $x=F(v)=1-\exp[-(v/c)^k]$，得

$$v = c\,[-\ln(1-x)]^{1/k} \tag{3.29}$$

因 x 和 $1-x$ 都是在[0,1]上均匀分布的随机变量，所以可用 x 代替 $1-x$，得

$$V_i = c\,(-\ln X_i)^{1/k} \tag{3.30}$$

因此根据风速的概率分布，利用韦布尔分布随机发生器 $V_i=c\,(-\ln X_i)^{1/k}$（x 是在[0,1]上均匀分布的随机变量）产生每小时的风速抽样值，并判断风速是否在极值风速范围内。

风速的概率抽样向我们提供了一种可以产生符合韦布尔分布的风速抽样值，通过运用这样的方法，我们可有效产生数个风速值。

3.1.2 光资源

1. 影响光照辐射的因素

地球大气上界的太阳光照辐射光谱 99%以上的波长为 0.15～4.0μm，大约 50%的光照辐射能量在可见光谱区（波长为 0.4～0.76μm），7%在紫外光谱区（波长小于 0.4μm），43%在红外光谱区（波长大于 0.76μm），最大能量在波长 0.475μm 处。由于太阳光照辐射波长较地面和大气辐射波长（3～120μm）小得多，所以通常又将太阳光照辐射称为短波辐射。光照辐射通过大气一部分到达地面，称为直接光照辐射，另一部分被大气的分子、大气中的微尘、水汽等吸收、散射和反射。被散射的太阳光照辐射一部分返回宇宙空间，另一部分到达地面，到达地面的这部分称为散射光照辐射。到达地面的散射光照辐射和直接光照辐射之和称为总辐射。光照辐射通过大气后，其强度和光谱能量分布都发生变化。到达地面的光照辐射能量比大气上界小得多。

影响到达地面太阳光照辐射状况的因子主要有四大类：天文因子、大气因子、地表因子和人类活动。

(1)天文因子。天文因子对地球光照辐射状况的影响主要是通过改变太阳倾角、太阳高度角、日地距离及地理纬度体现的，它们决定了不同地区太阳光照辐射到达量的差异。

(2)大气因子。太阳光照辐射在大气中传播时，由于受到空气分子、水汽及气溶胶粒子的散射和吸收而削弱。云是大气中水汽相变的产物，它对辐射的影响很大，而且其物理机制比较复杂，已成为当前辐射研究和气候模拟研究的重要课题之一。

(3)地表因子。地表因子主要包括地形和下垫面状况两部分。地形影响包括海

拔、坡地的坡向、坡度和起伏程度三个方面。下垫面状况主要是指地表物理性质及其覆盖状况，最常见的如植被(包括森林、草地、农作物等)、雪被、水体及裸地等。

(4)人类活动。人类活动对到达地面的太阳光照辐射也能产生作用，这主要是通过改变大气中某些气体成分(如 CO_2)及气溶胶含量，特别是改变局地地形和下垫面条件表现出来的。

2. 光照强度的估算方法

太阳能资源数据是光伏发电规划设计和发电量预测不可或缺的重要数据。太阳能资源数据越精确，时间间隔越小，越有利于光伏发电的预测。目前，国内外对于光照强度的估算开展了一系列的研究，给出了很多光伏数据的确定性模型。虽然光照辐射有其确定性，但是同时受到很多不确定因素的影响，所以只考虑其确定性会使拟合出来的光伏数据有较大的误差。要减少这种误差就必须考虑到太阳光照辐射的不确定因素，如温度、云量等。本节主要介绍光照小时数据的三种拟合方法，即确定性模型、基于 ARMA 的逐时模型和基于云量的统计辐射模型。

1)确定性模型

(1)半正弦模型。

$$Q_\tau(t) = A_Q \sin\left(\frac{t-a}{b-a}\pi\right) \tag{3.31}$$

式中，$Q_\tau(t)$为 t 时刻光照总辐射值；A_Q为日总光照辐射小时最大值，$A_Q=\frac{\pi}{2(b-a)}Q$，Q 为日光照总辐射量；a 和 b 分别为日出和日落时刻。

(2)Collares-Pereira & Rabl 模型(简称 C-P&R 模型)。

$$Q_\tau(t) = Q\left(\frac{I_0}{Q_0}\right)(a_3 + b_3\cos\omega_t) \tag{3.32}$$

式中，Q 为日光照总辐射量；I_0为大气层外水平面逐时辐射量；Q_0为大气层外水平面日总辐射量；ω_t为 1h 中点的时角，即

$$\omega_t = \frac{\pi}{12}(t-12) \tag{3.33}$$

$$a_3 = 0.409 + 0.5016\sin(\omega_s - 60°) \tag{3.34}$$

$$b_3 = 0.6609 + 0.4767\sin(\omega_s - 60°) \tag{3.35}$$

$$I_0 = I_{sc}E_0\cos\delta\cos\phi(\cos\omega_s - \cos\omega_t) \tag{3.36}$$

式中，ω_s为日落时角，$\omega_s=\frac{\pi}{12}(t_s-12)$；$I_{sc}$是太阳常数，取值 4.921MJ/($m^2$·h)；$E_0$为地球偏心距修正系数，$E_0=1+0.033\cos\frac{2\pi n}{365}$，$n$ 为一年的天数；δ 为太阳赤纬角；ϕ 为地理纬度。

确定性模型的最大缺点是忽略了光照辐射逐时序列的随机性，而机械地按某一

特定规律计算光照辐射的逐时值。所以不管其形式如何,都不能反映光照辐射序列很强的随机性。

2)基于 ARMA 的逐时模型

(1)基本原理。ARMA 模型(auto-regressive and moving average model)是研究时间序列的重要方法,以自回归模型(简称 AR 模型)与滑动平均模型(简称 MA 模型)为基础"混合"构成。将预测指标随时间推移而形成的数据序列看做一个随机序列,这组随机变量所具有的依存关系体现原始数据在时间上的延续性。一方面有影响因素的影响;另一方面又有自身变动规律。假定影响因素为 $x_1,x_2,\cdots,x_k$ 由回归分析,即

$$Y=\beta_0+\beta_1x_1+\beta_2x_2+\cdots+\beta_kx_k+e \tag{3.37}$$

式中,Y 是预测对象的观测值;e 为误差。作为预测对象 Y_t 受到自身变化的影响,其规律如下式所示:

$$Y_t=\beta_0+\beta_1x_{t-1}+\beta_2x_{t-2}+\cdots+\beta_px_{t-p}+e_t \tag{3.38}$$

误差项在不同时期具有依存关系,如下式所示:

$$e_t=\alpha_0+\alpha_1e_{t-1}+\alpha_2e_{t-2}+\cdots+\alpha_qe_{t-q}+\mu_t \tag{3.39}$$

由此,可获得 ARMA 模型表达式为

$$Y_t=\beta_0+\beta_1x_{t-1}+\beta_2x_{t-2}+\cdots+\beta_px_{t-p}+\alpha_0+\alpha_1e_{t-1}+\alpha_2e_{t-2}+\cdots+\alpha_qe_{t-q}+\mu_t \tag{3.40}$$

(2)实现思路及评价。①首先分离辐射序列中确定性部分,然后对随机部分进行建模。采用半正弦模型和 C-P&R 模型中效果较好的计算太阳光照总辐射逐时序列 $\{Z_t\}$ 的确定性部分。将计算残差作为随机性部分进行建模。②对随机部分用 ARMA方法进行建模,ARMA 方法是利用随机线性方程的方法。只要选择适合的模型参数,ARMA 模型足以模拟非线性时间序列数据。最重要的是基于历史数据对其参数进行软件仿真分析求解。

该方法适用于有一定短时历史数据的前提下,在长时模型拟合的情况中,ARMA方法随机部分的误差相对较大,尤其是在正午时的误差比早晚更加明显。但线性统计模型对于太阳光照辐射这种非线性的时间序列数据拟合结果有时并不理想,故需要采用类似于 ARMA 的非线性方法。虽然 ARMA 模型可行,但是其对历史数据的要求较高,当拟合推延距离较长时,效果并不理想。由于太阳光照辐射主要与当地的气候条件有关,因此对于全天均为晴天和全天均为阴天的天气,本模型只是比确定性模型略好,但对多云天气及一天变化比较大的天气类型,随机性模型则表现出明显的优越性,它可以将太阳光照辐射随天气变化的随机性很好地模拟出来。

3)基于云量的统计辐射模型

本方法主要确定影响总辐射与天文辐射(晴空指数)之间关系的三项因子:云量、太阳入射角和空气绝对含湿量。其中,云直接对太阳光照辐射起了遮挡作用,因此云

量多少对水平面太阳总辐射量的影响是不言而喻的:太阳入射角的大小将影响水平面太阳总辐射量,入射角越小,太阳总辐射量越低;空气中的水蒸气将对太阳辐射起散射和吸收作用,水蒸气浓度越高(即绝对含湿量越高),水平面太阳总辐射量就越低。经相关数据分析,云量对晴空指数的影响最大,其他两项可以忽略。云量作为主要影响因子是符合预期的;太阳入射角的影响几乎为零,只是说明这一因子的影响已经包含在大气层外水平面逐时太阳总辐射量的变动中了;而空气绝对含湿量的影响几乎为零,空气绝对含湿量与云量之间多少有些关系,这个因子的部分影响已经包含在云量这个因子中了。

在确定云量是影响晴空指数的主要因素后,可以利用数学方法对云量和晴空指数之间的关系进行分析,进而建立其相关关系模型。

经检验,晴空指数与云量存在函数关系,经数据分析用云量的二次多项式拟合晴空指数。当云量数据及天文辐射给出,并且具有一定历史辐射的情况下,可以利用此种方法进行逐时辐射的拟合。

3.1.3　水资源

水力发电是运用水的势能和动能转换成电能来发电的方式。水能资源是目前人类社会应用最广泛的可再生能源。利用水能资源发电分为有调节和无调节两种情况。有调节的水电站是通过修建水库储水等措施来保证发电量与负荷需求相匹配;无调节的水电站也称为径流式水电站,拥有随机性、间接性、波动性等特征,需要应用一定的方法来预测分析其特性以供使用,无调节水电站主要包括小水电和海岛新能源供能系统中的水力发电。

径流描述方法是水利水电工程规划设计及管理调度工作中的一个重要环节。目前,在水利计算中还有不少使用全部或部分实测序列作为未来径流变化的代表。此类径流描述方法存在一些公认的缺点,不符合未来的径流过程乃是一个随机过程这一基本特征,并且对于缺乏原始数据的地区更是没办法处理。建立径流过程的随机模拟模型,用随机生成的径流系列作为水利工程系统的输入,通过统计试验法的途径,才能对各种规划设计管理运用方案的效益指标及风险度做出符合实际的评价,才能把规划设计管理运用中的有关决策建立在较为科学的基础之上。

1. 径流简介

1)影响因素

径流是流域中气候和下垫面各种自然地理因素综合作用的产物。径流的随机性主要由以下几个方面产生。

(1)气候因素。它是影响径流最基本和最重要的因素。气候要素中的降水和蒸发直接影响径流的形成和变化。降水是径流的源泉,降水形式、总量、强度、过程及在空间上的分布,都会直接影响径流的变化。蒸发方面,主要受制于空气饱和差和风速。饱和差越大，风速越大，蒸发越强烈。气候的其他要素如温度、风、湿度等往往也通过降水和蒸发影响径流。

(2)区域下垫面因素。区域下垫面因素是地表自然地理要素的总称。主要包括地貌、地质、植被、湖泊和沼泽等。它们在空间上的随机组合，导致区域下垫面条件的差异，其综合作用的结果是产生产力条件和产流方式差异，形成不同的流量过程和径流过程。

(3)人类活动。人类活动对径流的影响广泛而深远，并且越来越大。例如，通过人工降雨、人工融化冰雪、跨流域调水增加径流量；通过植树造林、修筑梯田、筑沟开渠调节径流变化；通过修筑水库和蓄洪、分洪、泄洪等工程改变径流的时间和空间分布等。

2)径流描述的参数指标

(1)流量(Q)指单位时间内通过某一过水断面的水量。

(2)径流总量(W)指 T 时间段内通过某一断面的总水量，其计算公式为

$$W = QT \tag{3.41}$$

(3)多年平均流量是指河流断面等按已有水文系列计算的多年流量平均值。

2. 皮尔逊Ⅲ型分布及参数估计

1)小时随机径流模型选取

小时随机径流模型作为水文随机模型的一种，一直是水文科学研究的热点。所谓水文随机模型指根据水文系统观测资料的统计特性和随机变化规律，建立能产生系统水文情势的随机模型。模型通过统计试验获得大量的模拟序列，在进行水文系统分析计算，解决系统的规划、设计、运行与管理问题的方法。小时随机径流模型主要有以下几种。

(1)解集模型。

在现实生活中，许多要素是累加而成的，例如，年水量由月水量累加而得，月水量由日水量累加而得，将这种累加过程称为聚集。反之，总量可以分解成各个分量，例如，某年的年水量可以分解成该年各月水量，月水量可以分解成该月各日水量，将此分解过程称为解集。

由解集方式建立的模型称为解集模型。解集模型是用途广泛的一类随机模型。其实质是基于某种关系将总量随机解集成各分量，其显著特点在于能保持水量平衡和连续分解。所谓保持水量平衡，是指各分量的水量相加严格等于总水量；所谓连续分解是指第一次总量分解而得的各分量，在第二次分解时，又可以作为总量被分解为新的分量。例如，年水量可以分解为月水量，而月水量又可以分解为旬水量，依次分解下去。

解集模型既可以将空间总量(干流水量)D 解集成空间分量(支流水量)A、B、C，成为空间解集；又可以将总量解集成季节水量，成为时间解集。解集模型将总量随机

分解为分量，能同时保持总量和分量的统计特性。当前用的解集模型有典型解集模型和相关解集模型。而我们的工作主要是研究单站的时间解集模型。时间解集模型解集而得的分量序列为季节性水文序列，所以将它归为季节性随机模型。

(2)皮尔逊Ⅲ型分布。

英国统计学家皮尔逊发现许多物理上、生物上和经济上的随机变量都不具有正态分布的特性。因此，他致力于探索各种非正态分布曲线。他利用相对斜率的方法，得到一系列的可以作为二项分布及超几何分布的极限的分布曲线。这些曲线可用于许多实际的曲线配置的问题。其中一个类型，是水文气象学中描写随机变量概率分布最常用的皮尔逊Ⅲ型分布，又称为伽马分布曲线。皮尔逊Ⅲ型分布密度函数如图3.1所示。

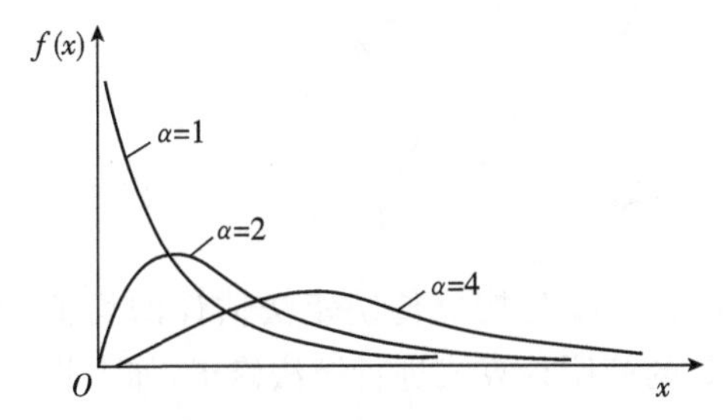

图3.1 皮尔逊Ⅲ型分布密度函数($\delta=0,\beta=1,\alpha=1、2、4$)

皮尔逊Ⅲ型分布的概率密度函数和分布函数分别为

$$f(x)=\frac{\beta^{\alpha}}{\Gamma(\alpha)}(x-\delta)^{(\alpha-1)}\mathrm{e}^{-\beta(x-\delta)},\quad \delta\leqslant x\leqslant+\infty \tag{3.42}$$

和

$$F(x)=\frac{\beta^{\alpha}}{\Gamma(\alpha)}\int_{x}^{+\infty}x(x-\delta)^{(\alpha-1)}\mathrm{e}^{-\beta(x-\delta)}\mathrm{d}x,\quad \delta\leqslant x\leqslant+\infty \tag{3.43}$$

式中，α、β和δ为参数。α、β均大于零；δ为分布的下界，水文气象的随机变量有不为零的概率。为了不受此限制，设分布曲线以$x=\delta$(δ任意)为起点。

皮尔逊Ⅲ型分布曲线是一条一端有限一端无限的不对称曲线。其中

$$\alpha=\frac{4}{C_{\mathrm{S}}^{2}} \tag{3.44}$$

$$\beta=\frac{2}{C_{\mathrm{S}}C_{\mathrm{V}}\bar{X}} \tag{3.45}$$

$$\delta=\bar{X}\left(1-\frac{2C_{\mathrm{V}}}{C_{\mathrm{S}}}\right) \tag{3.46}$$

式中，$\bar{X}$、C_{V}、C_{S}可以根据原始数据用一定的参数估计方法得出。

2)皮尔逊Ⅲ型分布参数估计

皮尔逊Ⅲ型分布频率曲线确定后，关键在于确定好三个统计参数，它们分别为均

值 $\overline{X}$、变差系数 C_V、偏态系数 C_S。由于变量的总体未知,这就需要用有限的观测数据资料去估计总体分布线型中的参数。如何合理地估计参数,将影响到工程的标准、投资数量和经济效益。水文中多用的参数估计法是矩法修正法。

其具体的估计过程如下。设($x_1,x_2,x_3,\cdots,x_n$)是随机变量 X 的样本,由大数定律可知,当 $n\to+\infty$ 时,样本的各阶原点矩依概率收敛到总体的各阶矩,因此可用样本矩估计总体矩。

$$\overline{X}_{初}=\frac{x_1+x_2+\cdots+x_n}{n}=\frac{1}{n}\sum_{i=1}^{n}x_i \tag{3.47}$$

$$C_{V初}=\sqrt{\frac{\sum_{i=1}^{n}(K_i-1)^2}{n}} \tag{3.48}$$

$$C_{S初}=\frac{\sum_{i=1}^{n}(K_i-1)^3}{nC_V^3} \tag{3.49}$$

式中,$K_i=x_i/\overline{X}$;$\overline{X}_{初}$、$C_{V初}$、$C_{S初}$ 是按照传统矩法估计的均值、变差系数、偏态系数。在此基础上,以修正系数的简明计算式进行矩法修正,如下:

$$\overline{X}=B_x\overline{X}_{初} \tag{3.50}$$

$$C_V=B_{C_V}C_{V初} \tag{3.51}$$

$$C_S=B_{C_S}C_{S初} \tag{3.52}$$

式中,$\overline{X}$、C_V、C_S 分别为修正后的均值、变差系数、偏态系数;B 为修正系数,其下标为相应的统计参数名称。

$$B_{C_S}=1+\frac{2.7}{n^{0.48}} \tag{3.53}$$

$$B_{\overline{X}}=1+0.445{C_S}^{1.105}n^{-0.775}C_{V初} \tag{3.54}$$

$$B_{C_V}=1.323n^{-0.0535}(1+0.1837{C_S}^{1.769}n^{-0.601})/B_{\overline{X}} \tag{3.55}$$

由式(3.47)~式(3.55)可以求得修正后的均值、变差系数、偏态系数,进而用式(3.44)~式(3.46)求得皮尔逊Ⅲ型分布的三个参数,从而得到符合皮尔逊Ⅲ型分布的水文数据。

3.2 负荷分析

3.2.1 主要工作内容

负荷特性分析研究工作需要关注负荷每日每月的变化,关注特殊天气、条件下负荷的异常变化,关注不同行业、居民不同时期的用电习惯。这样才能够深入了解全网及各个地区负荷特性的现状，把握该地区负荷变化的规律和发展趋势，为电力企业的经营和发展提供决策支持。为了保证负荷特性分析工作的顺利完成，需要配合的部门比较多，包括规划、营销(用电)、调度运行等部门。负荷特性分析的结果也为这些部门的生产工作提供有力的基础数据支持。

负荷特性分析的主要包括如下工作内容。

(1)基础数据的搜集和典型行业的调研。

(2)分析负荷及负荷特性的历史变化与现状。

(3)分析研究影响负荷及负荷特性的主要因素及影响程度，主要包括：经济发展水平及经济结构调整的影响；居民收入水平、生活水平提高和消费观念变化的影响；电力消费结构变化的影响；气温气候的影响；电价(峰谷电价、可中断电价等)的影响；需求侧管理措施(移峰填谷、蓄能设备等)的影响；电力供应能力(包括电力短缺状况、电网建设与配电网改造等)的影响；政策因素(如环保要求、对高耗能行业的特殊电价等)的影响。

(4)历年来负荷特性变化对电力供需状况的影响。

(5)负荷和负荷特性变化趋势总结。

(6)改善负荷特性措施(包括技术、经济和行政手段)。

3.2.2 研究现状

目前对负荷特性研究工作存在的问题主要体现如下。

(1)缺乏详尽的各类负荷数据资料。

(2)对负荷特性的分析还没有一个比较系统的方法，分析以定性分析为主。

(3)如何在众多影响因素当中判定其对整个社会负荷特性的影响程度有一定难度，而且缺乏直观的表达手段，如国民经济发展、气象、产业结构变化、电网状况、需求侧管理政策等。

(4)各行业典型负荷特性曲线的获取和加工处理较为困难。

3.2.3 负荷特性指标

为了正确描述电力系统负荷随时间的变化特性，并准确地估计电力负荷变化的规律趋势，必须通过一些特定的负荷特性曲线及指标参数的分析计算来达到目的。因此，有必要对主要的负荷特性指标进行深入分析。

在负荷特性分析研究当中，涉及的负荷特性指标数量较多，尚未建立统一的分类方式和规范的指标体系，包括日、月、年等不同时间段的特性指标，有的是数值类，有的是曲线类；有的是反映负荷特性总体状况的，用于进行各地区横向比较；有的是在电力系统规划设计中用于进行分析计算的；有的是用于调度运行时作为参考依据的。

本节结合优化配置对负荷分析的要求，考虑实用性，仅对其主要的负荷特性指标进行分析研究。

1.负荷率

负荷率指标包括日负荷率、日最小负荷率、季负荷率、月负荷率、年平均日负荷率及年负荷率。下面分析较为典型的几个指标。

1)日负荷率和日最小负荷率

日负荷率和日最小负荷率是用于描述日负荷曲线特性,表征一天中的不均衡性。较高的负荷率有利于电力系统的经济运行。其定义如下:

$$\text{日负荷率}(\%) = \frac{\text{日总用电量(kW)}}{\text{日最大负荷(kW)} \times 24} \times 100\% = \frac{\text{日平均负荷(kW)}}{\text{日最大负荷(kW)}} \times 100\% \tag{3.56}$$

$$\text{日最小负荷率}(\%) = \frac{\text{日最小负荷(kW)}}{\text{日最大负荷(kW)}} \times 100\% \tag{3.57}$$

日负荷率和日最小负荷率的数值大小,与用户的性质和类别、组成、生产班次及系统内的各类用电(生活用电、动力用电、工艺用电)所占的比重有关,还与调整负荷的措施有关。随着电力系统的发展,用户构成、用电方式及工艺特点可能发生变化,各类用户所占的比重也可能发生变化。因此,日负荷率和日最小负荷率也会发生变化。

2)月负荷率

月负荷率又称月不均衡系数,是由用电部门在月、周内的停工休息、设备检修、生产作业顺序及有无新用户投入生产等引起的,同时,该指标也反映了用户因设备小修、生产作业顺序不协调或因停电而引起的停工休息等的影响。其定义式为

$$\text{月负荷率}(\%) = \frac{\text{月平均日用电量(kW)}}{\text{月最大日用电量(kW)}} \times 100\% = \frac{\text{月平均日负荷(kW)}}{\text{月最大负荷日的日平均负荷(kW)}} \times 100\% \tag{3.58}$$

月负荷率主要与用电构成、季节性变化和节假日有关。

(1)用电构成。用电构成不同,月负荷率值也不同。在重工业地区,特别是黑色冶炼工业比重大的地区,月负荷率较高,一般为0.90～0.97,而在轻工业用电和机械工业用电占较大比重的地区,月负荷率就稍低些,为0.85～0.90。

(2)企业内部月内生产任务的均衡性情况。生产任务越不均衡,月负荷率值就越低。随着生产组织计划的科学性和月内生产安排的均衡,月负荷率值会得到改善,其数值会进一步提高。

(3)季节性影响。电力系统内农村用电占较大比重时,农业排灌用电对月负荷率有较大影响。农业排灌用电季节性很强,会受到天然降水量的影响,天然降水是不均

衡的，这种不均衡性会导致农业用电的不均衡。一般来说，农业用电占较大比重的地区，月负荷率较低。

(4)节假日对电网月负荷率的影响明显。一般出现大型节假日的月份，月负荷率较低，如春节、五一和国庆所在月份的月负荷率相对较低。

3)季负荷率

季负荷率又称季不均衡系数，反映用电负荷的季节性变化，包括用电设备的季节性配置、设备的年度大修及负荷的年增长等因素造成的影响。其定义式为

$$\text{季负荷率}(\%)=\frac{\text{全年各月最大负荷之和的平均值(kW)}}{\text{年最大负荷(kW)}}\times 100\% \tag{3.59}$$

4)年平均日负荷率和年负荷率

年平均日负荷率是一年内日负荷的平均反映，即主要反映了第三产业负荷的影响，但它并不是所有日负荷率的平均值，而是全年各月最大负荷日的平均负荷之和与各月最大负荷之和的比值。其定义式为

$$\text{年平均日负荷率}(\%)=\frac{\frac{1}{12}\sum \text{各月最大负荷日的用电量(kW)}}{24\times\frac{\sum \text{各月的最大负荷(kW)}}{12}}\times 100\% \tag{3.60}$$

年负荷率是一个综合性指标，定义式为

$$\text{年负荷率}(\%)=\frac{\text{年平均负荷(kW)}}{\text{年最大负荷(kW)}}\times 100\% \tag{3.61}$$

年内季负荷率和年平均月负荷率分别定义为

$$\text{年内季负荷率}(\%)=\frac{\sum \text{各月最大负荷(kW)}}{12\times \text{年最大负荷(kW)}}\times 100\% \tag{3.62}$$

$$\text{年平均月负荷率}(\%)=\frac{\sum \text{各月平均日用电量(kW·h)}}{\sum \text{各月最大负荷日的用电量(kW·h)}}\times 100\% \tag{3.63}$$

年负荷率与三类产业的用电结构变化有关。通常情况下随着第二产业用电比重的增加而增大，随着第三产业用电和居民生活用电所占比重的增加而降低。

2.峰谷差

峰谷差为最高负荷与最低负荷之差。在日有功负荷曲线图上，最高负荷称为高峰，最低负荷称为低谷；平均负荷至最高负荷之间的负荷，称为尖峰负荷，即峰荷；平均负荷至最低负荷之间负荷，称为腰荷；最低负荷以下部分，称为基本负荷。

峰谷差的大小直接反映了电网所需要的调峰能力。峰谷差主要是用来安排调峰措施、调整负荷及电源规划的研究。峰谷差主要与用电结构变化和季节性变化有关。

具体介绍如下。

(1)用电结构的变化。第三产业和居民生活用电增长迅速,占全社会用电量的比例在不断提高。随着城乡居民生活水平的提高,各类大功率的家用电器(微波炉、电炊具、电暖器、空调等)已逐渐进入百姓家庭;同时,为了满足人们的消费需求,大量以服务业为主的第三产业蓬勃发展,这些都导致用电结构发生变化。而在工业领域,一方面,在经济转型期间,相当一部分的企业由于能耗高、产值低及产品在市场上缺乏竞争力等原因,不得不停产或是倒闭。另一方面,由于政策性的影响,大部分工业企业采取了节能降耗措施,使工业单位产值用电量下降。这些都会导致系统的峰谷差拉大。

(2)季节性变化。在我国,南北跨度较大,受气候的影响,南方夏季炎热,空调负荷占的比重较大;而北方的冬季比较寒冷,采暖负荷占的比重较大,这些也会导致系统的峰谷差增大。

3. 其他指标

1)年最大负荷利用小时数

年最大负荷利用小时数主要用于衡量负荷的时间利用效率。其定义式为

$$\text{年最大负荷利用小时数(h)}=\frac{\text{年用电量(kW·h)}}{\text{年最大负荷(kW)}}=8760\times\text{年负荷率(\%)} \tag{3.64}$$

从定义可知年最大负荷利用小时数是一个综合性的指标。与各产业用电所占的比重有关。一般来讲,电力系统中,重工业用电占较大比重的地区,年最大负荷利用小时数较高,保持为6000~6500h;而第三产业用电和居民生活用电占较大比重的地区,年最大负荷利用小时数较低。

2)年持续负荷曲线

年持续负荷曲线是按一年中系统负荷的数值大小及其持续小时数顺序排列而绘制成的。它不同于一般的负荷曲线,不能反映负荷在年内的变化,却能反映年内各种负荷水平的持续时间,表明负荷大小与时间的函数关系。主要起的作用为安排发电计划、可靠性估算。年持续负荷曲线主要与拉闸限电、新的大工业负荷投入、新设备机组的投入运行及电网改造等有关。

3)同时率

同时率是指地区电网最大负荷同各构成分区电网最大负荷之和的比值,即

$$\text{同时率(\%)}=\frac{\text{地区最高负荷(kW)}}{\text{各个分供电区域最高负荷之和(kW)}}\times 100\% \tag{3.65}$$

具体讲,在空间负荷预测中,最后要把各个分地块负荷值合并叠加起来,得到分区总的远期负荷值。由于存在一个负荷同时率的问题,对于不同类型的负荷不能直接把它们简单相加,因此需要将不同类型的负荷按负荷特性曲线相加。

3.3 风力发电系统

3.3.1 输出功率模型

1. 风机工作原理

风力发电机(WT,简称风机)发出的电能由风能转化而来,风机的叶片从风中捕获能量使之转化为旋转的动能,然后通过机械驱动力系统将机械能传送给发电机,通过发电机将机械能转化为磁场的能量,并最终转化为电能。根据贝兹理论,通过风轮的最大能量可用下式表示为

$$P_{\mathrm{m}} = \frac{1}{2}\rho\pi R^2 v^3 C_{\mathrm{p}} \tag{3.66}$$

式中,P_{m}为风轮输出功率;ρ为空气密度;R为风轮叶片半径;v为风速;$C_{\mathrm{p}}= f(\lambda,\alpha)$为风能利用系数,根据贝兹极限,$C_{\mathrm{p}}$的最大值约为0.593,再考虑涡流损失,实际值还要低一些,$\lambda=W_{\mathrm{m}}R/v$为叶尖速比,其中$W_{\mathrm{m}}$为风轮机械角速度,$\alpha$为风机桨矩角。此外,输出功率还需要考虑到各种功率损耗,如传动中的损耗、变速箱的损耗等。

2. 风机输出功率特性曲线[2]

风机的出力主要由风机轮毂处实际风速和风机的输出功率特性决定。变桨距风机与定桨距风机的输出功率特性曲线有所不同。图3.2所示是典型变桨距风机的输出功率特性曲线。图中,v_{ci}、v_{cr}和v_{co}分别表示风机的切入风速、额定风速和切出风速;P_{r}为风机的额定输出功率。

定桨距风机在风速大于额定风速时输出功率反而有所下降。其输出功率曲线一般由风机厂家给出,用户在实际使用中,多采用拟合曲线的方法去获得风机的输出功率特性方程。图3.3所示是典型定桨距风机的输出功率特性曲线。

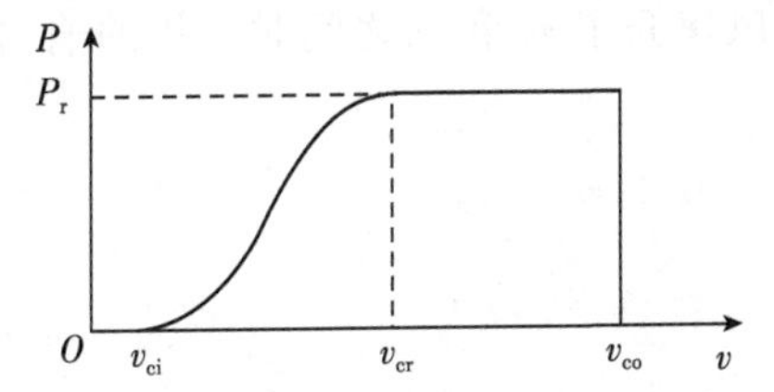

图3.2 典型变桨距风机的输出功率特性曲线

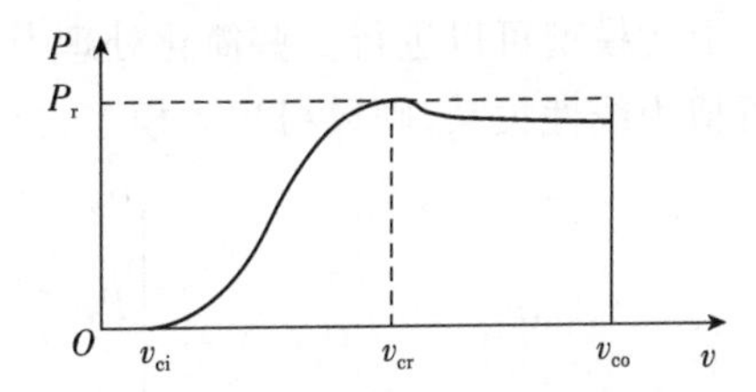

图3.3 典型定桨距风机的输出功率特性曲线

3. 风机输出功率函数(数学模型)

在风轮系数、风轮扫掠面积、空气密度不变的情况下,风机的输出功率只取决于风速,且与风速成三次方的比例关系。下面介绍几种风机输出功率特性曲线数学模型。

1)模型 1[3]

$$P_t(v)=\begin{cases}0, & 0\leqslant v<v_{ci}\\ av^3-bP_r, & v_{ci}\leqslant v\leqslant v_r\\ P_x, & v_r\leqslant v\leqslant v_{co}\\ 0, & v_{co}<v\end{cases} \tag{3.67}$$

式中,$a=P_r/(v_r^3-v_{ci}^3)$;$b=v_{ci}^3/(v_r^3-v_{ci}^3)$;$v$ 为风机轮毂高度处的风速;v_{ci}、v_r 和 v_{co} 分别为风机的切入风速、额定风速、切出风速;对于变桨距风机,P_x 等于风机的额定功率 P_r;对于定桨距风机,P_x 可通过下式求得[4]

$$P_x=P_r+\frac{P_{co}-P_r}{v_{co}-v_r}(v-v_r),\qquad v_r<v<v_{co} \tag{3.68}$$

式中,P_{co} 为风机在风速为切出风速 v_{co} 时的输出功率。

2)模型 2[5]

$$P_t(v)=\begin{cases}0, & 0\leqslant v<v_{ci}\\ A+Bv+Cv^2, & v_{ci}\leqslant v\leqslant v_r\\ P_x, & v_r<v\leqslant v_{co}\\ 0, & v_{co}<v\end{cases} \tag{3.69}$$

式中,A、B、C 为风机功率特性曲线参数,对于不同风机会有所不同,可根据风机厂家提供的输出功率特性曲线经过多项式拟合得到。

3)模型 3[6]

$$P_t(v)=\begin{cases}0, & 0\leqslant v<v_{ci}\\ P_r\dfrac{v^2-v_{ci}^2}{v_r^2-v_c^2}, & v_{ci}\leqslant v\leqslant v_r\\ P_x, & v_r<v\leqslant v_{co}\\ 0, & v_{co}<v\end{cases} \tag{3.70}$$

上述模型可以进行一些简化处理[7],假设风速介于 v_{ci} 和 v_r 之间时风机的输出功率近似为线性关系,则风机出力模型可变形为

$$P_t(v)=\begin{cases}0, & 0\leqslant v<v_{ci}\\ P_r\dfrac{v-v_{ci}}{v_r-v_{ci}}, & v_{ci}\leqslant v\leqslant v_r\\ P_x, & v_r<v\leqslant v_{co}\\ 0, & v_{co}<v\end{cases} \tag{3.71}$$

3.3.2 影响因素

前面介绍了风机的输出模型。需要注意的是,某些外界因素会影响风机的输出功率。下面介绍两种影响风机输出功率的因素。

1. 风力测速点高度的影响

前面介绍的风机出力模型中的风速 v 代表的是风机轮毂高度处的风速，但是很多情况下，测风点的高度和风机轮毂高度并不相同，如气象局提供的风特性数据一般都在 9m 左右的高度测得[8]。当测风点的高度与风机轮毂高度不同时，需要采用对数定律或指数定律计算风机轮毂高度处的风速。

1)对数定律

对数定律假设风速与地面高度的对数成正比，其表达式为

$$\frac{v_{\text{hub}}}{v_{\text{anem}}}=\frac{\ln(z_{\text{hub}}/z_0)}{\ln(z_{\text{anem}}/z_0)} \tag{3.72}$$

式中，z_{hub}、z_{anem} 分别表示风机轮毂高度和测风点高度(单位为 m)；v_{hub}、v_{anem} 分别表示风机轮毂高度处风速和测风点高度的风速(单位为 m/s)；z_0 表示地面粗糙度(单位为 m)。

2)指数定律

指数定律的表达式为

$$\frac{v_{\text{hub}}}{v_{\text{anem}}}=\left(\frac{z_{\text{hub}}}{z_{\text{anem}}}\right)^{\alpha} \tag{3.73}$$

式中，z_{hub}、z_{anem} 分别表示风机轮毂高度和测风点高度(单位为 m)；v_{hub}、v_{anem} 分别表示风机轮毂高度处风速和测风点高度的风速(单位为 m/s)；α 表示地面粗糙度因子，与地面平整程度粗糙度、大气稳定度等因素有关，取值一般为 0.14～0.25，开阔、平坦、稳定度正常的地区通常取 1/7[9]。

2. 空气密度的影响

前面提到了风机输出模型的参数可以由厂家提供的输出功率特性曲线拟合计算得到，但是需要注意的是，厂家提供的输出功率特性曲线一般是在标准空气密度($\rho_0=1.225\text{kg/m}^3$)下测试得到的。由风轮的机械输出功率方程可知，其不但与风速、风能利用系数、风轮直径等有关，还受空气密度的影响。

由于风轮的机械输出功率直接影响风机的输出功率，所以空气密度对风机的输出也有影响。IEC 标准规定，当地空气密度偏离标准空气密度±0.05 以上都应进行修正[10]。因此，当风机实际使用地点的空气密度与标准空气密度存在一定差异时，使用上述模型计算得到的风机输出功率需要进行修正，避免产生较大的误差。

针对实际空气密度和标准空气密度不同造成的风机输出功率误差，可采用平均空气密度比率法进行修正，即使用标准空气密度下的风机输出功率乘以平均空气密度比率(即实际平均空气密度与标准空气密度的比值)[11]。

3.4 光伏发电系统

3.4.1 输出功率模型

$$P_{\mathrm{PV}}=f_{\mathrm{PV}}P_{\mathrm{rated}}\frac{A}{A_{\mathrm{S}}}[1+\alpha_{\mathrm{p}}(T-T_{\mathrm{STC}})] \tag{3.74}$$

式中，f_{PV}为光伏发电系统的功率降额因数，表示光伏发电系统实际输出功率与额定条件下输出功率的比值，用于计及由于光伏板表面污渍和雨雪的遮盖及光伏板自身老化等引起的损耗，一般取 0.9；P_{rated}为光伏发电系统的额定功率（单位为 kW），为标准测试条件（STC）下（即大气光学质量 AM1.5，辐照强度 1kW/m²，温度 25℃）测得的光伏发电系统的输出功率；A 为当前到达光伏发电系统倾斜面上的实际辐照度（单位为 kW/m²）；A_{S}为标准测试条件下的辐照度，为 1kW/m²；α_{p}为功率温度系数（单位为%/℃），可取为－0.47%/℃；T 为当前光伏发电系统的表面温度（单位为℃）；T_{STC}为标准测试条件下的光伏发电系统温度（一般为 25℃）。

3.4.2 光伏电池模型

光伏电池是光伏发电系统中最基本的电能产生单元，其单体输出电压和输出电流都很低，功率也较小。为此将光伏电池串、并联可构成光伏组件，其输出电压可提高到十几至几十伏；光伏组件又可经串、并联后得到光伏阵列，进而获得更高的输出电压和更大的输出功率。光伏阵列是一种直流电源，它是光伏发电系统的实际电源。

常用光伏电池的理想等效电路如图 3.4(a)所示。在忽略各种内部损耗的情况下，由光生电流源和一个二极管并联得到。值得指出的是，这里的二极管不是一个理想型在导通和关断两种模式间切换的开关元件，其电压和电流间存在连续非线性关系。光伏电池的实际内部损耗可通过在理想模型中增加串联电阻 R_{s}和并联电阻 R_{sh}来模拟，如图 3.4(b)和(c)所示。在增加两个电阻的同时，图 3.4(c)给出的电路模型中还增加了一个二极管来模拟空间电荷的扩散效应，称为双二极管等效电路。双二极管等效电路能够更好地拟合多晶硅光伏电池的输出特性，尤其适用于光辐照度较低的条件。

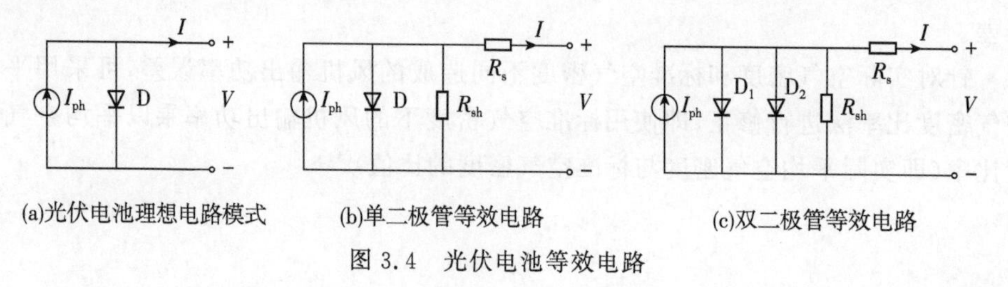

图 3.4 光伏电池等效电路

双二极管模型光伏电池输出伏安特性为[12-14]

$$I = I_{ph} - I_{s1}\left[e^{\frac{q(V+IR_s)}{kT}} - 1\right] - I_{s2}\left[e^{\frac{q(V+IR_s)}{AkT}} - 1\right] - \frac{V + IR_s}{R_{sh}} \tag{3.75}$$

当简化为单二极管模型时，相应的伏安关系为

$$I = I_{ph} - I_s\left[e^{\frac{q(V+IR_s)}{AkT}} - 1\right] - \frac{V + IR_s}{R_{sh}} \tag{3.76}$$

式中，V 为光伏电池输出电压；I 为光伏电池输出电流；I_{ph} 为光生电流源电流；I_{s1} 为二极管扩散效应饱和电流；I_{s2} 为二极管复合效应饱和电流；I_s 为二极管饱和电流；q 为电子电量常量，为 $1.602e^{-19}$ C；k 为玻尔兹曼常量，为 $1.831e^{-23}$ J/K；T 为光伏电池工作热力学温度值；A 为二极管特性拟合系数，在单二极管模型中是一个变量，在双二极管模型中可取为 2；R_s 为光伏电池串联电阻；R_{sh} 为光伏电池并联电阻。

当光伏组件通过串、并联组成光伏阵列时，通常认为串、并联在一起的光伏组件具有相同的特征参数。若忽略光伏电池组件间的连接电阻并假设它们具有理想的一致性，则与单二极管等效电路图对应的光伏阵列等效电路如图 3.5 所示。

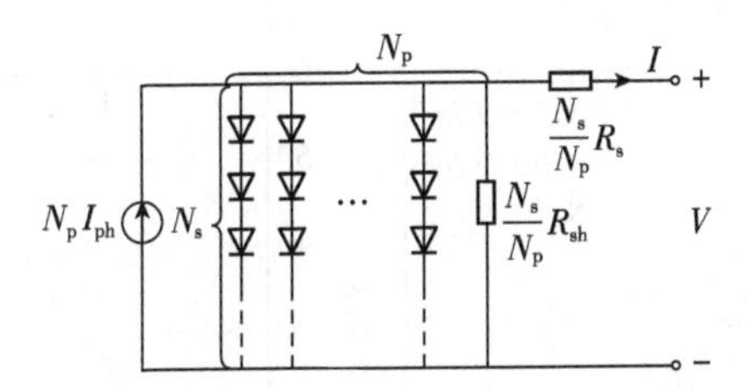

图 3.5　单二极管模型光伏阵列的等效电路

图 3.5 给出的等效电路的输出电压和电流的关系如式(3.77)所示[15]。其中，N_s 和 N_p 分别为串联和并联的光伏电池数。

$$I = N_p I_{ph} - N_p I_s\left[e^{\frac{q}{AkT}\left(\frac{V}{N_s}+\frac{IR_s}{N_p}\right)} - 1\right] - \frac{N_p}{R_{sh}}\left(\frac{V}{N_s} + \frac{IR_s}{N_p}\right) \tag{3.77}$$

光伏电池或光伏阵列典型的 I-V 和 P-V 曲线如图 3.6 所示。在图 3.6 所示的曲线上，有如下三个特殊点。

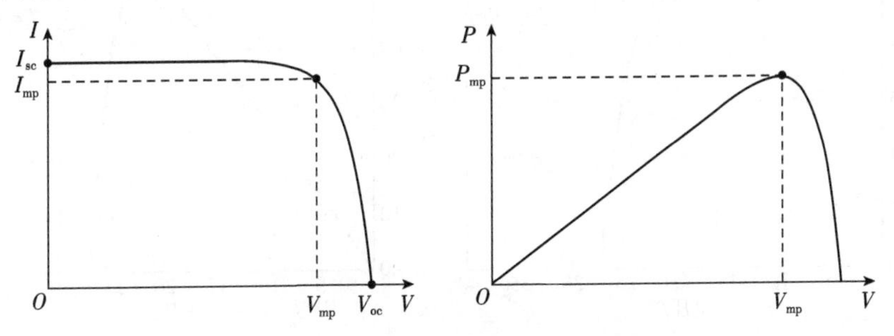

图 3.6　光伏电池典型 I-V 和 P-V 曲线

(1)$(0,I_{sc})$称为输出短路点，I_{sc} 为对应输出电压为零时的短路电流。

(2)(V_{oc},0)称为输出开路点,V_{oc}为对应输出电流为零时的开路电压。

(3)(V_{mp},I_{mp})称为最大功率输出点,该点处满足 $dP/dV=0$,输出功率为 $P_{mp}=V_{mp}I_{mp}$,是对应伏安特性上所能获得的最大功率。在实际运行的光伏系统中,应该尽量通过负载匹配使整个系统运行在最大功率点附近,以最大限度地提高运行效率。

3.4.3 影响因素

1. 光照度和温度的影响

光伏电源的输出特性与光辐照度和环境温度密切相关,图 3.7 和图 3.8 分别给出了光辐照度和温度变化时的一组光伏阵列实际 I-V 曲线和 P-V 曲线。从图中可以看出,随着温度的升高,光伏电池的短路电流增大,但开路电压却不断降低,而且明显比电流的变化程度大,因此在光辐照度恒定的条件下,温度越高,最大功率反而越小,而且最大功率点电压变化较大。相比而言,光辐照度的提高对于短路电流、开路电压和最大功率都是增大作用,而且最大功率点电压变化较小,在某些条件下可近似认为不变。

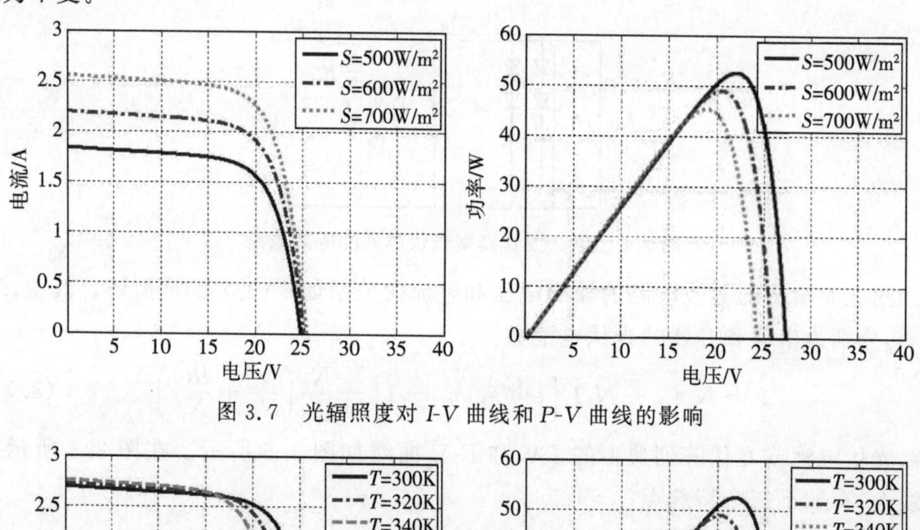

图 3.7 光辐照度对 I-V 曲线和 P-V 曲线的影响

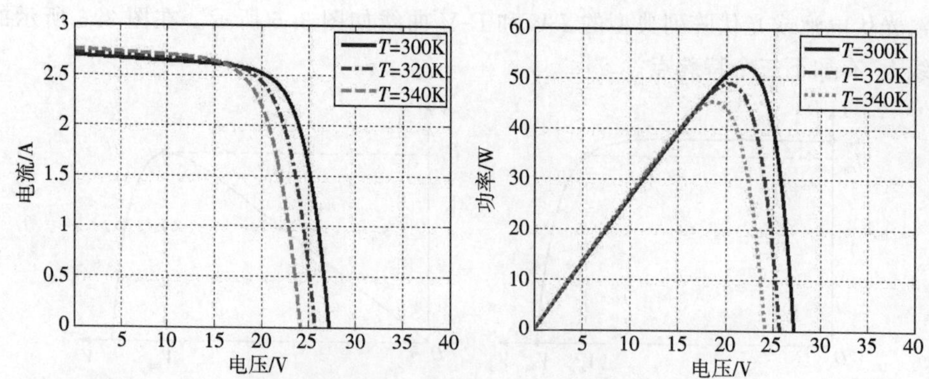

图 3.8 温度对 I-V 曲线和 P-V 曲线的影响

在分布式发电系统仿真中,光伏电池(或阵列)的主要运行方程由式(3.74)～

式(3.77)描述。通过对光伏电池板的输出特性进行测试,可以得到其电压/电流外特性曲线,即 I-V 曲线。在此基础上进行参数拟合就可以获得上述方程或电路模型中的参数值。一般来说,厂家给出的 I-V 曲线是在 IEC 60904 标准规定的条件下得到的。此时,辐照度为 1000W/m^2,电池工作温度为 25℃,即 298K,大气质量 AM 为 1.5。考虑到光辐照度和温度对 I-V 曲线存在着如图 3.7 和图 3.8 所示的影响,当实际光辐照度和温度与标准条件有差异时,需要对参数进行一些修正,以式(3.75)为例,其重点修正量为光生电流 I_{ph}和二极管饱和电流 I_s,修正公式如下:

$$I_{ph}=\left(\frac{E}{E_{ref}}\right)[I_{ph,ref}+C_T(T-T_{ref})] \tag{3.78}$$

$$I_s=I_{s,ref}\left(\frac{T}{T_{ref}}\right)^3\exp\left[\frac{qE_g}{Ak}\left(\frac{1}{T_{ref}}-\frac{1}{T}\right)\right] \tag{3.79}$$

式中,E 为实际辐照度(单位为 W/m^2);E_{ref}为标准条件下的辐照度,即 1000W/m^2;C_T为温度系数,由厂家提供(单位为 A/K);$I_{s,ref}$为标况下二极管饱和电流(单位为 A);E_g为禁带宽度(单位为 eV),与光伏电池材料有关。

2. 跟踪模式的影响

光伏发电系统主要有 6 种跟踪模式[16],即固定式、两步跟踪、连续跟踪、步进跟踪、水平轴(南北水平轴)跟踪和单轴跟踪。不同跟踪模式下,类型相同的光伏阵列具有不同的倾斜角和方位角,这导致其接收的光照强度不同,因此输出功率也各有不同。

1)固定式光伏阵列

固定式即前面介绍的带固定轴的光伏阵列,固定式方位角 γ_n 一般取为零,而倾斜角 β 的大小与光伏电池阵列安装的地理位置及优化的目标有关。

2)两步跟踪式光伏阵列

在两步跟踪式阵列中,阵列的倾斜角不变,阵列的方位角上、下午各调整一次,即

$$\text{上午}:\gamma_n=+\gamma(\text{朝东}) \tag{3.80}$$

$$\text{下午}:\gamma_n=-\gamma(\text{朝西}) \tag{3.81}$$

式中,$\gamma=2\pi(n-1)/365$,n 为天数。

3)连续跟踪式光伏阵列(5min 为一跟踪步长)

在连续跟踪式阵列中,方位角等于太阳的方位角 r_s;倾斜角为太阳高度角的余角,即天顶角 θ_z,即

$$\gamma_n=\gamma_s \tag{3.82}$$

$$\beta=\theta_z=\pi/2-\alpha_s \tag{3.83}$$

其中,太阳高度 α_s由下式确定:

$$\sin\alpha_s=\sin\varphi\sin\delta+\cos\varphi\cos\delta\cos\omega \tag{3.84}$$

式中,φ 为光伏电池阵列安装地点的地理纬度;δ 为赤纬角;w 为太阳时角。

4)步进跟踪式光伏阵列

在这种跟踪方式中,以每 5min 的某一倍数为跟踪步长,γ_n和 β 的确定与连续跟踪式光伏阵列相同。

5)水平轴(南北水平轴)跟踪式光伏阵列

水平轴(南北水平轴)跟踪式光伏阵列的方位角为

$$\text{上午:}\gamma_n = 90° \tag{3.85}$$

$$\text{下午:}\gamma_n = -90° \tag{3.86}$$

光伏阵列的倾斜角由下式决定:

$$\tan\beta = \cos\delta\sin\omega/(\sin\varphi\sin\delta + \cos\varphi\cos\delta\cos\omega) \tag{3.87}$$

6)单轴跟踪式光伏阵列

这种跟踪方式下,转轴的倾斜角及方位角任意分别为 β_x、γ_x,阵列的倾斜角由下式决定:

$$\begin{aligned}\tan\beta = &[\sin\gamma_x(\cos\varphi\sin\delta - \sin\varphi\cos\delta\cos\omega) + \cos\delta\cos\gamma_x\sin\omega] \\ &/[(\sin\varphi\cos\beta_x - \cos\varphi\sin\beta_x\cos\gamma_x)\sin\delta + \cos\delta\sin\gamma_x\sin\beta_x\sin\omega \\ &+ (\cos\varphi\cos\beta_x + \sin\varphi\sin\beta_x\cos\gamma_x)\cos\delta\cos\omega]\end{aligned} \tag{3.88}$$

阵列的方位角由下式决定:

$$\gamma_n = \arctan(\sin\gamma_x\sin\beta_x + \cos\gamma_x\tan\beta)/(\cos\gamma_x\sin\beta_x - \sin\gamma_x\tan\beta) \tag{3.89}$$

7)双轴跟踪式光伏阵列[17]

双轴跟踪系统理论上能够保证任何时刻光伏阵列表面都能跟踪太阳的运行轨迹,因此双轴跟踪系统的入射角可表示为 $\theta=0$。

3.5 储能系统

3.5.1 铅酸蓄电池 KiBaM 模型

关于铅酸蓄电池的模型,国内外学者做了大量工作,其中最具代表性的有 Shepherd 模型、Facinalli 模型及在 Manwell 模型基础上扩展的 KiBaM 模型(Kinetic Battery model)。下面首先介绍最经典的 KiBaM 模型[18,19]。

1. 充放电结束时可用负荷和束缚负荷的计算

KiBaM 模型将蓄电池视为有两个储能箱 q_1、q_2 的系统,q_1 和 q_2 分别表示可用电量和束缚电量,如图 3.9 所示。由图可知蓄电池任意时刻的电量 q(单位为 A·h)为

$$q = q_1 + q_2 \tag{3.90}$$

对 k'进行变换得

$$k = \frac{k'}{c(1-c)} \tag{3.91}$$

则由图可推得

$$\frac{\mathrm{d}q_1}{\mathrm{d}t}=-I-k(1-c)q_1+kcq_2 \tag{3.92}$$

$$\frac{\mathrm{d}q_2}{\mathrm{d}t}=k(1-c)q_1+kcq_2 \tag{3.93}$$

对式(3.92)和式(3.93)进行 Laplace 变换,得

$$q_{1,t}=q_{10,t}\mathrm{e}^{-k\Delta t}+\frac{(q_{0,t}kc-I)(1-\mathrm{e}^{-kt})}{k}-\frac{Ic(kt-1+\mathrm{e}^{-k\Delta t})}{k} \tag{3.94}$$

$$q_{2,t}=q_{20,t}\mathrm{e}^{-k\Delta t}+q_{0,t}(1-c)(1-\mathrm{e}^{-k\Delta t})-\frac{I(1-c)(k\Delta t-1+\mathrm{e}^{-k\Delta t})}{k} \tag{3.95}$$

式中,$q_{1,t}$和$q_{2,t}$分别表示时段 t 结束时蓄电池内的可用电荷和束缚电荷(单位为 A·h);k 为常数,表示束缚电荷转换为可用电荷的速率(单位为 h^{-1});c 为满充状态下可用电荷占总电荷的比例;I 为充电或放电电流(单位为 A);Δt 为时间间隔(单位为 h);$q_{10,t}$、$q_{20,t}$、$q_{0,t}$分别为某时段初始时刻蓄电池可用负荷、束缚负荷和总负荷(单位为 A·h)。

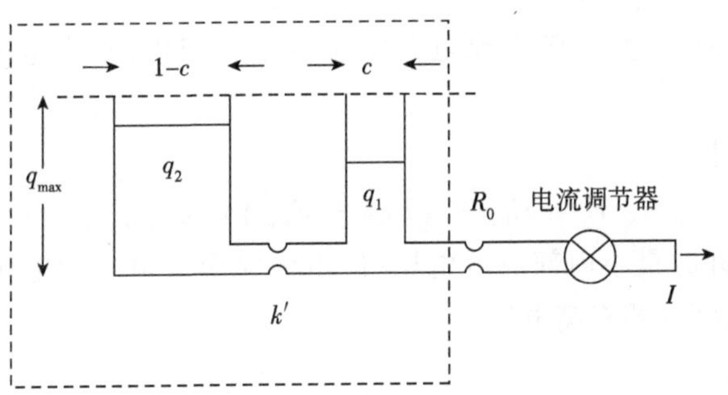

图 3.9 KiBaM 蓄电池模型

若设定蓄电池端电压为 V,则 $q_{0,t}V$ 为相应的储能量,IV 为电池功率。若假定 V 为定值,给定蓄电池充放电功率,则可确定电池电流,进一步便可计算蓄电池内负荷的变化量,由此可得蓄电池储能量的变化量。

2. 充放电结束时可用能量和束缚能量的计算

可以根据 KiBaM 模型计算出蓄电池充放电后的可用能量和束缚能量[20]:

$$Q_{1,\mathrm{end}}=Q_1\mathrm{e}^{-k\Delta t}+\frac{(Qkc+P)(1-\mathrm{e}^{-k\Delta t})}{k}+\frac{Pc(k\Delta t-1+\mathrm{e}^{-k\Delta t})}{k} \tag{3.96}$$

$$Q_{2,\mathrm{end}}=Q_2\mathrm{e}^{-k\Delta t}+Q(1-c)(1-\mathrm{e}^{-k\Delta t})+\frac{P(1-c)(k\Delta t-1+\mathrm{e}^{-k\Delta t})}{k} \tag{3.97}$$

式中,$Q_{1,\mathrm{end}}$、$Q_{2,\mathrm{end}}$分别为终止时刻蓄电池的可用容量和束缚容量(单位为 kW·h);Q_1、Q_2分别为初始时刻蓄电池的可用容量和束缚容量(单位为 kW·h);Q 为初始时刻总容量;P 为电池组充电(此时为正)或放电(此时为负)功率(单位为 kW);Δt 为时间间隔(单位为 h),在算法中亦即为时间步长;c 为电池容量比例,表示蓄电池满充状态

下可用容量与总能量的比值；k 为电池速率常数（单位为 h^{-1}），表示可用能量与束缚容量的转化速率。

3. 蓄电池端电压模型

在 KiBaM 模型中，将蓄电池视为一个电压源，如图 3.10 所示。

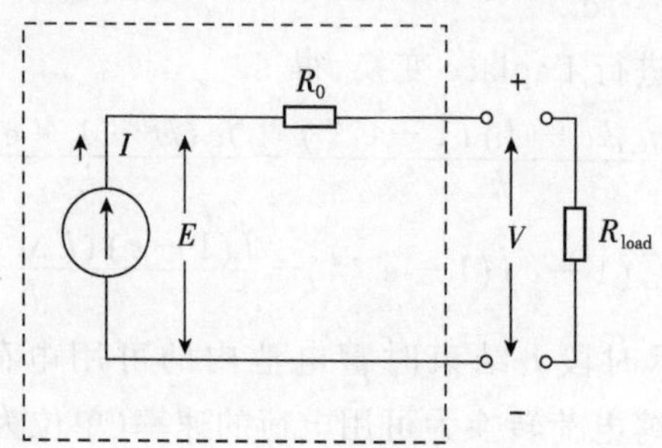

图 3.10　蓄电池电气原理图

蓄电池的端电压 V 为

$$V = E - IR_0 \tag{3.98}$$

式中，E 为蓄电池内部电压，随电池电荷状态变化而变化；R_0 为电池内阻，假设内阻保持不变。

蓄电池放电时为

$$E = E_{\min} + (E_{0.d} - E_{\min})q_1/q_{1.\max} \tag{3.99}$$

式中，$E_{\min}$ 为所允许的最小内部放电电压（即电池完全放电时的电压）；$E_{0.d}$ 为所允许的最大内部放电电压（即充满电压）。

蓄电池充电时为

$$E = E_{0.c} + (E_{\max} - E_{0.c})q_1/q_{1.\max} \tag{3.100}$$

式中，$E_{\max}$ 为所允许的最大内部充电电压；$E_{0.c}$ 为所允许的最小内部充电电压。

4. 蓄电池最大充放电功率模型

假设系统额定电压为 V，则蓄电池当前最大充电或放电功率可以通过当前最大充放电电流乘以系统额定电压 V 来求得。蓄电池在某个时间段的最大充放电电流为

$$I_{B.t}^{\text{chmax}} = \frac{-kcq_{B.t}^{\max} + kq_{10.t}e^{-k\Delta t} + q_{20.t}kc(1 - e^{-k\Delta t})}{1 - e^{-k\Delta t} + c(k\Delta t - 1 + e^{-k\Delta t})} \tag{3.101}$$

$$I_{B.t}^{\text{dismax}} = \frac{kq_{10.t}e^{-k\Delta t} + q_{20.t}kc(1 - e^{-k\Delta t})}{1 - e^{-k\Delta t} + c(k\Delta t - 1 + e^{-k\Delta t})} \tag{3.102}$$

式中，$I_{B.t}^{\text{chmax}}$、$I_{B.t}^{\text{dismax}}$ 分别为时段 t 初始时刻的最大充电电流和放电电流（单位为 A）；$q_{B.t}^{\max}$ 为时段 t 内蓄电池最大储能量（单位为 A·h）；$q_{10.t}$、$q_{20.t}$ 分别为时段 t 初始时刻的可用容量和初始总储存能量（单位为 A·h）。

求得蓄电池最大充放电电流后，便可求得蓄电池的最大充放电功率为

$$P_{\mathrm{B},t}^{\mathrm{chmax}} = I_{\mathrm{B},t}^{\mathrm{chmax}} V \tag{3.103}$$

$$P_{\mathrm{B},t}^{\mathrm{dismax}} = I_{\mathrm{B},t}^{\mathrm{dismax}} V \tag{3.104}$$

式中，$P_{\mathrm{B},t}^{\mathrm{chmax}}$、$P_{\mathrm{B},t}^{\mathrm{dismax}}$分别为时段 t 初始时刻的最大充电功率和放电功率。可以看出，蓄电池当前最大充放电功率与蓄电池的储能状态有关。

5.根据初始时刻可用容量和束缚容量计算某时段蓄电池的最大充放电功率

可以根据前面计算出的 KiBaM 模型的可用容量 Q_1 和束缚容量 Q_2，取充电结束时蓄电池达到满充状态，即 $Q_{1.\mathrm{end}}=cQ_{\max}$ 来计算各步长内最大允许充电功率，取放电结束时可用能量 $Q_{1.\mathrm{end}}=0$ 来计算最大允许放电功率，即

$$P_{\mathrm{bat.cmax.kbm}} = \frac{-kcQ_{\max} + kQ_1 \mathrm{e}^{-k\Delta t} + Qkc(1-\mathrm{e}^{-k\Delta t})}{1-\mathrm{e}^{-k\Delta t} + c(k\Delta t - 1 + \mathrm{e}^{-k\Delta t})} \tag{3.105}$$

$$P_{\mathrm{bat.dmax.kbm}} = \frac{kQ_1 \mathrm{e}^{-k\Delta t} + Qkc(1-\mathrm{e}^{-k\Delta t})}{1-\mathrm{e}^{-k\Delta t} + c(k\Delta t - 1 + \mathrm{e}^{-k\Delta t})} \tag{3.106}$$

式中，$P_{\mathrm{bat.cmax.kbm}}$、$P_{\mathrm{bat.dmax.kbm}}$分别表示初始时刻最大允许充、放电功率(单位为 kW)；$Q_{\max}$表示蓄电池最大的可能存储能量(单位为 kW·h)；Q 为 Q_1 与 Q_2之和。

6.蓄电池的最大充放电功率

除了 KiBaM 模型的限制条件，为防止蓄电池过充、过放，最大功率约束中还应计及蓄电池的最大充电电流和充电速率约束。

蓄电池的最大充电速率限制对应的最大充电功率为

$$P_{\mathrm{bat.cmax.mcr}} = \frac{(1-\mathrm{e}^{-\alpha_c \Delta t})(Q_{\max} - Q)}{\Delta t} \tag{3.107}$$

式中，α_c为最大充电速率(单位为 A/(A·h))。

蓄电池的最大充电电流限制对应的最大充电功率为

$$P_{\mathrm{bat.cmax.mcc}} = \frac{N_{\mathrm{bat}} I_{\max} V_{\mathrm{nom}}}{1000} \tag{3.108}$$

式中，N_{bat}为电池串并联总数；$I_{\max}$为电池的最大充电电流(单位为 A)；V_{nom}为电池的额定电压(单位为 V)。

结合 KiBaM 模型中对蓄电池充放电功率的限制，最终蓄电池充放电功率限制为

$$\begin{cases} P_{\mathrm{bat.cmax}} = \dfrac{\min(P_{\mathrm{bat.cmax.kbm}}, P_{\mathrm{bat.cmax.mcr}}, P_{\mathrm{bat.cmax.mcc}})}{\eta_{\mathrm{bat.c}}} \\ P_{\mathrm{bat.dmax}} = \eta_{\mathrm{bat.d}} P_{\mathrm{bat.dmax.kbm}} \end{cases} \tag{3.109}$$

式中，$\eta_{\mathrm{bat.c}}$为蓄电池的充电效率；$\eta_{\mathrm{bat.d}}$为蓄电池的放电效率。

3.5.2 铅酸蓄电池其他模型

1.由充放电功率计算蓄电池储能系统的荷电状态

(1)充电过程为

$$\mathrm{SOC}(t) = (1-\delta)\mathrm{SOC}(t-1) + P_c \Delta t \eta_c / E_c \tag{3.110}$$

(2)放电过程为

$$\mathrm{SOC}(t)=(1-\delta)\mathrm{SOC}(t-1)-\frac{P_{\mathrm{d}}\Delta t}{E_{\mathrm{c}}\eta_{\mathrm{d}}} \tag{3.111}$$

式中,SOC(t)为第 t 个时段结束时储能系统的剩余电量;SOC($t-1$)为第 $t-1$ 个时段结束时储能系统的剩余电量;δ 为储能系统的自放电率(单位为%/h);P_{c}、P_{d}分别为储能系统的充、放电功率(单位为 kW);η_{c}、η_{d}分别为储能系统的充、放电效率(单位为%);E_{c}为储能系统的额定容量(单位为 kW·h)。

2. 由充放电电流计算蓄电池储能系统的荷电状态[21]

蓄电池荷电状态是反映蓄电池剩余电量占其总容量比例的参数,定义为

$$\mathrm{SOC}(t)=\frac{C_{\mathrm{net}}}{C_{\mathrm{bat}}}=1-\frac{\int I\mathrm{d}t}{C_{\mathrm{bat}}} \tag{3.112}$$

式中,C_{net}为蓄电池的剩余电量(单位为 A·h);C_{bat}为蓄电池的总容量(单位为 A·h);I 为蓄电池的放电电流(单位为 A)。

前后两时刻蓄电池的荷电状态可以表示为

$$I_{\mathrm{bat}}(t)=\frac{P_{\mathrm{bat}}(t)}{N_{\mathrm{bat}}V_{\mathrm{bat}}(t)} \tag{3.113}$$

$$\mathrm{SOC}(t+1)=\mathrm{SOC}(t)[1-\sigma(t)]+I_{\mathrm{bat}}(t)\Delta t\eta(t)/C_{\mathrm{bat}} \tag{3.114}$$

式中,$I_{\mathrm{bat}}(t)$为 t 时刻充、放电电流(充电时为正,放电时为负);$P_{\mathrm{bat}}(t)$为蓄电池充放电功率(充电时为正,放电时为负);$V_{\mathrm{bat}}(t)$为蓄电池端电压;$\sigma(t)$为自放电率,根据有关实验结果可取为 0.2%/天;Δt 为前后两时刻的时间间隔;C_{bat}为蓄电池安时容量(单位为 A·h);$\eta(t)$为充放电效率。

3. 蓄电池端电压模型[22]

蓄电池的端电压可由其开路电压和因充放电电流在其内阻上产生的内阻压降表示,即

$$\begin{cases}V_{\mathrm{bat}}(t)=V_{\mathrm{oc}}(t)+I_{\mathrm{bat}}(t)R_{\mathrm{bat}}(t)\\ V_{\mathrm{oc}}(t)=VF+b\log(\mathrm{SOC}(t))\\ R_{\mathrm{bat}}(t)=R_{\mathrm{electrode}}(t)+R_{\mathrm{electrolyte}}(t)\\ R_{\mathrm{electrode}}(t)=r_1+r_2\mathrm{SOC}(t)\\ R_{\mathrm{electrolyte}}(t)=[r_3+r_4\mathrm{SOC}(t)]^{-1}\end{cases} \tag{3.115}$$

式中,$V_{\mathrm{oc}}(t)$为蓄电池的开路电压;$I_{\mathrm{bat}}(t)$为蓄电池的充放电电流(大于 0 表示充电,小于 0 表示放电);$R_{\mathrm{bat}}(t)$为蓄电池内阻,包括电解质电阻 $R_{\mathrm{electrode}}(t)$和电解液电阻 $R_{\mathrm{electrolyte}}(t)$两部分;$b$、$r_1$、$r_2$、$r_3$、$r_4$为经验系数,在充电和放电模式下具有不同的值。

4. 考虑不同放电深度影响的铅酸蓄电池损耗模型[23]

铅酸电池的循环次数,即其损耗快慢程度与放电深度(DOD)有关,其关系曲线如图 3.11 所示。

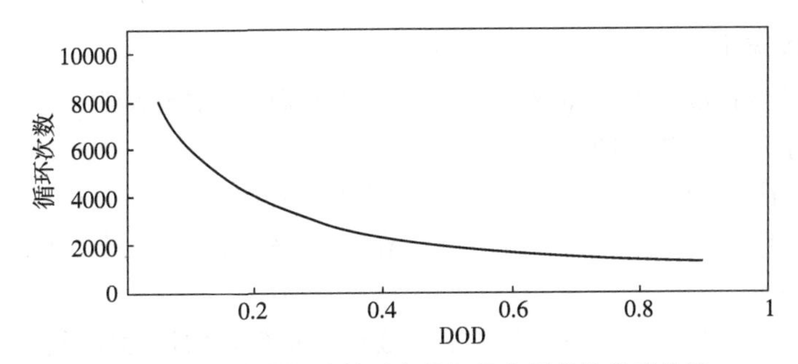

图 3.11 铅酸蓄电池循环次数与放电深度的关系曲线

两者关系可以表示为

$$N = a_1 + a_2 e^{a_3 D_N} + a_4 e^{a_5 D_N} \tag{3.116}$$

式中，N 为放电深度为 D_N 时的等效循环次数；a_1、a_2、a_3、a_4 和 a_5 分别为相关系数。

3.5.3 液流电池模型

液流电池(flow redox cell)称为氧化还原液流蓄电系统，最早由美国航空航天局(NASA)资助设计，1974 年由 Thaller 公开发表并申请了专利。液流电池技术是一种新型的大规模高效电化学储能(电)技术，通过反应活性物质的价态变化实现电能与化学能相互转换与能量存储。在液流电池中，活性物质储存于电解液中，具有流动性，可以实现电化学反应场所(电极)与储能活性物质在空间上的分离，电池功率与容量设计相对独立，适合大规模蓄电储能需求。液流电池通常具有寿命长、效率高等技术特征，在平滑风能、太阳能等可再生能源发电出力及微型电网、智能电网建设等方面有着广阔的应用前景。

图 3.12 所示为 1974 年由 Thaller 提出的双液流电池结构图。与传统二次电池不同，双液流电池的储能活性物质与电极完全分开，功率和容量设计独立，易于模块组合；电解液储存于储罐中不会发生自放电；电极只提供电化学反应的场所，自身不发生氧化还原反应；活性物质溶于电解液，不存在电极枝晶生长刺破隔膜的危险；流动的电解液可以把电池充放电过程产生的热量移出，避免电池热失效问题。

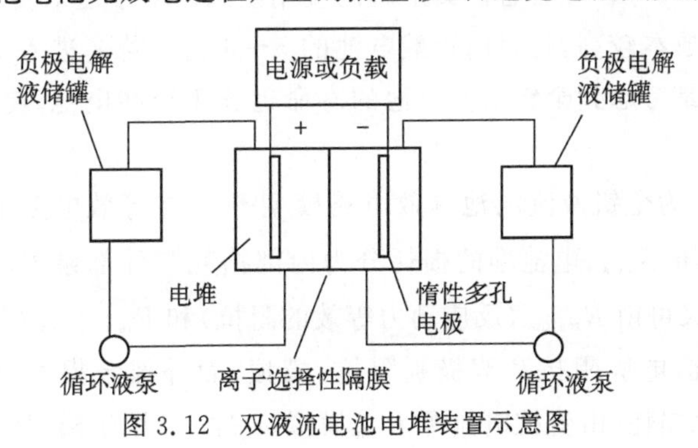

图 3.12 双液流电池电堆装置示意图

1. 全钒液流电池

最早研究全钒液流电池(VRB)的是澳大利亚新南威尔士大学。1984 年开始,新南威尔士大学 (UNSW) 的 Skyllas-Kazacos 研究小组对钒电池进行了许多研究,1991 年成功组装了 1kW 的电池组。随后,日本、加拿大等国外公司机构,中国工程物理研究所、北京普能世纪科技有限公司、清华大学等国内单位随后也开展了对全钒液流电池的研究。

全钒液流电池将不同价态的钒离子溶液作为正负极的活性物质,分别储存在各自的电解液储罐中,通过外接泵将电解液泵入电池堆体内,使其在不同的储液罐和半电池的闭合回路中循环流动;采用离子膜作为电池组的隔膜,电解液平行流过电极表面并发生电化学反应,将电解液中的化学能转化为电能,通过双极板收集和传导电流。全钒液流电池的标准电动势为 1.26V。实际使用中,由于电解液浓度、电极性能、隔膜电导率等因素的影响,开路电压可达到 1.5～1.6V,其基本结构如图 3.13 所示[24]。

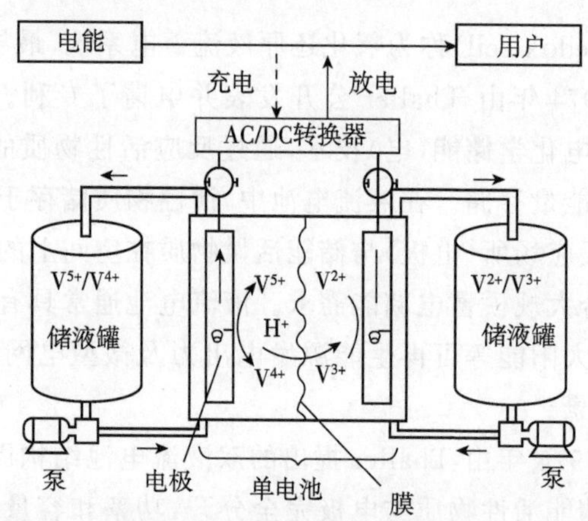

图 3.13 全钒液流电池结构图

钒电池是当今世界上规模最大、技术最先进、最接近产业化的液流电池,在风电、光伏发电、电网调峰等领域有着极其广阔的应用前景。由于还未实现产业化生产,液流储能电池目前成本较高,是目前铅酸电池的 5～6 倍。若要进入市场,需要大幅降低电池成本。但是考虑到全钒液流电池的寿命远长于铅酸电池,使用成本就可能比铅酸电池还低。

图 3.14 所示为全钒液流电池等效电路模型[25]。在等效电路中,采用受控电压源表示电池堆电压 V_{stack};电池堆的损耗分为内部损耗和外部泵损,其中表示内部损耗的内阻 R_{internal} 又可由 R_{reaction}(反应动力等效的阻抗)和 $R_{\text{resistive. loss}}$(包括传质阻抗、隔膜阻抗、溶液阻抗、电极阻抗和双极板阻抗)模拟;而外部泵损可分为固定损耗(由 R_{fixed} 模拟)和变化损耗(由受控电流源 I_{pump} 模拟);$C_{\text{electrodes}}$ 用于模拟暂态过程[26]。

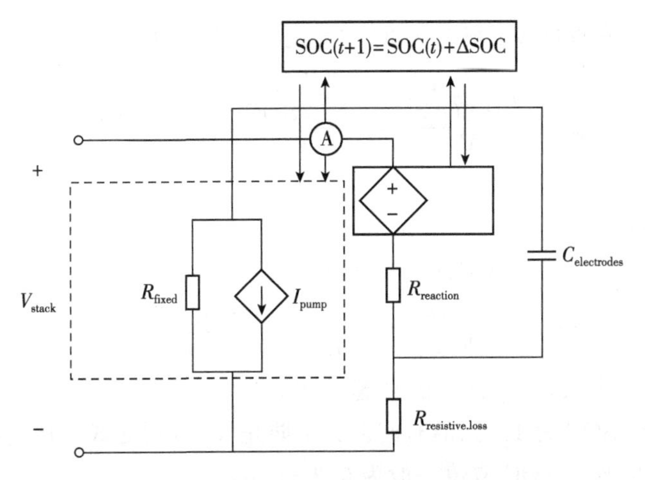

图 3.14 全钒液流电池等效电路模型

下面基于一个 3.3kW、48V 的全钒液流电池系统，对其进行建模。该电池系统以 78.6A 的电流放电至 SOC 为 20%、电压为 42V 时，会产生 15%的内部损耗和 6%的外部泵损，此时为保证额定功率输出，电堆功率应为

$$P_{stack}=\frac{3300}{1-0.21}=4177\text{W} \tag{3.117}$$

1）堆栈电压

电池的内部堆栈电压与电池的 SOC 有关，即

$$V_{cell}=V_{equilibrium}+k\ln\left(\frac{\text{SOC}}{1-\text{SOC}}\right) \tag{3.118}$$

式中，系数 k 表示电池运行过程中温度的影响；由 n 节电池组成的电池堆的极间等效电动势 $V_{equilibrium}=nV_{cell}$。

2）等效电阻

15%的内部损耗按照 $R_{reaction}$ 引起 9%和 $R_{resistive.\,loss}$ 引起 6%进行估算，可得

$$R_{reaction}=\frac{0.09P_{stack}}{I_{stack}^2}=0.06\Omega \tag{3.119}$$

$$R_{resistive.\,loss}=\frac{0.06P_{stack}}{I_{stack}^2}=0.04\Omega \tag{3.120}$$

与泵运行有关的外部泵损（6%）分为固定损耗和变化损耗，固定损耗（假设为2%）由 R_{fixed} 模拟，变化损耗（4%）由受控电流源 I_{pump} 模拟，即

$$P_{para}=P_{fixed.\,loss}+P_{pump.\,loss}=P_{fixed}+k'\left(\frac{I_{stack}}{\text{SOC}}\right) \tag{3.121}$$

式中，k' 为与泵损有关的常数。其中，模拟固定损耗的电阻值 R_{fixed} 为

$$R_{fixed}=\frac{V_{stack}^2}{P_{fixed}}=\frac{V_{stack}^2}{0.02P_{stack}}=\frac{42^2}{84}=21\Omega \tag{3.122}$$

与泵运行有关的外部泵损与 SOC 和堆栈电流有关,即

$$I_{\mathrm{pump}} = \frac{k'\left(\frac{I_{\mathrm{stack}}}{\mathrm{SOC}}\right)}{V_{\mathrm{b}}} = \frac{42.5\left(\frac{I_{\mathrm{stack}}}{\mathrm{SOC}}\right)}{42} = 1.011\left(\frac{I_{\mathrm{stack}}}{\mathrm{SOC}}\right) \tag{3.123}$$

式中,V_{b}为电池工作的端电压。

3)荷电状态

$$\mathrm{SOC}(t+1) = \mathrm{SOC}(t) + \Delta\mathrm{SOC} \tag{3.124}$$

$$\Delta\mathrm{SOC} = \frac{\Delta E}{E_{\mathrm{capaticy}}} = \frac{P_{\mathrm{stack}} T_{\mathrm{setp}}}{E_{\mathrm{capaticy}}} = \frac{I_{\mathrm{stack}} U_{\mathrm{stack}} T_{\mathrm{setp}}}{P_{\mathrm{rating}} T_{\mathrm{rating}}} \tag{3.125}$$

式中,T_{step}为仿真步长,T_{step}越小仿真越精确;T_{rating}为储能系统以额定功率 P_{ating} 从 SOC 为 0%充到 SOC 为 100%的时间。为了防止 VRB 过充或过放,保证 VRB 端电压工作于线性变化区,SOC 取值一般为 0.2～0.8[27]。

4)暂态过程

单个电池的电容为 6F,对于 39 节电池,用于模拟暂态过程的等效电容为

$$C_{\mathrm{electrodes}} = 6\mathrm{F}/39 = 0.15\mathrm{F} \tag{3.126}$$

5)效率

全钒液流电池的效率也与电池的 SOC 和电流有关,充放电效率的定义如下:

$$\eta_{\mathrm{charge}} = \frac{P_{\mathrm{input}}}{P_{\mathrm{stored}}} \tag{3.127}$$

$$\eta_{\mathrm{discharge}} = \frac{P_{\mathrm{Electrochemistry}}}{P_{\mathrm{output}}} \tag{3.128}$$

充放电效率与 SOC、充电电流的关系曲线如图 3.15 所示。

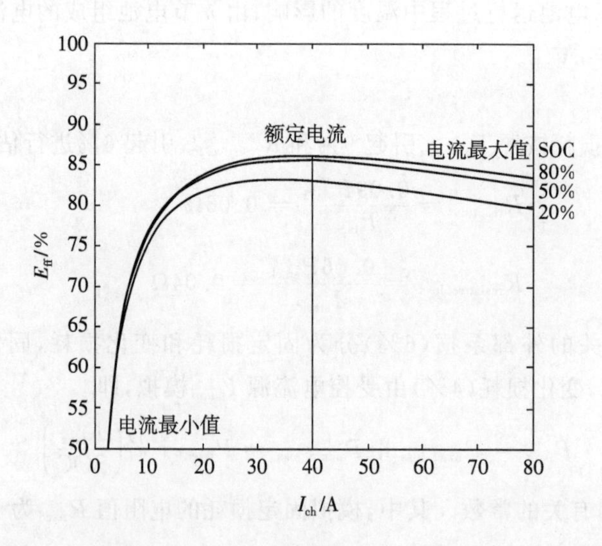

图 3.15　全钒液流电池的充电效率与 SOC、充电电流的关系曲线图

从图中可以看出，当充放电电流很小时，充放电效率随着电流的增大而增大，当达到一定值时反而随着电流的增大而减小。这是因为VRB系统的能量损耗E_{loss}决定着效率的高低，而能量损耗又与功率损耗P_{loss}和充放电时间$T_{ch\text{-}dis}$有关（$E_{loss}=P_{loss}T_{ch\text{-}dis}$）。其中功率损耗主要由等效内阻、等效寄生外阻及泵损引起。充放电电流越大，电池极化越严重，功率损耗P_{loss}越大，能量损耗E_{loss}也急剧增大，导致电池组效率下降。然而充放电时间$T_{ch\text{-}dis}$与电流大小近似成反比，所以并不是电流越小充放电效率越高[28]。

2. 锌溴液流电池

锌溴液流电池(ZBB)的电解液为溴化锌水溶液。充电过程中，锌以金属形态沉积在碳-塑料电极表面，溴形成油状络合物，储存于正极电解液的底部。锌溴液流电池的理论开路电压为1.82V，总效率为75%，理论能量密度430W·h/kg，电池可以100%深度放电几千次。与铅酸电池相比，具有较高的能量密度和功率密度及优越的循环充放电性能。锌溴电池在近常温下工作，不需要复杂的热控制系统，其大部分构件由聚乙烯塑料制成，便宜的原材料和较低的制造费用使其在成本上具有竞争力。锌溴液流电池的这些特点，使它成为大规模储能电池的选择之一。

下面是某锌溴液流电池建模实例，图3.16所示是锌溴液流电池的等效电路[29]。

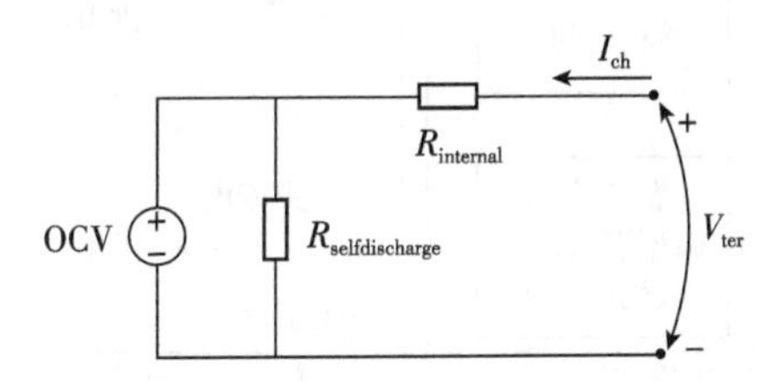

图3.16　锌溴液流电池等效电路图

该锌溴液流电池容量为50kW·h，由于过度放电对锌溴液流电池有害，故放电下限设为SOC的20%，电池充放电额定功率限定为25kW。等效电路中各参数的计算公式如下：

$$\begin{aligned}\mathrm{OCV}(\mathrm{SOC}) = &-1.878\times10^{-6}\mathrm{SOC}^4+5.285\times10^4\mathrm{SOC}^3\\&-0.054\mathrm{SOC}^2+2.388\mathrm{SOC}+63.0935\end{aligned}\tag{3.129}$$

$$\begin{aligned}R_{internal}(\mathrm{SOC}) = &\ 5.42\exp(-0.134\mathrm{SOC})\\&+0.0625\exp(-0.005771\mathrm{SOC})\end{aligned}\tag{3.130}$$

$$R_{selfdischarge}=12.2\Omega\tag{3.131}$$

3.6　冷热电三联供系统

冷热电三联供(combined cooling heating and power，CCHP)系统是一种将热

机、发电机、热回收和制冷装置作为整体，通过统一管理制冷、供热及供电的过程，实现能源梯级利用的新型能源利用方式。CCHP 以天然气为主要燃料，也可使用煤气、沼气或油气等其他可燃气体。在生产过程中，发电装置通过热机动力转化的电能向用户负荷供电，而发电后排出的高温烟气余热又可以用来供热或制冷，达到提高能源利用效率、减少碳化物和有害气体排放的目的。

针对不同的用户需求，CCHP 方案的可选择范围很大：与热、电联供技术有关的选择有蒸汽轮机驱动的外燃烧式和燃气轮机驱动的内燃烧式方案；与制冷方式有关的选择有压缩式、吸收式或其他热驱动的制冷方式。另外，供热和供冷热源还有直接方式和间接方式之分。图 3.17 所示是一个典型的 CCHP 系统[30]，从图中可以看出，系统的各个组成部分可以选用不同的类型，因此系统的构成方案可以有很多种。特别是随着各种电源技术的不断进步，更多的冷热电联供方案将不断涌现。例如，随着微型燃气轮机、燃料电池技术的不断进步，联供系统中出现了微型燃气轮机-燃料电池联合循环的联供方式。除此之外，微电网中，CCHP 还可以与其他种类的分布式电源（如光伏太阳能电池、风力发电机等）联合运行。

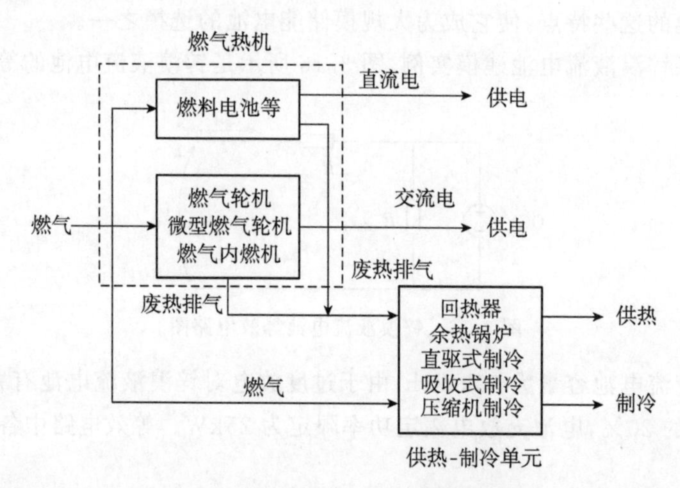

图 3.17　典型的 CCHP 系统示意图

3.6.1　微型燃气轮机模型

在微电网的优化配置中，对于燃气轮机主要研究的是其功率特性、燃料耗量特性、运行维护特性和气体排放特性等，所以下面介绍的模型主要是这几个方面的模型，所建模型是对能量转换过程的建模，并非建立在对每个设备进行计算机模拟的基础之上的建模。

基于微型燃气轮机的冷热电三联供系统的经济数学模型主要计算公式如下。

(1)含微型燃气轮机的热电联产系统模型为

$$\begin{cases} Q_{\mathrm{MT}} = P_{\mathrm{MT}}(1-\eta_{\mathrm{MT}}-\eta_1)/\eta_{\mathrm{MT}} \\ Q_{\mathrm{ho}} = Q_{\mathrm{MT}}\eta_{\mathrm{rec}}K_{\mathrm{ho}} \\ Q_{\mathrm{co}} = Q_{\mathrm{MT}}\eta_{\mathrm{rec}}K_{\mathrm{co}} \\ \eta_{\mathrm{rec}} = \dfrac{T_1-T_2}{T_1-T_0} \\ V_{\mathrm{MT}} = \left(\sum P_{\mathrm{MT}}\Delta t\right)/(\eta_{\mathrm{MT}}L) \end{cases} \tag{3.132}$$

式中，P_{MT}为燃气轮机输出功率（单位为 kW）；Q_{MT}为燃气轮机排气余热量（单位为 kW）；η_{MT}为燃气轮机效率；η_1为燃气轮机散热损失系数；Q_{ho}和Q_{co}分别为燃气轮机烟气余热提供的制热量和制冷量（单位为 kW）；K_{ho}和K_{co}分别为溴冷机的制热系数和制冷系数，在本模型中分别为1.2和0.95；η_{rec}为烟气余热回收效率；T_0为环境温度；T_1和T_2在本模型中取573.15K和423.15K；V_{MT}为运行时间内燃气轮机消耗的天然气量（单位为 m^3）；Δt为燃气轮机的运行时间（单位为 h）；L为天然气的低热值，可取为$9.7\mathrm{kW\cdot h/m^3}$。

前面考虑的是用微型燃气轮机的余热制热或制冷，若热负荷和冷负荷设定为必须满足，则余热制热或制冷不足时需要补燃一定量的天然气来制热或制冷[31]，即

$$V_{\mathrm{fh}} = \frac{\sum (Q_{\mathrm{h}}-Q_{\mathrm{ho}})\Delta t_{\mathrm{h}}}{K_{\mathrm{ho}}\eta_{\mathrm{in}}L} \tag{3.133}$$

$$V_{\mathrm{fc}} = \frac{\sum (Q_{\mathrm{c}}-Q_{\mathrm{hc}})\Delta t_{\mathrm{c}}}{K_{\mathrm{co}}\eta_{\mathrm{in}}L} \tag{3.134}$$

式中，V_{fh}和V_{fc}分别为制热和制冷时所需的天然气量（单位为 m^3）；Q_{h}、Q_{c}分别为必须满足的热负荷和冷负荷（单位为 kW）；Δt_{h}、Δt_{c}分别为制热和制冷的运行时间（单位为 h）；η_{in}为补燃时的燃烧效率。

（2）微型燃气轮机总的效率可由下式计算：

$$\eta = (P_{\mathrm{MT}}+Q_{\mathrm{MT}})/(m_{\mathrm{f}}L) \tag{3.135}$$

式中，P_{MT}为燃气轮机的输出功率；Q_{MT}为燃气轮机的排气余热量；m_{f}为燃料的流量。

（3）微型燃气轮机的燃料成本计算公式为

$$C_{\mathrm{MT}} = (C_{\mathrm{nl}}/L)\sum_J (P_J/\eta_J) \tag{3.136}$$

式中，C_{MT}为时间间隔J内的微型燃气轮机燃料成本（单位为元）；C_{nl}为天然气的价格（单位为元/m^3）；P_J为时间间隔J内的净输出电功率（单位为 kW）；η_J为时间间隔J内的机组效率。

（4）微型燃气轮机的运行维护成本函数为

$$\mathrm{OM}_{\mathrm{MT}} = K_{\mathrm{OMMT}}\sum_J P_{\mathrm{MT}} \tag{3.137}$$

式中，$\mathrm{OM}_{\mathrm{MT}}$为时间间隔$J$内微型燃气轮机的运行维护成本；$K_{\mathrm{OMMT}}$为微型燃气轮机的运行维护成本比例函数。

(5)微燃机的气体排放治理费用函数。由于微燃机和燃料电池发电需要燃烧化石燃料,不可避免会产生氮氧化物(NO_x)、二氧化硫(SO_2)、二氧化碳(CO_2)和固体烟尘颗粒等大气污染物。排放气体的处理费用,可以通过估计得到的外部折扣成本乘以排放系数再乘以微电源总的发电量计算得到。

(6)微燃机冷热电三联供系统制热、制冷的效益函数为

$$C_{sh} = Q_{ho} K_{ph} \tag{3.138}$$

$$C_{sc} = Q_{co} K_{pc} \tag{3.139}$$

式中,C_{sh}、C_{sc}为制冷、制热收益;K_{ph}、K_{pc}分别为单位制热量、制冷量(以 kW·h 为单位)的售价。

3.6.2 电解槽-储氢罐-燃料电池循环系统模型

电解槽-储氢罐-燃料电池循环系统在风光储独立供电系统中有着与蓄电池储能相同的作用,即在自然能源充足时,电解槽利用多余的电能电解水,并将电解产生的氢气储存在储氢罐中;而在自然能源不足时,燃料电池以储氢罐中储存的氢气作为燃料进行发电,以满足系统电负荷的需求。

(1)电解槽是一种通过电解水产生氢气的装置,其输出功率可表示为

$$P_{ele\text{-}tank} = P_{ele}\eta_{ele} \tag{3.140}$$

式中,P_{ele}为输入电解槽的电功率;$P_{ele\text{-}tank}$为电解槽的输出氢气功率;η_{ele}为电解槽的效率。

(2)燃料电池以氢气作为燃料进行发电,其输出电功率可表示为

$$P_{FC\text{-}DC} = P_{tank\text{-}FC}\eta_{FC} \tag{3.141}$$

式中,$P_{tank\text{-}FC}$为从储氢罐输入到燃料电池的氢气功率;$P_{FC\text{-}DC}$为燃料电池的输出电功率;η_{FC}为燃料电池的转换效率。

(3)储氢罐中的储能量可表示为

$$E_{tank}(t) = E_{tank}(t-1) + P_{ele\text{-}tank}(t)\Delta t - P_{tank\text{-}FC}\Delta t\eta_{stor} \tag{3.142}$$

式中,η_{stor}为储氢罐的存储效率。

电解槽的最大输出功率受其自身额定功率及储氢罐的剩余储能容量的限制为

$$P_{ele}^{max}(t) = \min\left\{P_{ele}^{N}, \frac{(E_{tank}^{max} - E_{tank}(t))}{\Delta t\eta_{ele}}\right\} \tag{3.143}$$

而燃料电池的最大输出功率受其自身额定功率及储氢罐的剩余能量限为

$$P_{FC}^{max}(t) = \min\left\{P_{FC}^{N}, \frac{(E_{tank}(t) - E_{tank}^{min})}{\Delta t}\eta_{FC}\right\} \tag{3.144}$$

式中,E_{tank}^{max}和E_{tank}^{min}分别为储氢罐容量的上下限,可取$E_{tank}^{max} = E_{tank}^{N}$,$E_{tank}^{min} = 0.2E_{tank}^{N}$;$E_{tank}(t)$为第$t$个仿真时段初始时刻的储氢罐剩余容量。

3.6.3 燃料总费用与输出功率关系模型

(1)微型燃气轮机的发电费用主要包括燃料和维护费用,它的总费用与输出功率之间的关系如下[32]:

$$C_{MT} = a_{MT}P + b_{MT} \tag{3.145}$$

式中,C_{MT}为微型燃气轮机的发电总费用;P为输出功率;a_{MT}、b_{MT}为费用系数。

(2)燃料电池的燃料成本与净输出功率的关系可以表示为[32]

$$C_{FC} = C_{ng}\frac{1}{m_{LHVng}}\frac{P_{FC}}{\eta_{FC}} \tag{3.146}$$

式中,C_{ng}为燃料价格;m_{LHVng}为燃料低热值;P_{FC}为燃料电池净输出功率;η_{FC}为燃料电池效率。

3.7 柴油发电机系统

3.7.1 输出功率与耗油量关系模型

对于柴油发电机,耗油量F(单位为L、kg或m^3)与其输出功率P_{gen}(单位为kW)之间的关系可以表示为

$$F = F_0 Y_{gen} + F_1 P_{gen} \tag{3.147}$$

式中,Y_{gen}为柴油发电机的额定功率(单位为kW);F_0为柴油发电机燃料曲线的截距系数,即为柴油发电机单位功率的空载耗油量(单位为L/(kW·h));F_1为柴油发电机燃料曲线的斜率(单位为L/(kW·h))。

单台柴油发电机最佳负荷率大约为75%,既包含一定功率裕量,经济性也相对较高。最低负载要求通常在30%左右,低于此值,柴油发电机单位功率耗油量会较大,同时影响柴油发电机的运行寿命[33]。

3.7.2 输出功率与燃料费用关系模型

柴油发电机与传统火力发电机的耗量特性函数相似,可采用如下二次函数模型[34,35]表示:

$$f(P_{gen}) = aP_{gen}^2 + bP_{gen} + c \tag{3.148}$$

式中,$f(P_{gen})$为柴油发电机每小时的燃料费用(单位为元/h);a、b、c均为成本函数的系数,可通过柴油发电机的耗量特性曲线拟合得到;P_{gen}为柴油发电机的出力(单位为kW)。

3.8 小水电发电系统

水电是可再生能源,而通常的大型水电属于传统发电模式,而小水电属于其中的

一种分布式电源。小水电水轮发电机多数为同步发电机，小水电的装机容量一般较小，从几千千瓦到几万千瓦；类型基本上属于无储水库的径流式电站，受季节性降水量的影响较大。

由于小水电站装机容量小，单机容量也小，供电电压等级相应低，一般为35kV以下电压就近供电，供电半径短，线路运行维护相对超高压的简单容易，不需要大量的人力和大型机械设备，遇到自然灾害容易修复。

3.8.1 河床式小水电模型

河床式小水电的水轮机通常被视为一个没有储水装置或输出功率调整能力、在某一恒定效率下将水的势能转换为直流或交流电能的装置。水的势能与流量和水头的乘积成正比，水头指水落下的垂直距离，水轮机每小时可用的流量信息可从水资源数据中得到。通过下式可计算净水头，或称为有效水头：

$$h_{\text{net}} = h(1 - f_{\text{h}}) \tag{3.149}$$

式中，h_{net}是有效水头（单位为m）。

流过水轮机的流量为

$$Q_{\text{turbine}} = \begin{cases} \min(Q_{\text{stream}} - Q_{\text{residual}}, w_{\max} Q_{\text{nom}}), & Q_{\text{stream}} - Q_{\text{residual}} \geqslant w_{\min} Q_{\text{nom}} \\ 0, & Q_{\text{stream}} - Q_{\text{residual}} < w_{\min} Q_{\text{nom}} \end{cases} \tag{3.150}$$

式中，Q_{steam}是水流量；Q_{residual}是剩余流量；Q_{nom}是水轮机的设计流量；$w_{\min}$和$w_{\max}$分别是水轮机最小和最大流速比。当水流量低于最小值时，水轮机不能工作，流量也不能超过上限。

得到流过水轮机的流量后，通过下式可计算出水轮机的输出功率：

$$P_{\text{hyd}} = \eta_{\text{hyd}} \rho_{\text{water}} g h_{\text{net}} Q_{\text{turbine}} \tag{3.151}$$

式中，η_{hyd}为水轮机的效率；ρ_{water}为水的密度；g是重力加速度；Q_{turbine}是流过水轮机的流量。

3.8.2 带蓄水库的小水电模型

利用河流建成小水电站，并在水电站取水口上游水库加装可逆式机组，利用带蓄水库小水电的启停灵活性及短期调节性，可以为风光互补发电系统调峰填谷，提高电力输出的平稳性和可靠性的模式。

1. 小水电输出功率特性

在小水电（SH）装机容量确定的情况下，其输出功率主要取决于河流的径流量及水头高度[36]，即

$$P_{\text{SH}} = \sum_{t=1}^{T} 9.81 \eta Q_t H_t \Delta t \tag{3.152}$$

$$\text{s.t.} \quad Q_{t\min} < Q_t \leqslant Q_{t\max} \tag{3.153}$$

式中，Q_{SH}为小水电的输出功率；η为水轮发电机组效率；Q_t为t时段发电引用流量；H_t为其他时段的水头高度；Δt为发电时间段；T为一个运行周期；$Q_{t\min}$、$Q_{t\max}$为t时段小水电发电可以引用的最小和最大流量。

这样，根据某时段河流来水量便可确定这一时段小水电的发电量。

2. 蓄水库输出功率特性

在蓄水库(PSR)可逆机组装机容量确定的情况下，其输入输出功率主要取决于水库的库容和水头高度，因此可建立考虑水头高度变化时的蓄水库输出功率特性，其表达式如下。

(1)当PSR运行于发电状态时，输出功率为

$$P_h = 9.81\eta_h Q_h H_1 \tag{3.154}$$

$$\text{s.t.} \quad V_{t_0} + \int_{t_0}^{t_1} Q_h(h)\mathrm{d}t \leqslant V_{\max} \tag{3.155}$$

式中，P_h为PSR水轮发电机输出功率；η_h为水轮发电机组效率；Q_h为发电引用流量；H_1为发电水头高度；V_{t_0}是任一发电时段开始前蓄水库的储水量；$[t_0, t_1]$指发电工况时间段；$V_{\max}$为蓄水库可用最大水量。

(2)当PSR运行于抽水状态时，消耗功率为

$$P_p = 9.81 Q_h H_2/\eta_p \tag{3.156}$$

$$\text{s.t.} \quad V_t + \int_{t_1}^{t_2} Q_p(h)\mathrm{d}t \leqslant V_{\max} \tag{3.157}$$

式中，P_p为PSR水泵的抽水功率；η_p为水泵抽水效率；Q_p为水泵抽水流量；H_2为抽水水头高度，且$H_{1t} \approx H_{2t} + H_t$，即蓄水库$t$时段发电的水头高度为抽水高度与小水电水头高度之和；$[t_1, t_2]$指蓄水库的抽水时间段；V_t为是任一抽水时段开始前水库的储水量。

3.9 典型负荷模型

对负荷进行合理的调整是微电网负荷与分布式电源协调优化的重要部分。本节依据负荷的调节方式，将微电网中的负荷划分为三类：重要负荷、可中断负荷和可转移负荷。

3.9.1 重要负荷模型

重要负荷具有最高的供电优先级，除非系统的故障造成其与电源的连接中断。一般情况下，关键负荷的供电都不会被中断，因此关键负荷的运行优化模型可以表示为

$$P_{\text{im}}(t) = \begin{cases} P_{\text{im}}^{\text{r}}(t), & \text{负荷可以得到供电} \\ 0, & \text{负荷不能得到供电} \end{cases} \tag{3.158}$$

式中，$P_{\mathrm{im}}(t)$是关键负荷 t 时刻的实际用电功率；$P^{\mathrm{r}}_{\mathrm{im}}(t)$是关键负荷 t 时刻的额定功率。式(3.158)说明关键负荷的功率不具有可控性，条件允许时必须保证其供电。

3.9.2　可中断负荷模型

可中断负荷是基于激励的需求侧响应的一种，指那些以合约等方式允许有条件停电的负荷。市场引导可中断负荷的方式有折扣电价的补偿和实际停电后的高赔偿两种。折扣电价的补偿对应于低电价可中断负荷(interruptible load with low price, ILL)，是在事故前通过电价打折来换取负荷的可中断权；高电价赔偿可中断负荷(interruptible load with high compensation, ILH)是指在事故发生且中断措施实施后才进行赔偿。对于可靠性要求不高的可中断负荷，签订 ILL 折扣式合同，而对于那些供电可靠性要求相对高一些的可中断负荷签订 ILH 高赔偿式合同。

1. 可中断负荷电力模型

一般情况下，可中断负荷供电不会被中断，额定功率工作；当接到中断信号后，在规定时间内不工作，负荷为 0。

$$P_{\mathrm{IL.}i}(t)=\begin{cases}P^{\mathrm{r}}_{\mathrm{IL.}i}(t), & \text{负荷供电}\\ 0, & \text{负荷中断}\end{cases} \tag{3.159}$$

式中，$P_{\mathrm{IL.}i}(t)$是可中断负荷 i 在 t 时刻的实际用电功率；$P^{\mathrm{r}}_{\mathrm{IL.}i}(t)$是可中断负荷 i 在 t 时刻的额定功率。

2. 可中断负荷经济模型

ILL 与 ILH 可以分别按市场规则参与备用服务市场竞价，交易的对象是对实时负荷的可中断权。可中断负荷经济模型如下。

1)低电价可中断负荷电费损失模型

正常售电价为 p_0；用户 i 在 ILL 市场所申报的电价平均减少率 $d_{\mathrm{ILL.}i}(Q_{\mathrm{ILL.}i})$是成交的可中断容量 $Q_{\mathrm{ILL.}i}$的非下降函数(图 3.18)，例如，具有正截距和正斜率的直线 $u_i+v_iQ_{\mathrm{ILL.}i}$，其中的参数 u_i 和 v_i 反映了用户 i 在 ILL 市场上的竞标策略。$d_{\mathrm{ILL.}i}(Q_{\mathrm{ILL.}i})$是 $Q_{\mathrm{ILL.}i}$的单调上升函数，可中断容量 $Q_{\mathrm{ILL.}i}$越大，售电电价折扣越高。

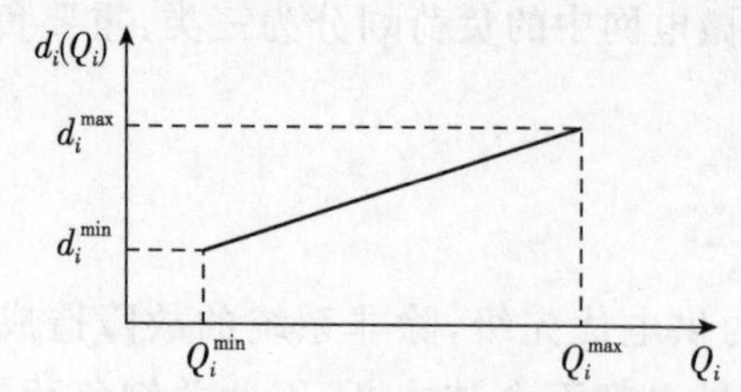

图 3.18　用户 i 在 ILL 市场申报的电价减少率曲线

电网公司损失电费为

$$C_{\mathrm{ILL}}(Q_{\mathrm{ILL.}i})=\sum_i p_0 d_i(Q_{\mathrm{ILL.}i})Q_{\mathrm{ILL.}i} \tag{3.160}$$

可中断容量Q_i的约束条件为

$$Q_{\text{ILLmin},i} \leqslant Q_{\text{ILL},i} \leqslant Q_{\text{ILLmax},i}, \quad \forall i \tag{3.161}$$

式中，$C_{\text{ILL}}(Q_{\text{ILL},i})$是总电费损失费用；$Q_{\text{ILLmax},i}$和$Q_{\text{ILLmin},i}$是用户$i$可中断容量上下限。

2)高电价赔偿可中断负荷电费模型

用户i在ILH市场所申报的高赔偿倍数(即单位负荷的停电代价与p_0的比值)$d_{\text{ILH},i}(Q_{\text{ILH},i})$是成交的可中断容量$Q_{\text{ILH},i}$的非下降函数(图3.19)。$d_{\text{ILH},i}(Q_{\text{ILH},i})$是$Q_{\text{ILH},i}$的单调上升函数，可中断容量$Q_{\text{ILH},i}$越大赔偿电价越高。

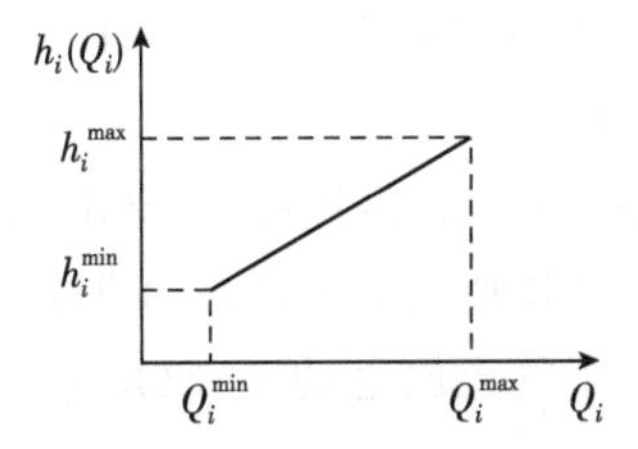

图3.19　用户i在ILH市场申报的高赔偿倍数曲线

电网公司支付给用户的赔偿费用为

$$C_{\text{ILH}}(Q_{\text{ILH},i}) = \sum_i p_0 d_i(Q_{\text{ILH},i})Q_{\text{ILH},i} \tag{3.162}$$

可中断容量$Q_{\text{ILH},i}$约束条件为

$$Q_{\text{ILHmin},i} \leqslant Q_{\text{ILH},i} \leqslant Q_{\text{ILHmax},i}, \quad \forall i \tag{3.163}$$

式中，$C_{\text{ILH}}(Q_{\text{ILH},i})$是总赔偿费用；$Q_{\text{ILHmax},i}$和$Q_{\text{ILHmin},i}$是用户$i$可中断容量上下限。

负荷中断赔偿风险是指ILH参与备用服务的风险成本。针对事故集M，赔偿风险可表示为

$$C_h = \sum_{m\in M} q_m L_{\text{d}m} t_m \tag{3.164}$$

式中，q_m为事故m的发生概率；t_m为事故m的事故持续时间。

3.9.3　可转移负荷模型

可转移负荷是指用户可以根据电价或激励措施进行调整的负荷类型，能够实现需求量在各时段间的转移。微电网中常见的可转移负荷有电动汽车、淡化水、冰箱和空调等负荷。

1.电动汽车

1)电动汽车的特性

相比于蓄电池，电动汽车的特性是可以移动。相比其他发电单元，电动汽车既能充电也能放电。同时其还具有以下优势。①电动汽车的所属性。通常是个人所有，车主支付购车费用，因此减小系统中储能设备的投资。②电动汽车的可移动性。它可以将其他地方多余或者便宜的电能转运给需求量较大或电价较高处使用。③电动

汽车在不同时段的聚集和分散性。电动汽车白天相对集中,夜晚相对分散。白天将其集中接入微电网,通过一定的策略控制其运行进行削峰填谷。

2)电动汽车充放电模型

电动汽车在 t 时刻的荷电量与电动汽车前一时刻的荷电量及此时间段内的充放电情况有关。当电动汽车处于充电状态时,其在 t 时刻的荷电量可表示为

$$\mathrm{SOC_{EV}}(t)=\mathrm{SOC_{EV}}(t-1)+P_{\mathrm{EVchr}}(t) \tag{3.165}$$

当电动汽车处于放电状态时,其在 t 时刻的荷电量可表示为

$$\mathrm{SOC_{EV}}(t)=\mathrm{SOC_{EV}}(t-1)+P_{\mathrm{EVdis}}(t) \tag{3.166}$$

电动汽车荷电量 $\mathrm{SOC_{EV}}$ 约束为

$$\mathrm{SOC_{EVmin}}\leqslant \mathrm{SOC_{EV}}\leqslant \mathrm{SOC_{EVmax}} \tag{3.167}$$

式中,$\mathrm{SOC_{EV}}(t)$ 和 $\mathrm{SOC_{EV}}(t-1)$ 分别表示 t 和 $t-1$ 时刻电动汽车的荷电量;$P_{\mathrm{EVchr}}(t)$ 和 $P_{\mathrm{EVdis}}(t)$ 表示 t 时段电动汽车的充放电功率;$\mathrm{SOC_{EVmin}}$ 和 $\mathrm{SOC_{EVmax}}$ 为电动汽车荷电量上下限。

3)电动汽车负荷功率模型

$$P_{\mathrm{EV}}(t)=\sum_i P_{\mathrm{EVchr.}\,i}(t)+\sum_j P_{\mathrm{EVdis.}\,j}(t) \tag{3.168}$$

式中,$P_{\mathrm{EV}}(t)$ 为 t 时段电动汽车的总负荷;$P_{\mathrm{EVchr.}\,i}(t)$ 为 t 时段电动汽车 i 的充电电量;$P_{\mathrm{EVdis.}\,j}(t)$ 为 t 时段电动汽车 j 的放电电量。

2. 淡化水

针对距离大陆较远的岛屿,一般采用海水淡化技术解决其缺水问题。目前,海水淡化技术都是通过消耗电能的方式实现的。海水淡化设备装有蓄水池,可储存不需要供需实时平衡,属于可转移负荷。海水淡化时需要考虑单位时间制水约束和蓄水池上下限约束

$$P_{\mathrm{des}}(t)\leqslant P_{\mathrm{desmax}} \tag{3.169}$$

$$W_{\mathrm{poolmin}}\leqslant W_{\mathrm{pool}}(t)\leqslant W_{\mathrm{poolmax}} \tag{3.170}$$

式中,$P_{\mathrm{des}}(t)$ 为淡化水实际工作功率;P_{desmax} 为淡化水工作功率上限;$W_{\mathrm{pool}}(t)$ 为蓄水池水量;W_{poolmax} 和 W_{poolmin} 为蓄水池水量上下限。

3. 其他负荷

1)可转移负荷转入和转出功率约束

可转移负荷的转入和转出功率应满足一定的约束,可表示为

$$\begin{cases} f_{\mathrm{i},t}D^{\mathrm{i}}_{\mathrm{min},t}\leqslant D_{\mathrm{il},t}\leqslant f_{\mathrm{i},t}D^{\mathrm{i}}_{\mathrm{max},t} \\ f_{\mathrm{o},t}D^{\mathrm{o}}_{\mathrm{min},t}\leqslant D_{\mathrm{ol},t}\leqslant f_{\mathrm{o},t}D^{\mathrm{o}}_{\mathrm{max},t} \\ f_{\mathrm{i},t}+f_{\mathrm{o},t}\leqslant 1 \end{cases} \tag{3.171}$$

式中,$D_{\mathrm{il},t}$ 和 $D_{\mathrm{ol},t}$ 分别为 t 时刻转入和转出负荷功率,其中转入负荷为从其他时刻转移至 t 时刻的负荷,转出负荷为从 t 时刻转出至其他时刻的负荷;$D^{\mathrm{i}}_{\mathrm{max},t}$ 和 $D^{\mathrm{i}}_{\mathrm{min},t}$ 分别

为 t 时刻可转入的最大和最小负荷功率；$D^{\circ}_{\max,t}$ 和 $D^{\circ}_{\min,t}$ 分别为 t 时刻可转出的最大和最小负荷功率；$f_{i,t}$ 和 $f_{o,t}$ 分别为 t 时刻转入和转出可转移负荷标志位，为 0-1 变量。

2）可转移负荷运行功率约束

可转移负荷转入和转出完成后，由于可转移负荷运行功率限制，任意时刻可转移负荷功率应满足一定的约束，可表示为

$$f_{l,t}D_{l,\min} \leqslant D_{l,t} + D_{il,t} - D_{ol,t} \leqslant f_{l,t}D_{l,\max} \tag{3.172}$$

式中，$D_{l,t}$ 为 t 时刻原始可转移负荷功率；$D_{l,\min}$ 和 $D_{l,\max}$ 分别为可转移负荷工作的最小和最大功率；$f_{l,t}$ 为 t 时刻可转移负荷标志位，为 0-1 变量，为 0 表示可转移负荷转入和转出完成后该时刻无可转移负荷。

3）可转移负荷总量约束

一定周期内，可转移负荷的转入量和转出量应保持平衡。由于可转移负荷的总需求量是一定的（如蓄冰空调一天的总蓄冰量是一定的），可转移负荷总量应不大于其总需求量，可表示为

$$\sum_{t=1}^{n_T} D_{il,t}\Delta t = \sum_{t=1}^{n_T} D_{ol,t}\Delta t \leqslant D_{\text{total}} \tag{3.173}$$

式中，Δt 为时间步长，时间周期 T 内含有 n_T 个 Δt；D_{total} 为可转移负荷总需求量。

4）可转移负荷最小运行时间约束

对于有最小连续运行时间要求的可转移负荷，可设定最小运行时间约束，可表示为

$$\begin{gathered} -f_{l,t-1} + f_{l,t} - f_{l,k} \leqslant 0 \\ \forall k: 1 \leqslant k-(t-1) \leqslant n_{T_{\min}} \end{gathered} \tag{3.174}$$

式中，可转移负荷最小运行时间 $T_{\min}$ 含有 $n_{T_{\min}}$ 个 Δt；k 为整数。

5）可转移负荷转入和转出时间约束

可对不允许和允许可转移负荷转入时间区间进行设定，表示为

$$\begin{cases} D_{il,t} = 0, & t \in n_{T_{i1}} \\ D_{il,t} \geqslant 0, & t \in n_{T_{i2}} \end{cases} \tag{3.175}$$

式中，$n_{T_{i1}}$ 和 $n_{T_{i2}}$ 分别为不允许和允许转入可转移负荷时间集合。其中，$n_{T_{i1}}$ 可根据不允许转入负荷时间段 T_{i1} 与 Δt 得到，$n_{T_{i2}}$ 可根据允许转入负荷时间段 T_{i2} 与 Δt 得到。

同时，也可对不允许和允许可转移负荷转出时间区间进行设定，可表示为

$$\begin{cases} D_{ol,t} = 0, & t \in n_{T_{o1}} \\ D_{ol,t} \geqslant 0, & t \in n_{T_{o2}} \end{cases} \tag{3.176}$$

式中，$n_{T_{o1}}$ 和 $n_{T_{o2}}$ 分别为不允许和允许转出可转移负荷时间集合。其中，$n_{T_{o1}}$ 可根据不允许转出负荷时间段 T_{o1} 与 Δt 得到，$n_{T_{o2}}$ 可根据允许转出负荷时间段 T_{o2} 与 Δt 得到。

在可转移负荷转入和转出完成后，改变后的负荷需求可表示为

$$P'_{\text{load},t} = P_{\text{load},t} + D_{il,t} - D_{ol,t} \tag{3.177}$$

式中，$P'_{\mathrm{load},t}$为 t 时刻可转移负荷转入和转出完成后的负荷；$P_{\mathrm{load},t}$ 为 t 时刻原始负荷需求。

3.10　经济成本模型

与常规电源优化配置的不同之处在于，微电网中配置的电源往往包括风机、光伏电池、柴油发电机、微型燃气轮机等。但由于大部分分布式发电技术发展不够成熟，分布式电源单位容量的装机成本往往比常规电源高得多，这也成为制约分布式电源和微电网发展的一项主要因素。但是，分布式电源运行方式灵活，容易维护，运行维护费用比传统集中式电源低，且绝大部分分布式电源采用的是可再生清洁能源，又具有燃料成本低、环境污染少的优势。

因此，为了对独立型微电网进行综合全面的经济评价，优化配置时需要对其建立完善的经济成本模型。

3.10.1　基于等年值的微电网综合经济成本模型

考虑微电网系统的初始投资成本、运行维护费用、电源寿命截止后的置换费用、燃料费用及环境成本，可建立微电网综合成本评估模型为

$$C_{\mathrm{total}} = \sum_{i=1}^{N} [(C_{\mathrm{CP}i} + C_{\mathrm{OM}i} + C_{\mathrm{CH}i})P_{\mathrm{DG}i} + (C_{\mathrm{FU}i} + C_{\mathrm{EN}i})E_{\mathrm{DG}i}] \tag{3.178}$$

式中，$C_{\mathrm{CP}i}$、$C_{\mathrm{OM}i}$和 $C_{\mathrm{CH}i}$分别为微电网中第 i 种电源单位安装容量的等年值初始投资成本、年运行维护费用和等年值置换费用；$C_{\mathrm{FU}i}$、$C_{\mathrm{EN}i}$分别为第 i 种电源单位发电量的燃料成本和环境成本；$P_{\mathrm{DG}i}$为第 i 种电源的安装容量；$E_{\mathrm{DG}i}$为第 i 种电源的年发电量；N 为系统中电源的种类数。

1)等年值初始投资成本

采用等年值法对系统中分布式电源的初始投资成本进行计算的公式为

$$C_{\mathrm{CP}i} = C_{\mathrm{TCP}i}\,\frac{r\,(1+r)^{Y_{\mathrm{DG}i}}}{(1+r)^{Y_{\mathrm{DG}i}} - 1} \tag{3.179}$$

式中，$C_{\mathrm{TCP}i}$为第 i 种电源单位容量的初始投资成本；$Y_{\mathrm{DG}i}$为第 i 种电源的使用年限；r 为贴现率。

2)年运行维护费用

微电网中分布式电源的运行维护成本包含固定成本和可变成本两部分。固定成本部分主要由设备的人工成本组成，与具体项目规模所需的人事配置和工作机制有关；而可变成本部分指的是可变的维护费用，可根据经验折算成与分布式电源利用率相关的比例因子。因此，第 i 种分布式电源单位发电量的年运行维护费用可表示为

$$C_{\mathrm{OM}i} = K_{\mathrm{OMF}i} + K_{\mathrm{OMV}i} \tag{3.180}$$

式中，$K_{\mathrm{OMF}i}$和$K_{\mathrm{OMV}i}$分别表示第i种分布式电源年固定和可变运行维护费用。

3)等年值电源置换费用

在微电网全寿命周期内，若某电源达到其寿命年限，则需对电源进线更新置换，则第i种分布式电源单位容量的等年值置换费用可表示为

$$C_{\mathrm{CH}i}=C_{\mathrm{CHO}i}\frac{r}{(1+r)^{Y_{\mathrm{CH}i}}-1} \tag{3.181}$$

式中，$C_{\mathrm{CHO}i}$和$C_{\mathrm{CH}i}$分别表示第i种分布式电源单位容量的置换费用和使用寿命。

4)年燃料费用

某些分布式电源，如微型燃气轮机等需要消耗燃料，因此微电网的经济性成本计算需要计及相关燃料的费用，即第i种分布式电源单位发电量的燃料成本为

$$C_{\mathrm{FU}i}=p_{\mathrm{fu}i}q_i \tag{3.182}$$

式中，$p_{\mathrm{fu}i}$表示第i种分布式电源发电燃料的单价；q_i表示第i种分布式电源单位发电量的燃料消耗量。

5)年发电环境成本

分布式电源具有发电方式灵活、环境污染小等优点。但某些消耗传统化石燃料的分布式电源，如微型燃气轮机等发电时，同样会排放出污染气体，因此必须将这些分布式电源发电对环境的影响换算成环境成本，计入微电网优化配置综合成本中。第i种分布式电源单位发电量的环境成本成本为

$$C_{\mathrm{EN}i}=\sum_{j=1}^{M_{\mathrm{Type}}}\delta_{\partial ij}(V_{1j}+V_{2j}) \tag{3.183}$$

式中，M_{Type}为分布式电源发电时排放的污染物类型数目；$\delta_{\partial ij}$为第i种分布式电源单位发电量排放的第j种污染物数量；V_{1j}和V_{2j}为第j种污染物的环境价值和所受罚款。

3.10.2 基于总净现费用的微电网综合经济成本模型

微电网全寿命周期内的总净现费用(NPC)可用全寿命周期内所有成本和收入的现值表示，即

$$\mathrm{NPC}=\sum_{k=1}^{K}\frac{C(k)-B(k)}{(1+r)^k} \tag{3.184}$$

式中，$C(k)$表示第k年是成本费用，包括初始投资成本、运行维护费用、置换费用和燃料费用；$B(k)$表示第k年的售电收入及工程寿命截止后的设备残值收入。

参考文献

[1] 姚国平，余岳峰，王志征. 如东沿海地区风速数据分析及风力发电量计算. 电力自动化设备，2004，24(4)：12-14.

[2] 高峰.风力发电机组建模与变桨距控制研究.北京:华北电力大学博士学位论文,2008.
[3] 丁明,王波,赵波,陈自年.独立风光柴储微网系统容量优化配置.电网技术,2013,37(3):575-581.
[4] Dehghan S,Saboori H,Parizad A,et al. Optimal sizing of a hydrogen-based wind/PV plant considering reliability indices. IEEE Electric Power and Energy Conversion Systems,2009,1:1-9.
[5] 王海超,鲁宗相,周双喜.风电场发电容量可信度研究.中国电机工程学报,2005,25(10):102-106.
[6] Menniti D,Pinnarelli A,Sorrentino N. A method to improve micro-grid reliability by optimal sizing PV/wind plants and storage systems . International Conference and Exhibition on Electricity Distribution, London, 2009:1-4.
[7] 张节潭,程浩忠,胡泽春,等.含风电场的电力系统随机生产模拟.中国电机工程学报,2009,29(28):34-39.
[8] 江全元,石庆均,李兴鹏,等.风光储独立供电系统电源优化配置.电力自动化设备,2013,33(7):19-25.
[9] 茆美琴,孙树娟,苏建徽.包含电动汽车的风/光/储微电网经济性分析.电力系统自动化,2011,35(14):30-35.
[10] 马平,刘昌华.风力发电机组功率曲线验证.可再生能源,2008,26(6):82-84.
[11] 吴永忠,韩雪,王世峰,等.以空气密度修正风力发电机组上网发电量方法的分析.可再生能源,2008,26(6):79-81.
[12] 苏建徽,余世杰.硅太阳电池工程用数学模型.太阳能学报,2001,22(4):409-412.
[13] 周德佳,赵争鸣,吴理博,等.基于仿真模型的太阳能光伏电池列阵特性的分析.清华大学学报(自然科学版),2007,47(7):1109-1112.
[14] 张艳霞,赵杰,邓中原.太阳能光伏发电并网系统的建模和仿真.高电压技术,2010,36(12):3097-3102.
[15] Gow A,Manning C D. Development of a photovoltaic array model for use in power electronics simulation studies. IEE Proceedings on Electric Power Applications, 1999,146(2):193 -200.
[16] 茆美琴.风光柴蓄复合发电及其智能控制系统研究.合肥:合肥工业大学博士学位论文,2004.
[17] 窦伟,许洪华,李晶.跟踪式光伏发电系统研究.太阳能学报,2007,28(2):169-173.
[18] Manwell J F,Mcgowan J G. Lead acid battery storage model for hybrid energy systems. Solar Energy,1993,50(5):399-405.
[19] Jongerden M R,Haverkort B R. Which battery model to use . IET Software,2009,3(6):445-457.
[20] 王成山,洪博文,郭力.不同场景下的光蓄微电网调度策略.电网技术,2013,37(7):1775-1782.
[21] 石庆均.微网容量优化配置与能力优化管理研究.杭州:浙江大学博士学位论文,2012.
[22] Yang H,Lu L,Zhou W. A novel optimization sizing model for hybrid solar-wind power generation system. Solar Energy,2007,81:76-84.
[23] 陈健,王成山,赵波,等.考虑储能系统特性的独立微电网系统经济运行优化.电力系统自动

化,2012,36(20):25-31.

[24] 晏明,肖育江.全钒液流电池(VRB)综述.东方电机,2012,5:75-79.

[25] Chahwan J, Abbey C, Joos G, et al. VRB modelling for the study of output terminal voltages, internal losses and performance. IEEE Canada Electrical Power Conference, New York, 2007: 387-392.

[26] 胡国珍,段善旭,蔡涛.基于液流电池储能的光伏发电系统容量配置及成本分析.电工技术学报,2012,27(5):260-267.

[27] 李辉,付博,杨超,等.多级钒电池储能系统的功率优化分配及控制策略.中国电机工程学报,2013,(33)16:70-77.

[28] 沈洁,李广凯,侯耀飞,等.钒液流电池建模及充放电效率分析.电源技术,2013,37(6):1001-1013.

[29] Esmaili A, Novakovic B, Nasiri A, et al. A hybrid system of li-ion capacitors and flow battery for dynamic wind energy support. IEEE Transactions on Industry Application, 2013, 49(4): 1649-1656.

[30] 马力.CCHP及其所构成微网的运行特性研究.天津:天津大学博士学位论文,2008.

[31] 魏兵,王志伟,李莉,等.微型燃气轮机冷热电联产系统经济性分析.热力发电,2007,36(9):1-5.

[32] 吴雄,王秀丽,别朝红,等.含热电联供系统的微网经济运行.电力自动化设备,2013,33(8):1-6.

[33] 郭力,富晓鹏,李霞林,等.独立交流微网中电池储能与柴油发电机的协调控制.电力系统自动化,2012,32(25):70-78.

[34] Bhuvaneswari R, Edrington C S, Cartes D A, et al. Online economic environmental optimization of a microgrid using an improved fast evolutionary programming technique. North American Power Symposium, 2009, 3: 1-6.

[35] 杨秀,陈洁,朱兰,等.基于经济调度的微网储能优化配置.电力系统保护与控制,2013,41(1):53-60.

[36] 蔡兴国,林士颖,马平,等.电力市场中梯级水电站优化运行的研究.电网技术,2003,27(9):57-61.

第 4 章　离网型微电网优化配置

近年来，凭借在解决偏远地区供电问题上发挥的重要作用，离网型微电网在我国得到了优先发展和应用。本章首先通过典型案例对不同离网型微电网应用场景进行介绍，然后从经济性、可靠性和环保性等方面对离网型微电网评价指标进行说明，详细阐述离网型微电网的不同运行策略，分析离网型微电网优化配置模型和优化求解方法，最后通过算例分析对离网型微电网优化配置过程进行流程说明，为读者全面和深入了解离网型微电网优化配置技术提供参考和帮助。

4.1　离网型微电网典型应用场景

我国地大物博，目前仍有较多海岛和偏远地区尚未与大电网联网，此场景适用于离网型微电网，可形成小型独立发电系统。在风、光、水等自然资源较好的地区，通常有光水储柴、光储柴、风储柴、风光储柴等微电网类型。

4.1.1　光水储柴微电网

离网型光水储柴微电网通常适用于已有独立小水电供电且太阳能资源丰富的偏远地区。由于小水电受水资源限制且调节能力有限，充分利用当地丰富的太阳能资源以形成光水储柴微电网，有效增加系统供电能力和可靠性，减少柴油发电机的利用小时数，保护当地的生态资源。目前，我国已在西藏阿里的狮泉河镇和措勤县分别建设了离网型光水储柴微电网。

措勤县地处西藏阿里东部，是我国海拔最高、条件最艰苦的纯牧业县，平均海拔4700m以上。由于远离主网，目前尚未有联网的规划。随着措勤县经济社会的快速发展，人民群众对电力供应、用电质量的需求不断增长，缺电问题日益严重。措勤县太阳能资源极为丰富，年均日照时数3000h左右，平均日照率76%，是世界上太阳能资源最丰富的地区之一。因此，结合已有小水电、柴油发电机，建设光储系统，形成离网型光水储柴微电网是可行的方案。

项目由国家电网公司援建，于2014年11月顺利并网成功，由960kW水力发电系统、440kW光伏发电系统、300kW柴油发电机、300kW·h锂电池储能系统、2.4MW·h铅酸电池储能系统和60kW风力发电系统组成。系统采用先进的全自动调度及智能切负荷装置，能够实现当地的风电、水电、光伏发电、柴油机组发电统一联网运行。其微电网系统结构如图4.1所示。其中，锂电和铅酸分别接入500kW储能变流器，采用虚拟同步发电机（virtual synchronous generator，VSG）技术以电压源形式接入水电电网，配合水电一起给县城供电，且能够满足小水电突然失电后，储能系统可以不间断给县城供电，实现了24h不间断供电，有效提高了整个系统的供电可靠性。

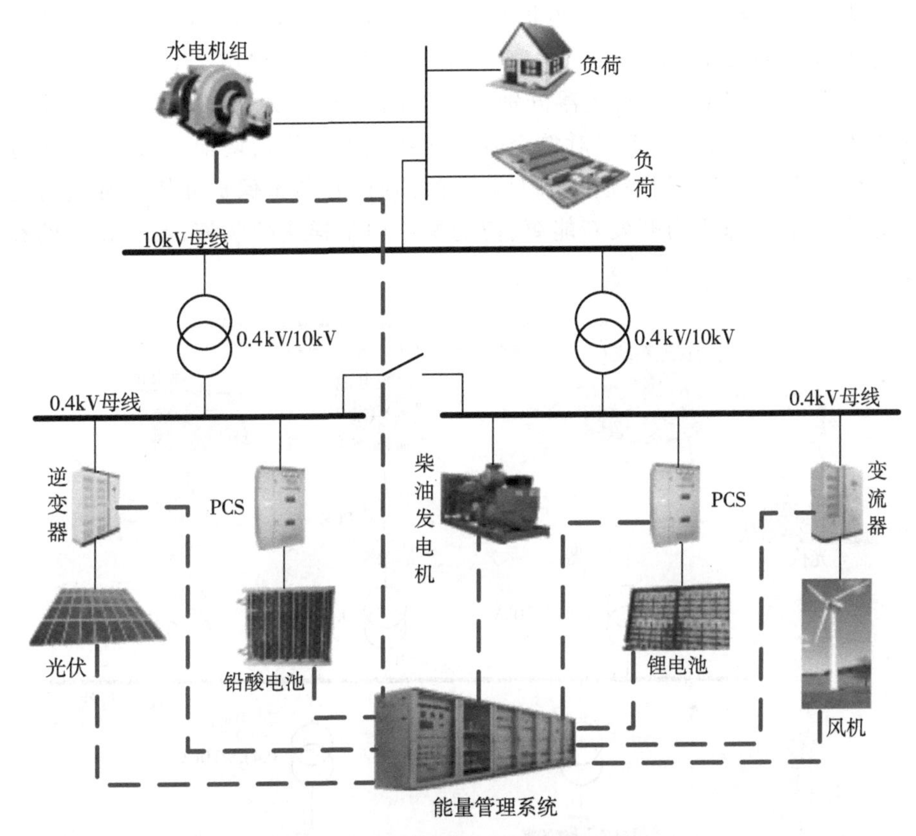

图4.1 西藏措勤微电网系统结构图

4.1.2 光储柴微电网

离网型光储柴微电网适用于太阳资源丰富且尚未与电网联网的区域，可以在有效减少柴油用量的同时提高可再生能源的利用率。目前，我国建设成功且较为典型的光储柴微电网是温州北麂岛微电网。

北麂岛位于浙江省东南沿海，温州瓯江口东南约40km海域，面积为8km²，岛上居民较少，且远离大陆，总体用电量不大，远距离架设输电网络不符合经济效益，整个北麂岛常年依靠3台柴油发电机供电，可靠性差。随着柴油发电成本的不断攀升，还会导致严重的环境污染，而海岛太阳能资源丰富，因此建设光储柴微电网能够满足北麂岛发展的电力需求。

北麂岛光储柴离网型微电网示范项目，如图 4.2 所示。于 2013 年 9 月竣工验收，是国内首座“金太阳”海岛独立型示范微电网，包括 1.274MW 光伏发电系统、6.6MW·h 储能系统、1.0MW 柴油发电系统、微电网运行控制系统、能量管理系统、微电网保护及安稳系统等多个子系统。其中光伏发电系统由太阳能电池板和 5 台 250kW 光伏逆变器组成，柴油发电机组由 2 台 250kW 和 1 台 500kW 的柴油发电机组成，储能系统由 0.5MW/0.8MW·h 磷酸铁锂电池和1MW/5.8MW·h 铅酸电池组成，4 台 250kVA 双向变换器分别配备储能系统构成微电网主干网。北麂岛微电网系统通过能量管理系统对整个微电网系统进行能量调配、控制设备运行及停机。本项目在充分利用当地太阳能资源的同时，有利于保护环境和促进海岛的经济发展，符合国家大力开发新能源、使能源结构多样化的政策，具有良好的经济和社会效益。

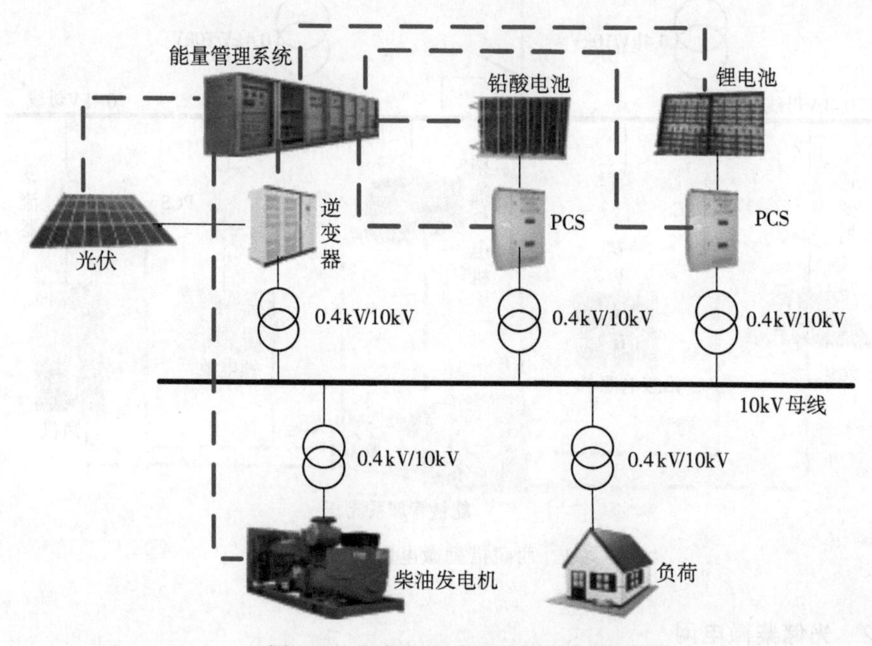

图 4.2　北麂岛微电网系统结构图

4.1.3　风储柴海水淡化微电网

离网型风储柴微电网适用于风力资源较好且尚未联网的供电系统。通常情况下以风力发电为主，柴油发电为辅，并配置适量的储能系统以增加系统稳定性和提高风电的利用效率。目前，在江苏省大丰市建设了国内首个日产万吨级的风储柴离网型微电网淡化海水示范工程，项目一期工程建设已经结束。

江苏大丰项目是由微电网技术构建的非并网风电-海水淡化集成系统，即将风电与海水淡化相结合，是一次全新的探索和尝试，在世界范围内属于技术首创。该独立微电网系统以风力发电为主，柴油发电机发电为辅，为海水淡化提供电能，系统包括 1 台 2.5MW 永磁直驱风力发电机、由 3 组 625kW·h 铅碳蓄电池组成的储能系统、一台 1250kW 的柴油发电机组及 3 套海水淡化装置。其系统结构如图 4.3 所示。配电系统电压等级为 10kV，风机、储能、柴油机和海水淡化机组分别通过 0.4kV/10kV 变压器与 10kV 母线相连，微电网能量管理系统实现对整个系统的实时监测和运行调度。

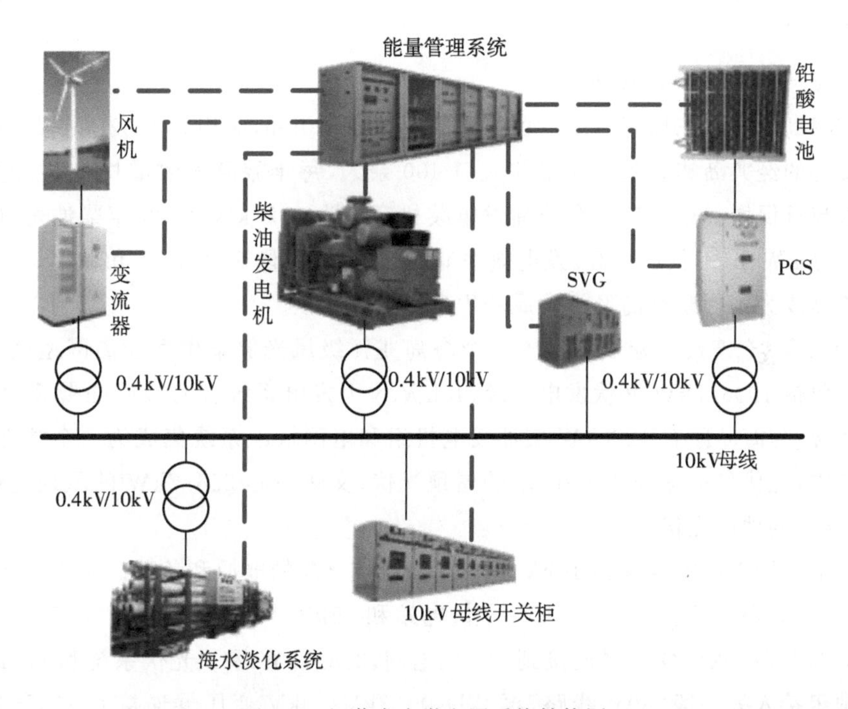

图 4.3　江苏大丰微电网系统结构图

该项目负荷仅为海水淡化系统，对电能可靠性要求较低，不需要电能的持续供应且可以在一定程度内进行调节，为风力发电出力与负荷需求的实时平衡创造了条件。系统正常运行时，优选风储模式，储能系统作为主电源，提供系统电压和频率参考，补充风机出力和负荷需求之间的差额；当风机出力较小且储能荷电状态较小时，采用风柴储模式，柴油发电机作为主电源，储能作为功率源参与功率调节。在运行过程中，海水淡化机组为可控机组，可根据风速的大小决定海水淡化机组投切数量。风机的出力水平取决于实时的风资源状况及海水淡化系统需求。当风能富裕时，系统主动限制风机出力，使其满足海水淡化系统的功率需求；当风能贫乏时，系统减少海水淡化设备的运行台数或者整体退出运行。

该项目的成功建设和运行，特别适用于孤岛等缺水、缺电地区，可有效解决海岛、沙漠等偏远地区的能源和淡水供应问题，尤其在全球能源及淡水资源双紧缺的情况下，这种技术集成具有十分重要的战略意义。

4.1.4 风光储柴微电网

离网型风光储柴微电网是目前国内外研究最广泛也是示范工程较多的类型，它适用于尚未联网的海岛或者偏远山区，充分利用当地丰富的风光资源并形成互补，有效提高可再生能源的利用效率并减少柴油用量以改善环境，有较大的经济效益和社会效益。

1. 海岛风光储柴微电网

东澳岛地处广东珠海万山群岛中南部，距珠海 30km，面积为 4.62km^2，是珠海市海上旅游的经典岛屿。东澳岛常住人口 400 余人，每年旅游人数增长 30%，对电力的需求与日俱增。东澳岛原有柴油发电装机容量为 1220kW，2009 年柴油发电量约为 100 万 kW·h，不仅成本高、发电效率低，同时排放大量 CO_2、SO_2 和粉尘。电力供应困难已成为困扰东澳岛经济发展和生态保护的瓶颈。

2011 年，东澳岛上建成了我国首个海岛兆瓦级风光储柴微智能离网型微电网。微电网包括 1006.7kW 光伏发电系统、45kW 风力发电系统、2000kW·h 铅酸蓄电池储能系统，与海岛原有 1220kW 柴油发电机组和电网输配系统集成为一个智能微电网。其中，光伏包括综合楼 100kW 的屋顶光伏、文化中心 256.7kW 的屋顶光伏、山顶 650kW 的地面光伏。

岛上电网电压等级包括 10kV 和 380V，连接全岛的电源和负荷。其中 3 台柴油机组、1500kW·h 蓄电池组、650kW 光伏电站和 45kW 风机接入一段 380V 线路，再经过 0.38kV/10kV 变压器连接到 10kV 电网；356.7kW 屋顶光伏系统和 500kW·h 蓄电池组接入另一段380V 线路，再经过 0.38kV/10kV 变压器连接到 10kV 电网；10kV 电网经 0.38kV/10kV 变压器降压后，供南沙湾、求子泉、水厂、油库和通信用电，夏季旅游旺季的最大负荷为 1000kW 左右。

东澳岛微电网(图 4.4)采用主从控制策略，柴油发电机和蓄电池储能系统轮流作为主电源，提供参考电压和频率。遵循优先使用可再生能源的原则，柴油发电机在蓄电池储能系统低于蓄电池额定容量 50%时才投入运行。储能系统作为微电网的主电源，采用电压源控制模式(V/f 控制)，为微电网系统提供参考频率和相位。光伏和风电逆变器采用电流源控制模式(P/Q 控制)。一般情况下，光伏和风电工作在最大输出功率模式。柴油机作为备用电源，只当光伏、风电发电不足且储能放电接近下限时启动柴油机。由于柴油机为同步电机，柴油机启动后采用柴油机作为主电源，储能系统在柴油机启动时切换为电流源控制模式。

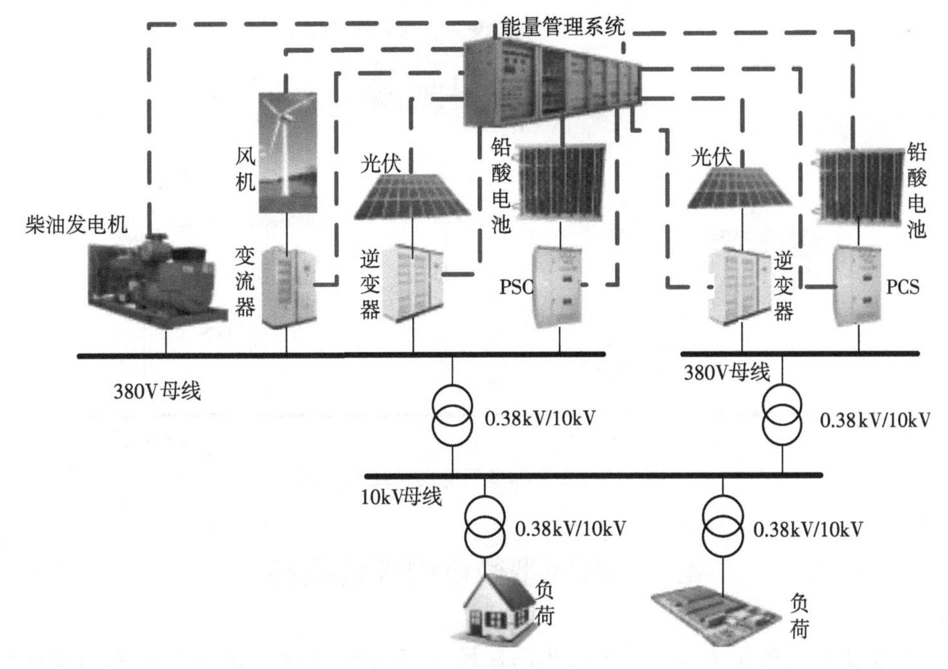

图 4.4　东澳岛微电网系统结构图

2. 偏远山区风光储柴微电网

内蒙古额尔古纳市太平林场位于电网主网架难以延伸到的深山老林，林场生产和居民生活用电只能依靠柴油发电机组分时供电。微电网建设前仅由 3 台柴油发电机共 30kW 供应林场生产和家属用电，每天供电 2h。

太平林场地区有丰富的风光资源，建设风光储柴微电网能够有效解决林场的持续稳定供电问题，且可以节省柴油用量。2012 年 8 月，国网公司在太平林场成功建设投运离网型风光柴储项目，总设计容量风能 20kW、太阳能 100kW、储能配置 100kW·h 锂离子电池，并备用一台 80kW 柴油发电机。该项目不仅使太平林场地区及居民开始了"敞开用电"的生活，也为当地旅游产业发展奠定了电力基础。

太平林场微电网中储能系统作为主电源，采用电压源控制模式（V/f 控制），为微电网系统提供参考频率和相位，并自动调整储能的充放电维持整个微电网系统的电压和频率稳定。光伏和风电逆变器采用电流源控制模式（P/Q 控制）。一般情况下，为了最大限度地利用可再生能源，光伏和风电工作在最大输出功率模式。柴油机作为备用电源，当光伏、风电发电充足时，柴油机不启动；当光伏、风电发电不足且储能放电接近下限时，启动柴油机。由于柴油机为同步电机，柴油机启动后采用柴油机作为主电源，储能系统在柴油机启动时切换为电流源控制模式。太平林场微电网系统结构如图 4.5 所示。

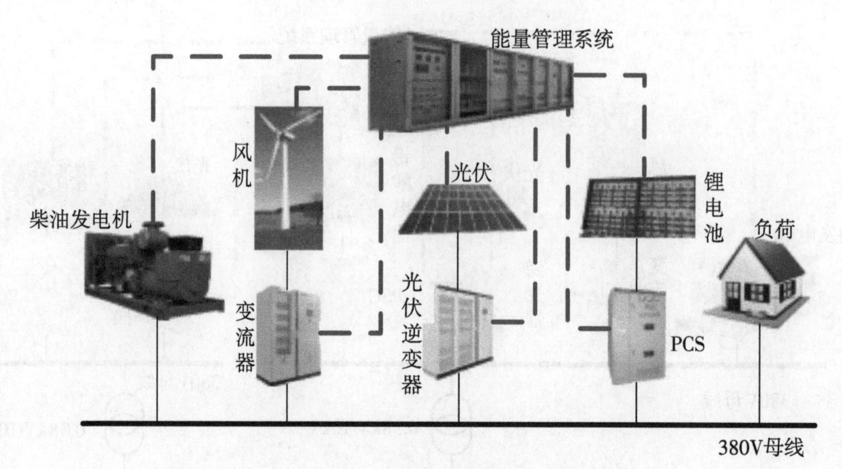

图 4.5　太平林场微电网系统结构图

4.2　离网型微电网评价指标

评价指标是衡量微电网性能优劣的标尺，评价指标大致可分为经济性、可靠性和环保性指标[1-5]，以及其他未涵盖技术性指标。微电网评价指标的完善将有助于更好地对微电网进行评估。离网型微电网可有效改善当地供电水平和可靠性，减少柴油发电机等传统电源的运行时间，因此，经济性、可靠性和环保性指标均是评价离网型微电网的重要指标。

4.2.1　经济性

离网型微电网经济性主要从投资成本、成本效益、投资回收期等方面开展评估，以获得关于离网型微电网的经济指标。

1. 全寿命周期成本

从理论上讲，全寿命周期是指工程产品从研究开发、设计、建造、使用直到报废所经历的全部时间。全寿命周期成本是在工程预期寿命周期内所需要的或者产生的成本。

1）总净现成本

可使用总净现成本（NPC）来表示系统寿命周期成本。C_{NPC}是将寿命周期内产生的各成本值折现到初始年进行统计，包括初始投资成本、运维成本、置换成本、燃料成本、残值、从电网购售电成本及污染排放罚金等。

$$C_{NPC} = C_{initial} + C_{om} + C_{replace} + C_{fuel} - C_{salvage} + C_{ebuy} - C_{esell} + C_{pollution} \tag{4.1}$$

式中，$C_{initial}$是初始投资成本；C_{om}是总运维成本净现值；$C_{replace}$是总置换成本净现值；C_{fuel}是总燃料成本净现值；$C_{salvage}$是总残值净现值；C_{ebuy}是总购电成本净现值；C_{esell}是总售电收益净现值;$C_{\text{pollution}}$是总污染排放罚金净现值。

2)等年值成本

不同工程的寿命周期可能存在差异,因此,采用总净现成本值对不同寿命周期工程经济性进行比较不够妥当。此时,可采用等年值成本进行分析。

$$C_{\text{ann}} = C_{\text{NPC}}\text{CRF}(i, R_{\text{proj}}) \tag{4.2}$$

式中,C_{ann}是等年值成本;i 是年实利率(折现率);R_{proj}是工程寿命;CRF(·)是资金恢复因数[6],计算公式为

$$\text{CRF}(i, N) = \frac{i(1+i)^N}{(1+i)^N - 1} \tag{4.3}$$

式中,N 是年数。

3)单位供电成本

为比较不同系统规模和寿命周期工程的经济性,可采用单位供电成本(levelized cost)对微电网经济性进行分析。

$$\text{COE} = \frac{C_{\text{ann}}}{E_{\text{load}} + E_{\text{grid,sales}}} \tag{4.4}$$

式中,E_{load}是每年系统供应的负荷总电量;$E_{\text{grid,sales}}$是每年卖给电网的电能总量。因此,单位供电成本是系统发出的有用电能每千瓦时的平均成本。

2. 成本效益

成本效益分析(cost-benefit analysis)作为投资决策中强有力的分析工具,通过比较项目的综合成本及综合效益对项目价值进行评估和决策。其目的为研究各种可能采取的决策和可能出现的待选方案所具有的限制条件,并逐一对它们的效益和成本利用经济学方法进行量化计算,再通过相应的评价指标,对拟实施方案进行评估,最后确定出最佳经济性方案,即实现以最小的投资获取最大的收益。

在实际应用中,成本效益分析有以下两种基本表现形式。

(1)净效益形式。净效益形式是通过效益减去成本所得差值来反映经济行为或投资方案的可行性。如果差值大于零,并已达到期望值,且同时满足各项限制条件,则该经济行为或投资方案是可行的;反之,如果差值小于零,则表明投入大于产出,会导致投资亏损,表明不可行。

(2)效费率形式。效费率形式则是通过效益与成本的比值来反映项目或方案的可行性。如果效益与成本的比值大于1,则表明该项目或方案是可行的;反之,则不可行。

上述两种基本形式,无论净效益大于0还是效费率值大于1,从经济可行性角度来看,具有一致性。即针对同一项目方案,采用两种形式进行成本效益分析,对方案可行性的判别结果是一致。因此,在实际中都可以被应用。

3. 投资回收期

投资回收期是指从项目的投建之日起,用项目所得的净收益偿还原始投资所需

要的年限。投资回收期分为静态投资回收期与动态投资回收期两种。

1)静态投资回收期

静态投资回收期是指在不考虑时间价值的情况下,收回全部原始投资额所需要的时间,即投资项目在经营期间内预计净现金流量的累加数恰巧抵偿其在建设期内预计现金流出量所需要的时间,也就是使投资项目累计净现金流量恰巧等于零时所对应的期间。

静态投资回收期通常以年为单位,包括两种形式:包括建设期(记作 S)的静态投资回收期(记作 PP)和不包括建设期的静态投资回收期(记作 PP′),且有 PP=S+PP′。它是衡量收回初始投资额速度快慢的指标。该指标越小,回收年限越短,方案越有利。

确定静态投资回收期指标的方法包括公式法和列表法。静态投资回收期有如下优点:①能够直观地反映原始总投资的返本期限;②便于理解;③计算也比较简单;④可以直接利用回收期之前的净现金流量信息。静态投资回收期的缺点是:①未考虑资金时间价值因素;②未考虑回收期满后继续发生的现金流量;③不能正确反映投资方式不同对项目的影响。

2)动态投资回收期

动态投资回收期是指在考虑货币时间价值的条件下,以投资项目净现金流量的现值抵偿原始投资现值所需要的全部时间。即动态投资回收期是项目从投资开始起,到累计折现现金流量等于 0 时所需的时间。

投资者一般都十分关心投资的回收速度,为了减少投资风险,希望越早收回投资越好。动态投资回收期是一个常用的经济评价指标,弥补了静态投资回收期没有考虑资金的时间价值这一缺点,使其更符合实际情况。

4.2.2 可靠性

离网型微电网是一个小型的独立电力系统,它具备完整的发输配电功能,可以实现局部的功率平衡与能量优化,因此,可靠性是评价离网型微电网的重要指标。离网型微电网的可靠性评价标准是多方面的,系统可靠性指标从全局的观点描述整个系统的行为。负荷点可靠性指标描述的是用户供电质量。可靠性指标可以从成功的观点出发,也可以从失败的观点出发。可靠性指标的量化信息一般有如下 4 种。

(1)概率指标,主要指系统发生故障的概率,如可用度和电力不足概率等。

(2)频率指标,主要指系统在单位时间(如 1 年)内发生故障的平均次数。

(3)时间指标,指系统发生故障的平均持续时间。

(4)期望值指标,指系统在单位时间(如 1 年)内发生故障的期望天数,以及系统由于故障而减少供电量的期望值等。

参考电力系统可靠性指标,离网型微电网可靠性指标包括如下。

1)失负荷率/电力不足概率

失负荷概率也称为电力不足概率(loss of load probability,LOLP),其传统定义是发电系统的可用容量不能满足系统年最大负荷需求的概率。在电力市场中,这一定义可进行如下引申。

电力不足概率是系统发电可用容量小于或等于某一恒定负荷需求的概率,可根据各发电机组的可用容量及其可靠性计算得到;同时又与输电系统的可用输电容量及其可靠性密切相关,可反映输电故障或阻塞对系统可用发电容量的影响。所以,LOLP与发输电合成系统的可靠性(包括充裕度和安全度)紧密相关,直接而真实地反映了电力市场的供需形势,同时也量化了系统容量不足的风险。LOLP越大,发电商就越有可能实施市场力;当LOLP接近于0时,表明电力供应富裕充分,发电市场接近完全竞争市场。

LOLP的优点是概念清晰,计算简单,缺点是它只说明电力不足的可能性,不能说明电力不足的严重程度。

2)电力不足期望值

电力不足期望值(loss of load expectation,LOLE)指在给定期间内(通常为1年)系统可用发电容量小于日峰荷的天数期望值,可表示为

$$\mathrm{LOLE} = \sum_{j=1}^{n} P(C_n - L_j) \tag{4.5}$$

式中,C_n为系统可用容量;L_j为第j天的日峰荷;$P(C_n - L_j)$为第j天所有强迫停运容量大于或等于$C_n - L_j$的累积概率;可由发电系统容量模型与负荷模型结合而求得;n是研究期间的天数。

3)电力不足频率

电力不足频率(loss of load frequency,LOLF)指在研究期间内,电网在不同负荷水平下由于电网结构不合理或设备检修及故障停运而引起供电不足造成用户停电的平均次数。

4)电力不足持续时间

电力不足持续时间(loss of load duration,LOLD)指在研究期间内,由于电网结构不合理或电网故障引起用户停电的平均持续时间,它等于LOLE与LOLF的比值,即

$$\mathrm{LOLD} = \frac{\mathrm{LOLE}}{\mathrm{LOLF}} \tag{4.6}$$

5)电量不足期望值

电量不足期望值(expected energy not supplied,EENS)表示电力系统由于机组受迫停运等造成的对用户少供电能的期望值,综合表达了停电次数、平均持续时间和平均停电功率。

离网型微电网的可靠性效益 B_{RB} 可用微电网配置后所减少的期望停电损失来衡量。可按下式计算离网型微电网的可靠性效益。

$$B_{RB} = I_{EAR} \sum_{k \in Q} (\mathrm{EENS}_k - \mathrm{EENS}'_k) \tag{4.7}$$

式中，I_{EAR} 表示微电网内部负荷的停电损失评价率，用来描述某类用户每停电 1kW·h 所遭受的经济损失；Q 为微电网内部负荷点集合；EENS_k、EENS'_k 分别为微电网配置前后负荷点 k 的年缺供期望电量。

6）平均供电可靠率

平均供电可靠率（average service availability index，ASAI）指的是研究期间由电网供电用户的可用小时数与总的要求供电小时数之比，计算式为

$$\mathrm{ASAI} = (1 - \mathrm{LOLP}) \times 100\% \tag{4.8}$$

7）系统平均停电频率指标

系统平均停电频率指标（system average interruption frequency index，SAIFI）指每个由系统供电的用户在单位时间内所遭受到的平均停电次数，可以用一年中用户停电的累计次数除以系统供电的总用户数来预测，即

$$\mathrm{SAIFI} = \frac{\sum_i \lambda_i N_i}{\sum_i N_i} \tag{4.9}$$

式中，N_i 为负荷点 i 的用户数；λ_i 为负荷点 i 的故障率。

8）系统平均停电持续时间指标

系统平均停电持续时间指标（system average interruption duration index，SAIDI）指每个由系统供电的用户在一年中所遭受的平均停电持续时间，可以用一年中用户遭受的停电持续时间总和除以该年中由系统供电的用户总数来预测，即

$$\mathrm{SAIDI} = \frac{\sum_i N_i U_i}{\sum_i N_i} \tag{4.10}$$

式中，U_i 为负荷点 i 的等值年平均停电时间。

9）系统平均供电可用率指标

系统平均供电可用率指标（average service availability index，ASAI）指一年中用户获得的不停电时间总数与用户要求的总供电时间之比。如果一年中用户要求的供电时间按全年 8760h 计，则系统平均供电可用率指标 ASAI 的计算式为

$$\mathrm{ASAI} = \frac{8760 \sum_i N_i - \sum_i N_i U_i}{8760 \sum_i N_i} \tag{4.11}$$

10）系统电量不足指标

系统电量不足指标（energy not service index，ENSI）指系统中停电负荷的总停

电量，计算式为

$$\mathrm{ENSI} = \sum L_{a(i)} U_i \tag{4.12}$$

式中，$L_{a(i)}$为连接停电负荷点 i 的平均负荷；U_i为负荷点 i 的等值年平均停电时间。

11）用户平均停电频率指标

用户平均停电频率指标（customer average interruption frequency index，CAIFI）指一年中每个受停电影响的用户所遭受的平均停电次数，计算式为

$$\mathrm{CAIFI} = \frac{\sum_i \lambda_i N_i}{\sum_{j \in \mathrm{EFF}} N_i} \tag{4.13}$$

式中，EFF 为受停电影响的负荷点集合。

12）用户平均停电持续时间指标

用户平均停电持续时间指标（customer average interruption duration index，CAIDI）指一年中被停电的用户所遭受的平均停电持续时间，可以用一年中用户停电持续时间的总和除以该年停电用户总次数来估计，即

$$\mathrm{CAIDI} = \frac{\sum_i N_i U_i}{\sum_i \lambda_i N_i} \tag{4.14}$$

离网型微电网可靠性评价指标需能够反映系统及其设备的运行状况，以及对用户供电的影响。可靠性评价指标可通过系统运行数据计算得出。通过分析微电网投资成本与由此带来的可靠性效益，可以确定在什么样的投资下才能获得供电总成本最低的最佳可靠性水平，使规划出来的微电网获得最好的效益。目前，在离网型微电网优化配置中，通常将可靠性指标作为约束条件进行考虑，从而获得满足供电可靠性要求的配置方案。在上述可靠性指标中，期望值指标被较多地考虑在优化配置中，但在优化配置需求多样化的发展趋势下，一些新的可靠性指标也被国内外学者提出[7,8]，为离网型微电网优化配置提供了重要参考。

4.2.3　环保性

1）减排效益

减排效益是指减排单位量污染物所减少的污染损失的经济价值。能大大减少污染物的排放，具有可观的环境价值，因此减排效益 B_{ER} 也是评价微电网的重要指标。微电网的减排效益可用微电网中可再生能源生产与传统燃煤发电等量电能所减排的 SO_2、NO_x、CO_2、CO 等污染物所带来的环境效益进行衡量。计算方法如下[9]：

$$B_{\mathrm{ER}} = \sum_{i=1}^{N_{\mathrm{Type}}} \sum_{j=1}^{M_{\mathrm{Type}}} (\delta_{c,j} - \delta_{i,j})(V_{1j} + V_{2j}) E_{\mathrm{DG},i} \tag{4.15}$$

式中，$\delta_{c,j}$为燃煤机组生产单位电能所排放的第 j 种污染物数量；$\delta_{i,j}$为第 i 种 DG 生

产单位电能所排放的第 j 种污染物数量；V_{1j} 和 V_{2j} 分别为第 j 种污染物的环境价值和所受罚款；$E_{DG,i}$ 为微电网中第 i 种 DG 的年发电量；N_{Type} 为 DG 种类；M_{Type} 为污染物种类。

2)污染气体排放量

化石燃料消耗会产生 CO_2、SO_2、NO_x 等大气污染物。根据不同供能形式的气体排放系数，可表示为

$$M_{pol} = \sum_{m}\sum_{n}\varphi_{m,n}F_{m} \tag{4.16}$$

式中，M_{pol} 为污染气体总排放量；m 代表燃料种类，如柴油、煤炭等；n 代表有害气体种类，如 CO_2、SO_2、NO_x 等；F_m 为燃料 m 的消耗量；$\varphi_{m,n}$ 为燃料 m 产生有害气体 n 的排放系数。

3)化石燃料消耗量

化石燃料消耗一般会产生有害气体，而有害气体排放系数的确定涉及较多因素，难以准确量化。因此，可直接将化石燃料消耗量作为环保评价指标。

$$F_{fossil} = \sum_{m}F_{m} \tag{4.17}$$

式中，F_{fossil} 为化石燃料消耗量；F_m 为第 m 种化石燃料的消耗量。

4)可再生能源发电比例

可再生能源发电量占总发电量的比例，即可再生能源发电比例可表示为

$$R_{ren} = \frac{E_{ren}}{E_{total}} \times 100\% \tag{4.18}$$

式中，E_{ren} 为可再生能源总发电量；E_{total} 为系统总发电量。可再生能源发电比例表征了可再生能源对系统发电的贡献程度，可再生能源发电比例越高，说明依靠传统燃料发电比例越小，其环保性越好。

采用上述指标可对离网型微电网的环保性进行评价，可将上述指标作为优化目标或约束条件考虑在优化配置中。在单目标优化中，减排效益可直接体现在经济性优化目标中，其他环保性指标需转换成相应的经济指标。当将环保性指标作为约束条件时，可获得满足环保性要求的配置方案，以满足优化配置多样化的需求。

4.2.4 其他

除上述经济性、可靠性和环保性指标外，还存在其他指标以评估离网型微电网的性能，如可再生能源利用率，其可有效衡量微电网内可再生能源发电的利用情况，可表示为

$$U_{ren} = \frac{E_{ren} - E_{excess}}{E_{ren}} \tag{4.19}$$

式中，U_{ren} 为可再生能源利用率；E_{excess} 为风光发电的多余电量。

此外，可根据离网型微电网优化配置的具体需求和关注点，设定相应的评价指标，以全面评估离网型微电网的性能。

4.3　离网型微电网典型运行策略

离网型微电网中往往包含风机、光伏电池等多种分布式电源，且完全依靠系统内电源的出力来满足负荷的需要。为合理地协调各个时段微电网系统内各电源的出力来满足各时段负荷的需求，确保微电网内各电源出力与负荷需求的实时功率平衡，防止蓄电池等储能系统过充过放，实现对离网型微电网内各分布式电源的优化调度等目的，往往需要设计一套合理地运行控制策略来协调各电源的出力。因此，合理地选择运行策略是优化配置的重要一环，它是微电网优化配置成败的关键因素。目前，离网型微电网的运行策略主要分为3种：专家策略、启发式规则和规划与运行联合优化[10,11]。下面主要以离网型风光储柴（风光储）微电网为例，介绍上述3种运行策略。

4.3.1　专家策略

基本专家运行策略包括功率平滑策略、负荷跟随策略、最大运行时间策略、软充电策略、硬充电策略和改进充电策略等，适用于离网型风光储柴混合微电网。

1. 功率平滑策略(PS)

当可再生能源输出功率能够满足负荷需求时，柴油发电机停止运行，储能系统用于吸收可再生能源的过剩功率。当过剩功率超出储能系统的充电功率限制，或者储能系统 SOC 达到上限时，可再生能源限功率运行。

当可再生能源输出功率不能满足负荷需求时，柴油发电机启动，并运行在一定的输出功率区间内，超出功率区间的功率由储能系统进行平抑。如果柴油发电机已经运行在功率区间下限，且储能系统达到充电功率限制或者 SOC 达到上限，可再生能源限功率运行；如果柴油发电机已经运行在功率区间上限，且储能系统达到放电功率限制或者 SOC 达到下限，柴油发电机可以继续增加输出功率至最大技术出力。

功率平滑策略(power smoothing，PS)流程如图4.6所示。图4.6～图4.11中符号说明如下。

P_{res}为可再生能源输出功率；P_l为系统负荷；P_{net}为系统净负荷；P_{bat}为储能系统输出功率；$MaxP_{charge}$、$MaxP_{discharge}$为储能系统充放电功率限制；$ConP_{charge}$为储能系统恒功率充电功率；SOC 为储能系统荷电状态；MaxSOC、MinSOC 为储能系统 SOC 限制；P_{de}为柴油发电机输出功率；$MinP_{de}$、$MaxP_{de}$为柴油发电机输出功率区间。

图中详细步骤如下。

(1)计算系统不平衡功率 P_{net}。

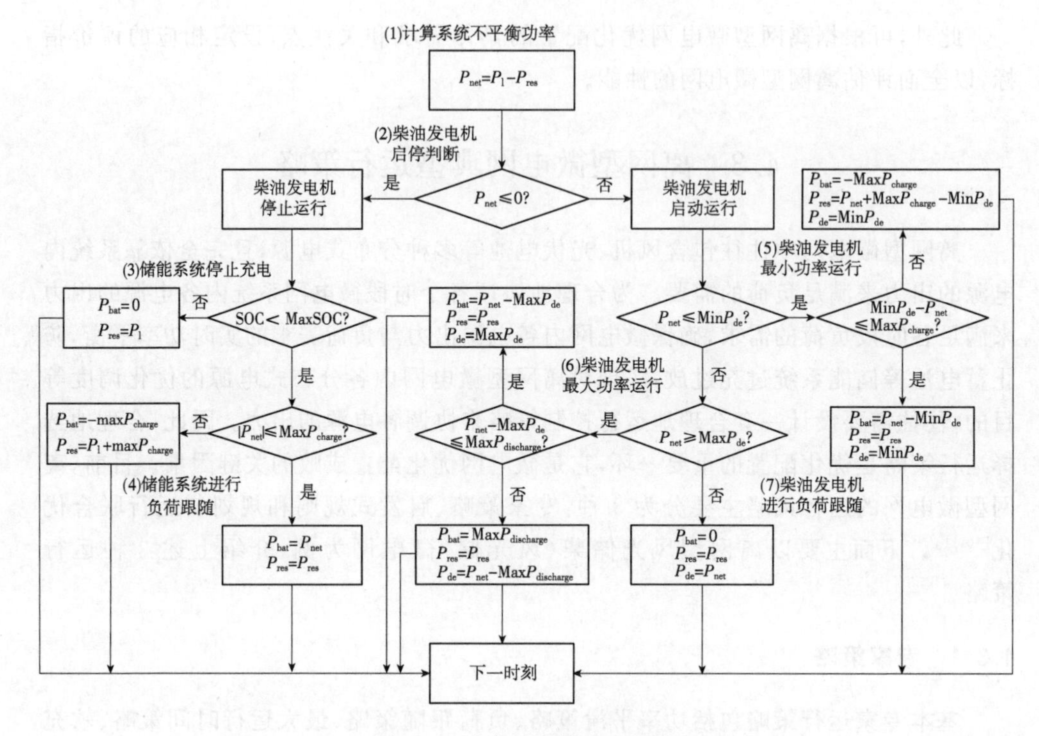

图 4.6　功率平滑策略流程图

(2)当不平衡功率为负,即可再生能源输出功率能够满足负荷需求时,柴油发电机停止运行,进入步骤(3);否则,柴油发电机启动运行,进入步骤(5)。

(3)如果储能系统 SOC 超过 SOC 上限(MaxSOC),储能停止充电且可再生能源限功率运行,下达调度指令;否则,进入步骤(4)。

(4)如果不平衡功率超出储能系统充电功率限制($\mathrm{Max}P_{\mathrm{charge}}$),储能系统以最大充电功率充电且可再生能源限功率运行,下达调度指令;否则,可再生能源以最大功率运行,储能系统吸收过剩的不平衡功率,下达调度指令。

(5)当不平衡功率低于柴油发电机最小运行功率($\mathrm{Min}P_{\mathrm{de}}$)时,柴油发电机以最小功率运行,储能系统吸收过剩功率,下达调度指令;否则,进入步骤(6)。如果储能系统不能够完全吸收过剩功率,可再生能源限功率运行,下达调度指令。

(6)当不平衡功率高于柴油发电机的最大运行功率($\mathrm{Max}P_{\mathrm{de}}$)时,柴油发电机以最大功率运行,储能系统弥补不足功率,下达调度指令;否则,进入步骤(7)。如果储能系统不能完全弥补不足功率,柴油发电机需要短时超功率运行,下达调度指令。

(7)当不平衡功率满足柴油发电机的输出功率运行限制时,储能系统待机,柴油发电机满足不平衡功率,下达调度指令。

功率平滑策略适用于储能系统容量较小的微电网,当可再生能源输出功率不足以满足负荷需求时,由柴油发电机弥补不足功率。为保证微电网系统的可靠性,通常柴油发电机容量相对较大，在运行中保留一部分功率区间作为备用功率，由储能系统平抑功率波动（主要用于放电），必要时使用柴油发电机的备用功率区间。

2. 负荷跟随策略（LF）

当可再生能源输出功率能够满足负荷需求时，柴油发电机停止运行，储能系统用于平抑负荷和可再生能源的功率波动。当过剩功率超出储能系统充电功率限制，或者储能系统 SOC 达到上限时，可再生能源限功率运行。

当可再生能源和储能系统输出功率不能满足负荷需求时，柴油发电机启动，并运行在一定的输出功率区间内，超出功率区间的功率由储能系统进行平抑。如果柴油发电机已经运行在功率区间下限，且储能系统达到充电功率限制或者 SOC 达到上限，可再生能源限功率运行；如果柴油发电机已经运行在功率区间上限，且储能系统达到放电功率限制或者 SOC 达到下限，柴油发电机可以继续增加输出功率至最大技术出力。

负荷跟随策略（load following，LF）流程如图 4.7 所示，各量含义与图 4.6 相同。

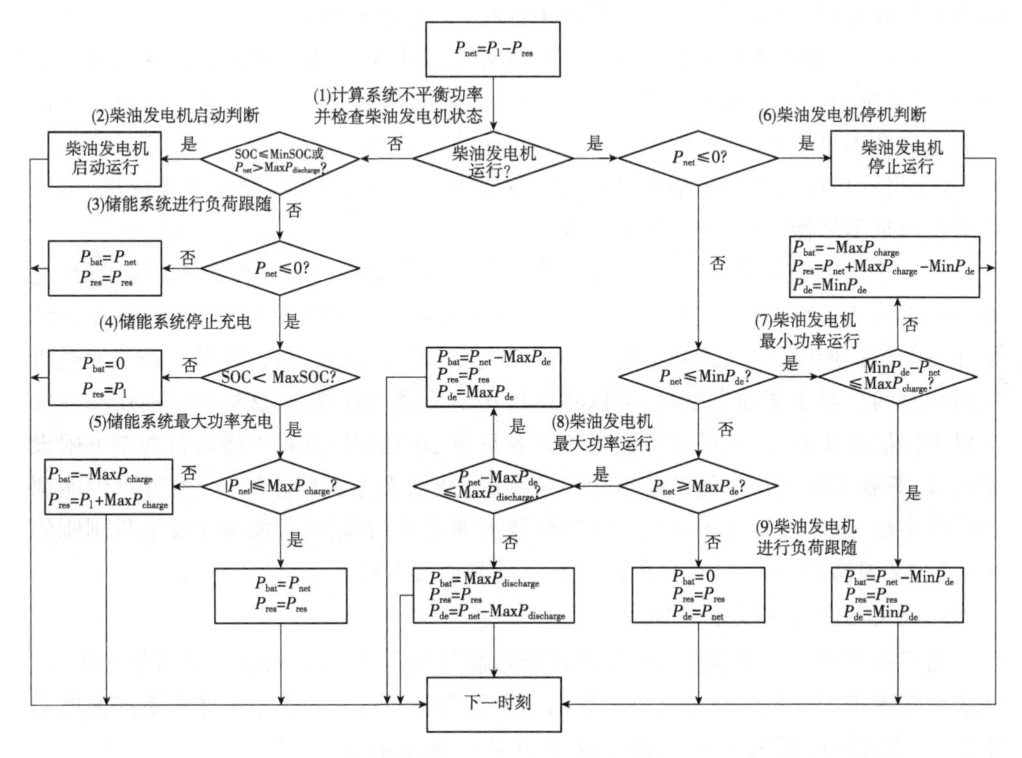

图 4.7　负荷跟随策略流程图

图中详细步骤如下。

(1)计算系统不平衡功率 P_{net}，并检验柴油发电机的运行状态。如果柴油发电机处于停机状态，进入步骤(2)；否则，进入步骤(6)。

(2)如果储能系统 SOC 低于 SOC 下限(MinSOC)或者放电功率不能满足不平衡功率,那么启动柴油发电机,下达调度指令;否则,进入步骤(3)。

(3)如果不平衡功率为正,那么储能系统放电弥补不足功率,下达调度指令;否则,储能系统充电,进入步骤(4)。

(4)如果储能系统 SOC 超过 SOC 上限,储能停止充电且可再生能源限功率运行,下达调度指令;否则,进入步骤(5)。

(5)如果不平衡功率超出储能系统充电功率限制,储能系统以最大充电功率充电且可再生能源限功率运行,下达调度指令;否则,可再生能源以最大功率运行,储能系统吸收过剩的不平衡功率,下达调度指令。

(6)如果不平衡功率为负,那么停止柴油发电机,下达调度指令;否则,进入步骤(7)。

(7)当不平衡功率低于柴油发电机最小运行功率时,柴油发电机以最小功率运行,储能系统吸收过剩功率,下达调度指令;否则,进入步骤(8)。如果储能系统不能够完全吸收过剩功率,可再生能源限功率运行,下达调度指令。

(8)当不平衡功率高于柴油发电机的最大运行功率时,柴油发电机以最大功率运行,储能系统弥补不足功率,下达调度指令;否则,进入步骤(9)。如果储能系统不能够完全弥补不足功率,柴油发电机需要短时超功率运行,下达调度指令。

(9)当不平衡功率满足柴油发电机的输出功率运行限制时,储能系统待机,柴油发电机满足不平衡功率,下达调度指令。

相对于功率平滑策略,负荷跟随策略中在可再生能源不足以满足负荷需求时,允许储能系统放电弥补不足功率。当储能系统放电功率不足或者 SOC 过低时,才启动柴油发电机。所以,负荷跟随策略对储能系统容量需求较大,但也降低了柴油发电机的运行时间。对于柴油发电机,可以将运行功率下限设置较高,这样可以利用柴油发电机为储能系统充电,适用于可再生能源容量较小的情况;也可以将运行功率下限设置较低,等到系统可再生能源输出功率过剩时,柴油发电机停止运行,由可再生能源为储能系统充电,适用于可再生能源容量较大的情况,否则很可能柴油发电机刚刚停止运行,又因储能系统 SOC 过低而需要启动柴油发电机。

3. 最大运行时间策略(MR)

当可再生能源和储能系统输出功率能够满足负荷需求时,柴油发电机停止运行,储能系统用于平抑负荷和可再生能源的功率波动。当过剩功率超出储能系统充电功率限制,或者储能系统 SOC 达到上限时,可再生能源限功率运行。

当可再生能源和储能系统输出功率不能满足负荷需求时,柴油发电机启动,并运行在一定的输出功率区间内,超出功率区间的功率由储能系统进行平抑。如果柴油发电机已经运行在功率区间下限,且储能系统达到充电功率限制或者 SOC 达到上限时,可再生能源限功率运行;如果柴油发电机已经运行在功率区间上限,且储能系统达到放电功率限制或者 SOC 达到下限，柴油发电机可以继续增加输出功率至最大技术出力。

最大运行时间策略(maximum run-time for RES，MR)流程如图 4.8 所示，其各量含义同图 4.6。

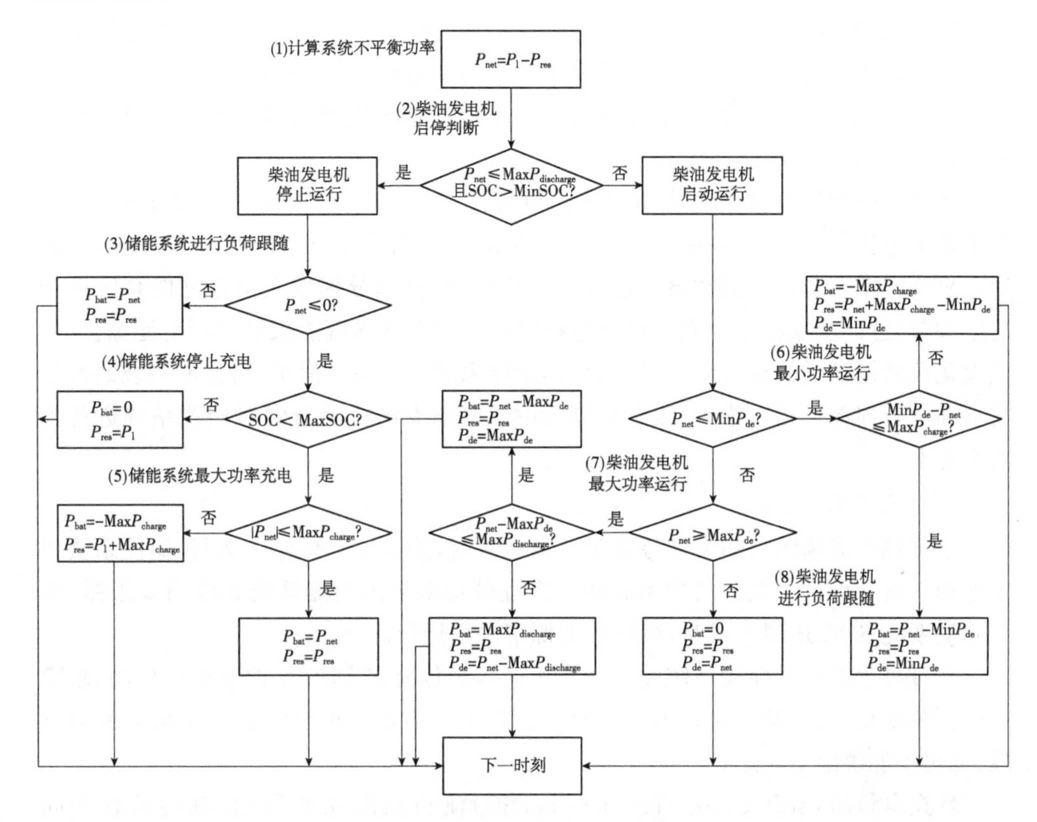

图 4.8　最大运行时间策略流程图

图中详细步骤如下。

(1)计算系统不平衡功率 P_{net}。

(2)当储能系统 SOC 能够满足不平衡功率，包括放电功率限制和 SOC 限制时，柴油发电机停止运行，进入步骤(3)；否则，柴油发电机启动运行，进入步骤(6)。

(3)如果不平衡功率为正，那么储能系统放电弥补不足功率，下达调度指令；否则，储能系统充电，进入步骤(4)。

(4)如果储能系统 SOC 超过 SOC 上限，储能系统停止充电且可再生能源限功率运行，下达调度指令；否则，进入步骤(5)。

(5)如果不平衡功率超出储能系统充电功率限制，储能系统以最大充电功率充电且可再生能源限功率运行，下达调度指令；否则，可再生能源以最大功率运行，储能系统吸收过剩的不平衡功率，下达调度指令。

(6)当不平衡功率低于柴油发电机的最小运行功率时,柴油发电机以最小功率运行,储能系统吸收过剩功率,下达调度指令;否则,进入步骤(7)。如果储能系统不能够完全吸收过剩功率,可再生能源限功率运行,下达调度指令。

(7)当不平衡功率高于柴油发电机的最大运行功率时,柴油发电机以最大功率运行,储能系统弥补不足功率,下达调度指令;否则,进入步骤(8)。如果储能系统不能够完全弥补不足功率,柴油发电机需要短时超功率运行,下达调度指令。

(8)当不平衡功率满足柴油发电机的输出功率运行限制时,储能系统待机,柴油发电机满足不平衡功率,下达调度指令。

在负荷跟随策略中存在功率调节的重叠区域,即 $P_{res}<P_l<P_{res}+\mathrm{Max}P_{discharge}$。当柴油发电机停运时,由储能系统放电弥补不足功率;当柴油发电机运行时,由柴油发电机弥补不足功率。而在最大运行时间策略中,这部分区域完全由储能系统进行功率调节,进一步缩短柴油发电机的运行时间。微电网尽可能依靠可再生能源供电,最大化风光储模式的运行时间,提高可再生能源的利用率。但是,对储能系统的容量需求和运行损耗也相应增大,因此可以考虑在柴油发电机运行时对储能系统进行恒功率充电。

4.软充电策略(SC)

当可再生能源输出功率能够满足负荷需求时,柴油发电机停止运行,储能系统用于平抑负荷和可再生能源的功率波动。当过剩功率超出储能系统充电功率限制,或者储能系统 SOC 达到上限时,可再生能源限功率运行。

当可再生能源和储能系统输出功率不能满足负荷需求时,柴油发电机启动,跟随系统负荷变化,同时储能系统恒功率充电。如果柴油发电机已经运行在功率区间下限,可再生能源限功率运行。

软充电策略(soft charge for battery,SC)流程如图 4.9 所示,其各量含义同图 4.6。

图中详细步骤如下。

(1)计算系统不平衡功率 P_{net},并检验柴油发电机的运行状态。如果柴油发电机处于停机状态,进入步骤(2);否则,进入步骤(6)。

(2)如果储能系统 SOC 低于 SOC 下限或者放电功率不能满足不平衡功率,那么启动柴油发电机,下达调度指令;否则,进入步骤(3)。

(3)如果不平衡功率为正,那么储能系统放电弥补不足功率,下达调度指令;否则,储能系统充电,进入步骤(4)。

(4)如果储能系统 SOC 超过 SOC 上限,储能停止充电且可再生能源限功率运行,下达调度指令;否则,进入步骤(5)。

(5)如果不平衡功率超出储能系统的充电功率限制,储能系统以最大充电功率充电且可再生能源限功率运行,下达调度指令;否则,可再生能源以最大功率运行,储能

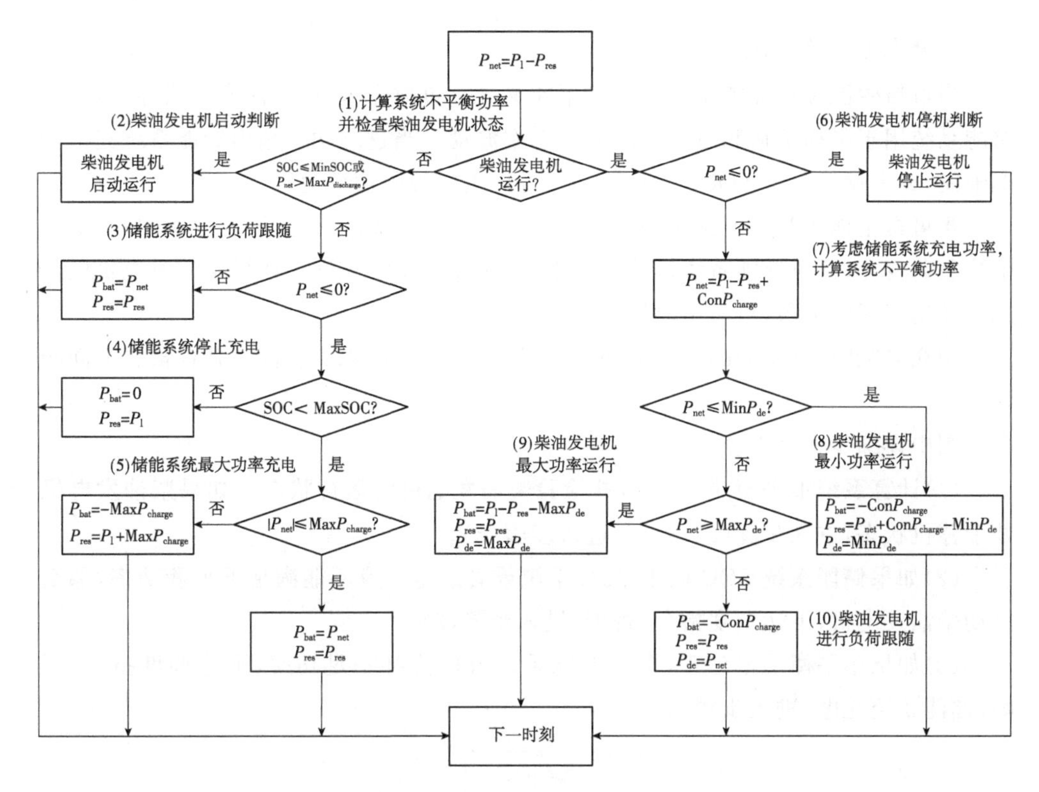

图 4.9　软充电策略流程图

系统吸收过剩的不平衡功率，下达调度指令。

(6)如果不平衡功率为负，则停止柴油发电机，下达调度指令；否则，进入步骤(7)。

(7)考虑储能系统充电功率，计算系统不平衡功率 P_{net}。

(8)当不平衡功率低于柴油发电机的最小运行功率时，柴油发电机以最小功率运行，储能系统恒功率充电，可再生能源限功率运行，下达调度指令；否则，进入步骤(9)。

(9)当不平衡功率高于柴油发电机的最大运行功率时，柴油发电机以最大功率运行，储能系统变功率充电(或者放电)，下达调度指令；否则，进入步骤(10)。

(10)当不平衡功率满足柴油发电机的输出功率运行限制时，储能系统恒功率充电，柴油发电机满足不平衡功率，下达调度指令。

在软充电策略中，优化了储能系统的充电过程，由利用过剩功率不连续的充电过程，转换为恒功率充电过程，有利于提高储能系统的使用寿命。但是，需要更大容量的柴油发电机，以保证同时满足储能系统充电和负荷需求。特殊情况下，如果柴油发电机容量不足，优先满足负荷需求，储能系统可以变功率充电，但仍然是连续充电过程。

5. 硬充电策略(HC)

当可再生能源和储能系统输出功率能够满足负荷需求时,柴油发电机停止运行,储能系统用于平抑负荷和可再生能源的功率波动。当过剩功率超出储能系统充电功率限制,或者储能系统 SOC 达到上限时,可再生能源限功率运行。

当可再生能源和储能系统输出功率不能满足负荷需求时,柴油发电机启动,跟随系统负荷变化,同时储能系统恒功率充电,直至储能系统充满。如果柴油发电机已经运行在功率区间下限,可再生能源限功率运行。

硬充电策略(hard charge for battery,HC)流程如图 4.10 所示,其各量含义同图 4.6。

图中详细步骤如下。

(1)计算系统不平衡功率 P_{net},并检验柴油发电机的运行状态。如果柴油发电机处于停机状态,进入步骤(2);否则,进入步骤(6)。

(2)如果储能系统 SOC 低于 SOC 下限或者放电功率不能满足不平衡功率,那么启动柴油发电机,下达调度指令;否则,进入步骤(3)。

(3)如果不平衡功率为正,那么储能系统放电弥补不足功率,下达调度指令;否则,储能系统充电,进入步骤(4)。

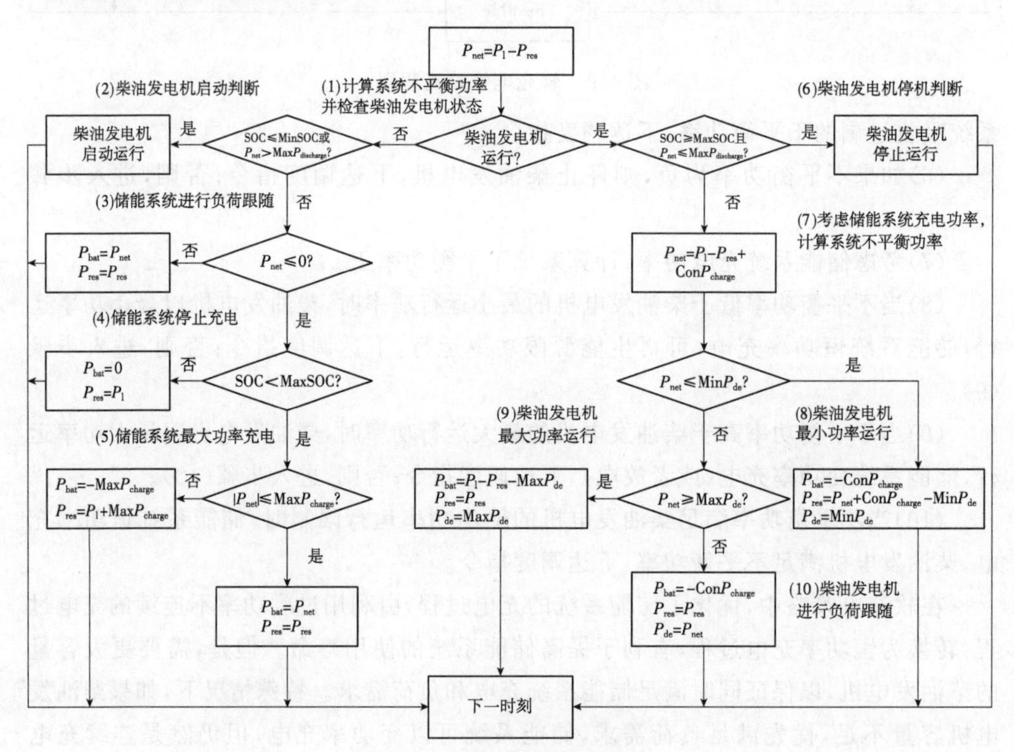

图 4.10 硬充电策略流程图

(4)如果储能系统SOC超过SOC上限，储能停止充电且可再生能源限功率运行，下达调度指令；否则，进入步骤(5)。

(5)如果不平衡功率超出储能系统充电功率限制，储能系统以最大充电功率充电且可再生能源限功率运行，下达调度指令；否则，可再生能源以最大功率运行，储能系统吸收过剩的不平衡功率，下达调度指令。

(6)如果储能系统SOC高于SOC上限或者放电功率能够满足不平衡功率，那么停止柴油发电机，下达调度指令；否则，进入步骤(7)。

(7)考虑储能系统充电功率，计算系统不平衡功率P_{net}。

(8)当不平衡功率低于柴油发电机的最小运行功率时，柴油发电机以最小功率运行，储能系统恒功率充电，可再生能源限功率运行，下达调度指令；否则，进入步骤(9)。

(9)当不平衡功率高于柴油发电机的最大运行功率时，柴油发电机以最大功率运行，储能系统变功率充电(或者放电)，下达调度指令；否则，进入步骤(10)。

(10)当不平衡功率满足柴油发电机的输出功率运行限制时，储能系统恒功率充电，柴油发电机满足不平衡功率，下达调度指令。

对于软充电策略，储能系统倾向于利用可再生能源过剩功率充电，当系统发电功率过剩时，柴油发电机停止运行，储能系统利用过剩功率充电。由于缺少柴油发电机提供持续的充电功率，可能导致在储能系统未充满的情况下转入放电状态，增加储能系统充放电的转换次数。

对于硬充电策略，储能系统充电过程更加严格，一旦柴油发电机启动运行，将持续对储能系统充电，直至充满。这样的好处是进一步减少储能系统充放电转换，提高储能系统的使用寿命。但是，利用柴油发电机为储能充电，使经济效益和环保效益降低。

6. 改进充电策略(MC)

当可再生能源和储能系统输出功率能够满足负荷需求时，柴油发电机停止运行，储能系统用于平抑负荷和可再生能源的功率波动。当过剩功率超出储能系统充电功率限制，或者储能系统SOC达到上限时，可再生能源限功率运行。

当可再生能源和储能系统输出功率不能满足负荷需求时，柴油发电机启动，跟随系统负荷变化，同时储能系统恒功率充电，直至储能系统充满或者可再生能源能够满足负荷需求。如果柴油发电机已经运行在功率区间下限，可再生能源限功率运行。

改进充电策略(moderate charge for battery，MC)流程如图4.11所示，其各量含义同图4.6。

图中详细步骤如下。

(1)计算系统不平衡功率P_{net}，并检验柴油发电机运行状态。如果柴油发电机处于停机状态，进入步骤(2)；否则，进入步骤(6)。

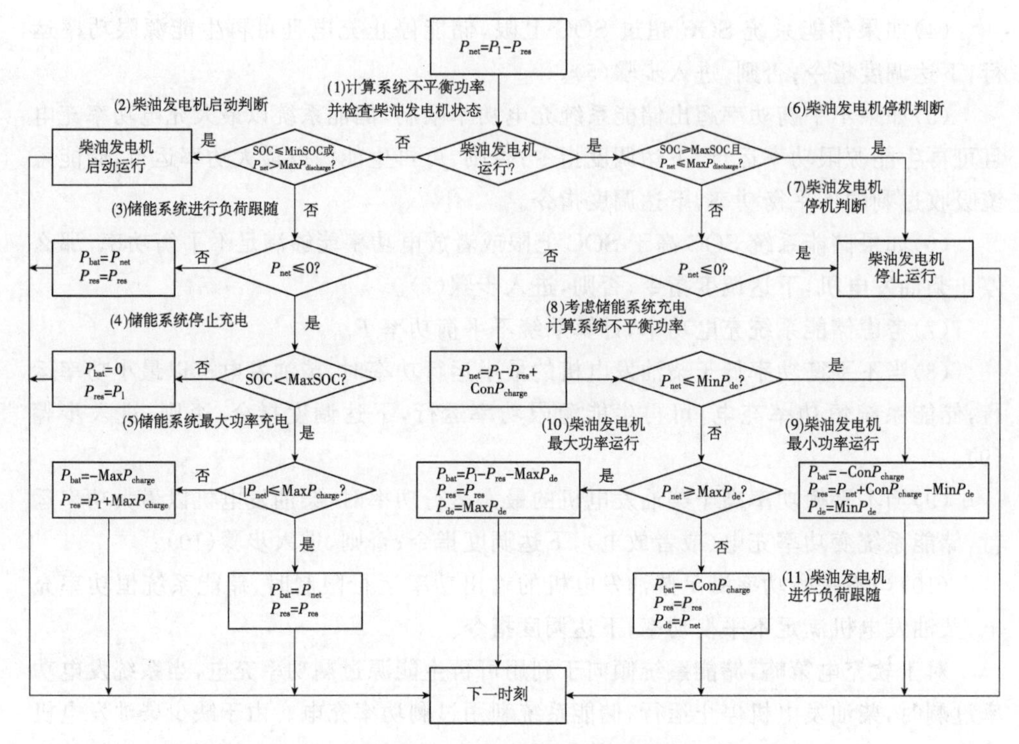

图 4.11　改进充电策略流程图

(2)如果储能系统 SOC 低于 SOC 下限或者放电功率不能满足不平衡功率，那么启动柴油发电机，下达调度指令；否则，进入步骤(3)。

(3)如果不平衡功率为正，那么储能系统放电弥补不足功率，下达调度指令；否则，储能系统充电，进入步骤(4)。

(4)如果储能系统 SOC 超过 SOC 上限，储能停止充电且可再生能源限功率运行，下达调度指令；否则，进入步骤(5)。

(5)如果不平衡功率超出储能系统充电功率限制，储能系统以最大充电功率充电且可再生能源限功率运行，下达调度指令；否则，可再生能源以最大功率运行，储能系统吸收过剩的不平衡功率，下达调度指令。

(6)如果储能系统 SOC 高于 SOC 上限或者放电功率能够满足不平衡功率，那么停止柴油发电机，下达调度指令；否则，进入步骤(7)。

(7)如果不平衡功率为负，那么停止柴油发电机，下达调度指令；否则，进入步骤(8)。

(8)考虑储能系统充电功率，计算系统不平衡功率 P_{net}。

(9)当不平衡功率低于柴油发电机的最小运行功率时，柴油发电机以最小功率运行，储能系统恒功率充电，可再生能源限功率运行，下达调度指令；否则，进入步骤(10)。

(10)当不平衡功率高于柴油发电机的最大运行功率时,柴油发电机以最大功率运行,储能系统逆变功率充电(或者放电),下达调度指令;否则,进入步骤(11)。

(11)当不平衡功率满足柴油发电机的输出功率运行限制时,储能系统恒功率充电,柴油发电机满足不平衡功率,下达调度指令。

改进充电策略结合了软充电策略和硬充电策略,在储能系统充满或者可再生能源能够满足负荷需求(即可再生能源具备充电能力)时,柴油发电机退出运行。改进充电策略的优势在于,在可再生能源发电功率过剩的情况下,可以有效利用过剩功率为储能系统充电,避免硬充电策略中柴油发电机长时间运行,导致可再生能源限功率的情况。

上述 6 种策略下的储能系统充放电和柴油发电机启停条件如表 4.1 所示。储能系统充放电和柴油发电机启停条件实际上将风光储柴微电网划分为两种运行模式:风光储模式和风光储柴模式。风光储模式下,储能系统作为系统主电源,跟随负荷变化,可以通过调节风力发电和光伏发电功率优化储能系统的输出功率。风光储柴模式下,柴油发电机作为系统主电源,储能系统通常处于充电模式,以便尽快恢复功率调节能力。为了提高微电网的经济效益和环保效益,应该尽量使微电网运行在风光储模式;而复杂的离网型风光储柴微电网运行策略可以由运行模式判断、基本运行策略选择,以及结合实际运行需求的修正组成。

表 4.1　微电网运行策略说明

策略	柴油机开启	柴油机停止	柴油机运行功率	蓄电池充电	蓄电池放电
PS	$P_{net}>0$	$P_{net}<0$	P_{net}	$P_{net}<\mathrm{Min}P_{de}$ 或 $P_{net}<0$	$P_{net}>\mathrm{Max}P_{de}$
LF	$P_{net}-\mathrm{Max}P_{discharge}>0$ 或 SOC<MinSOC	$P_{net}<0$	P_{net}	$P_{net}<\mathrm{Min}P_{de}$ 或 $P_{net}<0$	$P_{net}>0$ 或 $P_{net}>\mathrm{Max}P_{de}$
MR	$P_{net}-\mathrm{Max}P_{discharge}>0$ 或 SOC<MinSOC	$P_{net}-\mathrm{Max}P_{discharge}<0$	P_{net}	$P_{net}<\mathrm{Min}P_{de}$ 或 $P_{net}<0$	柴油机关闭且 $P_{net}>0$
SC	$P_{net}-\mathrm{Max}P_{discharge}>0$ 或 SOC<MinSOC	$P_{net}<0$	$P_{net}+\mathrm{Con}P_{charge}$	柴油机开启或 $P_{net}<0$	柴油机关闭且 $P_{net}>0$
HC	$P_{net}-\mathrm{Max}P_{discharge}>0$ 或 SOC<MinSOC	$P_{net}-\mathrm{Max}P_{discharge}<0$ 且 SOC>MaxSOC	$P_{net}+\mathrm{Con}P_{charge}$	柴油机开启或 $P_{net}<0$	柴油机关闭且 $P_{net}>0$
MC	$P_{net}-\mathrm{Max}P_{discharge}>0$ 或 SOC<MinSOC	$P_{net}<0$ 或 $P_{net}-\mathrm{Max}P_{discharge}<0$ 且 SOC>MaxSOC	$P_{net}+\mathrm{Con}P_{charge}$	柴油机开启或 $P_{net}<0$	柴油机关闭且 $P_{net}>0$

4.3.2 启发式规则

4.3.1节简单阐述了基于专家策略的离网型微电网运行策略,可以看出,无论对于哪一种专家策略,都是基于储能系统充放电功率上下限、SOC上下限参数、柴油发电机出力上下限参数等系统运行参数,并通过各个运行时刻可再生能源出力与该时刻负荷需求的对比判定,设定储能系统充放电、柴油发电机启停条件,从而协调各个时段微电网系统内各电源的出力来满足各时段负荷的需求,确保微电网内各电源出力与负荷需求的实时功率,达到经济调度等目的。

可以看出,专家策略的核心主要包括两个部分:第一部分是储能系统充放电功率上下限、SOC上下限参数、柴油发电机出力上下限参数等系统运行参数的设定;第二部分是基于各个时刻可再生能源出力与该时刻负荷需求对比的储能系统充放电、柴油发电机启停条件的设定。然而,在专家策略中,无论第一部分储能系统、柴油发电机等电源工作参数的设定值,还是第二部分各电源启停条件的设定,大多根据实际运行经验,由专家决策得出,没有经过严格的计算。针对上述不足,一些研究者对专家策略进行了改进,将启发式规则引入离网型微电网运行策略的制定中,形成基于启发式规则的专家策略。

对于基于启发式规则的专家策略,储能系统充放电功率上下限、SOC上下限参数、柴油发电机出力上下限参数等系统运行参数的设定仍基于运行经验或专家决策得出,不同之处在于储能系统充放电、柴油发电机启停条件的设定。

基于启发式规则的专家策略的基本控制原则如下。

(1)在本时刻对下一时刻风光等可再生能源的出力和用户的负荷需求做出预测,并进行对比得出下一时刻净负荷的大小。

(2)若净负荷大于零,则下一时刻主要由可再生能源出力满足负荷需要,并使用过剩的可再生能源功率给储能系统充电,柴油发电机不工作。当过剩功率超出储能系统充电功率限制,或储能系统SOC达到上限时,可再生能源限功率运行。

(3)当净负荷为负,即可再生能源出力不足时,首先由该时刻储能系统SOC等参数计算下一时刻储能系统的最大放电功率,然后在满足储能系统放电功率和柴油发电机输出功率区间约束的前提下,分别计算下一时刻储能系统和柴油发电机的出力成本,得出下一时刻满足净负荷的最优电源组合和出力组合。

图4.12所示是某离网型微电网系统中,某一时刻计算得出的下一时刻柴油发电机和储能系统的出力成本曲线。从图中可以看出,储能系统单位出力的成本费用比柴油发电机高,但是柴油机的固定成本比储能系统固定成本高,所以在小功率放电情况下,储能系统可能更加经济。两条费用曲线的交叉点约为20kW,因此,系统对下一时刻风、光等可再生能源的出力和用户的负荷需求做出预测,并计算得出下一时刻净负荷后,按下述规则确定柴油发电机和储能系统的启停、工况。

(1)如果下一时刻的净负荷小于 20kW,则系统下一时刻将选择使用储能系统放电来满足净负荷的需要,柴油发电机不工作。

(2)如果下一时刻的净负荷为 20～40kW,此时尽管储能系统出力能够满足净负荷的需要,但系统将选择开启柴油发电机工作给净负荷供电,储能系统不工作。

(3)如果下一时刻的净负荷为 40～80kW,系统仍选择开启柴油发电机工作给净负荷供电,储能系统不工作。

(4)若下一时刻的净负荷为 80～120kW,则系统选择柴油发电机以最大功率出力,其余部分净负荷将开启储能系统放电来满足。

(5)若下一时刻的净负荷超过 120kW,则柴油发电机和储能系统均以最大功率出力,但此时仍无法满足净负荷的需要,系统将出现功率缺额,只能切除部分非重要负荷维持系统内功率平衡。

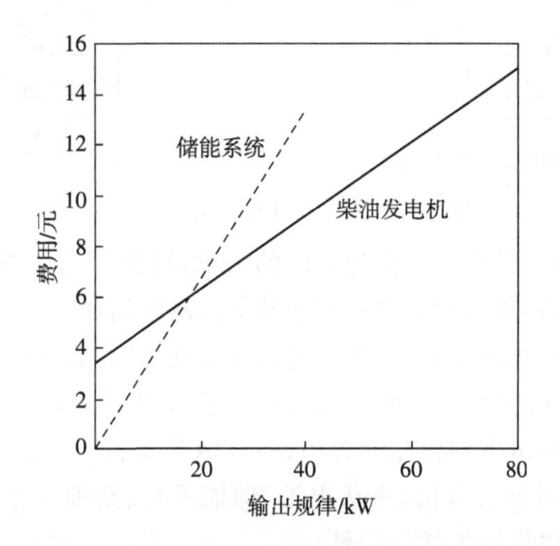

图 4.12　柴油发电机和储能系统的出力成本曲线

可以看出,基于启发式规则的专家策略实质上采用了贪婪算法的思想,即在当前时刻总是做出在当前看来是最好的选择,虽然做出的选择可能并不是整体或者全局选择,但对于计算资源有限的微电网运行优化系统,它用较为简单的计算模型和较少的计算量,得出相对传统专家策略更优的决策。

4.3.3　运行优化

无论传统专家策略还是基于启发式规则的专家策略,都没有很好地将系统配置优化与运行优化有机结合在一起。上述两种运行策略均是基于已知的系统配置,再根据实际运行经验或由专家决策得出该配置下各种电源的相关运行参数。

事实上,有别于常规配电网的优化设计,微电网的优化配置问题与其运行优化策略具有高度的耦合性,如图 4.13 所示。为获知系统配置方案的性能,从而通过配置优化算法对系统配置方案进行修正,需要基于系统时序仿真结果进行性能评价。对于专家策略和启发式规则,在给定的配置方案下进行全周期的时序仿真,如图4.13(a)所示;也可以根据给定的配置方案,进行系统运行优化,即微电网规划和运行联合优化,如图4.13(b)所示。需要指出的是,微电网规划优化和运行优化可以是两个独立的子问题,相互间循环调用;也可以是统一的优化问题,同时优化系统配置方案及其对应的系统运行计划。

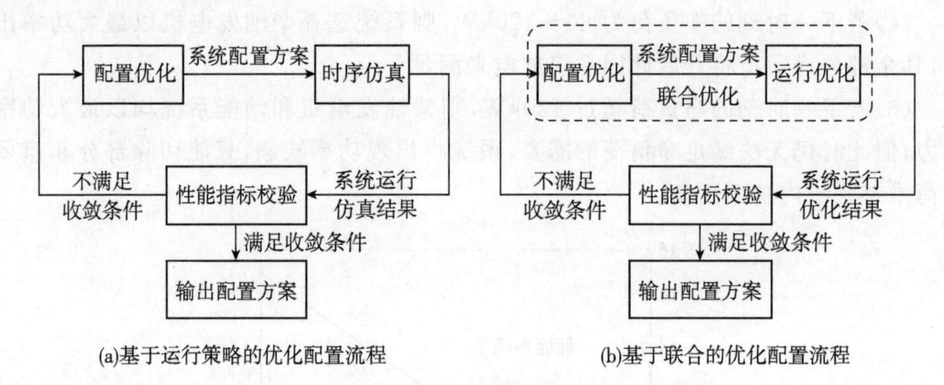

图 4.13 优化配置与优化策略关系

优化配置时应充分考虑运行优化方法的影响,因此下面简单介绍一种规划与运行联合优化策略。这种策略的基本思想和基本控制原则如下。

(1)从系统内各电源技术特性、安全运行等角度出发,对各电源运行设定约束,如储能系统 SOC 上下限约束、最大充放电功率约束、柴油发电机最小出力约束等。

(2)在传统离网型微电网优化配置中,各电源类型、容量大小等优化变量的基础上,将仿真中每个时刻包括风机、光伏电池、储能系统、柴油发电机等电源在内的启停、出力大小等参数也设定为优化变量。

(3)以上述优化变量作为自变量,列出既定的优化目标函数。

(4)预测各个仿真时刻风光等可再生能源的出力和负荷需求情况,并根据上述预测数据在满足各电源技术约束和安全运行约束的前提下,进行优化计算,得出最优解。

可以看出,将系统配置优化与运行优化结合在一起,得出的优化配置结果中不但包括系统内各电源的最优组合配置,而且包含各个时刻系统内各电源(包括风机、光伏电池、储能系统、柴油发电机等在内)的启停、出力大小等参数最优出力组合情况,实现了整体最优化。

但需要指出的是,由于微电网内存在多种电源,各种电源配置产生的固定费用和运行过程中产生的可变费用计算方法差异较大。例如,储能系统和柴油发电机工作过程中产生的费用计算公式较为复杂,造成优化配置和运行联合优化的目标函数很可能是一个非线性函数;同时考虑到微电网的优化配置往往需要进行长时间(如

1年)的时序仿真，采用上述联合优化策略时，优化变量不但类型复杂，可能包含整型变量(如系统配置过程中各电源容量变量)、实型变量(如各种电源各个时刻的出力大小变量等)和0-1变量(如控制各电源启停的控制变量)等，且变量数量巨大(甚至多达数十万个)，约束的个数亦是如此。这样，整个优化问题将是一个变量和约束数量巨大的混合整数非线性规划问题，这对优化算法和计算工具的要求很高，需要的仿真计算时间往往较长，且这类型问题很可能无法求出最优解，最后只能得到一个相对可行解。

因此，虽然联合优化实现了系统配置和运行全局优化，但目前实际的离网型微电网优化配置中使用较多的运行策略仍是专家策略及基于自启发规则的专家策略，上述联合优化策略的应用还较少，相关模型和算法仍需继续优化改进才能在实际工程中加以应用。

综上所述，微电网优化配置研究中，针对专家策略的研究比较完整和丰富，在微电网示范工程中应用也较多。因为现在还处于微电网验证和示范阶段，出于不同的实验目的，以及受技术和实施条件的限制，每个微电网都具有明确的运行基本原则，形成各具特色的专家运行策略及丰富的专家策略库。但是这种方法也导致配置方案的优劣很大程度上取决于专家策略，因此制定详细的专家运行策略是其关键。

启发式规则主要关注于功率和能量平衡，在时序仿真中无须考虑具体的运行经验或专家决策，避免了专家策略的“专一性”，时序仿真结果和配置方案的性能评价更加客观。因此，启发式规则逐步在微电网优化配置中得到应用。

联合优化方法虽然能够提供最佳的配置方案及其对应的最优运行计划，但是受限于现有数学模型和算法工具，在模型误差、解的最优性、计算误差、计算时间等方面还达不到工程应用要求，因此，联合优化方法有待完善。

4.4　离网型微电网优化配置综合模型

前面分析了离网型微电网的评价指标和运行策略，对优化配置前的必要条件进行了介绍，以下重点讨论离网型微电网的优化配置模型。微电网优化配置是典型的优化问题，包括优化变量、目标函数和约束条件三大要素[12-14]。可用下式表示：

$$\begin{aligned}\min\quad & f(x)\\ \text{s.t.}\quad & h_i(x)=0,\quad i=1,\cdots,m\\ & g_j(x)\leqslant 0,\quad j=1,\cdots,l\\ & x\in D\end{aligned}\tag{4.20}$$

式中，x为决策变量；$f(x)$为目标函数；$h(x)$为等式约束；$g(x)$为不等式约束；D为优化变量范围。

4.4.1 优化变量

在微电网优化配置中，优化变量主要包括分布式电源、储能装置等设备的类型与数量，鉴于微电网规划设计方案与运行优化策略的强耦合性，运行策略及其相关的一些参数也可作为待决策的变量，优化变量示意如图 4.14 所示。在涉及选址的问题中，可将分布式电源、储能装置等设备的位置作为优化变量。具体建模时，可将所有优化变量统一到同一目标函数下；另一种是将各层次的变量区别对待，采用两阶段的建模方式，即第一阶段主要确定设备的类型、位置和容量，第二阶段主要确定系统的运行策略及其相关的参数。

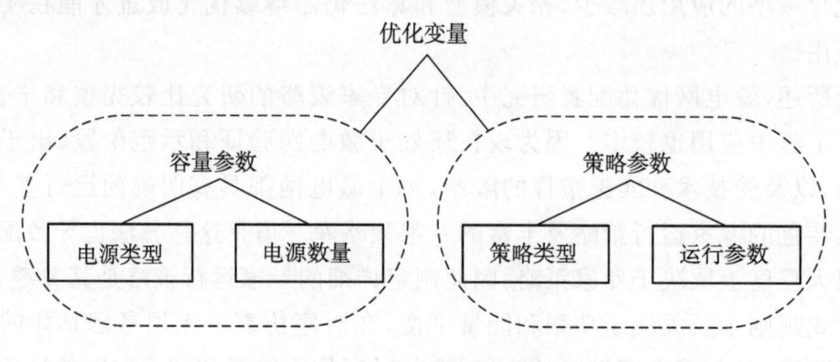

图 4.14　优化变量示意图

4.4.2 优化目标

优化目标大致可以分为经济性目标、技术性目标和环保性目标三类，与评价指标相对应。可通过设定不同的目标，寻求相应指标的最优化。在优化配置时，可根据微电网不同的优化需求，选取一个或多个优化目标。为了便于经济性目标、技术性目标和环保性目标衡量的统一化，可将技术性目标和环保性目标转换为经济性目标以便总体评价微电网的经济性。

由于经济性单目标包含信息的有限性，多目标优化已经成为当今的研究趋势。通过多目标优化可以得到不同目标之间的定性定量关系，可为优化决策提供重要的参考依据，优化目标示意如图 4.15 所示。

4.4.3 约束条件

离网型微电网在优化配置时需要满足一定的约束条件才能使配置的结构满足实际系统的技术可行和经济可行。因此，在优化配置时，约束条件的选取将会对配置结果有较大的影响。2.2.4 节已对微电网约束条件进行了简要介绍，在此以风光储柴离网型微电网为例，对约束条件进行详细说明。

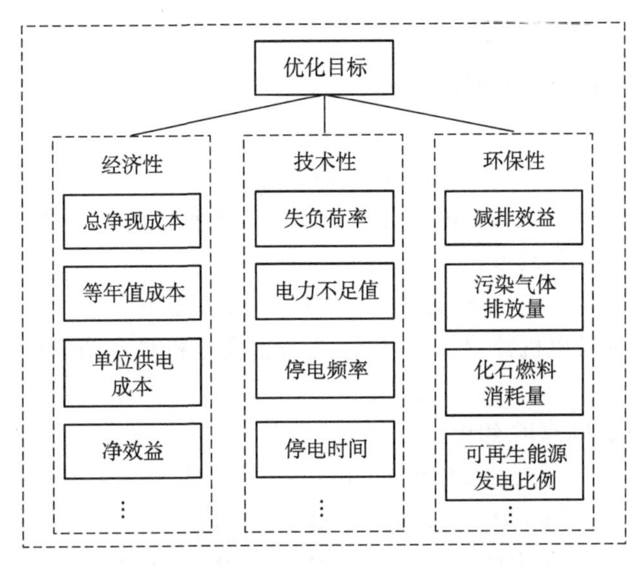

图 4.15 优化目标示意图

1. 系统级运行约束条件

1)能量平衡约束

$$P_l + P_{exceed} = P_{de} + P_{pv} + P_{wt} + P_{bat} + P_{unmet} \tag{4.21}$$

式中,P_l为负荷功率;P_{exceed}为多余的功率;P_{unmet}为未满足的负荷功率;P_{de}、P_{pv}、P_{wt}、P_{bat}分别为柴油发电机、光伏、风机和蓄电池功率,其中P_{bat}为正表示放电,为负表示充电。

2)潮流约束

(1)功率平衡等式约束。

$$\begin{cases} \Delta P_i = \sum\limits_{k\in i} P_{Gk} - P_{Dk} - U_i \sum\limits_{j=1}^{n} U_j (G_{ij}\cos\theta_{ij} + B_{ij}\sin\theta_{ij}) = 0 \\ \Delta Q_i = \sum\limits_{k\in i} Q_{Gk} - Q_{Dk} - U_i \sum\limits_{j=1}^{n} U_j (G_{ij}\sin\theta_{ij} - B_{ij}\cos\theta_{ij}) = 0 \end{cases} \quad i = 1,2,\cdots,n \tag{4.22}$$

式中,$k\in i$ 表示第k台发电机连接在节点i上。

(2)节点电压和线路热稳定约束。

$$\underline{U}_i \leqslant U_i \leqslant \overline{U}_i \tag{4.23}$$

$$\underline{P}_{ij} \leqslant P_{ij} \leqslant \overline{P}_{ij} \tag{4.24}$$

式中,$P_{ij} = -U_i^2 G_{ij} + U_i U_j (G_{ij}\cos\theta_{ij} + B_{ij}\sin\theta_{ij})$。

除了以上约束,还有可调变压器分接头、移相器抽头位置、电容器投切容量等约束。

2.设备级运行约束条件

1)风机、光伏输出功率约束

$$\begin{cases}0 \leqslant P_{\mathrm{wt}} \leqslant P_{\mathrm{wt\text{-}max}} \\ 0 \leqslant P_{\mathrm{pv}} \leqslant P_{\mathrm{pv\text{-}max}}\end{cases} \tag{4.25}$$

式中,$P_{\mathrm{wt\text{-}max}}$为当前风机最大可输出功率;$P_{\mathrm{pv\text{-}max}}$为当前光伏最大可输出功率。

2)柴油发电机功率约束

$$k_{\mathrm{de\text{-}min}} P_{\mathrm{de\text{-}rate}} \leqslant P_{\mathrm{de}} \leqslant P_{\mathrm{de\text{-}rate}} \tag{4.26}$$

式中,$P_{\mathrm{de\text{-}rate}}$为柴油发电机额定功率;$k_{\mathrm{de\text{-}min}}$为柴油发电机最小功率比例系数,通常可设为0.3[15]。

3)蓄电池功率和SOC约束

$$\begin{cases}S_{\min} \leqslant \mathrm{SOC} \leqslant S_{\max} \\ -P_{\mathrm{max\text{-}charge}} \leqslant P_{\mathrm{bat}} \leqslant P_{\mathrm{max\text{-}discharge}} \\ \mathrm{SOC}\ (t+\Delta t) = \mathrm{SOC}t - \eta P_{\mathrm{bat},t} \Delta t / R_{\mathrm{bat}}\end{cases} \tag{4.27}$$

式中,$S_{\max}$和$S_{\min}$分别为蓄电池SOC的上下限值;$P_{\mathrm{max\text{-}charge}}$和$P_{\mathrm{max\text{-}discharge}}$分别为设定的蓄电池最大充放电功率;$\eta$为蓄电池转换效率,充电时取充电效率$\eta_{\mathrm{c}}$,放电时取放电效率$\eta_{\mathrm{d}}$的倒数$1/\eta_{\mathrm{d}}$;$R_{\mathrm{bat}}$为蓄电池总容量;$\Delta t$为时间步长。

3.系统规划约束条件

1)分布式电源装机容量约束

$$\begin{cases}N_{\mathrm{min\text{-}wt}} \leqslant N_{\mathrm{wt}} \leqslant N_{\mathrm{max\text{-}wt}} \\ N_{\mathrm{min\text{-}pv}} \leqslant N_{\mathrm{pv}} \leqslant N_{\mathrm{max\text{-}pv}} \\ N_{\mathrm{min\text{-}de}} \leqslant N_{\mathrm{de}} \leqslant N_{\mathrm{max\text{-}de}} \\ N_{\mathrm{min\text{-}bat}} \leqslant N_{\mathrm{bat}} \leqslant N_{\mathrm{max\text{-}bat}}\end{cases} \tag{4.28}$$

式中,N_{wt}、N_{pv}、N_{de}、N_{bat}分别为风机、光伏、柴油发电机和蓄电池容量,为待求容量优化变量;$N_{\mathrm{max\text{-}wt}}$和$N_{\mathrm{min\text{-}wt}}$分别为风机容量上下限值;$N_{\mathrm{max\text{-}pv}}$和$N_{\mathrm{min\text{-}pv}}$分别为光伏容量上下限值;$N_{\mathrm{max\text{-}de}}$和$N_{\mathrm{min\text{-}de}}$分别为柴油发电机容量上下限值;$N_{\mathrm{max\text{-}bat}}$和$N_{\mathrm{min\text{-}bat}}$分别为蓄电池容量上下限值。

2)未满足负荷率约束

$$f_{\mathrm{unmet}} = \frac{\sum P_{\mathrm{unmet}} \Delta t}{\sum P_{\mathrm{l}} \Delta t} \leqslant f_{\mathrm{l}} \tag{4.29}$$

式中,f_{unmet}为未满足负荷比例,可用于表征离网型微电网的供电可靠性。离网型微电网未与大电网相连,其负荷需求全部由系统自身独立供应。在进行优化配置时,未满足负荷比例通常需小于一定的限值f_{l}。

3)备用容量短缺约束

考虑到风/光资源和负荷的随机性和波动性,微电网运行时需保证一定的运行备

用,以确保供电稳定。可设置备用容量短缺率将容量短缺限制在一定的范围内:

$$f_{cs}=\frac{\sum \Delta L_{cs}}{\sum P_{l}}\leqslant f_{set} \tag{4.30}$$

式中,f_{cs}为容量短缺率;f_{set}为设定的容量短缺率限值;ΔL_{cs}为各时间步长内短缺容量。

除上述约束条件外,还可以根据优化配置需求设定其他约束条件,从而使获得的配置方案满足设计需求。

此外,针对离网型微电网,在工程约束条件方面,还需要考虑以下几点。

(1)建设成本约束是离网型微电网的主要工程约束之一。由于目前微电网建设成本相对较高,项目业主通常会有初步的建设成本预算。在优化配置阶段,应充分结合成本预算的约束条件开展分析。

(2)由于离网型微电网通常在偏远山区或海岛,很多地方都属于国家级自然保护区或生态脆弱区,对环境保护有严格的要求。在配置分析前应充分考虑项目所在地是否适合配置风电、光伏、柴油发电机及储能的类型选择等。由于这些因素对配置结果有较大的影响,应将在配置分析时引入相关约束条件。

(3)离网型微电网通常建设在偏远山区或海岛,必须充分考虑对设备运输及吊装的约束。特别是在海岛建设微电网,可能会因为码头承载吨位、岛上道路运输能力及吊装能力的限制,不适合大型风电机组的施工,从而影响单台风机容量的选择,只能考虑中小型风机;甚至无法安装风机,只能考虑光伏。这些因素均应在配置的约束条件中有所体现。

(4)离网型微电网建设区域若在高海拔地区、热带地区或者海岛地区,当地的气象条件也对配置影响较大,应考虑相关约束条件。例如,在高海拔地区,对设备的绝缘有一定的影响,设备配置应留有一定的容量裕量;热带地区或高寒地区,对储能类型的选择有一定的影响,长期运行在高温或低温状态下,对储能寿命有较大的影响,需要选择合适的储能类型;海岛地区盐雾较重且温湿度较大,对储能、风电或光伏设备的选型也有一定的影响。

以上工程约束条件需要转换成相应的数学表达式在配置模型中求解,由于部分工程约束转换成数学约束条件表达有一定的难度,可在配置分析中结合实际经验进行分析,通过设定相应的约束条件,以使得到的微电网优化配置方案符合设计需求。

4.5　离网型微电网优化配置求解方法

4.5.1　遍历法/枚举法

遍历法/枚举法就是对优化配置方案的所有可能情况,一个不漏地进行检验,从中找出优化目标最优的方案,因此遍历法/枚举法是通过牺牲时间来换取方案的全面性。

用遍历法/枚举法解题的最大缺点是运算量比较大,解题效率不高。如果枚举范围太大,在时间上就难以承受。但枚举算法的思路简单,程序编写和调试方便。因此,如果问题的规模不是很大,枚举范围和步长选择合理,在规定的时间与空间限制内能够求出设定范围内的最优解,那么采用遍历法/枚举法是一种有效可行的方法。

4.5.2 智能算法

20 世纪 80 年代以来,一些新颖的优化算法,如人工神经网络、混沌、遗传算法、进化规划、模拟退火、禁忌搜索及其混合优化策略等,通过模拟或揭示某些自然现象或过程而得到发展,其思想和内容涉及数学、物理学、生物进化、人工智能、神经科学和统计力学等方面,为解决复杂问题提供了新的思路和手段。这些算法独特的优点和机制,引起了国内外学者的广泛关注并掀起了该领域的研究热潮,且在诸多领域得到了成功应用。在优化领域,由于这些算法构造的直观性与自然机理,因而通常被称作智能优化算法(intelligent optimization algorithms),或称现代启发式算法(modern heuristic algorithms)[16-23]。

智能优化算法一般都是建立在生物智能或物理现象基础上的随机搜索算法。目前在理论上还远不如传统优化算法完善,往往也不能确保解的最优性。但从实际应用的观点看,这类新算法一般不要求目标函数和约束的连续性与凸性,甚至有时连有没有解析表达式都不要求,对计算中数据的不确定性也有很强的适应能力。

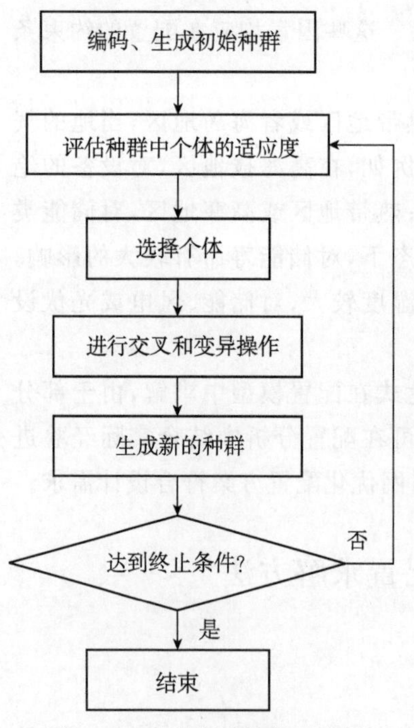

图 4.16　遗传算法流程示意图

1. 遗传算法

遗传算法(genetic algorithms,GA)是一种模拟自然选择和遗传机制的寻优方法,它是建立在达尔文的生物进化论和孟德尔的遗传学说基础上的算法。基因杂交和基因突变可能产生对环境适应性强的后代,通过优胜劣汰的自然选择,适应性强的基因结构就保存下来。遗传算法就是模拟了生物的遗传、进化原理。

遗传算法主要包括以下几个步骤,其流程如图 4.16 所示。

(1)编码。确定采用何种编码方式,如二进制编码和实数编码等,从而将问题参数编码形成基因码链,每一个码链代表一个个体,表示优化问题的一个解。

(2)初始化。随机产生一个规模为 N 的初始种群,其中每个个体为一定长度的码链,该群体代表优化问题的一些可能解的集合。

(3)适应度评估。计算种群中每个个体的适应度,适应度为群体进化时选择提供了依据,适应度通常根据目标函数确定,一般适应度越高则解越优良。

(4)遗传操作。根据每个个体的适应度,选择个体进行交叉变异操作,从而生成新的种群。若达到终止条件(通常为足够好的适应值或达到一个预设的最大迭代次数),则算法停止,否则转到步骤(3),对产生的新一代种群重新进行评价、选择、交叉和变异操作,如此循环往复,直至达到终止条件。

2. *粒子群算法*

粒子群算法,也称粒子群优化(particle swarm optimization,PSO)算法。PSO 算法属于进化算法的一种,源于对鸟群觅食过程中的迁徙和聚集的模拟。它也是从随机解出发,通过迭代寻找最优解,它也是通过适应度来评价解的品质,但它比遗传算法规则更简单,它没有遗传算法的“交叉”(crossover)和“变异”(mutation)操作,它通过追随当前搜索到的最优值来寻找全局最优。这种算法以其实现容易、精度高、收敛快等优点引起了学术界的重视,并且在解决实际问题中展示了其优越性。

PSO 算法是基于群体的,根据对环境的适应度将群体中的个体移动到好的区域。然而它不对个体使用演化算子,而是将每个个体看做 D 维搜索空间中的一个没有体积的微粒(点),在搜索空间中以一定的速度飞行,这个速度根据它本身的飞行经验和同伴的飞行经验来动态调整。第 i 个微粒表示为 $X_i=(x_{i1},x_{i2},\cdots,x_{iD})$,它经历过的最好位置(有最好的适应值)记为 $P_i=(p_{i1},p_{i2},\cdots,p_{iD})$,也称为 pbest。在群体所有微粒经历过的最好位置的索引号用符号 g 表示,即 P_g,也称为 gbest。微粒 i 的速度用 $V_i=(v_{i1},v_{i2},\cdots,v_{iD})$表示。对于每一代,它的第 d 维($1\leqslant d\leqslant D$)根据如下方程进行变化:

$$v_{id}=wv_{id}+c_1r_1(p_{id}-x_{id})+c_2r_2(p_{gd}-x_{id}) \tag{4.31}$$

$$x_{id}=x_{id}+v_{id} \tag{4.32}$$

式中,w 为惯性权重(inertia weight);c_1 和 c_2 为加速常数(acceleration constants);r_1 和 r_2 为两个在[0,1]里变化的随机值。

此外,微粒的速度 V_i 被一个最大速度 $V_{\max}$ 限制。如果当前对微粒的加速导致它在某维度的速度 v_{id} 超过该维的最大速度 $v_{\max,d}$,则该维的速度被限制为该维的最大速度 $v_{\max,d}$。

对式(4.31),第一部分为微粒先前行为的惯性,第二部分为认知(cognition)部分,表示微粒本身的思考;第三部分为社会(social)部分,表示微粒间的信息共享与相互合作。

认知部分可以由 Thorndike 的效应法则(law of effect)解释,即一个得到加强的随机行为在将来更有可能出现。这里的行为即认知,并假设获得正确的知识是得到加强的,这样的一个模型假定微粒被激励着去减小误差。

社会部分可以由 Bandura 的替代强化(vicarious reinforcement)解释。根据该理论的预期,当观察者观察到一个模型在加强某一行为时,将增加它实行该行为的概率,即微粒本身的认知将被其他微粒模仿。

PSO 算法使用如下心理学假设:在寻求一致的认知过程中,个体往往记住自身的信念,并同时考虑同事的信念。当其察觉同事的信念较好时,将进行适应性地调整。

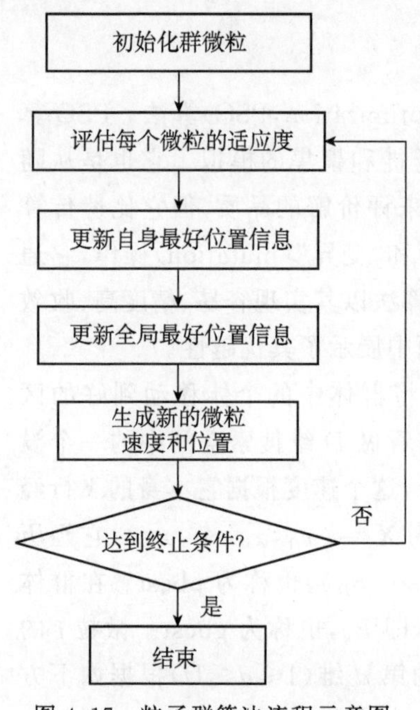

图 4.17 粒子群算法流程示意图

标准 PSO 的算法包括以下几个步骤,其流程如图 4.17 所示。

(1)初始化一群微粒(群体规模为 m),包括随机的位置和速度。

(2)评价每个微粒的适应度。

(3)对于每个微粒,将它的适应值和它经历过的最好位置 p_{best} 进行比较,如果较好,则将其作为当前的最好位置 p_{best};

(4)对于每个微粒,将它的适应值和全局所经历最好位置 g_{best} 进行比较,如果较好,则重新设置 g_{best} 的索引号。

(5)根据式(4.31)和式(4.32)变化微粒的速度和位置。

(6)若未达到结束条件(通常为足够好的适应值或达到一个预设最大代数 G_{max}),则回到步骤(2)。

3.模拟退火算法

模拟退火算法依据的是固体物质退火过程和组合优化问题之间的相似性。物质在加热时,粒子间的布朗运动增强,到达一定强度后,固体物质转化为液态,这时再进行退火,粒子热运动减弱,并逐渐趋于有序,最后达到稳定。

模拟退火的解不再像局部搜索那样最后的结果依赖初始点。它引入了一个接受概率 p。如果新的点(设为 p_n)的目标函数 $f(p_n)$ 更好,则 $p=1$,表示选取新点;否则,接受概率 p 是当前点(设为 p_c)的目标函数 $f(p_c)$、新点的目标函数 $f(p_n)$ 及另一个控制参数温度 T 三者的函数。也就是说,模拟退火没有像局部搜索那样每次都贪婪地寻找比现在好的点,目标函数差一点的点也有可能接受进来。随着算法的执行,系统温度 T 逐渐降低,最后终止于某个低温,在该温度下,系统不再接受变化。

模拟退火的典型特征是除了接受目标函数的改进外,还接受一个衰减极限,当 T

较大时，接受较大的衰减；当 T 逐渐变小时，接受较小的衰减；当 T 为 0 时，就不再接受衰减。这一特征意味着模拟退火与局部搜索相反，它能避开局部极小，并且保持了局部搜索的通用性和简单性。

在物理上，先加热，让分子间互相碰撞，变成无序状态，内能加大，然后降温，最后的分子次序反而会更有序，内能比没有加热前更小。值得注意的是，当 T 为 0 时，模拟退火就成为局部搜索的一个特例。

模拟退火算法新解的产生和接受可分为如下 4 个步骤。

(1)由一个产生函数从当前解产生一个位于解空间的新解；为便于后续的计算和接受，减少算法耗时，通常选择由当前新解经过简单变换即可产生新解的方法，如对构成新解的全部或部分元素进行置换、互换等。注意到产生新解的变换方法决定了当前新解的邻域结构，因而对冷却进度表的选取有一定的影响。

(2)计算与新解所对应的目标函数差。因为目标函数差仅由变换部分产生，所以目标函数差的计算最好按增量计算。事实表明，对于大多数应用，这是计算目标函数差的最快方法。

(3)判断新解是否被接受。判断的依据是一个接受准则，最常用的接受准则是 Metropolis 准则：若 $\Delta t'<0$，则接受 S' 作为新的当前解 S，否则以概率 $\exp(-\Delta t'/T)$ 接受 S' 作为新的当前解 S。

(4)当新解被确定接受时，用新解代替当前解，这只需要将当前解中对应于产生新解时的变换部分予以实现，同时修正目标函数值即可。此时，当前解实现了一次迭代。可在此基础上开始下一轮实验。而当新解被判定为舍弃时，则在原当前解的基础上继续下一轮实验。

模拟退火算法与初始值无关，算法求得的解与初始解状态 S(是算法迭代的起点)无关；模拟退火算法具有渐近收敛性，已在理论上被证明是一种以概率 1 收敛于全局最优解的全局优化算法；模拟退火算法具有并行性。

4. 改进型非劣排序遗传算法(NSGA-Ⅱ)

随着人们对微电网系统供电可靠性、安全性、环保性等方面要求的提升，结合这些因素的优化目标被更多地考虑进来，多目标优化已经成为当今的研究趋势。多目标优化问题的关键在于求取 Pareto 最优解集，NSGA-Ⅱ引入了快速非支配排序算法、精英策略、采用拥挤度和拥挤度比较算子，使 Pareto 最优解前沿中的个体能均匀的扩展到整个 Pareto 域，保证了种群的多样性。

NSGA-Ⅱ算法包括以下几个步骤，其流程如图 4.18 所示。

(1)初始化。读取仿真时长、自然资源(风速和光照)、负荷等所需参数。

(2)生成规模为 N 的初始种群 P，初始种群 P 中个体含有优化变量参数信息。

(3)仿真计算初始种群 P 中个体的目标值，按 Pareto 秩小、密集度小的原则对初始种群 P 中个体进行排序。

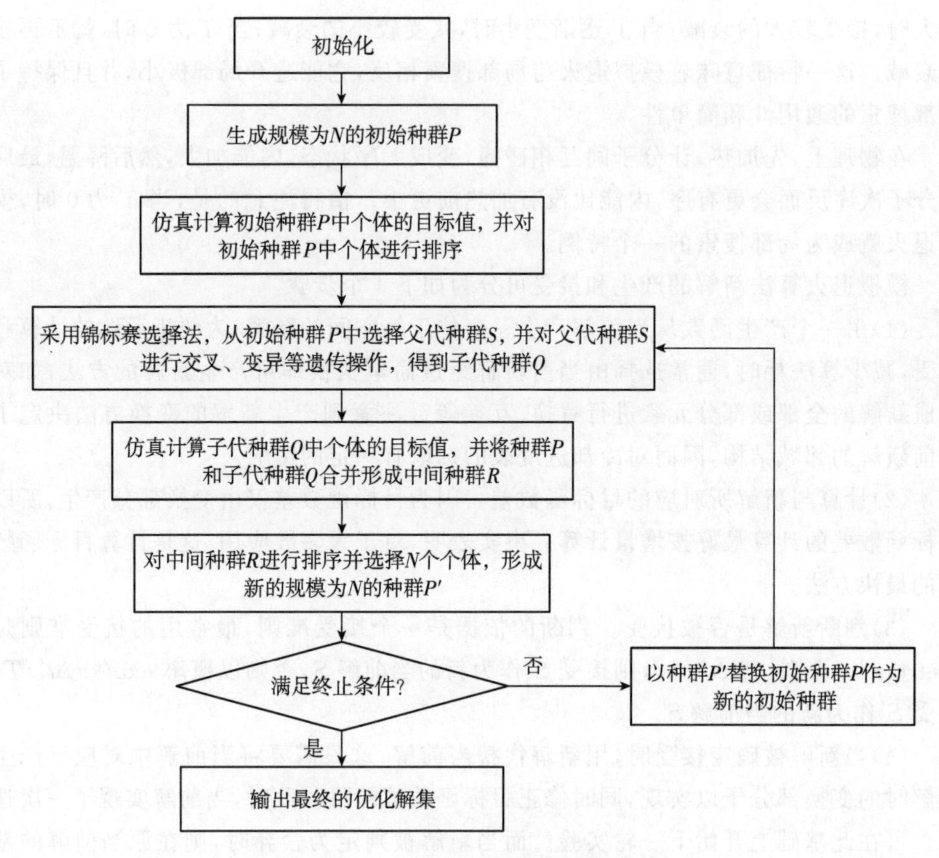

图 4.18　NSGA-Ⅱ计算流程图

(4)采用锦标赛选择法,从初始种群 P 中选择父代种群 S 并进行遗传操作(交叉、变异),得到子代种群 Q。

(5)仿真计算子代种群 Q 中个体的目标值,然后将种群 P 和子代种群 Q 合并形成中间种群 R。

(6)按 Pareto 秩小、密集度小的原则对中间种群 R 中个体进行排序,选择最优的 N 个个体形成新的规模为 N 的种群 P'。

(7)判断是否满足终止条件(达到迭代次数),若是,则进入步骤(8);若否,则进入步骤(9)。

(8)输出最终的优化解集。

(9)以种群 P' 替换步骤(4)中的初始种群 P,并重复步骤(4)～(7),直到满足终止条件为止。

由于遗传算法等优化算法基于随机的思想,在遗传等操作中可能会产生不可行的个体(如某个指标超出约束条件范围)。因此,处理约束对于求解约束优化问题十分重要。处理约束的方法一般可分为如下几类。

(1)拒绝。

针对遗传等操作产生的不可行解,如供电可靠性不符合约束的方案,将其进行丢弃,仅保留可行解。在此方法下,算法的执行效率较低,当约束条件较多时,很难获得理想数量的初始种群。

(2)罚函数法。

罚函数法是使用较多的处理约束条件的方式。对于违反约束条件的解,在目标函数中可设定一定的惩罚量,并将其作为可行解保留在解集中。在此方法下,惩罚函数的设置对于算法至关重要,惩罚量设置不当将有可能掩盖目标函数的优化。

(3)调整/修复。

针对优化过程中产生的不可行解,通过调整/修复的方法对不可行解进行操作,将其转换成可行解。例如,针对供电可靠性不满足的方案,可遵循一定的原则增加电源的装机容量,直至其供电可靠性满足条件。在此方法下,通过调整/修复的方法能够确保可行解的数量和质量,但也有可能造成算法效率及解集多样性的不足。

4.5.3 混合算法

不同优化算法都有自身的特点和优势,同样也有某些缺陷和不足。因此人们自然会想到通过充分利用不同算法的各自优势,取长补短,研究它们之间的混合算法。

由于实际优化问题的日趋复杂性,单靠单一的智能优化算法不能取得非常满意的结果,人们逐渐从利用单一的智能优化算法过渡到利用混合智能优化算法来解决各种难解的组合优化问题。混合智能优化算法不是简单地将几种算法组合在一起,而是利用各种智能优化算法的优势互补,克服了单一算法的不足,从而增强了算法的求解能力。目前,混合智能优化算法已成为当今计算机科学与运筹学的一个共同研究热点,计算机科学与运筹学的刊物上刊登了很多这方面的最新成果。

国内外学者针对特定问题,提出了很多个性化的混合智能算法,如粒子群算法和遗传算法相结合;粒子群算法和人工免疫算法相混合;粒子群算法、遗传算法和局部搜索算法相混合;遗传算法和禁忌搜索算法相混合;蚁群算法、模拟退火和变邻域搜索算法相混合;粒子群算法与蚁群算法相结合;基于模拟退火的遗传算法;粒子群算法、遗传操作及模拟退火策略相结合等。

4.6 算例分析

为了能够进一步说明离网型微电网优化配置的流程,以某偏远地区风光柴蓄系统的优化配置为例进行详细分析。该地区远离主网尚未联网,日平均负荷为3326kW·h/d,小时最大负荷为238kW,全年小时负荷曲线如图 4.19 所示。

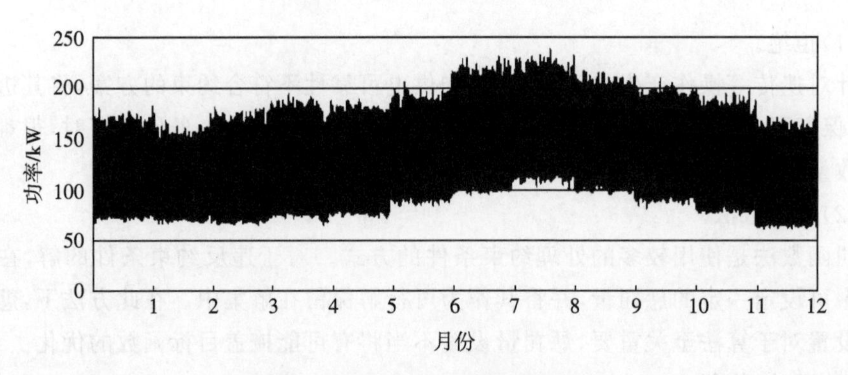

图 4.19　全年小时负荷曲线图

据气象观测站统计，该地区 18m 高度年平均风速为 6.50m/s，月平均太阳辐射量为 3.45kW·h/(m²·d)，风光资源较好，适合建设含可再生能源的微电网，可以有效解决偏远地区的供电困难问题，微电网系统结构如图 4.20 所示。由于可再生能源的波动性和间歇性，本系统需要配置备用柴油发电机 1 台，其他设备型号选择为 50kW 风机和 2V/1500(A·h)蓄电池，待确定的变量为柴油发电机容量、风机台数、光伏容量、变换器容量及蓄电池个数。需要预先给变量设定一定的优化范围，以从设定的取值范围内寻求最优的配置组合。

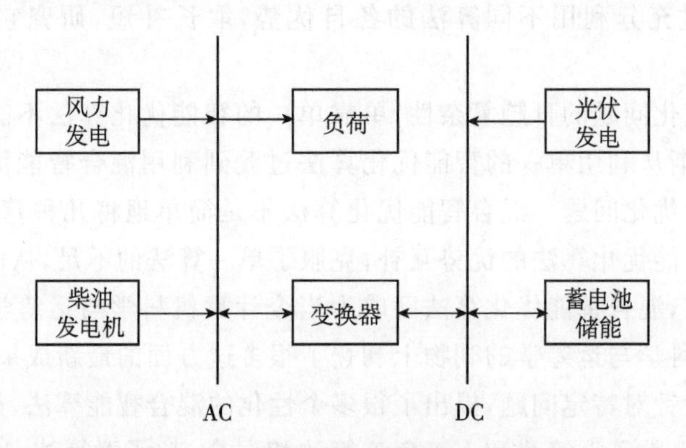

图 4.20　含可再生能源的微电网结构

根据输入的系统配置、负荷特性及风速、太阳能辐射数据得到 1 年 8760h 的发电量，将每小时发电与负荷大小比较，决定发电富余和不足时所采取的措施。以 1h 为仿真步长能够获取负荷和发电的重要特性，并且不会减慢仿真速度。1h 是比较合理的仿真步长，有利于进行优化和敏感性分析。

表 4.2 列出了不同类型组合的计算结果。可以看出，在当前资源情况下，风光柴蓄的组合是最佳配置。此配置情况下，可再生能源发电比例达到 73%，有效地减少了柴油发电机的运行时间。相对于仅有柴油发电机供电的情况，柴油发电机运行时间减少了 56.2%，大大减少了柴油的使用量及柴油燃烧带来的环境污染。

表 4.2 计算结果

PV	风机	柴	蓄	变	PV/kW	风机/台	柴/kW	蓄/个	变/kW	NPC/元	可再生发电	柴发/h
√	√	√	√	√	150	5	200	360	300	17720178	73%	3836
/	√	√	√	√	/	4	200	360	300	20134620	56%	5121
/	√	√	/	/	/	5	200	/	/	20749964	59%	5671
√	√	√	/	√	150	3	200	/	300	23933914	51%	6836
√	/	√	√	√	150	/	300	240	300	37824960	13%	8640
/	/	√	/	/	/	/	300	/	/	38377988	0%	8760

当前资源条件下，风光柴蓄是最佳的配置组合，其可再生能源发电比例较大，且能够有效地减少柴油发电机的运行时间。但在此组合下，不同的容量配置也会有不同的运行结果，需要进一步对系统容量配置进行研究分析，选择出适合的最优配置。

表 4.3 列出了风光柴蓄组合下不同容量配置的计算结果，其可再生能源发电比例均达到 60%以上。

表 4.3 不同容量配置结果

PV/kW	风机/台	柴/kW	蓄/个	变/kW	NPC/元	柴发/h
150	5	200	360	300	17720178	3836
100	5	200	360	300	17898678	3989
50	5	200	360	300	18095026	4136
100	5	200	240	300	18403796	4279
50	5	200	240	300	18556692	4401
100	4	200	360	300	19236350	4664
50	4	200	360	300	19647718	4883

风光柴蓄系统配置有上百种组合，表 4.3 列出了其中部分优化结果。从表 4.3 可知，相同类型组合下，不同的容量配置其计算结果有较大差异。总体看来，可再生能源容量越大，柴油发电机运行时间越少，这与实际设计原则相符合。

综合考虑，总净现成本最小的配置并不一定是最合理的选择。例如，有的系统配置总净现成本略大，但在此种配置下，蓄电池可以避免深度放电从而有利于延长蓄电池的使用寿命；或可以有效地减少柴油发电机的运行时间。因此，最终系统配置不仅由系统总净现成本决定，还需要根据实际优先考虑的因素并综合其他各种因素，如光伏阵列占地、蓄电池运行与维护等各方面来进行选择。

下面选择总净现成本最小的配置结果进行进一步分析。在此配置下，每月平均发电量和发电明细如图 4.21 和表 4.4 所示。

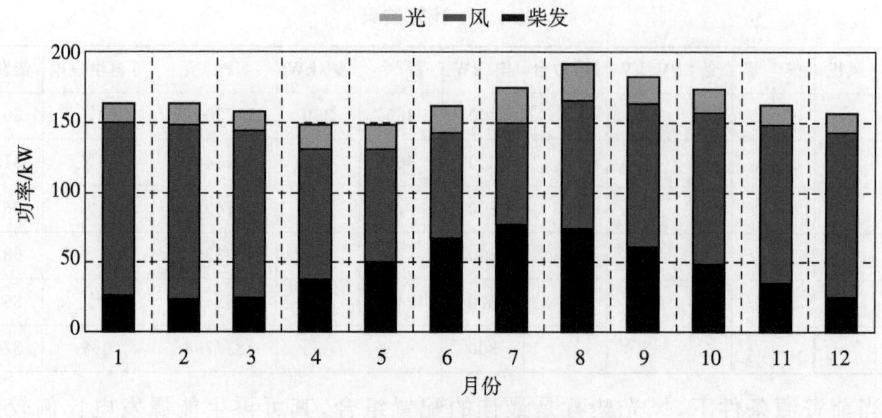

图 4.21　每月平均发电量

表 4.4　发电明细

名称	发电量/(kW·h/年)	百分比/%
PV	159882	11
风机	893131	62
柴油发电机	399144	27
总量	1452157	100

总净现成本最小的配置结果中系统过剩电量占到12.5%。因此,当系统发电量大于负荷时,可投入可调负荷,以减少可再生能源不必要的浪费。其中,具有储能功能的可调负荷(如抽水蓄能)可以起到削峰填谷的作用,对系统的稳定运行有重要作用。在海岛地区,制冰厂和海水淡化是比较理想的可调负荷。

以下采用敏感性分析对优化配置方案进行进一步讨论,敏感性分析有助于确定输入数据的不确定性及变化带来的具体影响。下面就上述选定的风光柴蓄系统进行详细分析。

1)最佳配置组合影响

在已有资源条件下,风光柴蓄是系统的最佳组合。但当风速和太阳辐射强度发生变化时,最佳组合也会发生相应的变化,如图4.22所示。

从图4.22可知,风速和太阳辐射强度都很小时,柴油发电机独立供电是最佳选择;风速较小,当太阳辐射强度大于2.8kW·h/(m^2·d)时,光柴或光柴蓄是最佳组合;太阳辐射强度较小,当风速大于7m/s时,风柴蓄是最佳组合;当风速和太阳辐射强度都较大时,风光柴蓄是最佳组合。同时,风速和太阳辐射强度大小对最佳组合的影响也有助于系统运行控制策略的制定,当风速和太阳辐射强度较小时,开启柴油发电机对负荷供电;当风速和太阳辐射强度较为理想时,由可再生能源供电,柴油发电机作为后备电源。

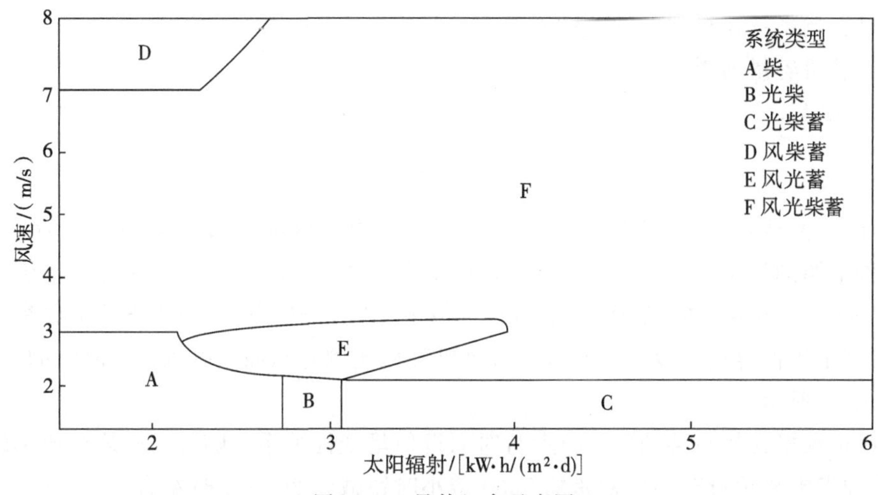

图 4.22　最佳组合示意图

2)自然资源影响

在风光柴蓄组合确定的情况下,分析风速和太阳辐射强度变化对系统运行参数的影响。现对柴油发电机运行时间影响为例进行分析,风速和太阳辐射强度对柴油发电机运行时间的影响如图 4.23 所示(注:初始设定值为太阳能辐射为 3.45kW·h/(m^2·d),风速为 6.50m/s)。

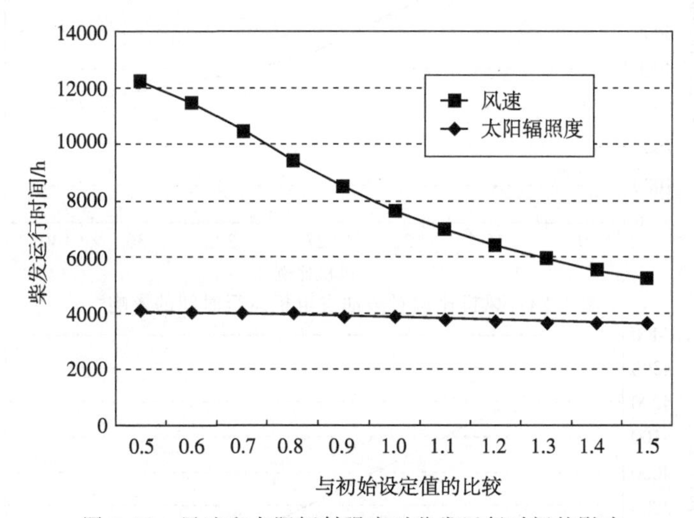

图 4.23　风速和太阳辐射强度对柴发运行时间的影响

在容量配置确定的情况下,风速和太阳辐射强度越小即与初始设定值的比值越小,柴油发电机运行时间越长。与太阳辐照度曲线相比,风速曲线斜率较大,风速对柴油发电机运行时间的影响效果明显。太阳辐照度曲线斜率较平稳,风速曲线在比值大于 1 后斜率变小,但随着比值的增大,柴油发电机运行时间仍会继续减少。通过以上分析可以看出,在该岛独立风光柴蓄系统中,风速比太阳辐射强度更具影响力,风速是影响系统运行状态的关键因子。

3)装机容量的影响

首先定义

$$\eta_x = \frac{C_x}{C_p + C_w + C_g + C_b} \tag{4.33}$$

式中,C_p为光伏容量;C_w为风机容量;C_g为柴油发电机容量;C_b为蓄电池容量;C_x为其中一种电源的容量;η_x为电源C_x占总电源容量的比例。现已确定柴油发电机容量C_g为200kW,蓄电池容量C_b为360kW(最大放电深度为50%),取风光柴蓄最佳配置组合,现固定光伏容量C_p为150kW,分析风机装机比例对柴油发电机运行时间的影响,如图4.24所示。

风机装机比例与柴油发电机运行时间近似呈线性关系。随着风机装机比例的增大,柴油发电机运行时间由初始的8000多小时锐减到3000小时左右。

取风光柴蓄最佳配置组合,现固定风机容量C_w为250kW,分析光伏比例对柴油发电机运行时间的影响,如图4.25所示。

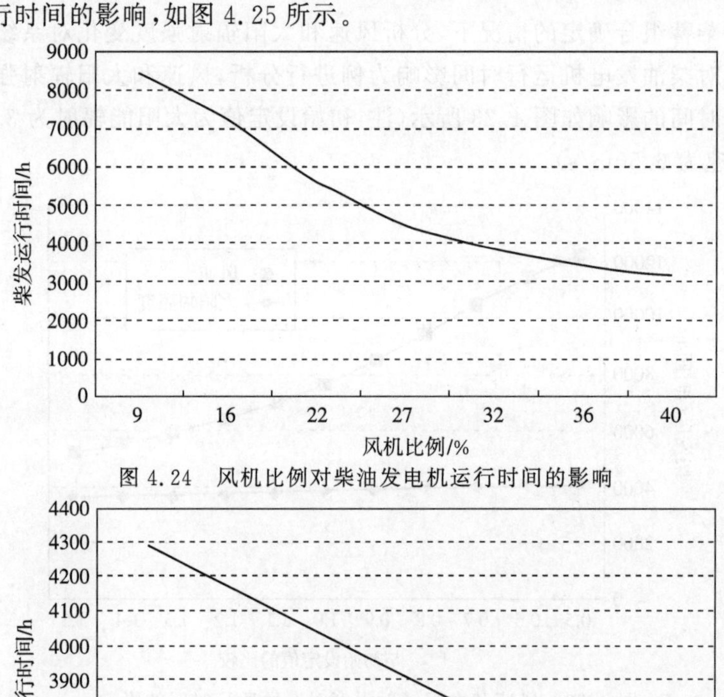

图4.24　风机比例对柴油发电机运行时间的影响

图4.25　光伏比例对柴油发电机运行时间的影响

光伏比例与柴油发电机运行时间基本呈线性关系。随着光伏比例的增大，柴油发电机运行时间由初始的 4300 多小时减到 3400 小时左右。

从图 4.24 和图 4.25 可以看出，在现有资源条件下，在风光柴蓄系统中，为了有效减少柴油发电机的运行时间，风机装机比例起到主导作用，增加风机容量比增加光伏容量更加有效，说明该地区利用风速的有利度较大；同时，在实际工程中，光伏占地面积远远大于风机所需面积。因此，在该地区风资源良好、用地紧张的情况下，合理增加风机容量比例是有一定理论依据的。

但另一方面，风机比例对系统运行参数的影响也最大，这说明风机是风光柴蓄系统中较不稳定的电源，随着风速减小，风机出力也相应减小，这将会对系统运行状态产生较大影响。

含可再生能源的微电网，尤其是风光柴蓄系统，对解决偏远地区和海岛地区的供电问题有重要作用。国内外已建设有相关示范工程项目，为今后解决类似的问题提供了一定的借鉴意义。本节对含可再生能源的离网型微电网配置进行了仿真分析，得出风光柴蓄系统在多数情况下是较为合理的系统配置，风速和风机容量是影响系统运行的关键因子，这对今后相关研究及工程设计起到一定的指导作用。

参考文献

[1] Morris G Y, Abbey C, Wong S, et al. Evaluation of the costs and benefits of microgrids with consideration of services beyond energy supply. IEEE Power and Energy Society General Meeting, 2012: 1-9.

[2] Costa P M, Matos M A. Economic analysis of microgrids including reliability aspects. Probabilistic Methods Applied to Power Systems, International Conference on PMAPS, 2006: 1-8.

[3] 吴耀文，马溪原，孙元章，等. 微网高渗透率接入后的综合经济效益评估与分析. 电力系统保护与控制，2012，40(13)：49-54.

[4] 袁越，曹阳，傅质馨，等. 微电网的节能减排效益评估及其运行优化. 电网技术，2012，36(8)：12-18.

[5] 曾鸣，李娜，马明娟，等. 考虑不确定因素影响的独立微网综合性能评价模型. 电网技术，2013，37(1)：1-8.

[6] 程浩忠，张焰. 电力系统规划. 北京：中国电力出版社，2008.

[7] Arefifar S A, Mohamed Y A R I. DG mix, reactive sources and energy storage units for optimizing microgrid reliability and supply security. IEEE Transactions on Smart Grid, 2014, 5(4): 1835-1844.

[8] Wang S, Li Z, Wu L, et al. New metrics for assessing the reliability and economics of microgrids in distribution system. IEEE Transactions on Power Systems, 2013, 28(3): 2852-2861.

[9] 于波. 微网与储能系统容量优化规划. 天津：天津大学博士学位论文，1999.

[10] Zhao B, Zhang X, Li P, et al. Optimal sizing, operating strategy and operational experience of a stand-alone microgrid on Dongfushan Island. Applied Energy, 2014, 113: 1656-1666.
[11] 刘梦璇,郭力,王成山,等.风光柴储孤立微电网系统协调运行控制策略设计.电力系统自动化,2012,36(15):19-24.
[12] Katsigiannis Y A, Georgilakis P S, Karapidakis E S. Multiobjective genetic algorithm solution to the optimum economic and environmental performance problem of small autonomous hybrid power systems with renewables. Renewable Power Generation, IET, 2010, 4(5): 404-419.
[13] Kaviani A K, Riahy G H, Kouhsari S H M. Optimal design of a reliable hydrogen-based stand-alone wind/PV generating system, considering component outages. Renewable Energy, 2009, 34(11): 2380-2390.
[14] Deshmukh M K, Deshmukh S S. Modeling of hybrid renewable energy systems. Renewable and Sustainable Energy Reviews, 2008, 12(1): 235-249.
[15] 郭力,富晓鹏,李霞林,等.独立交流微网中电池储能与柴油发电机的协调控制.中国电机工程学报,2012,32(25):70-78.
[16] 雷德明.多目标智能优化算法及其应用.北京:科学出版社,2009.
[17] 王凌.智能优化算法及其应用.北京:清华大学出版社,2001.
[18] 王瑞琪,李珂,张承慧,等.基于多目标混沌量子遗传算法的分布式电源规划.电网技术,2011,35(12):183-189.
[19] 刘方,颜伟,David C Y.基于遗传算法和内点法的无功优化混合策略.中国电机工程学报,2005,25(15):67-72.
[20] Devi S, Geethanjali M. Optimal location and sizing determination of distributed generation and DSTATCOM using particle swarm optimization algorithm. International Journal of Electrical Power & Energy Systems, 2014, 62: 562-570.
[21] 赵波,曹一家.电力系统机组组合问题的改进粒子群优化算法.电网技术,2004,28(21):6-10.
[22] 王成山,陈恺,谢莹华,等.配电网扩展规划中分布式电源的选址和定容.电力系统自动化,2006,30(3):38-43.
[23] Viral R, Khatod D K. Optimal planning of distributed generation systems in distribution system: A review. Renewable and Sustainable Energy Reviews, 2012, 16(7): 5146-5165.

第 5 章　并网型微电网优化配置

近年来，随着大量分布式电源接入配电网，为适应未来主动配电网的发展要求，实现精细、准确、及时绩优的电网运行及管理，并网型微电网作为分布式电源的管理和运行模式受到越来越多的关注。本章首先通过典型案例对不同并网型微电网应用场景展开介绍，然后针对三类并网型微电网的性能指标进行说明，详细阐述并网型微电网的联络线功率控制策略，分析并网型微电网的优化配置模型和求解方法，最后通过算例分析对并网型微电网的优化配置过程进行流程说明，为读者全面和深入了解并网型微电网优化配置技术提供参考和帮助。

5.1　并网型微电网典型应用场景

并网型微电网的发展与分布式光伏等可再生能源的开发利用和并网运行密不可分，因此典型的并网型微电网形式都是以光伏发电和风力发电为主的，结合储能系统等调节手段，包括光储微电网、光储柴微电网、风光储柴微电网等。

5.1.1　光储微电网

吐鲁番位于新疆维吾尔自治区，是天山东部的一个山间盆地，太阳能资源丰富，年日照逾 3000h，年日照百分率 69%。吐鲁番新城新能源示范区位于吐鲁番市城区东侧 3km，规划核心区面积 8.8km^2，规划常住人口 6 万人。建设内容主要包括两部分：一是光电建筑一体化工程，即屋顶光伏电站；二是智能微电网工程。智能微电网工程主要包括 13.4MW 分布式屋顶光伏、10kV 开闭所、微电网中控楼、380V 配电网、1MW·h 储能系统、电动公交车充电站、微电网监控调度中心及辅助工程等。微电网内 36 台 10kV 箱变分散布置在示范区内形成环网，通过 380V 向各建筑物供电。电动公交车充电站接入 10kV 电压等级电网，分布于示范区的不同位置。其微电网结构如图 5.1 所示。

项目采用“自发自用、余量上网、电网调剂”的运营机制，即屋顶光伏组件将太阳能转变为直流电，通过逆变器将直流电转化为交流电接入楼内的用户线路，优先满足楼内用户用电；多余部分经变压器升压后接入电网；当光伏发电量不足时，从地区电网受电向微电网用户供电。储能装置和电动车充电站分别通过单独的变压器接入配电系统，多余部分可暂时在储能装置中保存起来，使可再生能源的电源功率平稳输出。通过本地能源管理系统对发电、负载、储能进行区域调度管理，满足

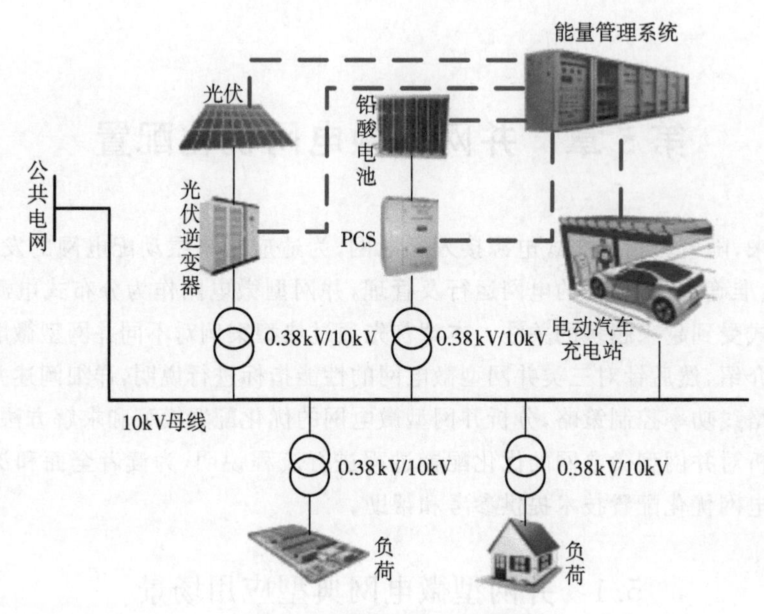

图 5.1 吐鲁番微电网结构

微电网内用户对电能质量的要求。同时，在微电网向大电网馈送功率时，保证大电网对电能质量的要求。该项目光伏等新能源发电量占到微电网区域内用电量的30%以上，可满足7000多户、2万多居民的用电需求，每年可以替换2.8万t的标准煤。

5.1.2 光储柴微电网

杭州电子科技大学240kW微电网实验示范系统是我国较早开展的以光伏为主的并网型微电网示范项目，对推动我国并网型微电网技术发展有较大的意义。“先进稳定并网光伏发电微网系统国际合作实证研究”项目是列入中国政府和日本政府之间的能源科技合作框架的项目之一。2008年10月，系统投入运行，2009年12月项目验收。

该系统位于浙江杭州电子科技大学下沙校区。系统电源包括120kW柴油发电机组和120kW光伏发电系统，总发电容量240kW；储能系统包括50kW·h铅酸蓄电池组和100kW×2s超级电容；补偿装置有电能质量调节器(PQC)、瞬间电压跌落补偿器(DVC)联合起来实现电能质量控制；还有干扰发生器和实验负载用于实验目的，整个系统在供需控制系统的控制下运行。由于柴油机组、蓄电池、超级电容、PQC、DVC、干扰发生器和实验负载均位于8号楼，接入380V低压配电柜；光伏系统及逆变器位于6号楼，接入2#380V低压配电柜，6号楼和8号楼的实际负载也接入这个配电柜。2#配电柜连接到0.38kV/10kV变压器，10kV侧并网点安装常规线路保护。根据供电公司和杭州电子科技大学的协议，微电网通过并网点向电网馈送的有功功率不高于20kW，断路器的整定值是20kW。其光储柴微电网结构如图5.2所示。

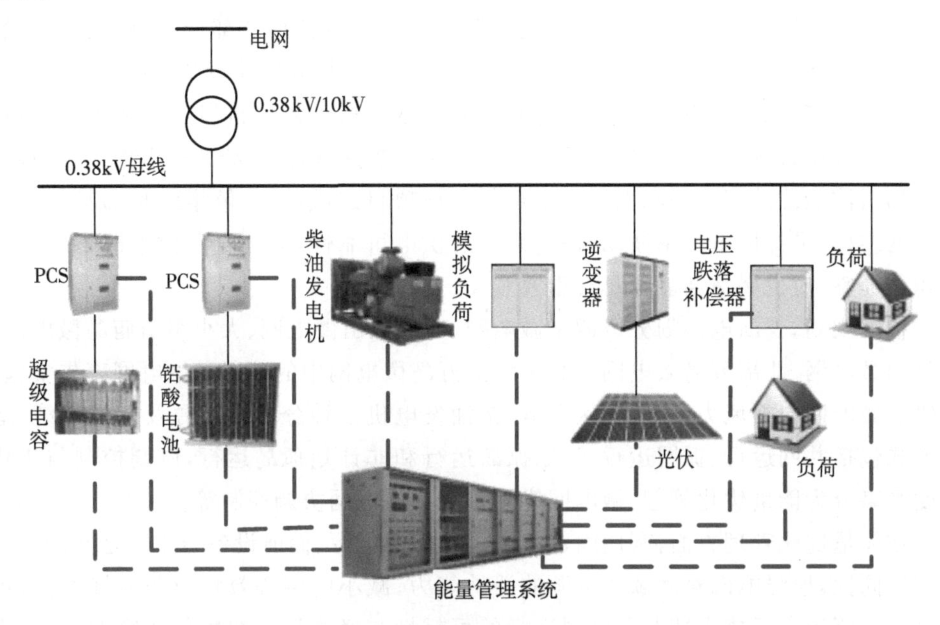

图5.2　杭州电子科技大学光储柴微电网结构图

该微电网系统主要给8号楼和6号楼供电，其中8号楼是实验楼，内有金工实习车间。2006年设计时，负荷为180kW，设计负荷按240kW考虑；到2011年由于实验楼配备了不少实验设备，负荷已经超过360kW，夏季高峰负荷主要由空调、照明、电梯及金工实习车间的车床、铣床等大型设备等组成。

该微电网系统运行模式有三种。①并网模式：系统功率不足取自电网，或者剩余功率馈送到电网，送入电网的功率不高于20kW。②受控并网模式：设置输入或输出并网点的功率数额，通过微电网内部电源和储能装置的配合，实现"并网点功率控制"。③计划孤岛模式：与上级电网断开连接，由柴油发电机组作为组网单元，提供电压和频率参考信号。超级电容器和蓄电池均采用V/f控制策略，当负荷或光伏出力波动时，超级电容器平抑毫秒级波动，蓄电池平抑秒级波动，柴油发电机组平抑更长时间尺度波动。

5.1.3　风光储柴微电网

在一些偏远海岛地区，虽然与大电网互联，但往往处于电网末端的薄弱环节，可靠性较差。于是，充分利用海岛丰富的风光海流能资源组成微电网，能够有效提高供电可靠性和电能质量，是并网型微电网的最优势之一。目前，分布式发电及微电网接入控制项目在山东长岛得以实施。

长岛是我国北方的第一个岛屿微电网示范项目，位于辽东半岛与山东半岛之间的渤海海峡上，被世人誉为“海上仙山”。长岛与大陆、长岛各主要岛屿之间主要由海底电缆连接，且各岛屿具有丰富的风光资源。该项目以长岛北部五岛（砣矶岛、大钦岛、小钦岛、南隍城岛和北隍城岛）电网为依托，内容包括开发建设微电网协调控制与调度系统，在砣矶岛建设储能系统，对北部五岛现有柴油发电机组和电网进行改造，建成具有分布式电源、负荷、储能系统及能量转换装置、调控系统的微电网，以实现北部五岛清洁能源并网控制和电网安全运行。该项目建成后，能够增强长岛县北部五岛电网结构，平抑风电功率波动，提高系统的供电可靠性，并为今后微电网推广和应用积累经验，对发展清洁能源具有重要意义。

根据规划，长岛电网划分成四个微电网，南北长山微电网、大小黑山庙岛微电网、大竹山微电网、北部五岛微电网。其中北部五岛微电网中的砣矶岛微电网率先实施。砣矶岛微电网包括风力发电、光伏发电、柴油发电机三种分布式电源及储能系统，运行方式包括并网运行、孤网运行、计划孤岛运行和非计划孤岛运行，协调控制与优化调度策略分为能量优化管理、微电网优化调度和微电网协调控制等。

在能量优化管理方面，利用间歇式可再生能源电源、储能设备与主网之间的互补性与协同性，增强电网对间歇式电源的消纳能力，减小电网等效负荷曲线峰谷差，提高分布式资源广泛接入情况下电网运行的可靠性与经济性。在优化调度方面，考虑发电单元的经济特性，采用优化调度算法合理安排发电单元启动顺序、运行时间等，还包含状态估计、潮流计算、短路计算、静态安全分析等功能，进一步优化调度计划，实现微电网系统的经济优化运行。在协调控制方面，包括紧急控制、模式切换、功率平衡、无功优化和电能质量等模块，保障微电网的安全稳定运行。

其中，混合储能/柴油发电系统由混合储能电站和可移动式柴油发电电站构成。混合储能电站主要由超级电容、磷酸铁锂蓄电池、铅酸蓄电池、储能并网逆变器、0.38kV/35kV变压器及相关集装箱柜体等组成；超级电容器组的容量为200kW×15s、磷酸铁锂蓄电池组的容量为300kW·h、铅酸蓄电池电池组的容量为300kW·h。柴油发电电站由1000kVA和200kVA两台柴油发电机、0.38kV/35kV变压器及相关集装箱柜体等组成。其发电系统结构如图5.3所示。

5.1.4 风光海流能储微电网

海岛不仅有丰富的风光资源，在一些地方还具有丰富的海流能。充分利用这些丰富的可再生能源，形成互补，能够有效提高海岛电网的供电可靠性及电能质量；同时，能够有效提高可再生能源的利用效率。目前，我国在浙江舟山摘箬山岛建成了多种能源互补的并网型微电网。

浙江舟山摘箬山岛原有一回10kV线路，部分线段架空线，部分线段海底电缆，接于35kV盘丝变。海底电缆截面最小处$50mm^2$，不能满足摘箬山岛负荷输入和新

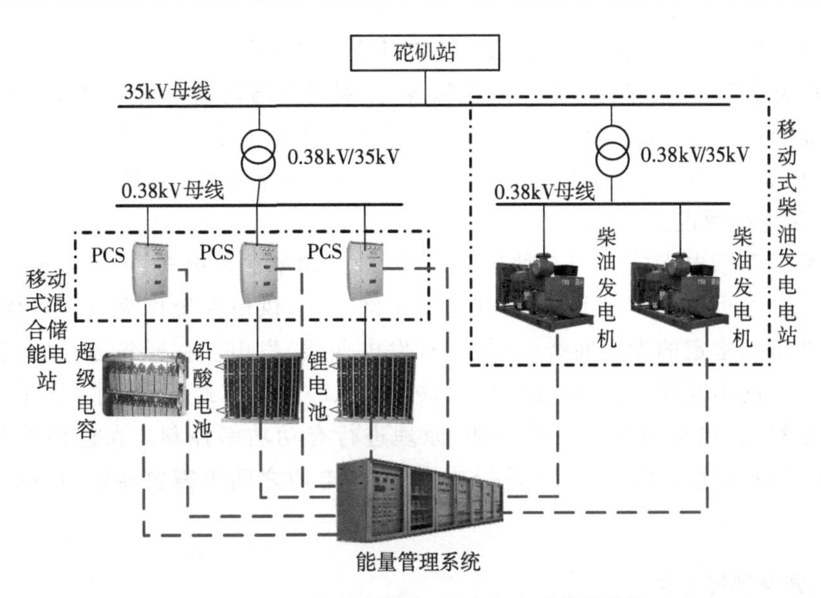

图 5.3　砣矶岛混合储能/柴油发电系统结构图

能源发电送出的要求。摘箬山岛微电网总装机容量约为5MW,集海流能、风能、光伏能、储能等海岛新能源的混合供电系统,其中水平轴的海流能机组300kW,风机3400kW,光伏500kW,柴油机200kW,另配备约500kW·h的锂电池(最大输出功率1.0MW)。其微电网结构如图5.4所示。

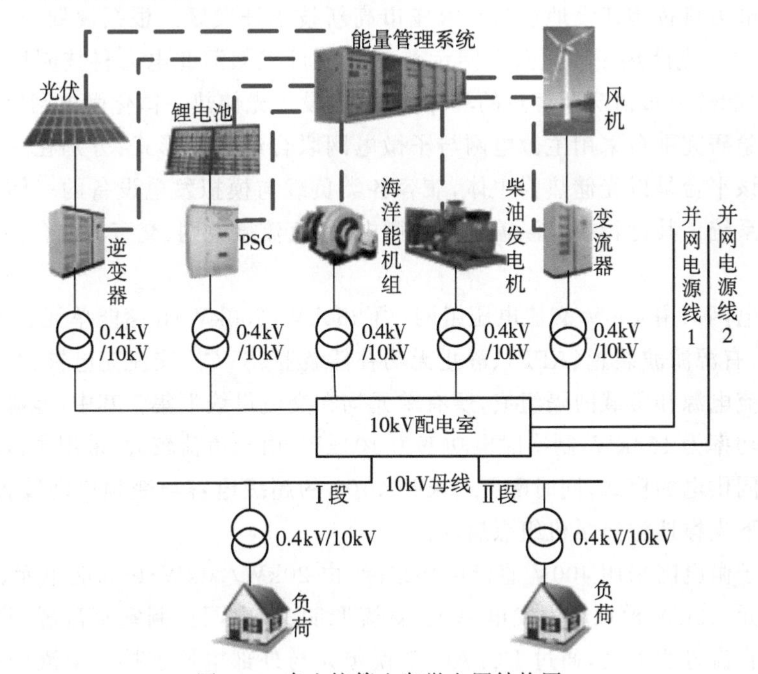

图 5.4　舟山摘箬山岛微电网结构图

摘箬山岛微电网采用集中配电模式，即建设集中配电室，二回 10kV 系统电源线引入集中配电室，而后通过 10kV 分段母线，分别引出岛内供电线路、新能源上网线路及储能装置联网线路。岛内负荷供电，分别从集中配电室 10kV 的Ⅰ、Ⅱ段母线引出，一路向北，一路向南，沿岛建设，在西岙附近建设联络开关。线路经过办公和生活区时，采用电缆敷设。

摘箬山岛微电网能实现三种运行模式：最大功率输出模式、可调度模式、孤岛运行模式。在可调度模式下，岛屿电网与主网互联，供电系统作为一个整体，按照电网调度机构指定的发电曲线（一般是日发电曲线）发电。在孤岛运行模式下，岛屿电网与主网不互联，独立向岛屿负荷供电。孤岛运行模式下，控制系统采用静态频率调差特性（也称为频率下垂特性）原理进行有功功率控制。在这种控制方式下，各个电源通过频率调差特性进行功率分配，电源之间不需要通信，控制结构简单可靠。

5.1.5　光储热微电网

目前国内的微电网建设多由风、光和就地负荷构成，并没有做到因地制宜、结合当地实际能源的综合利用效果，存在资源浪费的情况。为了实现微电网中可再生能源与当地实际能源的有机结合，并制定一种切实可行的实施方案，河北电力科技园区制定并实施了光储热一体化微电网示范工程项目。

河北电力科技园建设地点为石家庄市高新技术开发区。根据规划，总建筑面积 12.32 万 m^2。光储热一体化微电网示范工程项目根据河北电力科技园区实际的负荷、可再生能源分布情况及客户的具体需求，建设了光储热一体化微电网实验研究平台。该实验研究平台采用主微电网与子微电网联合组网的形式，分别在交流和直流侧组网。该平台是以光储热为主体，兼容各类负载与模拟发电设备的一体化微电网实验研究系统。其运行模式涵盖了交流微电网、直流微电网、交直流混合微电网等多种形式。

主微电网采用 400V 交流电压组网，由 250kW/250kW·h 储能单元、50kW 光伏发电单元、有源滤波装置（APF）、静止无功补偿装置（SVC）、交流充电桩、交流照明及预留的交流电源和负载间隔组成，所有单元均在交流母线汇集。其中，地源热泵机组制热时电功率为 163kW，制冷时电功率为 104kW，由于负荷较大，采用主微电网与子微电网共同供电的模式，同时配置 50kW×10s 的超级电容与变频启动装置，用以在离网模式下支撑地源热泵机组黑启动。

直流子微电网采用 400V 直流电压组网，由 20kW/20kW·h 储能单元、20kW 光伏发电单元、10kW 模拟风力发电单元、直流照明、微电网控制室直流屏组成。所有单元均在直流母线汇集，通过 DC/AC 变换单元与外部电网连接。交流子微电网模拟分布式家庭用微电网系统，由两户用微电网组成，采用 400V 交流组网。每户用微电网由 10kW 光伏发电单元、10kW/30kW·h 储能单元、交流负载组成，通过充电逆变一体机与外部电网连接。其微电网结构如图 5.5 所示。

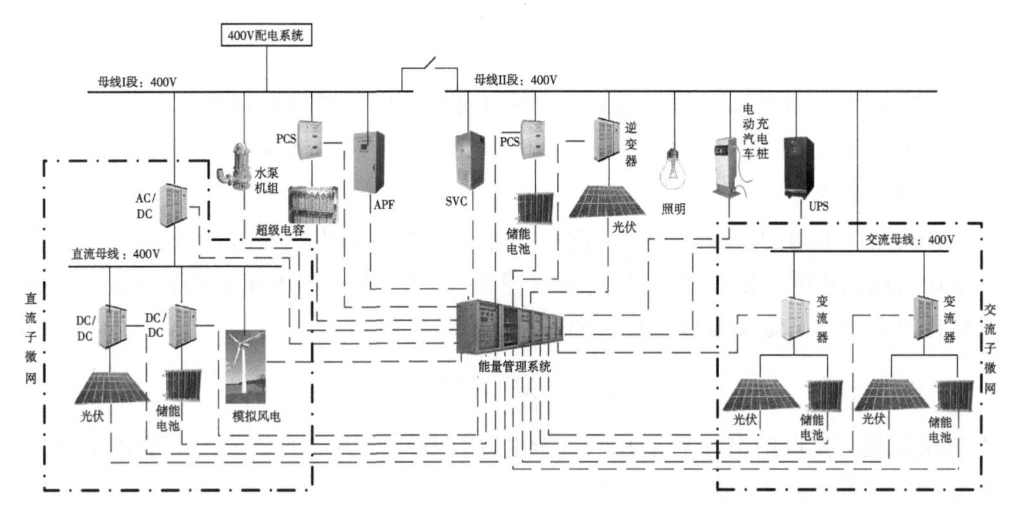

图 5.5　河北电力科技园光储热一体化微电网结构图

5.2　并网型微电网评价指标

并网型微电网与大电网相连，既可以并网运行，也可以离网运行。在经济性、可靠性和环保性指标方面，并网型微电网评价指标与独立型微电网基本相同，此处不再复述。但是相对于独立型微电网，并网型微电网优化配置需要相应的指标来评价其并网性能。

并网性能指标主要分为三类。第一类指标主要体现微电网的供电模式，对微电网的年发电量和用电量、年购电量和售电量进行综合统计分析。第二类指标主要体现电网资产使用情况，由于微电网既可以从大电网购电，又可以利用分布式电源发电，那么不同配置下微电网设备和电网资产的利用率存在差异。第三类指标主要体现微电网与大电网的友好交互，这种友好行为既表现在降低对大电网的影响，还能提高系统运行的经济性和稳定性。

5.2.1　第一类指标

第一类指标包括自平衡率、自发自用率、冗余率等。通过定义微电网的年发电量和用电量、年购电量和售电量之间的关系，描述微电网的电量使用情况。

1. 自平衡率

并网型微电网与大电网相连，可以由大电网提供一定的电力支撑。因此，并网型微电网依靠自身的分布式电源供电，所能满足的负荷需求比例在一定程度上反映了其供电能力和对电网的依赖程度。将并网型微电网在一定周期内,依靠自身分布式电源所能满足的负荷需求比例定义为自平衡率,如式(5.1)所示。

$$R_{\text{self}} = \frac{E_{\text{self}}}{E_{\text{total}}} \times 100\% = \left(1 - \frac{E_{\text{grid-in}}}{E_{\text{total}}}\right) \times 100\% \tag{5.1}$$

式中,R_{self}是自平衡率;E_{self}是并网型微电网自身所能满足的负荷用电量;E_{total}是负荷的总需求量;$E_{\text{grid-in}}$是由大电网满足的负荷用电量,即并网型微电网的购电电量。

2. 自发自用率

并网型微电网的分布式电源不仅可以向负荷供电,在发电能力过剩的情况下,还可以向大电网送电。因此,将并网型微电网在一定周期内,用于满足负荷需求的分布式电源发电量比例定义为自发自用率,如式(5.2)所示。

$$R_{\text{suff}} = \frac{E_{\text{self}}}{E_{\text{DG}}} \times 100\% \tag{5.2}$$

式中,R_{suff}是自发自用率;E_{self}是并网型微电网自身所能满足的负荷用电量;E_{DG}是并网型微电网的分布式电源总发电量。

自发自用率在一定程度上反映并网型微电网对自身发电的利用情况。自发自用率与自平衡率有所差异,自平衡率主要用于衡量在负荷供应中并网型微电网自身发电量所占的供应比例,而自发自用率则主要用于衡量在并网型微电网自身发电中用于内部负荷供应所占的比例,两者有所差异。前者反映在负荷供应中,并网型微电网对电网的依赖程度;后者反映在发电利用中,并网型微电网对自身发电的利用程度。

3. 冗余率

并网型微电网通常采用"自发自用,余量上网"的运行原则,在满足内部负荷需求的基础上,才可以向大电网出售过剩的电量。将并网型微电网在一定周期内出售给大电网的分布式电源发电量比例定义为冗余率,如式(5.3)所示。

$$R_{\text{redu}} = \frac{E_{\text{grid-out}}}{E_{\text{DG}}} \times 100\% \tag{5.3}$$

式中,R_{redu}是冗余率;$E_{\text{grid-out}}$是并网型微电网出售给大电网的电量;E_{DG}是并网型微电网的分布式电源总发电量。

冗余率反映了并网型微电网交易行为或运营方式。如果冗余率高,说明微电网的发电量主要用于售电。从表达式上,冗余率和自发自用率具有一定的联系。在不考虑网络损耗和储能装置损耗的情况下,$R_{\text{redu}} + R_{\text{suff}} = 1$;但是,二者有完全不同的物理含义,并且影响并网型微电网的运行方式。

由于现有大多数并网型微电网的分布式电源以光伏发电和风力发电等可再生能源为主,这类电源具有一定的随机性与波动性,所以在负荷需求的同时往往存在一定的过剩电量。通常采用三种运行方式,即限功率运行,弃掉多余的电量;利用储能装置进行电量转移;直接出售给大电网。因此,自发自用率体现并网型微电网发电量的利用情况,而冗余率则关注并网型微电网的售电行为。

5.2.2　第二类指标

第二类指标包括联络线利用率、设备利用率等。通过定义最大发电/输电能力与实际使用情况之间的关系,描述微电网相关资产的利用率。

1. 联络线利用率

联络线承担着并网型微电网与大电网双向互动的任务,不仅向并网型微电网输送电能,同时将并网型微电网过剩的电能反送给大电网。将并网型微电网在一定周期内,实际输送的电能(包括购电电量和售电电量)与联络线最大输送能力的比值定义为联络线利用率,如式(5.4)所示。

$$U_{\text{tieline}} = \frac{E_{\text{grid-in}} + E_{\text{grid-out}}}{E_{\text{tieline}}} \times 100\% \tag{5.4}$$

式中,U_{tieline}是联络线利用率;$E_{\text{grid-in}}$是并网型微电网的购电电量;$E_{\text{grid-out}}$是并网型微电网的售电电量;E_{tieline}是联络线额定功率下的年输送电量。

并网型微电网的接入给电网规划运行带来了许多新问题,其中包括联络线的使用情况。并网型微电网自身具备发电能力,导致联络线及其他接入设备都处于低负载率的运行情况下,因此有专家对并网型微电网在规划和运行中采用“全备用”的方式提出质疑。在考虑并网型微电网自身的经济效益等指标的基础上,还需要关注电网资产利用率,包括配电网资产利用情况(即联络线利用率)和微电网资产利用情况(即微电网设备利用率)。

2. 设备利用率

并网型微电网的设备主要分为三类,可控性分布式电源,如柴油发电机、微型燃气轮机等;不可控分布式电源,如光伏发电和风力发电等;储能装置,如蓄电池、超级电容等。其中,可控性分布式电源和储能装置的使用情况及能效主要受运行策略影响,因此并网型微电网设备利用率主要考虑不可控分布式电源,有效利用光伏发电和风力发电,避免弃光弃风,通常表示为可再生能源利用率、能量渗透率等形式,在前面已有叙述,此处不再赘述。

5.2.3　第三类指标

第三类指标包括自平滑率、网络损耗、稳定裕度等。基于对潮流和电压的分析,描述并网型微电网对大电网的影响。

1. 自平滑率

并网型微电网通过联络线与大电网相连,并与电网进行电能交互,联络线功率波动会对大电网产生一定的影响。为充分体现并网型微电网与大电网的友好互动,将自平滑率作为衡量并网型微电网的重要指标。

自平滑率又称为联络线功率波动率[1]，如式(5.5)所示。以联络线功率的标准差来描述联络线功率的波动情况，可在一定程度上反映并网型微电网对电网的影响。

$$\delta_{\text{line}}=\sqrt{\frac{1}{n-1}\sum_{i=1}^{n}(P_{\text{line},i}-\overline{P}_{\text{line}})^2} \tag{5.5}$$

式中，δ_{line}是自平滑率；$P_{\text{line},i}$是第i个时刻联络线功率；$\overline{P}_{\text{line}}$是评估周期内联络线的平均功率。

对于并网型微电网，较大的风光蓄容量能够有效提高本地的供电能力，但由于风光发电的随机性和波动性，较大的容量同样会带来较大的功率波动，过大的波动率将会限制并网型微电网接入电网。因此，在进行优化配置时，有必要对联络线功率波动率进行详细的考量。

2. 网络损耗

并网型微电网中含有分布式电源，使得电网中各支路的潮流不再是单方向流动，这将引起系统网络损耗的变化。因此，网络损耗不仅与负荷用电量有关，还与并网型微电网的发电量有关，分为以下三种情况[2]。

(1)各节点的负荷用电量均大于该节点的分布式电源发电量，使线路潮流减小，因此电网中线路的损耗也随之降低。

(2)至少一个节点的负荷用电量小于该节点的分布式电源发电量，但总负荷量大于分布式电源的总发电量，虽然部分线路由于潮流反向，可能导致线路的损耗增加，但电网的总体线路损耗将减小。

(3)至少一个节点的负荷用电量小于该节点的分布式电源发电量，且总负荷量小于分布式电源的总发电量。如果分布式电源总发电量小于两倍的总负荷量，那么电网中线路的损耗仍然会有所降低。

可见，并网型微电网具有明显的降损效益。网络损耗的计算公式为[3,4]

$$\begin{cases}P_{\text{loss}}=\sum_{i=1}^{n}\sum_{j=1}^{n}[\alpha_{ij}(P_iP_j+Q_iQ_j)+\beta_{ij}(Q_iP_j-P_iQ_j)]\\ \alpha_{ij}=\dfrac{R_{ij}}{V_iV_j}\cos(\delta_i-\delta_j)\\ \beta_{ij}=\dfrac{R_{ij}}{V_iV_j}\sin(\delta_i-\delta_j)\end{cases} \tag{5.6}$$

式中，P_{loss}是网络损耗；P_i、P_j是节点i和节点j的注入有功功率；Q_i、Q_j是节点i和节点j的注入无功功率；V_i、V_j是节点i和节点j的电压幅值；δ_i、δ_j是节点i和节点j的电压相角；R_{ij}是线路ij的电阻。

对于辐射型网络，网络损耗的计算公式可以简化为[5-7]

$$P_{\mathrm{loss}} = \sum_{i=1}^{n} \frac{P_i^2 + Q_i^2}{V_i^2} R_{ij} \tag{5.7}$$

但是，无论精确网络损耗（式(5.6)），还是简化网络损耗（式(5.7)），都需要进行电网潮流计算，从而获得潮流和电压分布信息。因此，网络损耗变化通常作为分布式电源和储能装置的选址依据。

此外，网络损耗的降低是由于分布式电源就地满足负荷需求，使电网潮流减小，因此在并网型微电网的容量优化问题中，可以将这种降损效果等效为降损率，从而避免复杂的潮流计算。式(5.8)是等效后的并网型微电网的降损效益，通常用于分布式电源和储能装置的容量优化。

$$R_{\mathrm{lr}} = p \cdot K\% \sum_{i=i}^{n} E_{\mathrm{DG},i} \tag{5.8}$$

式中，R_{lr}是降损效益；p 是电网电价；K 是降损率；$E_{\mathrm{DG},i}$是第 i 个节点的分布式电源发电量。

3. 稳定裕度

并网型微电网的接入能够有效改善电网的电压分布，因此在分布式电源和储能装置的选址过程中，还可以考虑电压的稳定裕度。如式(5.9)所示[8-10]，全局电压稳定裕度指标是局部稳定裕度指标的最大值。

$$L = \max_{i \in \theta_L}(L_i) \tag{5.9}$$

$$L_i = \left| 1 - \frac{\sum\limits_{j \in \theta_G} (F_{ij} V_j)}{V_i} \right| \tag{5.10}$$

式中，L 是电压稳定裕度；L_i是负荷节点 i 的局部电压稳定裕度；θ_L是负荷节点集合；θ_G是电源节点集合；V_i和 V_j是节点 i 和节点 j 的电压幅值；F_{ij}是负荷参与因子。

根据负荷节点和电源节点，可以将系统的潮流方程转换为式(5.11)。而负荷参与因子 F_{ij}是导纳矩阵$\boldsymbol{F}_{LG}$的第 ij 个元素，如式(5.12)所示。

$$\begin{vmatrix} \boldsymbol{I}_L \\ \boldsymbol{I}_G \end{vmatrix} = \begin{vmatrix} \boldsymbol{Y}_{LL} & \boldsymbol{Y}_{GL} \\ \boldsymbol{Y}_{LG} & \boldsymbol{Y}_{GG} \end{vmatrix} \cdot \begin{vmatrix} \boldsymbol{V}_L \\ \boldsymbol{V}_G \end{vmatrix} \tag{5.11}$$

$$\boldsymbol{F}_{LG} = -\boldsymbol{Y}_{LL}^{-1} \boldsymbol{Y}_{LG} \tag{5.12}$$

式中，$\boldsymbol{I}_L$和$\boldsymbol{I}_G$是负荷和电源节点的电流向量；$\boldsymbol{V}_L$和$\boldsymbol{V}_G$是负荷和电源节点的电压向量；$\boldsymbol{Y}_{LL}$、$\boldsymbol{Y}_{LG}$、$\boldsymbol{Y}_{GL}$、$\boldsymbol{Y}_{GG}$是节点导纳矩阵的子矩阵。

电压稳定裕度反映了电网电压的状态，系统无负荷时电压稳定裕度为 0；系统电压崩溃时电压稳定裕度为 1。因此，电压稳定裕度越大，说明该节点的电压越容易崩溃，直观地反映了负荷节点在当前运行方式下距电压崩溃点的距离，不需要计算电压崩溃点即可判断稳定性。所以，电压稳定裕度也常作为并网型微电网中分布式电源和储能装置的选址依据。

5.3 并网型微电网典型运行策略

5.3.1 联络线功率控制

微电网中光伏发电等可再生能源具有明显的间歇性和波动性,其输出功率受天气变化影响较大,导致电网功率波动,进而引起电压波动和电能质量等问题。通过联络线功率控制方式,能够缓解可再生能源的功率波动,利用储能装置等功率调节手段,实现微电网及其可再生能源与配电网的友好连接。

联络线功率控制通过微电网内部的功率调节,使联络线功率满足一定的运行目标(如减小功率波动、削峰填谷等),或者跟踪调度计划运行,提高微电网的并网性能。为了提高可再生能源利用率,通常以储能装置为主要调节手段,基于微电网运行目标或者调度计划,获得联络线功率补偿目标;然后利用储能装置的双向功率调节特性,实现联络线功率的优化和控制。

联络线功率控制分为两类:①基于专家策略的控制目标,实时计算功率补偿量,进行储能装置调节;②根据预定的调度计划计算功率补偿量,进行储能装置调节。其本质都是先确定功率补偿目标,再根据功率补偿目标进行功率分配和执行。

5.3.2 专家策略

专家策略通过对比联络线功率与控制目标的偏差,利用储能装置等控制手段,进行功率补偿。包括最大功率运行控制策略、功率平滑控制策略、系统自平衡控制策略、限功率运行控制策略和储能充电控制策略,以及主从控制策略。其中,主从控制策略用于微电网离网运行模式。因为并网型微电网不会长时间运行在离网模式,所以联络线功率控制策略以并网运行策略为主。

1.最大功率运行控制策略

最大功率运行控制策略应用于可再生能源发电功率较小或者功率波动较小的情况。例如,阴雨天气时,光伏发电功率很小,功率波动对微电网和大电网的影响也不大。在这种情况下,可再生能源最大功率运行,不足功率从配电网购电,储能装置处于待机状态,因此储能装置的功率补偿目标为零,如式(5.13)所示。

$$\Delta P_{\mathrm{obj},t} = 0 \tag{5.13}$$

式中,$\Delta P_{\mathrm{obj},t}$是$t$时刻的联络线功率偏差,即储能装置的功率补偿目标。

最大功率运行控制策略可以最大化地利用可再生能源,但是由于储能装置不主动进行功率调节,由大电网直接吸收功率波动,所以可再生能源输出功率不宜过大。

2. 功率平滑控制策略

功率平滑控制策略应用于可再生能源发电功率较小且功率波动较大的情况。例如,夜间风力发电功率可能不大,但是负荷水平也较低,风力发电功率波动对配电网的影响较大。在这种情况下,由储能装置满足净负荷需求,联络线功率的控制目标为零,因此对应的储能装置的功率补偿目标为微电网的净负荷,如式(5.14)所示。

$$\Delta P_{\mathrm{obj},t} = P_{\mathrm{nl},t} \tag{5.14}$$

式中,$P_{\mathrm{nl},t}$是t时刻的微电网净负荷。

此外,根据微电网的发供电水平,可以设置联络线功率的控制目标P_{ctl},储能装置的功率补偿目标也相应调整为式(5.15)。如果$P_{\mathrm{ctl}}>0$,说明微电网以恒定功率购电;如果$P_{\mathrm{ctl}}<0$,说明微电网以恒定功率售电。

$$\Delta P_{\mathrm{obj},t} = P_{\mathrm{nl},t} - P_{\mathrm{ctl}} \tag{5.15}$$

式中,P_{ctl}是联络线功率设定值。

功率平滑控制策略下,储能装置频繁充放电,对储能装置寿命影响可能较大,但是联络线功率波动相对较小。为了降低储能装置损耗,可以额外设置储能装置充放电的转换时间t_{ch},即储能装置在充放电状态转换后的t_{ch}时间内允许储能装置进行功率调节,但不允许储能装置再进行充放电转换。这样可以一定程度地降低储能装置的充放电转换频率,但是可能会影响控制效果。

3. 系统自平衡控制策略

系统自平衡控制策略应用于可再生能源发电功率较大且功率波动较大的情况。由于可再生能源发电功率过剩,通常采用"自发自用、余量上网"的原则。当系统功率不足($P_{\mathrm{nl},t}>0$)时,储能装置满足净负荷需求;当系统过剩功率超出限制($P_{\mathrm{nl},t}<P_{\mathrm{set\_sb}}$)时,储能装置吸收过剩功率;当过剩功率在$[P_{\mathrm{set_sb}},0]$内时,储能装置待机,实现"余量上网"。储能装置的功率补偿目标为

$$\Delta P_{\mathrm{obj},t} = \begin{cases} P_{\mathrm{nl},t}, & P_{\mathrm{nl},t} > 0 \\ 0, & P_{\mathrm{set\_sb}} \leqslant P_{\mathrm{nl},t} \leqslant 0 \\ P_{\mathrm{nl},t} - P_{\mathrm{set\_sb}}, & P_{\mathrm{nl},t} < P_{\mathrm{set\_sb}} \end{cases} \tag{5.16}$$

式中,$P_{\mathrm{set_sb}}$是联络线功率自平衡功率限制。因为主要用于限制倒送功率,$P_{\mathrm{set_sb}}$的取值为负。

相对于功率平滑控制策略,系统自平衡控制策略对并网型微电网售电行为进行了适当的放宽,在并网型微电网的倒送功率低于$|P_{\mathrm{set_sb}}|$时,储能装置不进行功率调节,可以有效降低储能装置的运行时间和损耗。系统自平衡控制策略主要是考虑到通常情况下,并网型微电网的发电容量与负荷需求相当,即使存在过剩的可再生能源功率,倒送功率也不会很大,对微电网和大电网的影响较小,因此不进行联络线功率控制。只有当倒送功率足够大时,储能装置才开始进行功率调节。

4. 限功率运行控制策略

限功率运行控制策略应用于可再生能源发电功率过剩的情况。在可再生能源能够满足负荷需求，或者较短时间内不能满足负荷需求时，为避免储能装置频繁充放电转换，所以不考虑储能装置的放电情况。只有当系统过剩功率超出限制（$P_{nl,t} < P_{set\_ln}$）时，储能装置吸收过剩功率。储能装置的功率补偿目标为

$$\Delta P_{obj,t} = \begin{cases} 0, & P_{nl,t} \geqslant P_{set\_ln} \\ P_{nl,t} - P_{set\_ln}, & P_{nl,t} < P_{set\_ln} \end{cases} \tag{5.17}$$

式中，P_{set_ln}是联络线功率反向功率限制，用于限制倒送功率。

由于可再生能源发电功率过剩，所以相对于系统自平衡控制策略，限功率运行控制策略减少了储能装置的放电过程。但是系统显然不能长期运行在限功率运行情况下，因为储能装置在充电后需要放电，所以限功率运行控制策略只用于某些特殊时段，如中午光伏发电功率过剩的时段。

限功率运行控制策略还有一种形式，就是限制微电网负荷用电。在负荷高峰季节或者负荷高峰时段，当系统不足功率超出限制（$P_{nl,t} > P_{set\_lp}$）时，储能装置弥补不足功率。为保证储能装置的供电能力，在负荷水平较低（$P_{nl,t} < P_{set\_lp} - \Delta P_{set\_l}$）时，允许储能装置充电。储能装置的功率补偿目标为

$$\Delta P_{obj,t} = \begin{cases} P_{nl,t} - P_{set\_lp}, & P_{nl,t} \geqslant P_{set\_lp} \\ 0, & P_{set\_lp} - \Delta P_{set\_l} < P_{nl,t} < P_{set\_lp} \\ P_{nl,t} - P_{set\_lp} + \Delta P_{set\_l}, & P_{nl,t} \leqslant P_{set\_lp} - \Delta P_{set\_l} \end{cases} \tag{5.18}$$

式中，P_{set_lp}是联络线功率正向功率限制，用于限制用电功率；ΔP_{set_l}是储能装置充电阈值。

由于并网型微电网的发电容量与负荷需求相当，因此需要限制微电网倒送功率的情况并不多，反而在夏季用电高峰时限制微电网用电功率的情况较多，所以在限制用电控制策略中设置了储能装置充电阈值，储能装置能够进行电量补充，使得微电网能够长期运行在用电限功率运行控制策略下。

5. 储能充电控制策略

软充电控制策略是限功率运行控制策略的特殊情况，即 $P_{set\_ln}=0$ 且只考虑储能装置的充电过程，储能装置的功率补偿目标为式(5.19)。但是软充电控制策略的意义很大，相当于完全限制微电网倒送功率，可以从电网购电满足不足负荷需求。而储能装置存储的电量可以用于提供系统调峰或者作为备用功率等辅助服务，起到电能转移作用，利用过剩的可再生能源发电功率实现更大的经济效益。

$$\Delta P_{obj,t} = \begin{cases} 0, & P_{nl,t} \geqslant 0 \\ P_{nl,t}, & P_{nl,t} < 0 \end{cases} \tag{5.19}$$

而硬充电控制策略下，储能装置采用恒功率充电，不对联络线功率波动情况进行功率

调节，但是会导致负荷水平的提高，所以最好应用于可再生能源过剩或者系统谷荷时段。储能装置的功率补偿目标为

$$\Delta P_{\text{obj},t} = P_{\text{con}} \tag{5.20}$$

式中，P_{con}是储能装置的恒定充电功率。

硬充电控制策略应用于短时间将储能装置充满的情况。可能是微电网即将进入计划离网状态，使储能装置具备足够的可调节电量；也可能是微电网接收到配电网的调度指令，紧急进行削峰填谷。

因为只具有充电过程，所以软充电和硬充电控制策略下的储能装置获得的电量都是用于其他用途如提供系统备用、削峰等，电能转移的作用多过平抑功率波动的效果。

6. 主从控制策略

主从控制策略应用于并网型微电网离网运行状态，控制目标由联络线功率转换为主电源功率。在风光储并网型微电网中，只有储能装置具备足够的功率调节能力，所以储能单元通常作为主电源。若以 1 个储能单元作为主电源（master），其他储能单元作为从电源（slave），那么功率补偿目标是相对于从电源而言的。从电源的功率补偿目标为

$$\Delta P_{\text{obj},t} = \begin{cases} P_{\text{nl},t} - P_{\text{dmax}}^{\text{disired}}, & P_{\text{nl},t} > P_{\text{dmax}}^{\text{disired}} \\ 0, & P_{\text{cmax}}^{\text{disired}} \leqslant P_{\text{nl},t} \leqslant P_{\text{dmax}}^{\text{disired}} \\ P_{\text{nl},t} - P_{\text{cmax}}^{\text{disired}} & P_{\text{nl},t} < P_{\text{cmax}}^{\text{disired}} \end{cases} \tag{5.21}$$

式中，$P_{\text{cmax}}^{\text{disired}}$是最大充电功率期望；$P_{\text{dmax}}^{\text{disired}}$是最大放电功率期望。

通过设置主电源的充放电功率期望，当主电源的输出功率超出放电功率限制时，由从电源分担过剩的负荷功率需求；当主电源的输出功率超出充电功率限制时，由从电源吸收过剩的可再生能源功率。所以主电源跟随系统负荷运行，先响应发电和负荷功率变化，再通过主从控制将超出的功率部分分配给从电源。

由于并网型微电网只会短暂运行在离网模式，因此离网控制策略下主要是利用主电源维持系统频率和电压，由从电源分担系统负荷，保证微电网安全和稳定运行。此外，离网模式下也可以采用多机下垂控制方式，全部或者部分的分布式电源和储能设备根据下垂控制参数，共同参与系统的电压和频率调节。

5.3.3　调度运行

除了基于特定专家策略运行，并网型微电网还可以跟踪预设的调度计划运行。调度计划是基于联络线功率优化模型获得最优的联络线功率曲线，或者上级调度下发的运行计划。通过储能装置进行功率调节，使联络线功率跟踪调度计划运行。

1. 经济运行

通过优化目标和约束条件的设置，基于联络线功率优化模型可以获得满足不同

控制目标的计划功率曲线，如联络线功率波动、储能装置充放电总量和功率变化率等。

联络线功率波动是联络线功率优化的基本要求，而储能装置充放电总量体现微电网的经济效益，储能装置充放电功率变化率用于延长储能装置的使用寿命。通过更换优化目标或者调整优化目标权重，可以使联络线计划功率曲线侧重于经济效益或者储能优化，获得相对经济的调度计划，即各个时段的联络线期望功率 $P_{\mathrm{opt},t}$，有利于延长储能使用寿命和提高可再生能源利用率。因此，储能装置的功率补偿目标为

$$\Delta P_{\mathrm{obj},t}=P_{\mathrm{tie},t}-P_{\mathrm{opt},t} \tag{5.22}$$

式中，$P_{\mathrm{tie},t}$ 是 t 时刻的联络线功率；$P_{\mathrm{opt},t}$ 是 t 时刻的联络线期望功率，即联络线功率优化结果。

2. 削峰填谷

微电网还可以利用储能装置提供削峰填谷、有功备用等系统辅助服务。其中，有功备用服务可以通过储能充电控制策略使储能装置获得一定的备用容量；削峰填谷服务是根据上级电网的调度指示，利用储能装置进行电量转移。

在只限定峰谷时段的情况下，可以通过在峰荷时段强制储能装置放电，在谷荷时段强制储能装置充电，如式(5.23)所示；而其他时段的储能装置充放电状态和充放电功率仍作为优化变量进行调度优化，获得各个时段的联络线期望功率 $P_{\mathrm{opt},t}$。

$$\begin{cases}U_{\mathrm{bat},t}=1, & t_{\mathrm{ps}}\leqslant t\leqslant t_{\mathrm{pe}}\\ U_{\mathrm{bat},t}=0, & t_{\mathrm{vs}}\leqslant t\leqslant t_{\mathrm{ve}}\end{cases} \tag{5.23}$$

式中，$U_{\mathrm{bat},t}$ 是 t 时刻储能装置的充放电状态，$U_{\mathrm{bat},t}=1$ 代表储能装置处于放电状态，$U_{\mathrm{bat},t}=0$ 代表储能装置处于充电状态；t_{ps}、t_{pe} 是大电网峰荷时段开始和结束时间；t_{vs}、t_{ve} 是大电网谷荷时段开始和结束时间。

削峰填谷调度计划能够在满足微电网控制目标的前提下，对大电网起到一定的削峰填谷作用。例如，在配电网的峰荷时段，而微电网中可再生能源功率也过剩，那么储能装置选择放电提供更多的功率支撑，也可以选择待机，但是至少不会进行充电提高系统负荷水平。

除了限定峰谷时段，在削峰填谷调度计划中还可以严格限制峰谷时段内的联络线期望功率，然后基于联络线功率优化模型优化其他时段的储能装置的充放电功率，以确保在峰荷时段储能装置具备足够的电量，在谷荷时段具有足够的充电空间。限定峰谷时段及其调度计划依赖于上级电网的调度指示，或者在一定的削峰填谷服务协议的管理下进行。

3. 系统调度

除了在峰谷时段满足上级调度要求外，微电网的联络线功率也可能严格按照上级电网的调度指示运行，执行全时段的调度指令。那么储能装置的功率补偿目标是

联络线功率与调度指令的差值：

$$\Delta P_{\text{obj},t} = P_{\text{tie},t} - P_{\text{dno},t} \tag{5.24}$$

式中，$P_{\text{dno},t}$是t时刻的微电网功率调度指令。

相对于专家策略，并网型微电网的调度计划需要提前制订，依赖于预测数据和上级调度要求，但是可以对微电网及其设备进行短期的运行优化，提高经济效益等指标。

5.4 并网型微电网优化配置综合模型

并网型微电网优化配置问题包含容量优化和位置优化两个子问题。通常情况下，微电网优化配置指容量优化问题。本节将对容量优化和位置优化问题进行对比阐述。其实，容量优化和位置优化是可以同时进行“选址定容”的联合优化，数学模型如式(5.25)所示；也可以两个子问题分别优化，仍然采用式(5.25)所示的优化问题模型。但是在不同的子问题下，优化变量、目标函数、约束条件也不尽相同。

$$\begin{aligned} \min \quad & f(x) \\ \text{s.t.} \quad & h_i(x) = 0, \quad i = 1,\cdots,m \\ & g_j(x) \leqslant 0, \quad j = 1,\cdots,l \\ & x \in D \end{aligned} \tag{5.25}$$

式中，x为决策变量；$f(x)$为目标函数；$h(x)$为等式约束；$g(x)$为不等式约束；D为优化变量范围。

此外，并网型微电网位置优化问题也可以基于稳态潮流或者随机潮流计算结果，以电压和网损的变化率作为分布式电源和储能装置接入位置的判断依据，此时位置优化不再是典型优化问题，类似于穷举法或者试探法，具体方法将在后续章节中详细阐述。

5.4.1 优化变量

在并网型微电网容量优化问题中，优化变量包括分布式电源、储能装置等设备的类型与数量。而并网型微电网位置优化问题中，优化变量包括分布式电源、储能装置等设备的接入位置、系统的潮流和电压等运行方式。此外，容量优化和位置优化问题都需要考虑具体的运行策略及相关参数，作为待决策的变量，优化变量示意如图5.6所示。因此，在容量优化和位置优化两个子问题中，还各自包含运行策略及其相关的参数子问题。具体建模时，可将所有优化变量统一到同一目标函数下。另一种是将各层次的变量区别对待，采用两阶段的建模方式，即第一阶段主要确定设备的类型、位置和容量，第二阶段主要确定系统的运行策略及其相关参数。

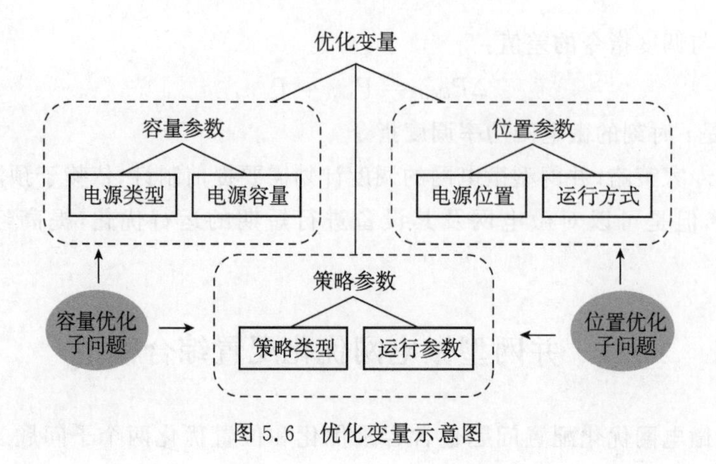

图 5.6　优化变量示意图

5.4.2　优化目标

优化目标大致可以分为经济性目标、技术性目标和环保性目标三类。在前面已经阐述,此处不再赘述。除了上述优化目标,在并网型微电网优化配置问题中,还需要考虑并网性能指标,如图 5.7 所示。因此,相对于离网型微电网的优化配置问题,并网型微电网优化配置问题的优化目标更加丰富,考虑的因素也更为全面。对于容量优化子问题,通常在经济性目标、技术性目标、环保性目标和并网性能指标中,可根据微电网不同的优化需求,选取一个或多个优化目标参与优化。对于位置优化子问题,与容量优化子问题在优化变量和约束条件存在较大区别,通常针对并网性能指标的单目标优化,有时也考虑经济性目标。

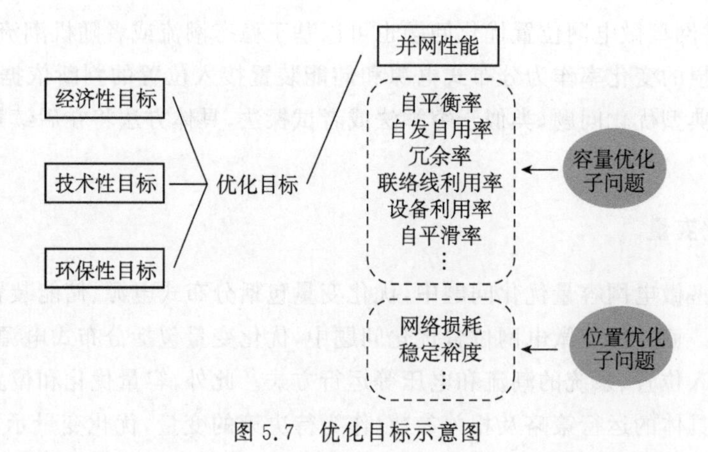

图 5.7　优化目标示意图

5.4.3　约束条件

并网型微电网在优化配置时需要满足一定的约束条件才能使配置的结构满足实际系统的技术可行和经济可行。相对于离网型微电网,并网型微电网优化配置问题中需要考虑的因素更多，除了系统级运行约束条件、设备级运行约束条件、系统规划约束条件和工程约束条件，还需要考虑公共连接点处的电能质量、微电网与配电网的功率交互、微电网自身的控制策略等多方面的因素。本节从系统性能约束条件和公共连接点约束条件两个方面，重点阐述并网型微电网优化配置问题的专属约束条件，而与离网型微电网优化配置问题相似的通用约束条件此处不再赘述。

1. 系统性能约束条件

系统性能约束条件是针对自平衡率、自发自用率等微电网的并网性能指标设置的期望值约束，在不能兼顾多方面的系统性能时，使部分重要的性能指标达到一定的期望值水平。

1）自平衡率约束

$$R_{self}=\frac{E_{self}}{E_{total}}\geqslant R_{self\_set} \tag{5.26}$$

式中，R_{self_set}是自平衡率期望值；R_{self}是自平衡率；E_{self}是并网型微电网自身所能满足的负荷用电量；E_{total}是负荷的总需求量。

2）自发自用率约束

$$R_{suff}=\frac{E_{self}}{E_{DG}}\geqslant R_{suff\_set} \tag{5.27}$$

式中，R_{suff_set}是自发自用率期望值；R_{suff}是自发自用率；E_{self}是并网型微电网自身所能满足的负荷用电量；E_{DG}是并网型微电网的分布式电源总发电量。

3）冗余率约束

$$R_{redu}=\frac{E_{grid\text{-}out}}{E_{DG}}\leqslant R_{redu\_set} \tag{5.28}$$

式中，R_{redu_set}是冗余率期望值；R_{redu}是冗余率；$E_{grid\text{-}out}$是并网型微电网出售给大电网的电量；E_{DG}是并网型微电网的分布式电源总发电量。

由于微电网优先自发自用，冗余率越小说明微电网倒送电量越少，因此将冗余率期望值作为约束上限。而自平衡率和自发自用率越大说明微电网自治能力越强，因此对应期望值作为约束下限。

4）联络线利用率约束

$$U_{tieline}=\frac{E_{grid\text{-}in}+E_{grid\text{-}out}}{E_{tieline}}\geqslant U_{tieline\_set} \tag{5.29}$$

式中，$U_{tieline_set}$是联络线利用率期望值；$U_{tieline}$是联络线利用率；$E_{grid\text{-}in}$是并网型微电网的购电电量；$E_{grid\text{-}out}$是并网型微电网的售电电量；$E_{tieline}$是联络线额定功率下的年输送电量。

5）可再生能源利用率约束

$$U_{res}=\frac{E_{resr}}{E_{rest}}\geqslant U_{res\_set} \tag{5.30}$$

式中，U_{res_set} 是可再生能源利用率期望值；U_{res} 是可再生能源利用率；E_{resr} 是可再生能源的实际发电量；E_{rest} 是可再生能源的最大发电量。

其他性能指标约束还包括降损率、电压改善指标、储能系统利用率、可控电源利用率等，可以根据实际情况和配置需求进行选择并设置期望值。

2. 公共连接点约束条件

公共连接点(PCC)是微电网和配电网的交界，不仅对电压水平、功率因数等有严格要求，对交互功率大小、功率方向和功率波动情况也有明确限制，并且根据控制策略要求还需要分情况分时段改变功率的交互行为。

1)电压约束

$$\underline{U}_{pcc} \leqslant U_{pcc} \leqslant \overline{U}_{pcc} \tag{5.31}$$

式中，U_{pcc} 是 PCC 点电压水平；$\underline{U}_{pcc}$、$\overline{U}_{pcc}$ 是 PCC 点电压限值。

2)功率因数约束

$$\lambda_{pcc} = \frac{P_{tieline}}{\sqrt{P_{tieline}^2 + Q_{tieline}^2}} \geqslant \lambda_{pcc\_set} \tag{5.32}$$

式中，λ_{pcc_set} 是 PCC 点功率因数期望值；λ_{pcc} 是 PCC 点功率因数；$P_{tieline}$ 是有功交互功率；$Q_{tieline}$ 是无功交互功率。

通过设置 PCC 点功率因数期望值，可以实现微电网的无功功率就地平衡，避免无功功率传输。

3)交互功率约束[11]

$$S_{pcc} = \sqrt{P_{tieline}^2 + Q_{tieline}^2} \leqslant S_{pcc\_set} \tag{5.33}$$

式中，S_{pcc_set} 是 PCC 点交互功率限值；S_{pcc} 是 PCC 点视在功率。

微电网与配电网的交互功率需要满足一定的线路输送能力约束，同时，在不同时段还可能根据调度需求或者控制策略等人为限制交互功率，如夏季用电高峰时对微电网进行用电限制。

因此，S_{pcc_set} 的取值需要根据不同时段进行调整如式(5.34)所示，也可能根据不同的控制策略分情况进行调整如式(5.35)所示。在一些策略中，还需要对功率方向进行限制，如式(5.36)所示，从而改变微电网的发用电行为和配电网的购售电方式。

$$S_{pcc\_set} = \begin{cases} S_{pcc\_t1}, & t_0 \leqslant t < t_1 \\ S_{pcc\_t2}, & t_1 \leqslant t < t_2 \\ \vdots & \vdots \end{cases} \tag{5.34}$$

$$S_{pcc\_set} = \begin{cases} S_{pcc\_s1}, & \text{策略 } 1 \\ S_{pcc\_s2}, & \text{策略 } 2 \\ \vdots & \vdots \end{cases} \tag{5.35}$$

$$\begin{cases} P_{\text{tieline}} \leqslant 0, & \text{策略 1} \\ P_{\text{tieline}} \geqslant 0, & \text{策略 2} \\ \vdots & \vdots \end{cases} \tag{5.36}$$

式中,$S_{\text{pcc_}t}$是不同时段的 PCC 点功率因数期望值;$S_{\text{pcc_}s}$是不同策略的 PCC 点功率因数期望值;t 是时段。

4)功率波动约束

$$\delta_{\text{line}} = \sqrt{\frac{1}{n-1}\sum_{i=1}^{n}(P_{\text{line},i} - \overline{P}_{\text{line}})^2} \leqslant \delta_{\text{line\_set}} \tag{5.37}$$

式中,$\delta_{\text{line_set}}$是自平滑率期望值;δ_{line}是自平滑率;$P_{\text{line},i}$是第 i 个时刻的联络线功率;$\overline{P}_{\text{line}}$是评估周期内联络线平均功率。

通过设置 PCC 点自平滑率期望值,限制微电网与配电网交互功率的波动情况,降低微电网对配电网的影响。

此外,离网型微电网优化配置中,部分系统级和设备级约束条件在并网型微电网优化配置问题中同样适用,但是需要适当调整,如功率平衡约束中需要考虑微电网与配电网的交互功率等。

5.5 并网型微电网优化配置求解方法

由于并网型微电网容量优化配置问题和位置优化问题存在一定差别,因此在求解方法上也有所不同。

5.5.1 容量优化问题求解方法

容量优化子问题如式(5.25)所示,通常采用解析法、智能算法等求解。由于在前面已有详尽叙述,此处只进行简单说明。

1. 解析法

利用数学符号和解析式对优化配置问题进行数学建模[12,13],包括线性规划(LP)、非线性规划(NLP)、混合整数线性规划(MILP)、混合整数非线性规划(MINLP)等形式。然后,针对不同形式的规划问题,采用数学方法求解,如内点法、外点法、Benders 分解法、分支定界法等。采用解析法,数学问题的计算规模和计算量较大,当系统较复杂时,求解难度加大。但是,目前有很多商用的解法器可供选择,如 CPLEX[14,15] 在微电网容量优化配置的研究领域中应用比较广泛。

2. 智能算法

智能优化算法一般都是建立在生物智能或物理现象基础上的随机搜索算法,目前在理论上还远不如传统优化算法完善,往往也不能确保解的最优性。但从实际应用的观点看，这类新算法一般不要求目标函数和约束的连续性与凸性，甚至有时对有没有解析表达式都不做要求，对计算中数据的不确定性也有很强的适应能力。

这类算法包括模拟退火算法(simulated annealing，SA)、遗传算法(genetic algorithms，GA)、禁忌搜索算法(tabu search，TS)、粒子群算法(particle swarm optimization，PSO)、蚁群优化算法(ant colony optimization，ACO)等。

5.5.2 位置优化问题求解方法

位置优化子问题可以通过建立如式(5.25)所示的数学模型，采用解析法或者智能算法求解，求解方法与容量优化子问题相似。针对位置优化子问题的特点，还可以采用灵敏度分析法等求解。

灵敏度分析法是定性地从物理概念出发，利用并网性能指标的变化关系来分析稳定问题。灵敏度指标的分类很多，有反映负荷节点电压随负荷功率变化的指标 $\mathrm{d}V_{Li}/\mathrm{d}P_{Li}$；有反映发电机无功功率随负荷功率变化的指标 $\mathrm{d}Q_{Gi}/\mathrm{d}Q_{Li}$；有反映网损功率随负荷功率变化和发电机出力变化的指标 $\mathrm{d}P_{\mathrm{loss}}/\mathrm{d}P_{Li}$ 和 $\mathrm{d}Q_{\mathrm{loss}}/\mathrm{d}Q_{Li}$ 等。所有这些灵敏度指标，从数学上均可以分为两类：一类是状态变量对控制变量的灵敏度，简称状态变量灵敏度；另一类是输出变量对控制变量的灵敏度，简称输出变量灵敏度[16,17]。而在并网型微电网位置优化配置中，应用较多的是网损灵敏度和电压灵敏度。

网损灵敏度(loss sensitivity factor，LSF)是每增加一个单位出力所引起的电网损耗变化量，如式(5.38)所示。

$$\begin{cases}\mathrm{LSF}_i = \dfrac{\partial P_{\mathrm{loss}}}{\partial P_i} = 2\sum\limits_{j=1}^{n}(\alpha_{ij}P_j - \beta_{ij}Q_j) \\ \alpha_{ij} = \dfrac{R_{ij}}{V_iV_j}\cos(\delta_i - \delta_j) \\ \beta_{ij} = \dfrac{R_{ij}}{V_iV_j}\sin(\delta_i - \delta_j)\end{cases} \tag{5.38}$$

式中，LSF_i 是节点 i 的网损灵敏度；P_{loss} 是网络损耗；P_i、P_j 是节点 i 和节点 j 的注入有功功率；Q_j 是节点 j 的注入无功功率；V_i、V_j 是节点 i 和节点 j 的电压幅值；δ_i、δ_j 是节点 i 和节点 j 的电压相角；R_{ij} 是线路 ij 的电阻。

LSF_i 越大，说明节点 i 在增加一个单位出力之后，网络损耗下降越明显。利用灵敏度分析法，根据各节点 LSF 值排序，选取其中 LSF 较大的节点作为位置优化的节点。

电压灵敏度(voltage sensitivity factor，VSF)是每增加一个单位出力所引起的节点电压变化量，如式(5.39)所示[18-20]。

$$\begin{cases}\mathrm{VSF}_{1,i} = |V_{i-1}|^4 - 4(P_iX_{i-1,i} - Q_iR_{i-1,i})^2 - 4(P_iR_{i-1,i} + Q_iX_{i-1,i})|V_{i-1}|^2 \\ \mathrm{VSF}_{2,i} = \dfrac{4(P_iX_{i-1,i} - Q_iR_{i-1,i})^2 + 4(P_iR_{i-1,i} + Q_iX_{i-1,i})|V_{i-1}|^2}{|V_{i-1}|^4}\end{cases} \tag{5.39}$$

式中，$VSF_{1,i}$、$VSF_{2,i}$是节点 i 的电压灵敏度的两种不同形式；V_{i-1}是节点 $i-1$ 的电压幅值；P_i、Q_i分别为支路$(i-1,i)$末端流入节点 i 的有功功率和无功功率；$R_{i-1,i}$、$X_{i-1,i}$是支路$(i-1,i)$的电阻和电抗。

由式(5.39)可知，电压灵敏度由两个指标构成。其中，$VSF_{1,i}$必须大于0，并且$VSF_{1,i}$越小，节点 i 越容易出现电压崩溃；而$VSF_{2,i}$必须小于1，并且$VSF_{2,i}$越大，节点 i 越容易出现电压崩溃。因此，采用电压灵敏度分析时，需要综合考虑$VSF_{1,i}$和$VSF_{2,i}$。

随机潮流法通过大量系统潮流计算，进而分析并网性能指标的变化趋势。而灵敏度分析法基于电力系统潮流方程等数学模型，推导出能够描述并网性能指标变化趋势的表达式。因此，灵敏度分析法可以对系统中适合分布式电源接入的节点和薄弱节点等进行直接判断。

5.6 算例分析

为了能够进一步说明并网型微电网优化配置的流程，以某一地区的风光储并网型微电网的优化配置为例进行分析。该地区处于电网末端，夏季时常面临拉闸限电的情况，通过对原有电网改造，准备引入风力发电、光伏发电和蓄电池储能等设备，构成并网型微电网，形成大电网和可再生能源供电互补的格局，如图5.8所示。

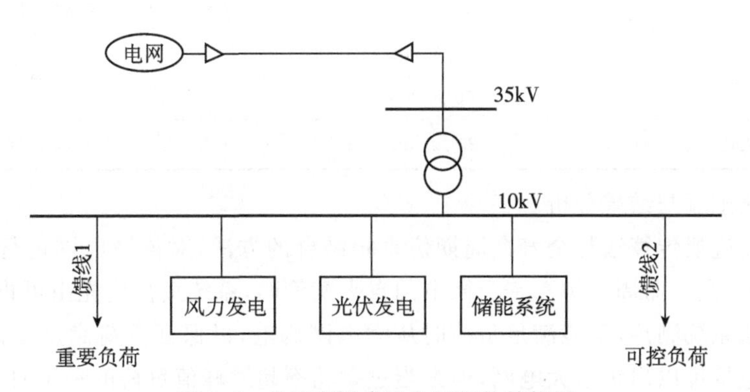

图5.8　并网型混合微电网拓扑结构图

据气象观测站统计，该地区风资源的年利用小时数为1941h，光资源的年利用小时数为896h，风资源较好，光资源一般，适合建设含可再生能源的微电网，可以有效缓解当地用电紧张的局面。系统全年用电量为23298kW·h，月用电量的季节变化不大，如图5.9所示。

风力发电、光伏发电和蓄电池储能等设备的技术和经济参数如表5.1所示，其中运行维护费用表示为初始投资的百分比形式。蓄电池储能系统包括蓄电池、变流器

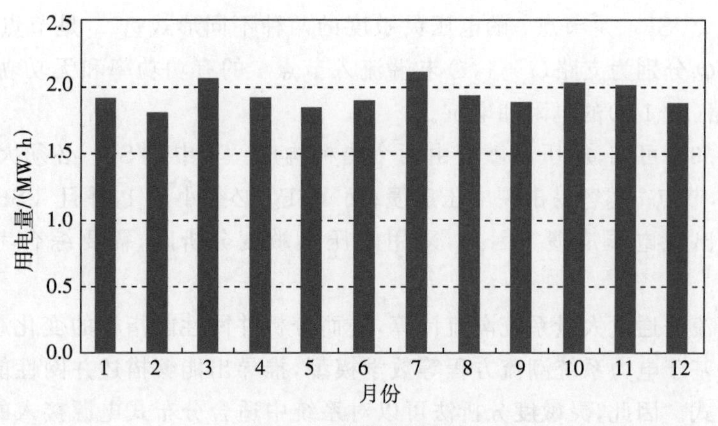

图 5.9　系统月用电量

等设备,所以投资成本分别以功率和能量两种形式结算。此外,还考虑了电网改造和维护费用,该费用与微电网和大电网的距离成正比。微电网的设计寿命为 20 年,假设只有蓄电池储能系统在微电网寿命周期内存在置换的可能性,且置换次数与使用情况有关,其他设备不考虑置换成本。

表 5.1　微电网设备参数

设备名称	初始投资成本	运行维护费用
风力发电	20000 元/kW	1%/年
光伏发电	11000 元/kW	0.1%/年
蓄电池	1500 元/kW	1%/年
	800 元/kW	
电网改造	20 元/km	2%/(km·年)

1)优化配置与结果分析

采用改进遗传算法与全寿命周期仿真相结合的方法,对该微电网进行优化配置求解。其中,全寿命周期仿真基于微电网自平衡策略,系统负荷优先由可再生能源和蓄电池储能系统满足,不能满足负荷时从大电网购电,以保证负荷满足率;过剩可再生能源发电量可以出售给大电网,但是当过剩功率超过峰值负荷的一半时,为蓄电池储能系统充电,确保蓄电池储能系统有效地充放电循环。此外,蓄电池储能系统 SOC 运行限制设置为 0.40～0.95,充放电转换效率为 0.9;大电网购/售电价为 0.5 元/(kW·h)。

并网型微电网优化配置中需要考虑的因素较多,因此采用多目标优化方法,这里优化目标包括单位发电成本、自平衡率和冗余率。优化结果如表 5.2 所示,表中"优化目标"表示配置优化过程中目标函数设置情况,"1"代表参与优化,"0"代表未参与优化,如"1/1/0"表示单位发电成本和自平衡率两个目标函数参与了优化。

表 5.2　微电网不同容量配置结果

优化目标	配置方案	风力发电/kW	光伏发电/kW	蓄电池/(kW·h)	单位发电成本/[元/(kW·h)]	自平衡率/%	冗余率/%
1/1/1	方案1	246	252	1859	1.46	82.1	21.5
	方案2	246	252	32	0.87	64.5	41.2
1/1/0	方案3	243	252	1843	1.46	81.7	21.2
1/0/1	方案4	2	18	17	0.77	3.1	0
1/0/0	方案5	0	1	25	0.76	0.1	0

由于多目标优化存在一个最优解空间，因此在三个目标函数都参与优化时得到两个最优配置方案，方案1和方案2的光伏发电和风力发电的配置完全相同，区别在于方案1中包含大容量蓄电池储能系统，这也导致两个方案的性能差异较大。方案1的单位发电成本虽然较高，但是可以满足系统内82.1%的负荷需求，同时倒送电量比例也较小，充分利用蓄电池储能系统进行电量转移实现自发自用。方案2由于大幅度降低了蓄电池储能系统的配置容量，因此单位发电成本明显减小，但是微电网的自发自用能力下降了。方案1和方案2是两种典型的并网型微电网配置方案，方案1增加储能系统提升并网性能和方案2减少储能系统提升经济效益。

方案3同时考虑了单位发电成本和自平衡率两个优化目标，其结果与方案1相近，可见蓄电池储能系统有助于提升微电网自平衡率。方案4考虑了单位发电成本和冗余率。方案5只考虑了单位发电成本，其结果是光伏发电、风力发电和蓄电池储能的容量配置都几乎为0，但是单位发电成本降为0.76元/(kW·h)，即电网售电电价和电网改造维护折算的费用之和，可见目前微电网的经济效益与大电网直接购电比较尚没有优势。

并网型微电网效益主要体现在可再生能源综合利用、与大电网的友好互动，有效控制联络线功率，平抑可再生能源波动，提高电能质量。图5.10是方案1和方案2对应的系统全年运行时序仿真统计结果，90%的情况下可再生能源(即246kW风力发电和252kW光伏发电)本身的功率波动维持在70kW以内，考虑系统负荷后(即净负荷)功率波动进一步增大；在蓄电池储能系统的协调下(即方案1)，50%以上的时间系统功率波动被控制在10kW以内；在几乎无蓄电池储能系统的情况下，系统的功率波动情况与净负荷波动相近。可见，蓄电池储能系统能够有效平抑可再生能源的功率波动，实现与电网交互功率的有效控制。

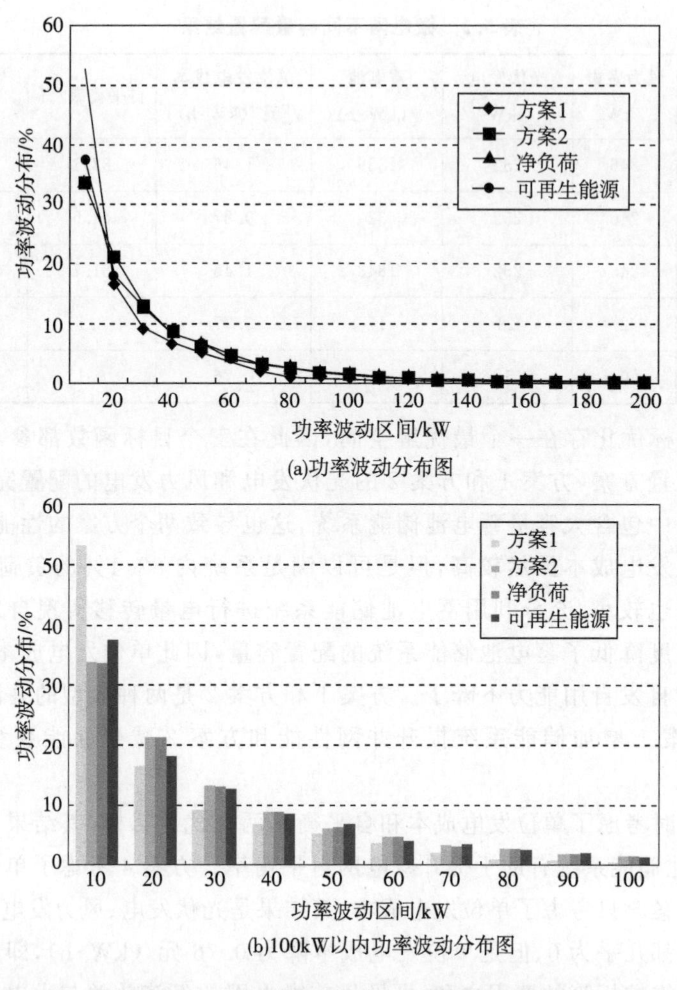

(a)功率波动分布图

(b)100kW以内功率波动分布图

图 5.10　微电网功率波动时序仿真统计图

2)敏感性分析

在敏感性分析中采用单位发电成本、自平衡率和冗余率三个目标同时参与优化，因此获得的微电网配置方案是一个最优解空间。除了储能系统容量区别较大，光伏发电和风力发电容量相近，所以在敏感性分析选取两种典型的配置方案，以储能容量进行区分，即“大容量储能”和“小容量储能”。

图 5.11 是电网电价由 0.5 元/(kW·h)增加到 1.2 元/(kW·h)时，单位发电成本、自平衡率和冗余率三个目标的变化趋势。其中，自平衡率和冗余率没有明显变化，曲线波动来自遗传算法收敛结果的随机性。单位发电成本随着电网电价的增大有小幅度下降趋势。可见，在满足一定的自平衡率基础上，微电网的售电量大于购电量，因此在电网电价的增大时收益提高；而当微电网达到一定的自平衡率时，相对于微电网投资成本和电网改造成本，电价对经济效益的影响很小。

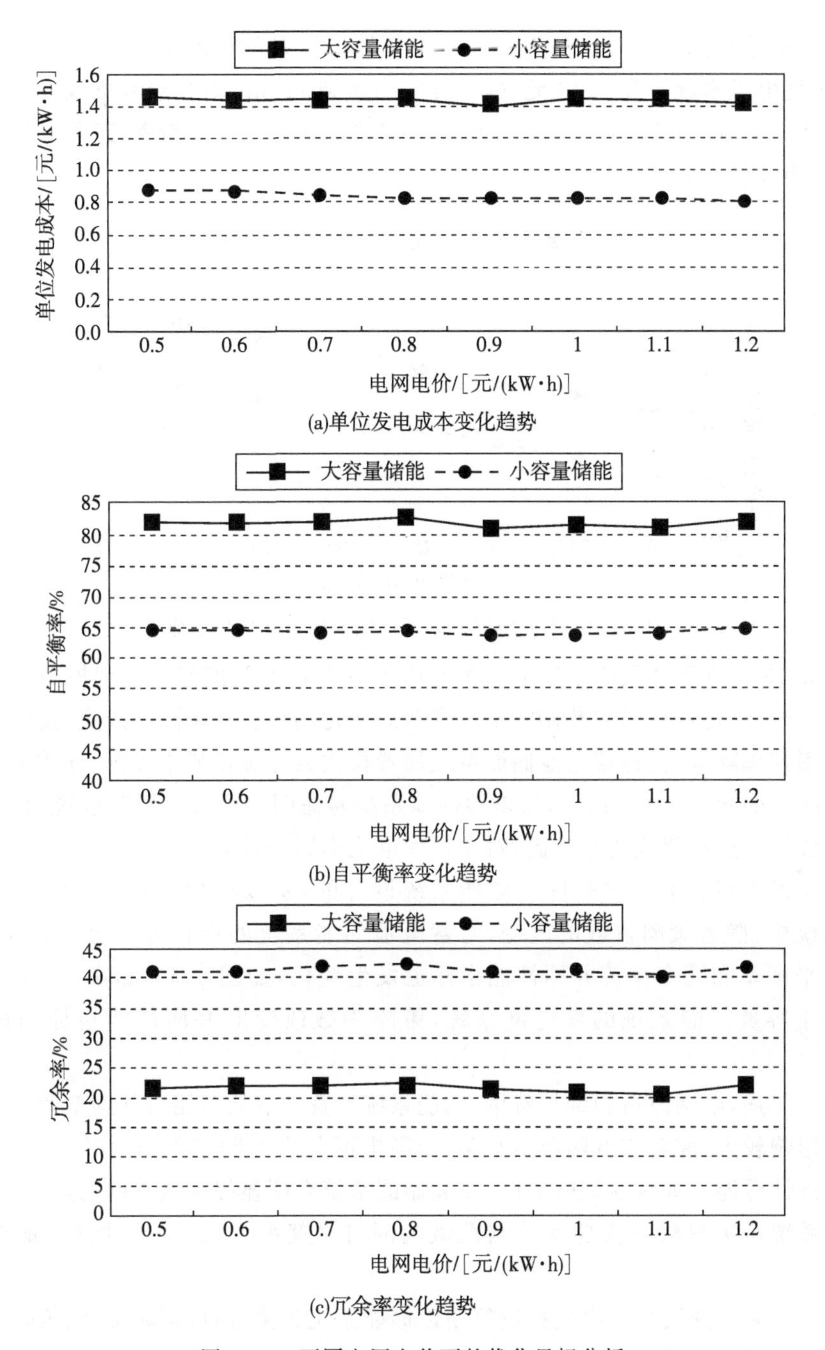

(a)单位发电成本变化趋势

(b)自平衡率变化趋势

(c)冗余率变化趋势

图 5.11　不同电网电价下的优化目标分析

图 5.12 是微电网与大电网距离由 0km 增加到 175km 时，单位发电成本的变化趋势。可见，随着与大电网距离的增加，电网改造及维护费用随之增加，对单位发电成本影响很大。在不安装储能设备的情况下，单位发电成本由接近电网电价的 0.60

元/(kW·h)增加到 1.55 元/(kW·h);在安装储能设备的情况下,每增加 25km 的距离,单位发电成本就提高 0.13 元/(kW·h),当达到 175km 时单位发电成本已经超过 2 元/(kW·h),此时经济效益与独立型微电网差别不大。自平衡率、冗余率与图 5.10 相近,随距离增大无明显变化。

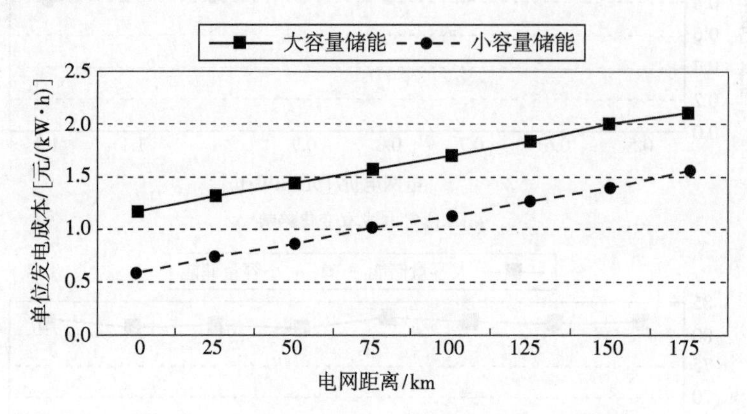

图 5.12 不同电网距离下单位发电成本变化趋势

图 5.13 是自平衡策略中微电网售电功率限值由 20% 的峰荷功率提高到 1.4 倍峰荷功率时,优化目标函数及储能系统寿命的变化趋势。功率限制放宽,蓄电池储能系统使用频率降低,使得蓄电池储能系统的置换次数和置换成本下降,导致单位发电成本下降。如图 5.13(b)所示,蓄电池储能系统寿命明显增大。同时也说明,蓄电池储能系统的投资和置换成本较高,对单位发电成本影响较大。

由于微电网控制策略是围绕储能系统设计的,所以在含大容量储能系统的微电网系统中,随着策略参数的改变,对蓄电池储能系统的运行方式等的影响较大,导致自平衡率和冗余率等并网性能指标也发生变化,如图 5.13(c)和(d)所示。而对于含小容量储能系统的微电网系统,策略参数改变对并网性能指标的影响就较小。

综上所述,电网改造和维护费用、储能系统投资和置换费用对并网型微电网的经济效益影响较大,前者与电网距离有关,当微电网与大电网相距较远时,并网型微电网的经济性可能不如独立型微电网;安装储能系统会明显提高微电网的发电成本,但是储能系统是实现联络线功率控制及微电网自平衡率、冗余率等并网性能的前提保障。

由于现有的并网型微电网控制策略以储能系统为主,所以策略选择、策略参数的改变直接影响储能系统的运行行为,间接影响微电网的发电成本、自平衡率等性能指标,对微电网的优化配置影响也较大。此外,当微电网达到一定的自平衡率时实现自发自用,与大电网的交互电量减小,交易成本占全寿命周期成本的比例很小,因此反而对电网电价不敏感。

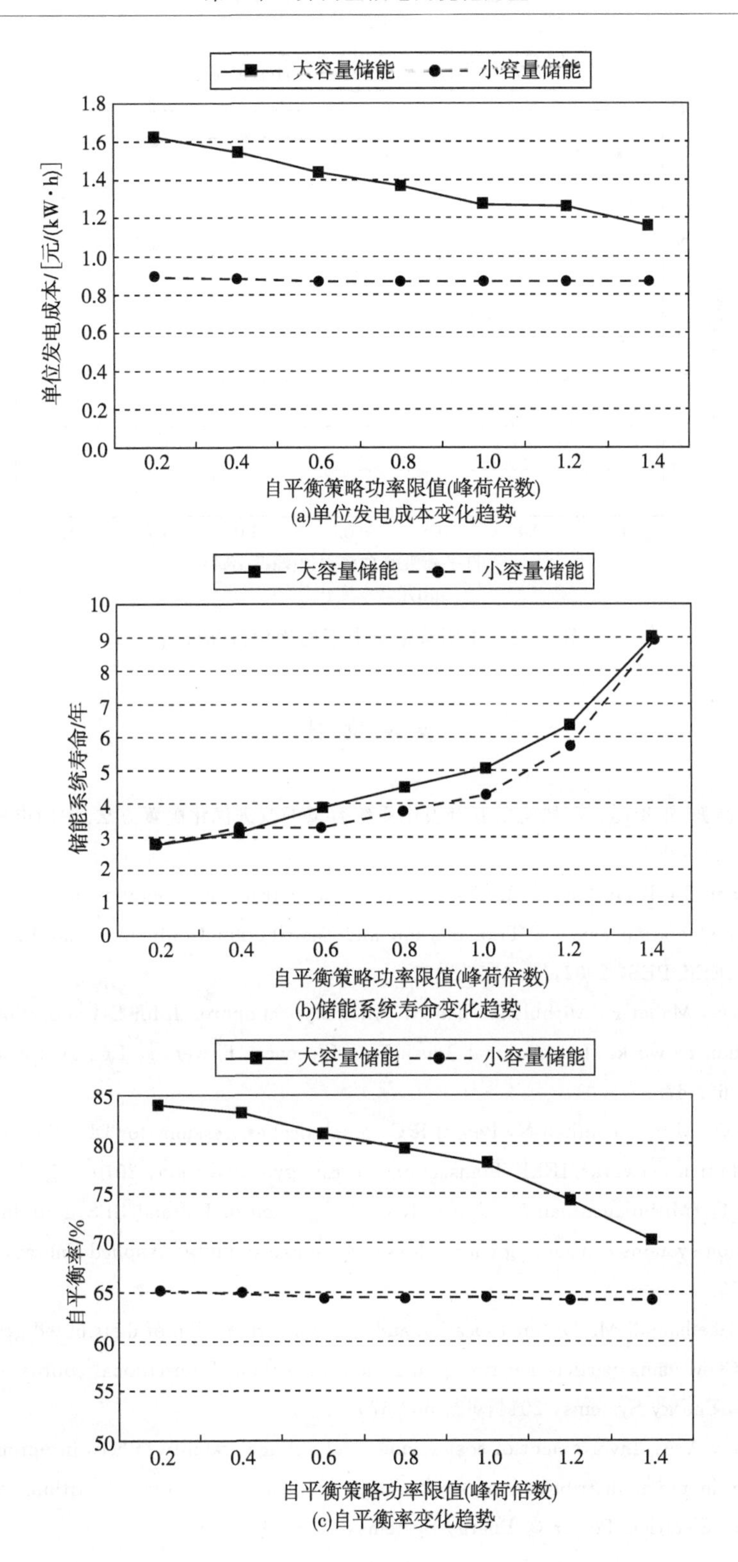

(a)单位发电成本变化趋势

(b)储能系统寿命变化趋势

(c)自平衡率变化趋势

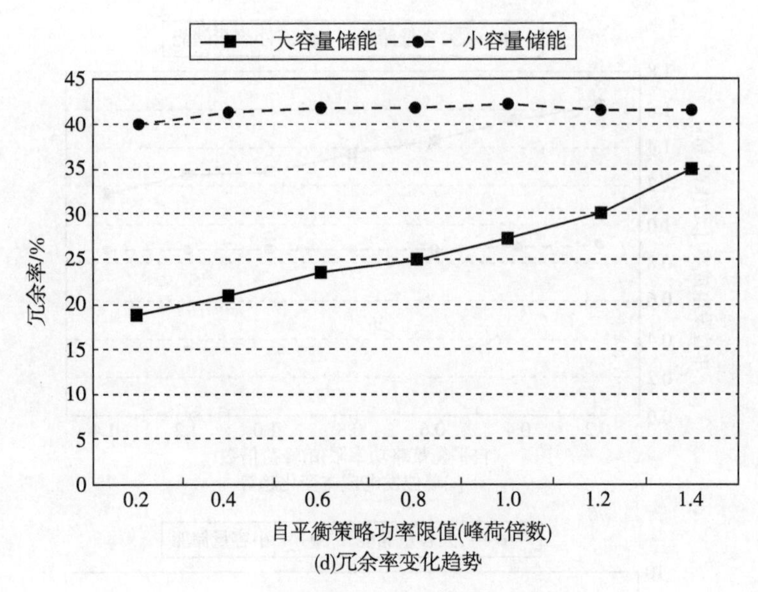

(d)冗余率变化趋势

图 5.13　不同策略参数下的优化目标分析

参考文献

[1] 徐林,阮新波,张步涵,等.风光蓄互补发电系统容量的改进优化配置方法.中国电机工程学报,2012,32(25):88-98.

[2] Ackermann T, Knyazkin V. Interaction between distributed generation and the distribution network: Operation aspects. Transmission and Distribution Conference and Exhibition Asia Pacific, IEEE/PES, 2002, 2: 1357-1362.

[3] Acharya N, Mahat P, Mithulananthan N. An analytical approach for DG allocation in primary distribution network. International Journal of Electrical Power & Energy Systems, 2006, 28(10): 669-678.

[4] Hung D Q, Mithulananthan N, Bansal R C. Analytical expressions for DG allocation in primary distribution networks. IEEE Transactions on Energy Conversion, 2010, 25(3): 814-820.

[5] Hung D Q, Mithulananthan N, Bansal R C. Integration of PV and BES units in commercial distribution systems considering energy loss and voltage stability. Applied Energy, 2014, 113: 1162-1170.

[6] Devi S, Geethanjali M. Optimal location and sizing determination of distributed generation and DSTATCOM using particle swarm optimization algorithm. International Journal of Electrical Power & Energy Systems, 2014, 62: 562-570.

[7] El-Fergany A A. Involvement of cost savings and voltage stability indices in optimal capacitor allocation in radial distribution networks using artificial bee colony algorithm. International Journal of Electrical Power & Energy Systems, 2014, 62: 608-616.

[8] Kessel P, Glavitsch H. Estimating the voltage stability of a power system. IEEE Transactions on Power Delivery, 1986, 1(3): 346-354.

[9] Chen G, Liu L, Song P, et al. Chaotic improved PSO-based multi-objective optimization for minimization of power losses and L index in power systems. Energy Conversion and Management, 2014, 86: 548-560.

[10] 姜涛,李国庆,贾宏杰,等. 电压稳定在线监控的简化L指标及其灵敏度分析方法. 电力系统自动化,2012,36(21):13-18.

[11] 张佳佳,陈金富,范荣奇. 微网高渗透对电网稳定性的影响分析. 电力科学与技术学报,2009,24(1):25-29.

[12] 黄红选. 数学规划. 北京:清华大学出版社,2006.

[13] 陈宝林. 最优化理论与算法. 北京:清华大学出版社,2005.

[14] CPLEX Software. http://www-01. ibm. com/software/commerce/optimization/cplex-optimizer/index. html.

[15] Gitizadeh M, Fakharzadegan H. Battery capacity determination with respect to optimized energy dispatch schedule in grid-connected photovoltaic (PV) systems. Energy, 2014, 65: 665-674.

[16] 段献忠,袁骏,何仰赞,等. 电力系统电压稳定灵敏度分析方法. 电力系统自动化,1997,21(4):9-12.

[17] 袁骏,段献忠,何仰赞,等. 电力系统电压稳定灵敏度分析方法综述. 电网技术,1997,21(9):7-10.

[18] Chakravorty M, Das D. Voltage stability analysis of radial distribution networks. International Journal of Electrical Power & Energy Systems, 2001, 23(2): 129-135.

[19] Kayal P, Chanda C K. Placement of wind and solar based DGs in distribution system for power loss minimization and voltage stability improvement. International Journal of Electrical Power & Energy Systems, 2013, 53: 795-809.

[20] Jasmon G B, Lee L H. New contingency ranking technique incorporating a voltage stability criterion. IEE Proceedings of Generation, Transmission and Distribution, 1993, 140(2): 87-90.

第6章 考虑综合因素优化配置

微电网优化配置是一个复杂的寻优问题，在实际应用中需要考虑综合因素的影响，包括间歇性电源引入的不确定性、分布式电源与需求侧的综合管理、蓄电池储能设备/复合储能系统的寿命优化，以及接入位置与接入容量的相互影响等诸多因素。本章是作者近几年结合理论与实际工程所开展的优化配置问题研究成果的总结，能够进一步阐述相应的微电网优化配置方法。

6.1 考虑不确定因素

微电网优化配置中采用的历史数据提供了区域的风光资源的分布趋势信息，但是由于风光资源具有自然的不确定性，历史数据本身只能代表一种可能的风光资源分布情况。在微电网优化配置过程中，采用风光资源历史数据获得的最优解对实际情况而言可能并非最优，甚至出现严重的系统功率不足，导致追加大量的补偿投资，造成损失和浪费。因此，在微电网优化配置中需要考虑风光资源的不确定性因素，提高配置方案的鲁棒性，适用更加复杂的实际运行情况。本节在原有确定性优化的基础上，阐述随机场景技术和多状态建模两种方法，处理微电网优化配置问题中的不确定性问题。

6.1.1 不确定性因素

微电网优化配置问题的不确定性因素包括风力发电功率、光伏发电功率和负荷数据，确定性优化方法中采用历史年数据，但是实际运行情况与历史数据必然存在一定的偏差，即风力发电、光伏发电和负荷功率的随机性，但是这种随机性功率满足一定的概率分布。

通常，采用韦布尔分布函数描述风速的随机性，如式(6.1)所示。

$$f(v)=\frac{k}{c}\left(\frac{v}{c}\right)^{k-1}\cdot\exp\left[-\left(\frac{v}{c}\right)^{k}\right] \tag{6.1}$$

式中，$f(\cdot)$为概率函数；v为风速；k和c为形状参数。

采用贝塔分布函数描述辐照度的随机性，如式(6.2)所示。其中，α、β是伽马函数的形状参数，与辐照度平均值和方差的关系如式(6.3)和式(6.4)所示。

$$f(r)=\frac{\Gamma(\alpha+\beta)}{\Gamma(\alpha)\Gamma(\beta)}\left(\frac{r}{r_{\max}}\right)^{\alpha-1}\left(1-\frac{r}{r_{\max}}\right)^{\beta-1} \tag{6.2}$$

$$\alpha=\frac{\mu^2}{\sigma^2}(1-\mu)-\mu \tag{6.3}$$

$$\beta=\frac{1-\mu}{\mu}\alpha \tag{6.4}$$

式中，$f(\cdot)$为概率函数；r为实际辐照度；$r_{\max}$为最大辐照度；$\Gamma(\cdot)$为伽马函数；α、β为形状参数；μ为随机变量均值；σ^2为随机变量方差。

基于风速和辐照度的概率分布，以及风力发电和光伏发电的准稳态数学模型，可以获得相应的风力发电和光伏发电功率波动的概率分布函数。

而负荷功率的随机性近似服从正态分布函数，如式(6.5)所示。

$$f(x)=\frac{1}{\sqrt{2\pi}\sigma}\exp\left[-\frac{(x-\mu)^2}{2\sigma^2}\right] \tag{6.5}$$

式中：$f(\cdot)$为概率函数；x为负荷功率；μ为位置参数，即随机变量均值；σ^2为尺度参数，即随机变量方差。

由于风力发电功率、光伏发电功率和负荷数据存在一定的随机性，所以在微电网优化配置问题中存在不确定性因素。

6.1.2 随机场景技术

1. 不确定性优化技术

针对数据不确定性，主要有如下两种处理方法[1,2]。

(1)模糊优化规划。将不确定数据表示为模糊变量的形式，通常采用梯形模糊数如图6.1所示。通过L_1、L_2、L_3、L_4四个梯形模糊变量描述数据分布特性，使大部分数据位于L_2和L_3之间，且不超过L_1和L_4区间限制，然后通过模糊期望值模型求解。但是梯形模糊数对数据描述过于粗糙，适用于数据概率分布不明确的情况。

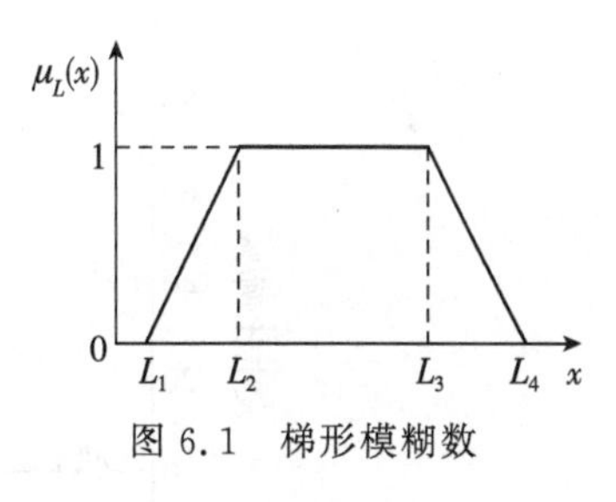

图6.1　梯形模糊数

(2)机会约束规划。解决约束条件中含有不确定数据，并且所做决策必须在观测到不确定数据之前确定的优化问题。对于优化问题中的机会约束，根据大数定律，通过大量数据场景校验，在约束条件成立的概率满足一定的置信区间时，认为约束条件成立；也可以将不确定性问题转化为确定性问题进行求解。在场景生成及不确定性问题转化过程，需要明确不确定数据的概率分布。相对于模糊变量形式，概率密度分布更能反映数据特性。

目前，常用的方法是基于随机场景的机会约束规划方法，因其方法简单且易于实现，但是计算量较大。因此，通常先采用场景生成技术，构造大量随机数据场景，以满足大数定律。场景生成技术包括基于概率密度函数的抽样方法和基于随机序列的抽样法。然后通过场景缩减技术对随机数据场景进行聚类或缩减，以达到减少场景数量和降低计算量的目的。场景缩减技术包括聚类法、同步回代削减、快速前代削减等。

基于风力发电和光伏发电功率波动的概率分布，将风力发电功率和光伏发电功率划分为确定性部分和随机性部分。对应于微电网优化配置问题，确定性部分是历史风电功率和光伏功率数据，描述区域的风光资源的分布趋势；随机性部分是随机的风电功率和光伏功率波动，描述不同时间下可能存在的风电功率和光伏功率差异。因此，可以通过构造风电功率和光伏功率波动，结合历史风电功率和光伏功率数据，生成随机风电功率和光伏功率数据场景，如图 6.2 所示。

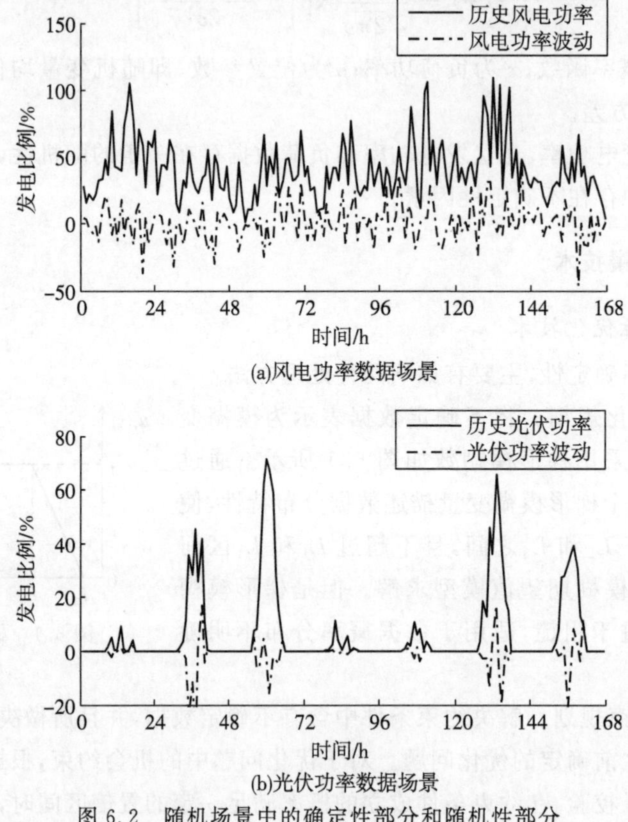

图 6.2 随机场景中的确定性部分和随机性部分

2. 场景生成和场景缩减技术

首先，采用拉丁超立方抽样法生成随机数据场景。理论可以证明，相对于蒙特卡罗随机抽样法，分层抽样法能有效降低误差的方差。但是，随着随机变量增加，分层抽样法的抽样数量急剧增加。拉丁超立方抽样法是一种多维分层抽样方法，理论上其均值和方差的估计不会比蒙特卡罗随机抽样法差，实际中常常有显著改善。因此，拉丁超立方抽样法能够更准确地描述风光数据的随机特性。

假设风电功率的历史数据场景($P_1, P_2, \cdots, P_{8760}$)代表全年8760h的风力发电功率数据，而风电功率波动满足累计概率分布函数Pr(·)。场景生成方法如下。

(1)将累计概率分布函数Pr(·)等分为N份，N为抽样数量。

(2)在等份i中抽取8760个随机数r_{it}，每个随机数对应1个时刻风电功率波动的采样点，其累计概率值$\Pr(\Delta P_{it})$如式(6.6)所示。

(3)根据8760个随机数的累计概率值，利用累计概率分布函数的反函数$F^{-1}[\Pr(\cdot)]$可以获得风电功率波动的采样值ΔP_{it}，构成8760h的风电功率波动数据场景，即风电功率数据场景的随机性部分($\Delta P_{i1}, \Delta P_{i2}, \cdots, \Delta P_{i8760}$)。

(4)基于风电功率波动数据场景和风电功率历史数据场景，即随机性部分和确定性部分，构成第i个风电功率随机数据场景($P_{i1}, P_{i2}, \cdots, P_{i8760}$)，如式(6.7)所示。

(5)重复上述步骤，i取值由1到N，生成N个风电功率随机数据场景。

$$\Pr(\Delta P_{it}) = \frac{1}{N}r_{it} + \frac{i-1}{N} \tag{6.6}$$

$$P_{it} = P_t + \Delta P_{it} = P_t + F^{-1}[\Pr(\Delta P_{it})] \tag{6.7}$$

式中，Pr(·)为风电功率波动的累计概率分布函数；r_{it}为随机数；N为抽样数量；ΔP_{it}为风电功率波动；P_{it}为第i个随机数据场景中的风电功率数据；P_t为历史数据场景中的风电功率数据；$F^{-1}[\cdot]$为反函数。

采用同样的抽样方法，可以获得N个光伏功率随机数据场景。任意两个风电功率和光伏功率随机数据场景组合，生成N^2个数据场景。

由于微电网优化配置计算规模较大，为了减少计算量，利用同步回代削减技术，筛选特征明显且出现概率较大的数据场景。N^2个数据场景构成数据场景集合S，且所有数据场景的出现概率相同，即$p_i = 1/N^2$。定义两个数据场景i和j的距离如式(6.8)所示，显然两个数据场景的差异越大，其距离越大；定义数据场景i相对于j的差异度如式(6.9)所示，可见差异度体现在两个方面，一是两个数据场景的距离，二是数据场景j的出现概率。数据场景j的出现概率越大，或者两个场景的距离越大，则相对于数据场景i的差异越大。值得注意的是，差异度是相对的，数据场景i相对于j的差异度和数据场景j相对于i的差异度是不同的，区别在于两个数据场景的出现概率可能不同。

$$\mathrm{DT}_{ij} = \sqrt{\sum_t (P_{it} - P_{jt})^2} \tag{6.8}$$

$$\mathrm{PT}_{ij} = p_j \cdot \mathrm{DT}_{ij} \tag{6.9}$$

式中，DT_{ij}为数据场景i和j的距离；PT_{ij}为数据场景i相对于j的差异度；p_j为数据场景j的出现概率；P_{it}、P_{jt}为第i个和第j个随机数据场景中的数据，由于随机场景由8760个风电功率数据和8760个光伏功率数据组成，因此$t=1,2,\cdots,17520$。

场景削减方法如下。

(1)计算任意两个数据场景间的距离：

$$\{\mathrm{DT}_{ij} \mid i \in [1,N^2], j \in [1,N^2]\} \tag{6.10}$$

(2)对于任意数据场景 i,存在一个距离最短的数据场景 k,如式(6.11)所示。确定所有数据与其距离最短的数据场景,构成数据场景组合(i,k);

$$\mathrm{DT}_{ik} = \min\{\mathrm{DT}_{ij} \mid j \in [1,N^2]\} \tag{6.11}$$

(3)计算所有数据场景组合的差异度：

$$\{\mathrm{PT}_{ik} \mid i \in [1,N^2]\} \tag{6.12}$$

(4)确定所有数据场景组合中差异度最小的组合(m,n),如式(6.13)所示,说明数据场景 m 和数据场景 n 在所有数据场景中差异最小。

$$\mathrm{PT}_{mn} = \min\{\mathrm{PT}_{ik} \mid i \in [1,N^2]\} \tag{6.13}$$

(5)从数据场景集合 S 中削减掉数据场景 n,$S=S-\{n\}$。同时,数据场景 m 的出现概率增加,$p_m=p_m+p_n$,以保证数据场景整体的出现概率为 1。

(6)重复上述步骤,直至数据场景数量削减至期望数量 M。

通过数据场景削减,可以将 N^2 个随机数据场景减少至 M 个特征明显且出现概率较大的数据场景。

3.基于随机场景的微电网配置优化流程

根据历史数据场景,基于微电网配置和运行联合优化模型,可以获得一组微电网最优配置方案及其全年运行计划。根据 M 个随机数据场景,就可以获得 M 组微电网最优配置方案及其全年运行计划。但是,上述配置方案都难以满足所有数据场景的需求。

为了提高微电网的鲁棒性,需要逐步对配置方案进行修正,使修正后的配置方案能够满足历史数据场景和 M 个随机数据场景的运行需求。图 6.3 给出了基于随机数据场景的微电网配置的优化流程。

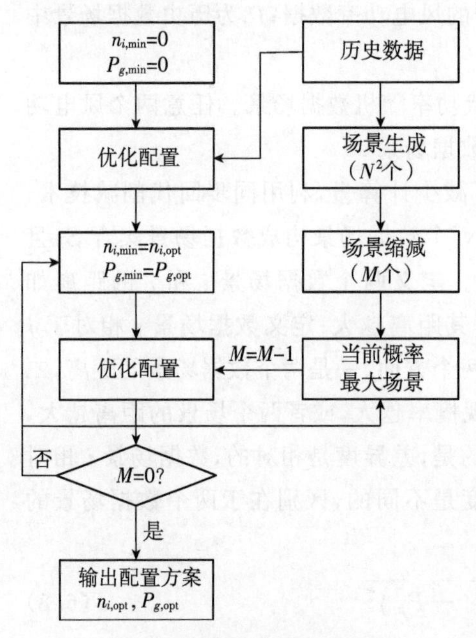

图 6.3 基于随机数据场景的微电网配置流程

(1)读取微电网设备的技术和经济数据,建立微电网配置优化数学模型;初始化微电网设备安装数量下限,并网情况下还需要考虑联络线功率下限(下同)。

由于在优化过程中,微电网设备安装数量和联络线功率,即微电网配置优化问题的优化变量 x_{config} 在逐步修正,所以在优化模型中设置安装数量下限和联络线功率下限约束,如式(6.14)所示。式(6.14)与其他约束条件的不同之处在于每次优化时其边界值是变化的,设备安装数量和联络线功率的下限值在优化过程中不断更新，以保证微电网发电容量在修正的过程中持续增加。初始情况下，微电网设备安装数量下限为零，联络线功率下限为零。

$$\begin{cases} n_{wi} \geqslant n_{wi,\min} \\ n_{pi} \geqslant n_{pi,\min} \\ n_{si} \geqslant n_{si,\min} \\ n_{di} \geqslant n_{di,\min} \\ P_g \geqslant P_{g,\min} \end{cases} \tag{6.14}$$

式中，n_{wi}、n_{pi}、n_{si}、n_{di}为微电网设备的安装数量；P_g为联络线额定功率；$n_{wi,\min}$、$n_{pi,\min}$、$n_{si,\min}$、$n_{di,\min}$为微电网设备的安装数量下限值；$P_{g,\min}$为联络线额定功率下限值。

(2)基于历史数据场景，采用拉丁超立方抽样法，生成N^2个随机数据场景。采用同步回代削减技术，将数据场景数量缩减至M个。

(3)根据历史数据场景，基于微电网配置优化数学模型进行求解，获得当前最优配置方案($n_{i,\text{opt}}$，$P_{g,\text{opt}}$)。将设备数量和联络线功率下限值调整为当前最优配置方案($n_{i,\min}=n_{i,\text{opt}}$，$P_{g,\min}=P_{g,\text{opt}}$)。

由于历史数据场景能够反映区域的风光资源分布，因此在整个优化流程中具有最高优先级。优化前，设备数量和联络线功率下限值为零($n_{i,\min}=0$，$P_{g,\min}=0$)；优化后，将优化结果作为下一次优化的设备数量和联络线功率下限值。这样，在之后的优化过程中，微电网的配置方案只能高于此次优化结果。可能对于其他数据场景，当前优化结果中部分资源是富余的，但是为了满足历史数据场景，将当前优化结果作为微电网的基础配置。

(4)根据M个随机数据场景的出现概率进行排序，出现概率越大的数据场景优先级越高。

不同于历史数据场景，随机数据场景都是虚拟的运行情况，所以出现概率决定了对应数据场景的优先级。根据同步回代削减技术的原理，出现概率越大说明对应的随机数据场景代表性越强，在所有的数据场景集合S中与其相似的场景越多，所以在优化过程中需要优先考虑。

(5)选取当前出现概率最大的数据场景，基于微电网配置和优化数学模型进行求解，获得当前最优配置方案($n_{i,\text{opt}}$，$P_{g,\text{opt}}$)。将设备数量和联络线功率下限值调整为当前最优配置方案($n_{i,\min}=n_{i,\text{opt}}$，$P_{g,\min}=P_{g,\text{opt}}$)。

可见，每优化一次，设备数量和联络线功率下限值将更新一次。对于当前的数据场景，由于设备数量和联络线功率约束限制，获得的最优配置方案不是绝对最优，而是在满足了历史数据场景和出现概率大的随机数据场景的基础上，获得相对最优的配置方案。因此，优先级低意味着只能对现有的方案进行修正，必须优先满足优先级高的数据场景需求。

(6)削减当前概率出现概率最大的数据场景，重复步骤(5)至数据场景数量为0。

输出最优配置方案。

在微电网配置优化流程中，通过配置优化模型求解，满足系统约束条件，最大程度实现优化目标；通过设置设备安装数量和联络线功率约束，以及基于场景优先级进行优化的方式，在满足历史数据场景和随机数据场景需求的情况下，逐渐修正微电网配置方案，提高系统鲁棒性。

4. 算例分析

基于某地实际风光资源数据，对本节所述的基于随机数据场景的微电网优化配置方法进行仿真验证。

1)仿真系统

采用实际工程数据，其中风速、光照和负荷的历史数据如图 6.4 所示。采用风力发电和光伏发电准稳态模型，可以获得相应的风电功率和光伏功率的历史数据场景。

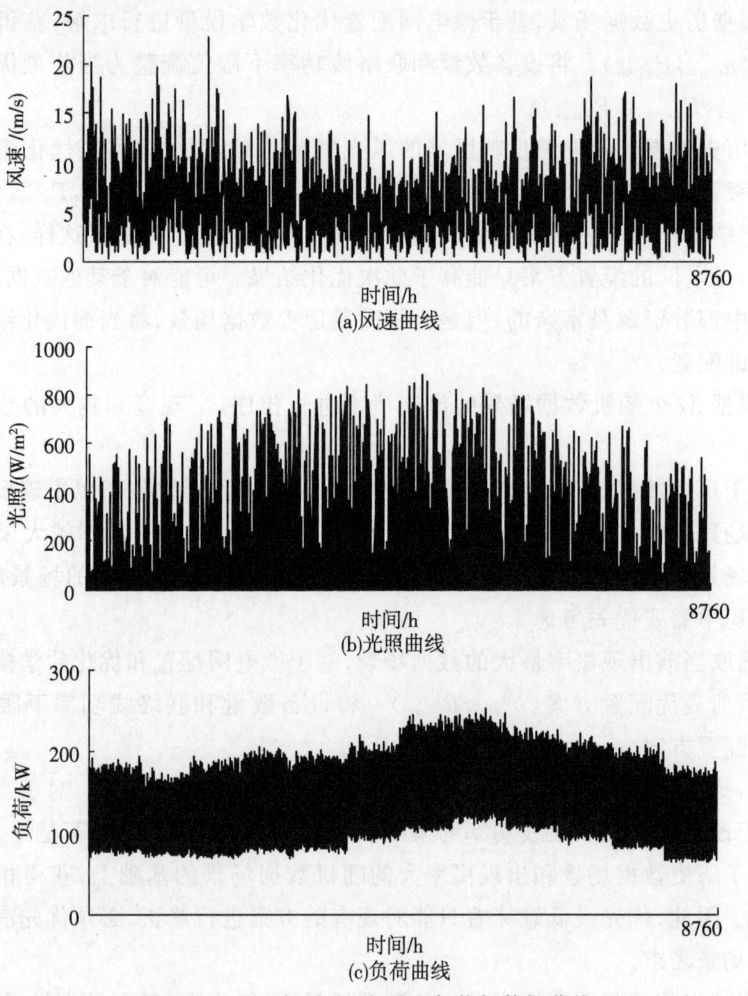

(a)风速曲线

(b)光照曲线

(c)负荷曲线

图 6.4 2010 年风速、光照和负荷年数据曲线

微电网设备的技术和经济数据如表6.1所示,在配置优化问题中,设备以离散变量形式优化其安装数量。同时,假设微电网接入费用为10000元/kW,购电电价为1.0元/(kW·h),售电电价为0.8元/(kW·h)。购电/售电电价为恒定电价,且购电电价高于售电电价,以防止赚取电价差额的行为。微电网运行方式仅受经济性、自平衡度等性能指标约束,不考虑商业运营模式的影响。

表6.1 设备信息

<table>
<tr><th>设备</th><th>额定容量</th><th>安装成本系数</th><th>安装成本</th><th>维护成本系数</th><th>维护成本</th></tr>
<tr><td>风力发电</td><td>30kW</td><td>10000元/kW</td><td>300000元</td><td>1.0%/年</td><td>3000元/年</td></tr>
<tr><td>光伏发电</td><td>10kW</td><td>10000元/kW</td><td>100000元</td><td>0.1%/年</td><td>100元/年</td></tr>
<tr><td>柴油发电机</td><td>100kW</td><td>750元/kW</td><td>75000元</td><td>2.0%/年</td><td>1500元/年</td></tr>
<tr><td rowspan="2">蓄电池储能</td><td>10kW</td><td>1000元/kW</td><td rowspan="2">85000元</td><td rowspan="2">1.0%/年</td><td rowspan="2">850元/年</td></tr>
<tr><td>50kW·h</td><td>1500元/(kW·h)</td></tr>
</table>

运行优化问题中,假设蓄电池储能系统的充放电效率均为0.9,其SOC运行范围是0.4～0.9,充放电功率满足额定功率限制。柴油发电机的运行功率范围是额定功率的30%～100%。风力发电和光伏发电功率取决于风速和光照,并根据历史数据场景生成10000个随机数据场景($N=100$),并缩减至10个具有代表性的数据场景($M=10$)。

2)鲁棒性分析

基于场景生成和场景缩减技术构造10个具有代表性的随机数据场景,采用微电网配置和运行联合优化模型,进行微电网系统配置以提高微电网鲁棒性。

首先,分别对10个随机数据场景进行优化配置,优化结果如图6.5所示。图中从左至右分别代表历史数据场景和10个随机数据场景下的最优配置方案,包括联络线(TL)、柴油发电机(DE)、蓄电池储能(BS)、光伏发电(PV)和风力发电(WT)的安装容量。不同数据场景中风光资源的比例及变化趋势不同,导致配置方案差别较大。历史数据场景下风资源较好,因此风力发电的安装容量较大。而在随机数据场景下,风力发电的安装容量最低为100kW,只有历史数据场景下的1/2;光伏发电的安装容量最高接近150kW,相当于历史数据场景下的2倍。柴油发电机和储能系统容量也相应增加,用于弥补不足功率和转移过剩功率。所以,历史数据场景下的最优配置方案不是在所有情况下都是最优的,显然图6.5中也没有1种配置方案能够满足所有11种数据场景。因此,依靠单一数据场景进行微电网优化配置对实际情况而言可能并非最优,需要对配置方案进行修正。

采用本节所述的微电网优化配置流程,逐步对配置方案进行调整,如图6.6所示。图中从左至右分别代表历史数据场景和10个随机数据场景下配置方案的变化情况。不是每个数据场景下都需要调整配置方案,因为当前的配置方案可能已经能

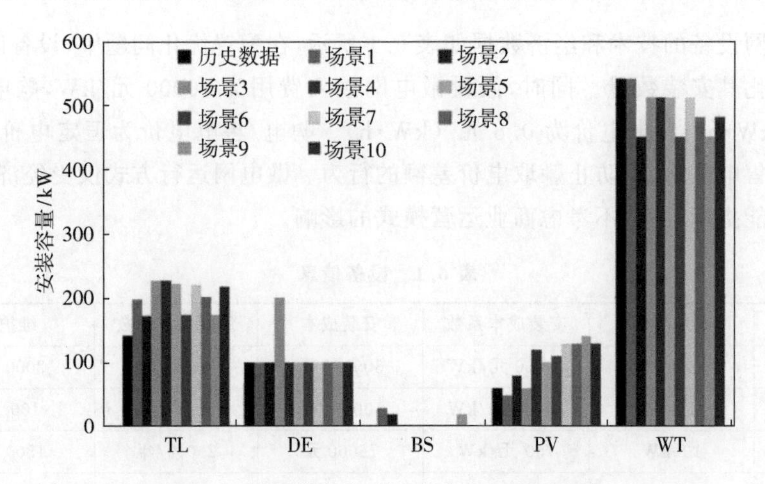

图 6.5 不同数据场景下的微电网配置方案

够满足这个数据场景需求，只是并不一定是最优的选择。但是，由于当前的配置方案能够满足优先级更高的数据场景，因此对于所有的数据场景是最优的。相对于历史数据场景下的最优配置方案，只有 5 个随机数据场景下对配置方案进行了调整。其中，数据场景 4 和数据场景 7 下光资源较好，光伏发电安装容量显著增加，避免微电网中风力发电比例过高而导致的实际运行中风电功率波动引起系统功率不足或者光资源的浪费。多个场景下对联络线容量进行调整，因为联络线可以用于弥补系统不足功率，以及出售过剩电量，相对于增加柴油发电机或者储能系统更加经济。

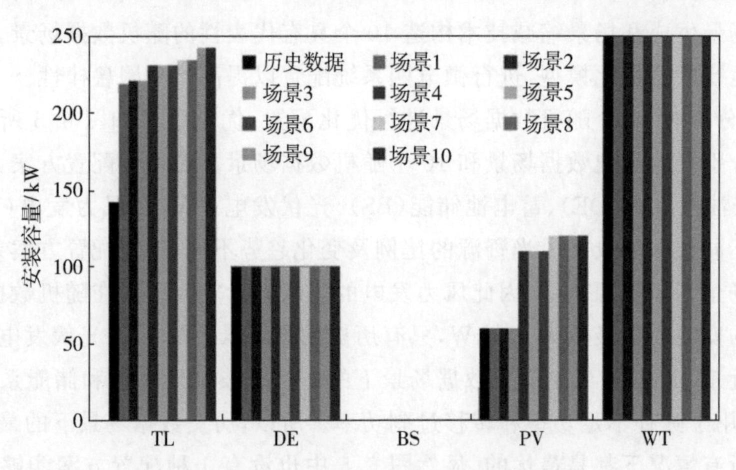

图 6.6 考虑鲁棒性微电网配置方案

根据图 6.5 和图 6.6，提取三种微电网配置方案，如表 6.2 所示。“基本配置”是历史数据场景下的优化结果，即采用单一历史数据场景的微电网配置优化结果。“最高配置”是图 6.5 中所有方案的微电网设备安装容量的最大值，显然能够满足所有数据场景。“最优配置”是根据本节所述的微电网优化配置流程获得的优化结果。

表 6.2　微电网配置方案对比　(单位:kW)

方案	TL	DE	BS	PV	WT
基本配置	142	100	0	60	540
最优配置	242	100	0	120	540
最高配置	227	200	30	140	540

相对于基本配置,最优配置方案中微电网设备安装容量明显增加。这是为了适用于不同数据场景需求,提高微电网的鲁棒性。相对于最高配置,最优配置方案因优先级低的数据场景需要满足优先级高的数据场景的需求,导致部分设备的安装容量过大(如风力发电),但这有利于减小其他设备的安装容量(如柴油发电机和储能系统)。虽然对于大部分数据场景,最优配置方案不是最优选择,但是最优配置方案能够满足所有数据场景需求。最优配置方案的安装成本相对于基本配置提高了 21.3%,相对于最高配置减少了 5.1%。因此,对于历史数据场景和随机数据场景,最优配置不一定是最经济的,但是能够保证满足所有数据场景的运行需求,提高了微电网的鲁棒性。

6.1.3　多状态建模技术

1. 微电网多状态建模

微电网中往往包含多种分布式电源,内部各分布式电源工作过程中可能存在不同的性能水平,再加上负荷的波动性,使得整个系统呈现多种状态。所谓多状态系统是指系统的状态数目大于 2 且是有限数目的性能状态。风力发电和光伏发电功率具有随机性,能以不同的输出功率状况运行,所以可以按其输出功率将其分为多个不同的性能状态,负荷可视为输出功率为“负”的电源,因此微电网优化配置也可以构成一个多状态系统进行建模求解。[3]

1)风力发电功率的多状态建模

基于风速的概率密度分布,当风速介于切入风速 v_{ci} 和额定风速 v_{cr} 之间时,取风速的离散化步长为 $(v_{cr}-v_{ci})/N_W$,将此区间内的风速分为 N_W 个状态,每个状态下的风速如式(6.15)所示。可知,每个状态发生的概率如式(6.16)所示。

$$v(i)=[(i-1/2)/N_W](v_{cr}-v_{ci})+v_{ci} \tag{6.15}$$

$$F_W(i)=\int_{[(i-1)/N_W](v_{cr}-v_{ci})+v_{ci}}^{(i/N_W)(v_{cr}-v_{ci})+v_{ci}} f(v)\mathrm{d}v \tag{6.16}$$

式中,v_{ci} 为切入风速;v_{cr} 为额定风速;N_W 为区间内状态数量;$f(v)$ 为风速的概率密度函数;$F_W(i)$ 为第 i 个状态发生的概率,$i=1,2,\cdots,N_W$。

当风速低于 v_{ci} 或高出切出风速 v_{co} 时,风力发电功率为 0,该状态下的风速如式(6.17)所示。此时的风力发电功率为第 N_W+1 个状态,该状态发生的概率如式(6.18)所示。

$$v(N_W+1)=0 \tag{6.17}$$

$$F_W(N_W+1)=\int_0^{v_{ci}} f(v)\mathrm{d}v+\int_{v_{co}}^{+\infty} f(v)\mathrm{d}v \tag{6.18}$$

式中,v_{co}为切出风速。

当风速介于 v_{cr} 和 v_{co} 之间时,风力发电以额定功率输出,该状态下的风速如式(6.19)所示。此时的风力发电功率为第 N_W+2 个状态,该状态发生的概率如式(6.20)所示。

$$v(N_W+2)=v_{cr} \tag{6.19}$$

$$F_W(N_W+2)=\int_{v_{cr}}^{v_{co}} f(v)\mathrm{d}v \tag{6.20}$$

综上可计算出每个仿真时刻风力发电系统各个状态下的输出功率及其对应的状态概率。

2)光伏发电功率的多状态建模

基于辐照度的概率密度分布,辐照度介于最低辐照度 G_{min} 和额定辐照度 G_S 之间时,取辐照度的离散化步长为 $(G_S-G_{min})/N_G$,将此区间内的辐照度分为 N_G 个状态,每个状态下的辐照度如式(6.21)所示。可知,每个状态发生的概率如式(6.22)所示。

$$G(i)=[(i-1/2)/N_G](G_S-G_{min})+G_{min} \tag{6.21}$$

$$F_G(i)=\int_{[(i-1)/N_G](G_S-G_{min})+G_{min}}^{(i/N_G)(G_S-G_{min})+G_{min}} f(G)\mathrm{d}G \tag{6.22}$$

式中,G_{min} 为最低辐照度;G_S 为额定辐照度;N_G 为区间内状态数量;$f(G)$ 为辐照度的概率密度函数;$F_G(i)$ 为第 i 个状态发生的概率,$i=1,2,\cdots,N_G$。

当辐照度低于 G_{min} 时,光伏发电功率为 0,该状态下的辐照度如式(6.23)所示。此时的光伏发电功率为第 N_G+1 个状态,该状态发生的概率如式(6.24)所示。

$$G(N_G+1)=0 \tag{6.23}$$

$$F_G(N_G+1)=\int_0^{G_{min}} f(G)\mathrm{d}G \tag{6.24}$$

当辐照度不小于 G_S 时,光伏发电以额定功率输出,该状态下的辐照度式(6.25)所示。此时的光伏发电功率为第 N_G+1 个状态,该状态发生的概率如式(6.26)所示。

$$G(N_G+2)=G_S \tag{6.25}$$

$$F_G(N_G+2)=\int_1^{+\infty} f(G)\mathrm{d}G \tag{6.26}$$

综上可计算出每个仿真时刻光伏发电系统各个状态下的输出功率及其对应的状态概率。

3)负荷功率的多状态建模

由于正态分布约99.73%的数值分布在距离平均值3个标准差之内的范围，假设系统各个时刻的负荷分布在距离该时刻负荷平均值3个标准差之内的范围，满足式(6.27)。

$$P_L(t) \in [\mu_L(t) - 3\sigma_L(t), \mu_L(t) + 3\sigma_L(t)] \tag{6.27}$$

式中，$P_L(t)$为t时刻负荷功率；$\mu_L(t)$为t时刻负荷均值；$\sigma_L(t)$为t时刻负荷标准差。

将每个时刻的负荷均分为N_L个状态，每个状态对应的负荷如式(6.28)所示，对应状态发生的概率如式(6.29)所示。

$$P_L(i) = \mu_L - 3\sigma_L + 6\sigma_L(i-1/2)/N_L \tag{6.28}$$

$$F_L(i) = \int_{\mu_L-3\sigma_L+6\sigma_L(i-1)/N_L}^{\mu_L-3\sigma_L+6\sigma_L i/N_L} f(P_L)\mathrm{d}P_L \tag{6.29}$$

式中，N_L为区间内状态数量；$f(P_L)$为辐照度的概率密度函数；$F_L(i)$为第i个状态发生的概率，$i=1,2,\cdots,N_L$。

综上可计算出每个仿真时刻负荷各个状态下的大小及其对应的状态概率。

假设风速、辐照度和负荷相互独立，那么微电网系统每个仿真时刻的总状态如式(6.30)所示。当风力发电系统输出功率为$P_W(i)$、光伏发电系统输出功率为$P_G(j)$、负荷功率为$P_L(k)$时，系统状态空间$F(i,j,k)$的概率如式(6.31)所示。

$$M = (N_W + 2)(N_G + 2)N_L \tag{6.30}$$

$$F(i,j,k) = F_W(i)F_G(j)F_L(k) \tag{6.31}$$

式中，M为微电网系统的总状态数量；$F(i,j,k)$为微电网系统状态空间$P(i,j,k)$的概率；$F_W(i)$为风力发电功率为$P_W(i)$时的概率；$F_G(j)$为光伏发电功率为$P_G(j)$的概率；$F_L(k)$为负荷为$P_L(k)$时的概率。

因此，微电网综合多状态性能空间可表示为式(6.32)和式(6.33)，其实质是将风速、光照强度及负荷连续的不确定状态依据其概率分布规律转变为多个离散的确定性状态来处理。通过对离散化得到的每个月份各个时刻所有可能状态的仿真，既能模拟出风力发电功率、光伏发电功率和负荷的随机性特点，又能降低建模和求解的难度，最后得到更为合理、鲁棒性较强的优化配置方案。

$$R = \{P(i,j,k), F(i,j,k)\} \tag{6.32}$$

$$P(i,j,k) = P_W(i) + P_G(j) - P_L(k) \tag{6.33}$$

式中，R为微电网综合状态空间；i为风力发电系统状态，$i=1,2,\cdots,N_W+2$；j为光伏发电系统状态，$j=1,2,\cdots,N_G+2$；k为负荷状态，$k=1,2,\cdots,N_L$。

2.基于多状态建模的微电网配置优化流程

1)构造典型日

大部分地区的风速、辐照度及负荷曲线都具有很强的季节性，因此首先针对一年中每个月份分别构造典型日：以 1h 为时间步长，利用已知历史场景下每个月份的风速、辐照度和负荷数据，求得各个月份一天每小时风速、辐照度和负荷的平均值和标准差，继而求得代表该月份的典型日每小时风速、辐照度和负荷概率密度函数的相关参数，完成典型日的构造。若某个月份日负荷曲线存在较大差异，则需要针对不同的日负荷曲线分别求取负荷概率密度函数参数，构造多个典型日。

2）多状态建模

利用各典型日风速、辐照度和负荷概率密度函数，对每个时刻的风光出力和负荷进行多状态建模，得到的各月份每天各个时刻可能出现的所有状态，其中包括一些极端情况，对所有这些状态进行仿真，能够有效模拟出风力发电功率、光伏发电功率和负荷随机性特点。然后，根据第 4 和第 5 章所述的数学模型，建立基于多状态建模的多目标优化配置模型。

3）模型求解

采用 NAGA-Ⅱ算法，设定算法的相关参数，对模型进行仿真计算，达到最大迭代次数后输出结果。

3. 算例分析

1）构造随机场景

算例采用的历史场景下全年 8760h 风速、辐照度和负荷曲线如图 6.7 所示，全年平均风速为 4.92m/s，全年最大负荷为 296.65kW。

待选风力发电设备参数：额定功率为 30kW，$v_{ci}=3\text{m/s}$，$v_{cr}=11\text{m/s}$，$v_{co}=25\text{m/s}$。

待选光伏发电设备参数：额定功率为 0.18kW，$G_{min}=0.1\text{kW/m}^2$。

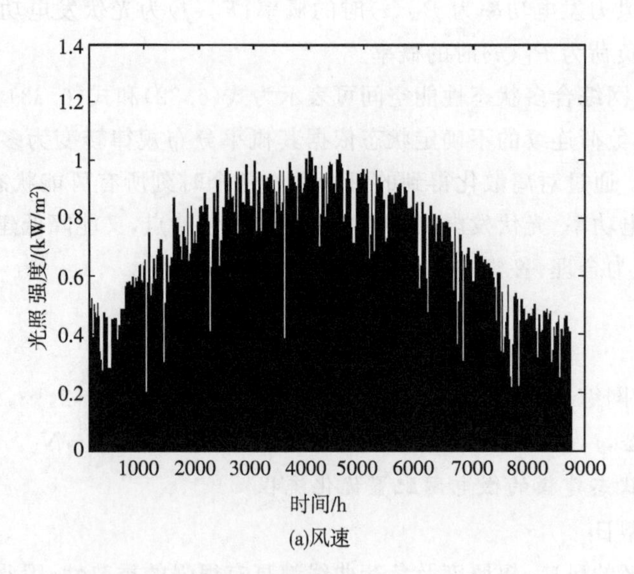

(a)风速

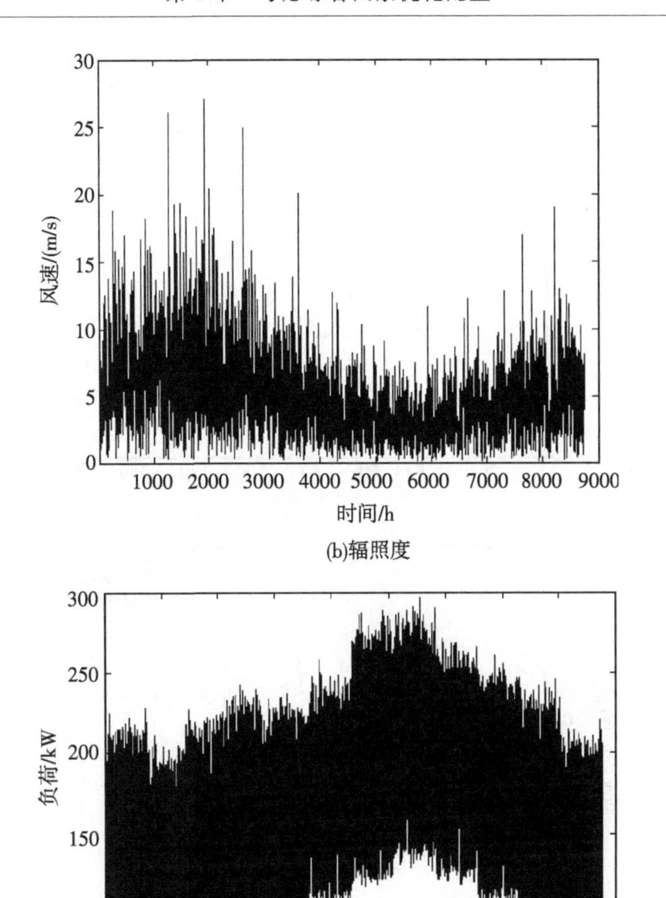

(b)辐照度

(c)负荷

图 6.7　该历史场景下全年风速、光照和负荷曲线

待选柴油发电机参数:额定功率为 100kW。

待选储能设备参数:类型为铅酸蓄电池,$C_{BAT}=1000A\cdot h$。

与历史场景相比,系统实际运行时各个时刻的风速、光照强度和负荷都存在一定差异,首先构造出若干个随机场景,然后在这些随机场景下比较分析考虑不确定性和未考虑不确定性下配置方案的差异。

通过随机抽样的方法,对每个典型日各个时刻的风速、辐照度和负荷概率密度函数进行反复随机抽样,获得各个月份包括风速、辐照度和负荷数据在内的随机场景数据,继而构造出若干个全年随机场景。图 6.8 所示是该历史场景和构造得到的随机场景 1 第 1 周风速、辐照度和负荷大小对比。

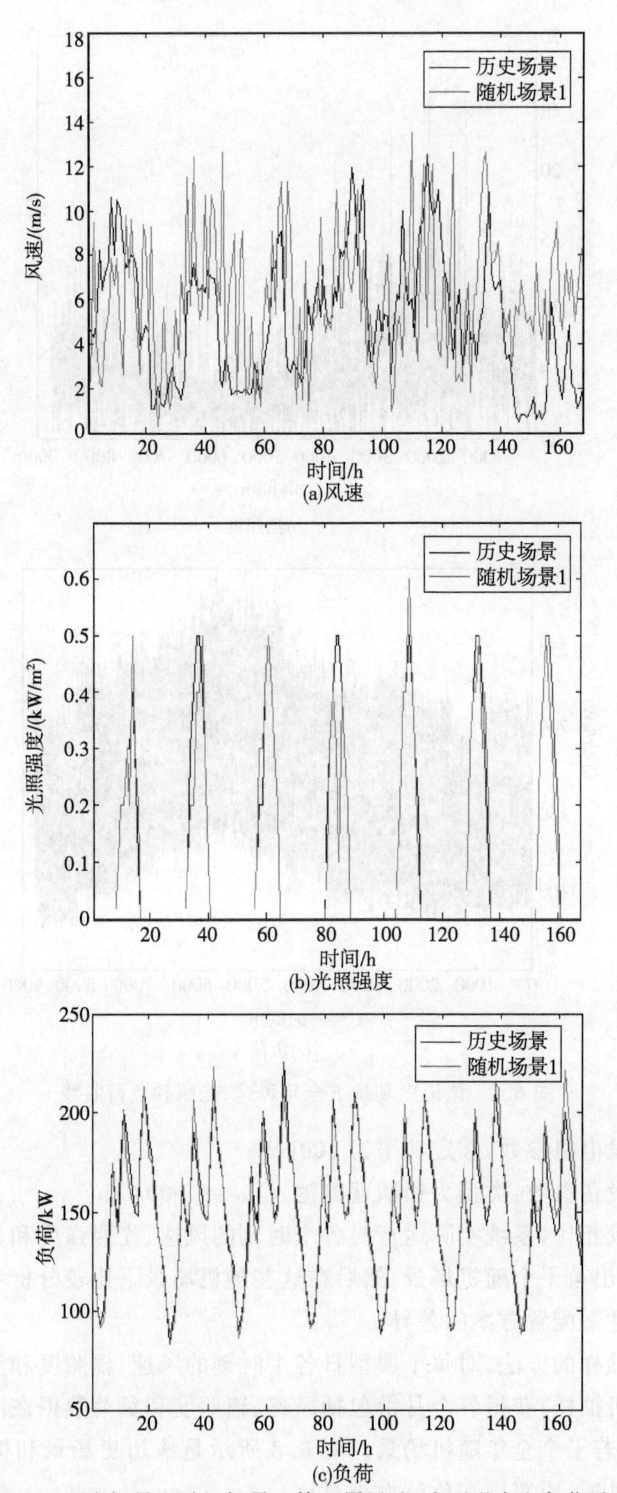

图 6.8　历史场景和随机场景 1 第 1 周风速、光照强度和负荷对比

系统中各电源组件的相关经济参数如表 6.3 所示，其中 WT、PV 的运行维护费用主要与其额定容量配置有关，而柴油发电机的运行维护费用不仅与额定容量配置有关，还与实际运行功率有关，选用的铅酸蓄电池为免维护铅酸蓄电池，使用期间运行维护费用为 0。工程寿命周期 K 取 20 年，贴现率 r 取 6%，最大允许缺电概率设定为 0.5%。

表 6.3　各电源组件经济参数

类型	额定容量	初始投资费用	运行维护费用	寿命
WT	30kW	600000 元/台	1200 元/(台·年)	20 年
PV	0.18kW	2000 元/块	230 元/(kW·年)	20 年
DE	100kW	55000 元/台	1200 元/(台·年)+0.0946 元/kW	20000h
BS	1000A·h	1800 元/个	0	—

假设 WT、PV 的寿命等于工程的寿命周期，即 20 年，柴油发电机和铅酸蓄电池的寿命往往低于工程的使用年限。柴油发电机的日常维护情况对其使用寿命有较大影响。假设柴油发电机日常维护情况良好，则其使用寿命主要由其实际运行时间决定。蓄电池实际使用寿命与多方面因素有关。根据蓄电池厂商提供的寿命曲线，通过计算蓄电池等效充放电循环次数来计算蓄电池的实际使用寿命。

取风速的离散化步长为 1m/s，即 $N_W=8$，光照强度的离散化步长为 0.1kW/m^2，即 $N_G=9$，将每个仿真时刻负荷的波动区间均分为 6 个部分，即 $N_L=6$。算例中各月份的日负荷曲线相差不大，因此针对每个月份只需构造一个典型日。完成上述多状态建模后，采用 NAGA-Ⅱ 算法对构造得到的所有典型日进行仿真计算，得到一个 Pareto 最优解集，称为最优解集 1。

为验证多状态建模方法的合理性和有效性，针对同一算例，采用已有的基于确定历史场景的优化配置方法，设置相同的运行约束、优化目标，用相同的运行策略进行仿真，并同样利用 NAGA-Ⅱ 算法进行求解，得到另一个 Pareto 最优解集，称为最优解集 2。

2)随机场景下系统配置比较分析

从最优解集 1 和 2 中分别挑选出在随机场景 1 下运行时 NPC 为 4900 万元左右的两个系统配置进行比较分析，分别称为配置 A 和配置 B。两个配置的具体方案如表 6.4 所示。可以看出，配置 A 的 WT 台数、PV 安装数量均多于配置 B，而铅酸电池个数少于配置 B，柴发数量则相同。风机、光伏电池的初始投资费用相对较高，造成配置 A 的初始投资费用较高，而配置 B 的蓄电池数量较多，铅酸蓄电池寿命较短，工程寿命期间往往需要多次置换，造成配置 B 置换费用较高，又由于配置 B 计算时仅针对某一固定历史场景，其 WT、PV 的装机容量相对较低，在风、光和负荷发生一定波动的随机场景下，相对更多依靠蓄电池和柴发平抑功率波动，造成蓄电池等设备置换费用上升，最后各项费用之和的 NPC 高于配置 A，同时，年 CO_2 排放量也高于配置 A。与该历史场景相比，微电网实际运行时各个时刻的风、光及负荷都存在一定差异，因此配置 A 更为合理，对风、光和负荷波动的鲁棒性更强；而配置 B 仅在该历史场景下运行时表现较好，在各个时刻风、光和负荷发生一定波动的随机场景下并非最优。

表 6.4 两个系统配置的方案

方案	N_{WT}/台	N_{PV}/块	N_{BAT}/个	N_{DE}/台
配置 A	25	3218	869	2
配置 B	18	2976	1127	2

将配置 A 和 B 分别在该历史场景和上述 6 个随机场景下运行，得到的运行结果如表 6.5 所示。可以看出，在历史场景下，配置 A 的 NPC 比配置 B 高出 1.90%，但年 CO_2 排放量比配置 B 低 8.75%，配置 A 和 B 在两个优化目标上各有优劣。再比较两个配置在各个随机场景下的运行结果：配置 A 的初始投资费用和运行维护费用高于配置 B，而燃料费用和置换费用低于配置 B；对于所有费用之和的 NPC，除了随机场景 2 下配置 A 略高于配置 B，其余随机场景下配置 A 均低于配置 B，且所有随机场景下配置 A 的年 CO_2 排放量相对更少，相比配置 B 平均减少了约 12.4%。因此可以认为，各种随机场景下，配置 A 优于配置 B。其他随机场景下，从最优解集 1 和最优解集 2 中挑选出 NPC 相近的配置在各种随机场景下比较得出的结果基本相同。

表 6.5 配置 A 和 B 在各种场景下的运行结果

场景	配置 A					
	NPC/万元	C_I/万元	C_M/万元	C_F/万元	C_R/万元	RV/万元	E_{CO_2}/t
历史场景	4646.14	2414.94	295.72	1318.79	691.98	75.30	298.67
随机场景 1	4907.95	2414.94	286.49	1059.15	1222.67	75.30	239.87
随机场景 2	4910.62	2414.94	286.65	1061.66	1222.67	75.30	240.44
随机场景 3	4865.43	2414.94	287.94	1099.42	1138.42	75.30	248.99
随机场景 4	4916.17	2414.94	286.88	1066.98	1222.67	75.30	241.64
随机场景 5	4826.78	2414.94	286.59	1062.12	1138.42	75.30	240.54
随机场景 6	4882.19	2414.94	288.51	1115.22	1138.82	75.30	252.57
场景	配置 B						
	NPC/万元	C_I/万元	C_M/万元	C_F/万元	C_R/万元	RV/万元	E_{CO_2}/t
历史场景	4559.59	2015.51	272.54	1445.24	889.15	62.84	327.31
随机场景 1	4908.01	2015.51	264.66	1221.58	1469.11	62.84	276.66

续表

场景	配置 B						
	NPC/万元	C_I/万元	C_M/万元	C_F/万元	C_R/万元	RV/万元	E_{CO_2}/t
随机场景 2	4901.89	2015.51	264.47	1215.64	1469.11	62.84	275.31
随机场景 3	4944.07	2016.01	265.87	1253.77	1471.28	62.86	283.95
随机场景 4	5014.33	2017.01	264.61	1216.83	1578.77	62.89	275.58
随机场景 5	4892.15	2019.01	263.98	1201.50	1470.62	62.95	272.11
随机场景 6	4965.28	2018.01	266.46	1271.35	1472.38	62.92	287.93

注：C_I、C_M、C_F、C_R、RV 分别表示工程寿命周期内的初始投资费用、运行维护费用、燃料费用、置换费用和设备残值的现值

因此，相比基于确定历史场景的优化配置方法，采用多状态建模方法计算得出的配置对风光和负荷波动的鲁棒性更强。此外，基于确定历史场景的优化配置方法计算得出的最优解集，在各时刻风速、光照强度和负荷发生一定程度波动的实际运行状态下，系统经济性、环保性等指标无法保证处于最优状态，所以在微电网优化配置中需要考虑风力发电功率、光伏发电功率和负荷不确定性影响。

6.2　考虑需求侧因素

微电网优化配置通常是针对分布式电源和储能设备的容量优化配置问题，即源-储容量优化。随着高级量测体系、智能电表技术等智能电网中相关技术的发展和应用，用户的需求侧响应将会对微电网的优化配置形成较大的影响，形成源-储-荷的广义资源结构，包括分布式电源、储能设备及需求侧响应 3 个维度。

需求侧响应是针对电力市场价格信号或激励机制，用户改变固有电力消费模式的供需互动形式。单纯依靠源-储确保系统安全运行的经济性较差，通过需求侧响应引导用户用电行为，成为大规模分布式电源并网下系统安全运行的有效方式。因此，在微电网优化配置问题中考虑需求侧响应，有助于提高发电效率、降低发电成本。

目前，需求侧响应尚处于示范应用阶段，本节将结合两种主流的需求侧响应模式，在微电网优化配置问题中引入需求侧因素：①从用户角度出发，在实现微电网经济效益最大化的同时考虑用户用电满意度，即用电满意度模式；②从微电网角度出发，根据可再生能源发电情况引导用户用电行为，尽可能实现即发即用，即发供电匹配模式。

6.2.1 用电满意度模式

1. 需求侧管理方式

微电网中的负荷按照不同的供电要求，可分为重要负荷(critical loads,CL)、可转移负荷(shiftable loads,SL)和可调整负荷(adjustable loads,AL)三类。重要负荷是规定时间内必须得到满足的负荷，如电梯负荷、照明负荷等；可转移负荷是负荷的供电时间可以进行一定程度变动的负荷，如储水式电热水器负荷、洗衣机负荷等；可调整负荷是指负荷功率可进行一定调整的负荷，如空调负荷、取暖设备负荷等。因此，引入需求侧响应后，基于广义资源结构的微电网如图 6.9 所示。

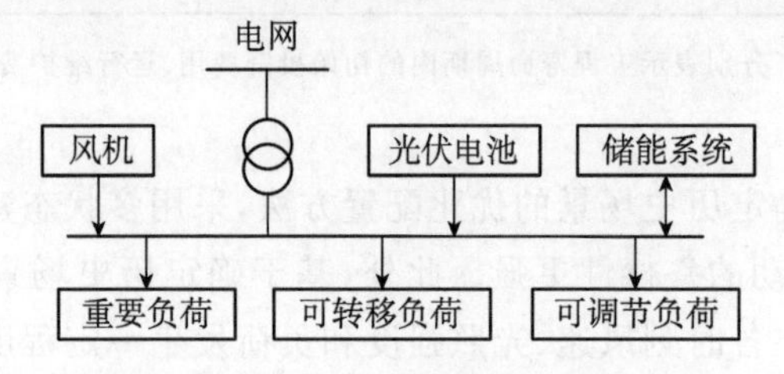

图 6.9　基于广义资源结构的微电网

通过将可转移负荷从负荷高峰时段转移到负荷低谷时段，可以有效减小峰谷差。在不影响用户正常用电负荷的前提下改变负荷曲线的时序特性，如图 6.10 所示。通过在负荷高峰时段适当中断一部分可调整负荷，也能达到减小峰值负荷、减轻负荷高峰时段系统供电负担的目的，如图 6.11 所示。

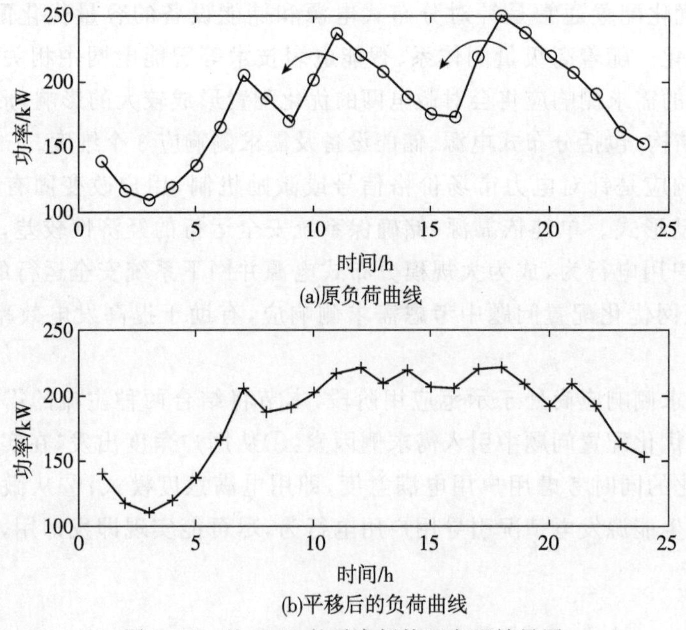

图 6.10　基于 SL 的需求侧管理实现效果图

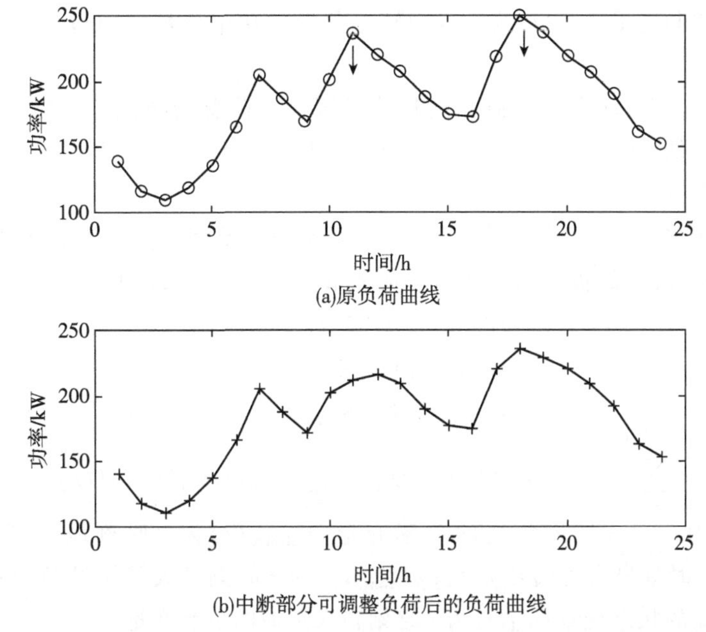

图 6.11　基于 AL 的需求侧管理实现效果图

2. 需求侧管理模型

微电网源-储两个维度的优化配置模型在前面已经有详细的阐述，此处重点介绍第三维度——需求侧管理模型。在需求侧管理中，中断部分可调整负荷后，微电网向用户售电的收入随之减少，收入的减少可以等价为成本费用的增加，因此需求侧管理产生的相关成本费用为

$$C_{\mathrm{l}}=\sum_{t=1}^{T}\left[x_{\mathrm{LA}}(t)u_{\mathrm{LA}}(t)p_{\mathrm{LA}}(t)C_{\mathrm{TU}}(t)\right] \tag{6.34}$$

式中，C_{l}为需求侧管理成本；$x_{\mathrm{LA}}(t)$为 t 时刻可调整负荷的状态变量；$u_{\mathrm{LA}}(t)$为 t 时刻可调整负荷的控制变量；$p_{\mathrm{LA}}(t)$为 t 时刻可调整负荷的功率变量；$C_{\mathrm{TU}}(t)$为 t 时刻系统向用户售电的电价。

对负荷侧资源进行优化配置时，需要对用户的正常用电负荷进行优化调整，这会在一定程度上损害用户的用电质量。为了量化用户的满意程度，定义用电满意度指标如式(6.35)所示。对于用户，原有用电负荷在特定时刻能够完全得到满足时，用户用电满意度最高；当用电负荷被转移或者调整时，会对用户用电满意度产生损害，因此用户用电满意度会相应降低。

$$U_{\mathrm{sat}}=1-\frac{\sum\limits_{t=1}^{T}\left[x_{\mathrm{LA}}(t)u_{\mathrm{LA}}(t)p_{\mathrm{LA}}(t)+x_{\mathrm{LO}}(t)u_{\mathrm{LO}}(t)p_{\mathrm{LO}}(t)\right]}{\sum\limits_{t=1}^{T}p_{\mathrm{L}}(t)} \tag{6.35}$$

式中，U_{sat}为用电满意度指标；$x_{\mathrm{LO}}(t)$为 t 时刻转出负荷的状态变量；$u_{\mathrm{LO}}(t)$为 t 时刻

转出负荷的控制变量；$p_{\mathrm{LO}}(t)$为 t 时刻转出负荷的功率变量；$p_{\mathrm{L}}(t)$为 t 时刻转原有负荷。

根据式(6.35)，转出的负荷和调整的可调整负荷总量越大，U_{sat} 越小，此时用户用电满意度越低；而用户的用电负荷没有发生任何转移和调整时，$U_{\mathrm{sat}}=1$，此时用户用电满意度最高。

对于可转移负荷和可调整负荷，其负荷调节量需要满足一定的限制，如式(6.36)所示，同时保证转入的负荷量与转出的负荷量相等如式(6.37)所示。

$$\begin{cases}0 \leqslant p_{\mathrm{LI}}(t) \leqslant p_{\mathrm{LI,max}}(t) \\ 0 \leqslant p_{\mathrm{LO}}(t) \leqslant p_{\mathrm{LO,max}}(t) \\ 0 \leqslant p_{\mathrm{LA}}(t) \leqslant p_{\mathrm{LA,max}}(t)\end{cases} \tag{6.36}$$

$$\sum_{t=1}^{T}\left[x_{\mathrm{LO}}(t) u_{\mathrm{LO}}(t) p_{\mathrm{LO}}(t)\right]=\sum_{t=1}^{T}\left[x_{\mathrm{LI}}(t) u_{\mathrm{LI}}(t) p_{\mathrm{LI}}(t)\right] \tag{6.37}$$

式中，$p_{\mathrm{LI}}(t)$为 t 时刻转入负荷的功率变量；$p_{\mathrm{LI,max}}(t)$为 t 时刻最大可转入负荷；$p_{\mathrm{LO,max}}(t)$为 t 时刻最大可转出负荷；$p_{\mathrm{LA,max}}(t)$为 t 时刻最大可调节负荷；$x_{\mathrm{LI}}(t)$为 t 时刻转入负荷的状态变量；$u_{\mathrm{LI}}(t)$为 t 时刻转入负荷的控制变量。

3. 基于用户满意度的微电网配置优化流程

由于微电网经济效益和用户满意度彼此冲突，很难同时达到最优，因此利用最大模糊满意度法将多目标优化问题转化为单目标优化问题。在最大模糊满意度法中，首先需要将各子目标函数模糊化，即确定隶属函数 μ。

在微电网优化配置问题中，微电网经济效益目标 $f_e(x,u,p)$越小则满意度越大，因此 $f_e(x,u,p)$的隶属度函数应为偏小型，选择降半梯形分布作为$f_e(x,u,p)$的隶属度函数，如式(6.38)所示。所以，隶属度函数在区间$[f_{e\min}, f_{e\max}]$呈减小趋势，如图6.12所示。

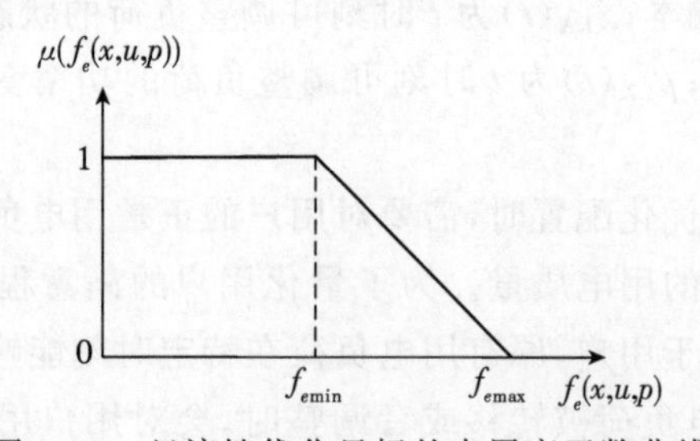

图 6.12 经济性优化目标的隶属度函数曲线

$$\mu(f_e(x,u,p))=\begin{cases}1, & f_e(x,u,p)<f_{e\min} \\ \dfrac{f_e(x,u,p)-f_{e\min}}{f_{e\min}-f_{e\max}}, & f_{e\min} \leqslant f_e(x,u,p) \leqslant f_{e\max} \\ 0, & f_e(x,u,p)>f_{e\max}\end{cases} \tag{6.38}$$

式中，$f_e(x,u,p)$为微电网经济效益目标；f_{emin}为以用户满意度为单一目标时的优化结果；f_{emax}为以微电网经济效益为单一目标时的优化结果。

对于用户满意度目标 $f_u(x,u,p)$，由于可供转移和调整的负荷存在上限，因此 $f_u(x,u,p)$具有下限值而没有上限值，且 $f_u(x,u,p)$越大则越满意，因此 $f_u(x,u,p)$的隶属度函数应为偏大型，选择升半梯形分布作为 $f_u(x,u,p)$的隶属度函数，如式(6.39)所示。所以，隶属度函数在区间$[f_{emin},f_{emax}]$呈减小趋势，如图 6.13 所示。

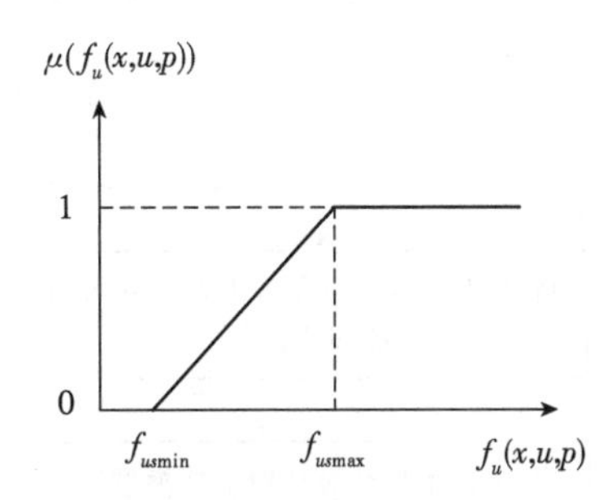

图 6.13　用户用电满意度隶属度函数曲线

$$\mu(f_u(x,u,p))=\begin{cases}0, & f_u(x,u,p)<f_{umin}\\ \dfrac{f_u(x,u,p)-f_{umin}}{f_{umax}-f_{umin}}, & f_{umin}\leqslant f_u(x,u,p)\leqslant f_{umax}\\ 1, & f_u(x,u,p)>f_{umax}\end{cases} \tag{6.39}$$

式中，$f_u(x,u,p)$为用户满意度目标；f_{umin}为以微电网经济效益为单一目标时的优化结果；f_{umax}为以用户满意度为单一目标时的优化结果。

根据模糊化原理，定义 δ 为 $\mu(f_e(x,u,p))$和 $\mu(f_u(x,u,p))$的满意度，如式(6.40)所示。

$$\delta=\min\{\mu(f_e(x,u,p)),\mu(f_u(x,u,p))\},\quad 0\leqslant\delta\leqslant 1 \tag{6.40}$$

因此，同时考虑用户满意度和经济效益的微电网优化配置问题转化为单目标优化问题，如式(6.41)所示。

$$\begin{aligned}&\max\quad \delta\\ &\text{s. t.}\quad \begin{cases}\delta\leqslant\mu(f_e(x,u,p))\\ \delta\leqslant\mu(f_u(x,u,p))\\ 0\leqslant\delta\leqslant 1\\ \text{其他约束条件}\end{cases}\end{aligned} \tag{6.41}$$

式(6.41)所示的数学模型是混合整数线性规划问题(mixed integer linear programming，MILP)，具体求解流程如图 6.14 所示。

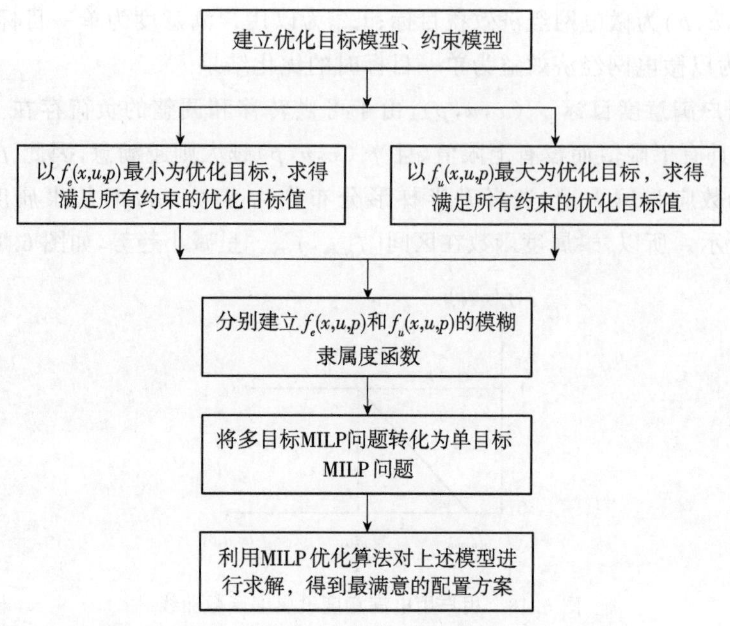

图 6.14 基于用户满意度的微电网配置优化流程图

(1)建立包含源-储-荷 3 个维度的微电网优化配置模型。

(2)以微电网经济效益为目标,求解微电网优化配置模型,获得隶属度函数的边界值。

(3)以用户满意度为目标,求解微电网优化配置模型,获得隶属度函数的边界值。

(4)根据步骤(2)和步骤(3)求得的隶属度函数边界值,建立 $\mu(f_e(x,u,p))$ 和 $\mu(f_u(x,u,p))$ 的隶属度函数。

(5)根据式(6.41)将多目标优化问题转化为单目标优化问题。

(6)对单目标优化问题求解,获得考虑用户满意度的微电网最优配置方案。

4.算例分析

1)仿真系统

算例中微电网通过一条输电线路与大电网相连,全年最大负荷约为 347kW,全年平均风速约为 5.70m/s。待选 WT 的主要技术参数如下:额定功率为 30kW,切入风速、额定风速和切出风速分别为 3m/s、11m/s 和 25m/s;待选的单块 PV 板的额定功率为 0.18kW;选用铅酸蓄电池作为系统的储能设备,待选单块铅酸蓄电池的额定容量为 2.0kW·h。其中,WT 允许的最大安装台数为 30 台;PV 板允许的最大安装数量为 5000 块,铅酸蓄电池允许的最大安装数量限定为 3000 个。

图 6.15 所示是该微电网在装设 20 台待选 WT、2500 块待选 PV 板,但是不装设 BESS 的情况下,某年 7 月 1 日~7 月 3 日的 WT、PV 出力与同期负荷对比情况。其中,净负荷表示的是 WT、PV 出力满足负荷后的剩余功率。从图 6.15 可以看出,风

光出力与用电负荷的时序特性并不一致。虽然这三天WT出力不足，但风光出力高峰期仍存在功率过剩，此时这部分净负荷只能通过向电网倒送功率或者弃风弃光等方式处理；而在净负荷为负时又不得不通过向电网购电等方式来满足净负荷需要。因此，为了保证该地区的供电可靠性，减少该地区与电网频繁功率交换给电网带来的冲击，最大程度利用本地风光等可再生资源满足本地负荷的需要，拟组建包含WT、PV和BESS的微电网供电系统为负荷供电。

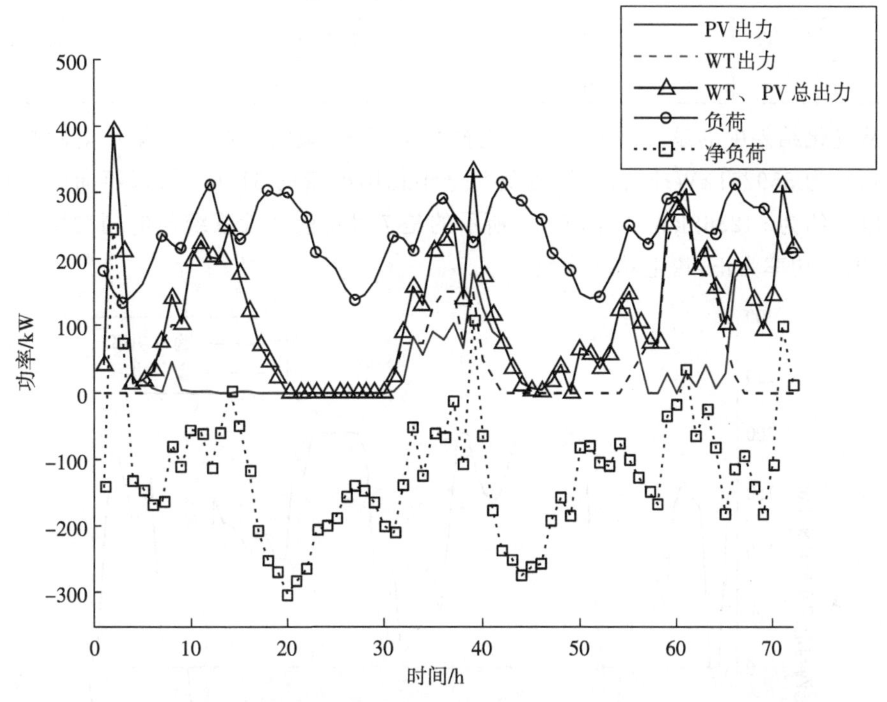

图6.15 PV、WT出力与负荷对比图

为了充分利用风光资源，设定WT、PV对本地负荷的供电率（即可再生能源能量渗透率）不低于50%，微电网系统与电网之间的最大交换功率限定为200kW，系统与电网之间的分时购、售电价按表6.6所示的电价方案执行。其中，谷时段为每天00:00～08:00；平时段为每天12:00～17:00和21:00～24:00；峰时段为每天08:00～12:00和17:00～21:00。负荷调度周期设定为24h，将负荷优化和调整时段限定为有人活动的时段，即每天8:00～20:00。系统允许的最大年总成本费用为33万美元，允许的最低用户用电满意度为0.9。

表6.6 系统各时段购电与售电价格方案

时段	谷时段	平时段	峰时段
购电/[美元/(kW·h)]	0.0607	0.1131	0.1426
售电/[美元/(kW·h)]	0.0459	0.0869	0.1180

2)模式 1:不考虑需求侧管理

在不考虑需求侧管理的情况下,只针对微电网内的电源配置、系统内各电源的运行情况等进行优化仿真计算。由于不涉及对负荷进行转移和调整,根据用户用电满意度的定义,用户用电满意度为 1。因此,仅以年总成本费用最低为目标进行优化计算,计算得到系统配置及优化目标结果如表 6.7 所示。

表 6.7　不考虑需求侧管理的优化配置结果

WT/台	PV/块	铅酸蓄电池/个	年总成本费用/美元	用户满意度
17	3320	1677	270 682	1

从优化结果中的系统与电网功率交换情况可知,微电网系统每年从电网购电的总电量约为 559251kW·h,占系统内负荷全年总用电量的 31.60%;每年向电网售电的总电量约为 542868kW·h。图 6.16 所示的是 7 月份前 3 天系统与电网功率交换的情况,购电功率为正,售电功率为负。

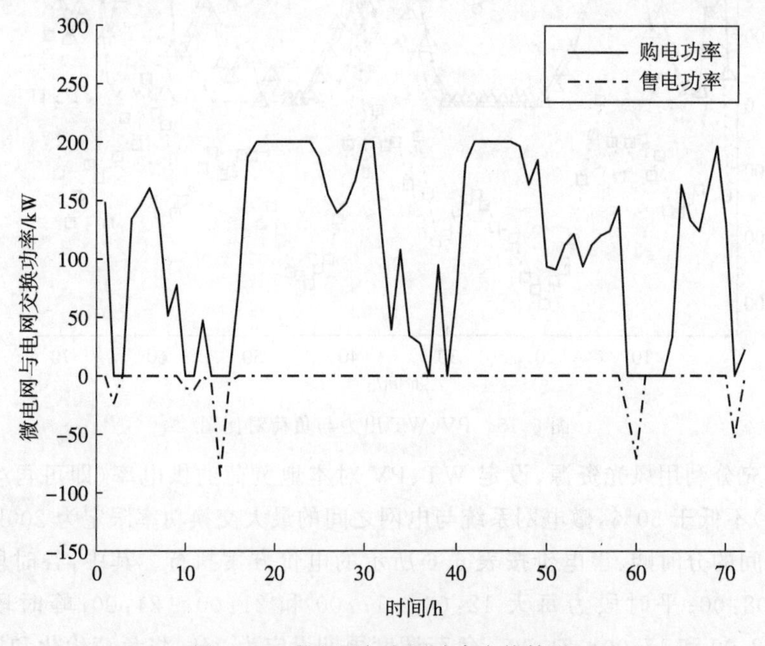

图 6.16　微电网与电网功率交换情况

优化得到的 BESS 年总充电量约为 193641kW·h;年总放电量约为141046kW·h,占系统内负荷全年总用电量的 7.97%。图 6.17 所示是 BESS 在 7 月份前 3 天的充放电情况,充电功率为正,放电功率为负。

可以看出,风光出力与负荷时序特性的不一致,以及微电网系统与电网功率交换限制,使得为保证负荷的正常用电,需要装设较大容量的 BESS 设备,造成系统总成本费用较高。

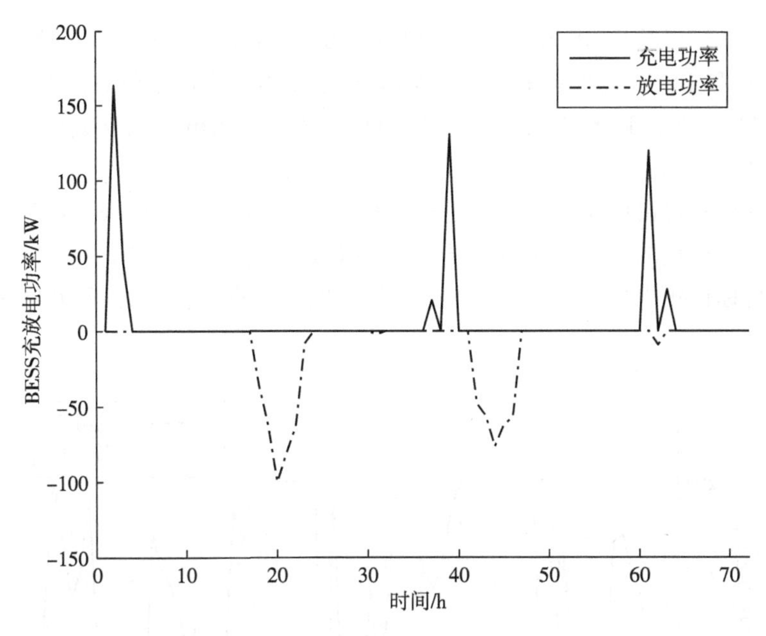

图 6.17　BESS 充放电情况

3)模式 2:考虑需求侧管理模式

首先,分别以年总成本费用最低和用户满意度最高为目标,对该微电网的系统配置和系统内各电源的运行等进行单目标优化计算,得到的结果如表 6.8 所示。

表 6.8　单目标优化配置结果

优化目标	WT/台	PV/块	铅酸蓄电池/个	年总成本费用/美元	用户用电满意度
总成本费用	16	2382	939	217 381	0.9319
用户满意度	29	5000	1159	326 552	1

从表 6.8 可以看出,以年总成本费用最低为目标进行优化时,系统总成本费用和风光储的装机容量相对较低,但此时用户用电满意度也偏低,对用户正常用电产生了较大影响;以用户用电满意度最大为优化目标时,优化得出的系统配置和运行情况能使用户用电满意度最高,但此时系统年总成本费用和风光储的装机容量偏高。因此,分别以年总成本费用最低和用户用电满意度最高为目标优化得出的结果均不够理想,微电网的规划设计和运行联合优化应同时计及经济性和用户用电满意度优化目标。同时考虑经济性和用户用电满意度优化目标的情况下,对多目标最大模糊满意度优化模型进行仿真计算,得到的结果如表 6.9 所示。

表 6.9　采用最大模糊满意度法的优化配置结果

满意度 δ	WT/台	PV/块	铅酸蓄电池/个	年总成本费用/美元	用户用电满意度
0.9433	16	2387	939	223 601	0.9961

从表 6.9 可以看出,考虑需求侧管理模式后,系统年总成本费用有较大幅度的降低,并且 PV 和 BESS 装机容量大幅减少,分别是在不考虑需求侧管理情况下 PV 装机容量的 71.90%、BESS 装机容量的 55.99%;而用户用电满意度则略低于不考虑需求侧管理的情况。

多目标优化得出的系统每年从电网购电的总电量约为 656768kW·h,占系统内负荷全年总用电量的 37.11%;每年向电网售电的总电量约为 438793kW·h。图 6.18 所示是多目标优化得出的 7 月份前 3 天系统与电网功率交换情况,购电功率为正,售电功率为负。

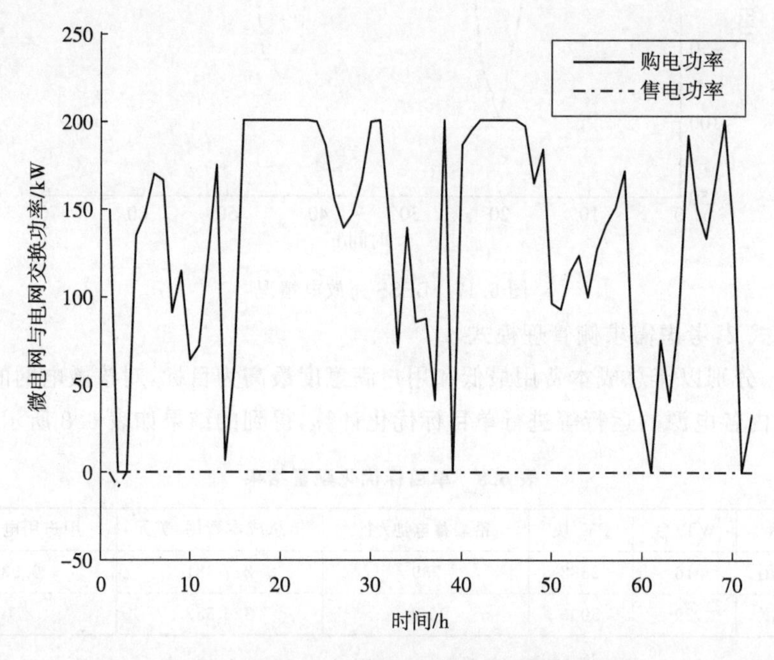

图 6.18　微电网与电网功率交换情况

BESS 的年总充电量约为 118135kW·h;年总放电量约为 85991kW·h,占系统内负荷全年总用电量的 4.86%。模式 2 下多目标优化得出的 7 月份前 3 天 BESS 充放电情况如图 6.19 所示,充电功率为正,放电功率为负。与模式 1 相比,模式 2 下 BESS 的充放电量大幅减少,微电网系统运行对 BESS 的依赖度显著降低。

图 6.20 所示是多目标优化得出的全年负荷优化调整情况。图 6.21 所示是 7 月份前 3 天负荷优化调整结果。其中,转入负荷为正,转出负荷为负。模式 2 下全年移动的负荷总量约为 6145kW,仅为全年总负荷的 0.347%;中断的可调整负荷总量约为 691kW,在全年总负荷中所占比例仅为 0.039%。可以看出,模式 2 下多目标优化时对负荷侧的调整较小,对用户正常用电影响很小。

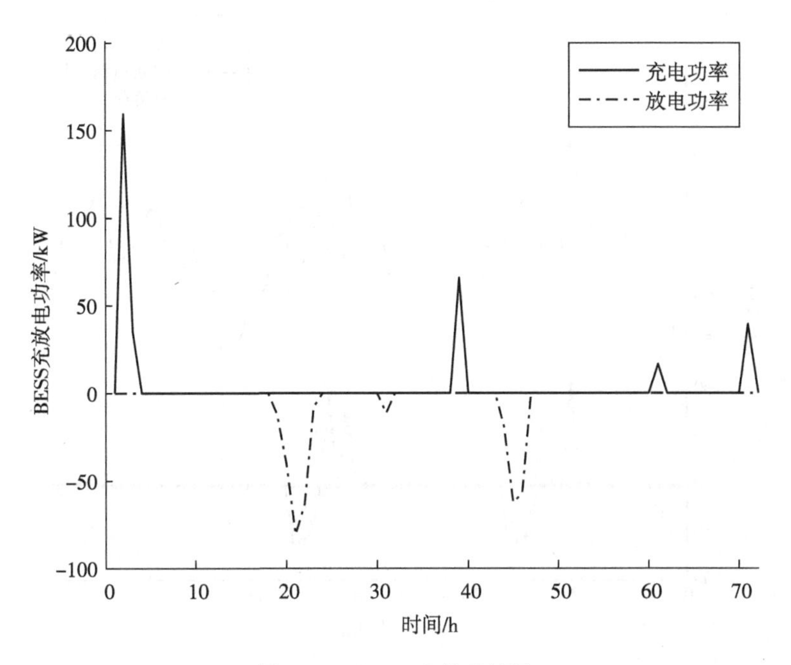

图 6.19　BESS 充放电情况

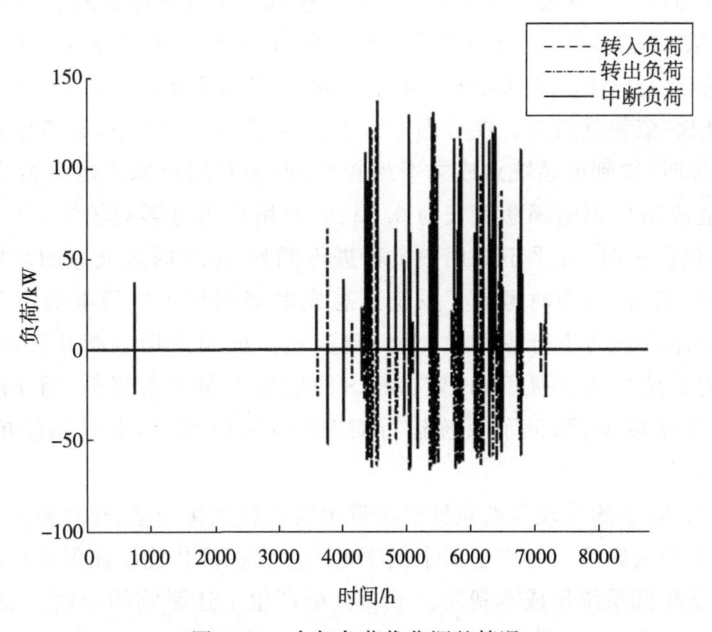

图 6.20　全年负荷优化调整情况

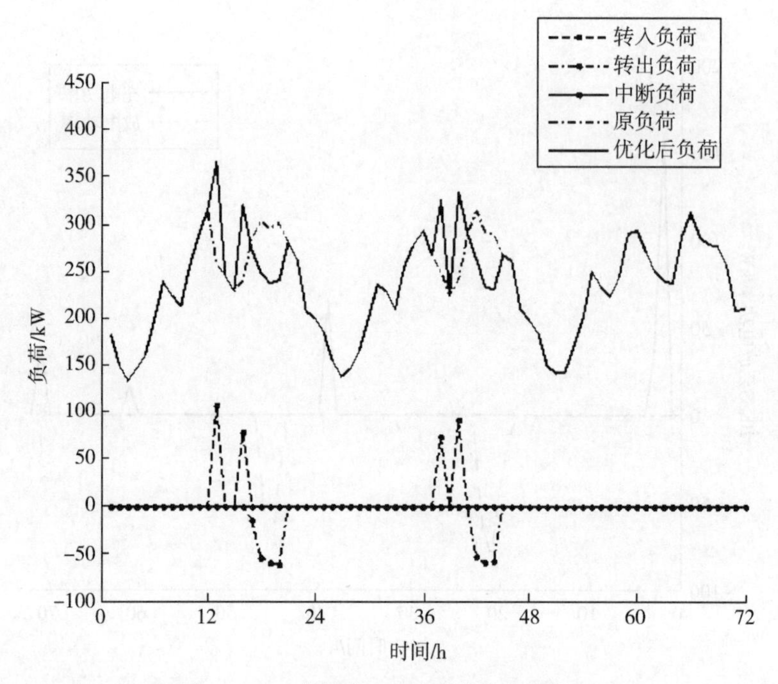

图 6.21 7 月份前 3 天负荷优化调整结果

4)两种模式对比分析

表 6.10 给出了两种模式下的优化结果。模式 1 中没有考虑需求侧管理,因而对用户用电满意度没有影响。但为满足原有负荷的需要,需要装设较大容量的 PV 和 BESS,且系统运行时 BESS 的年充放电量也较多,造成系统总成本费用偏高,且系统运行时对 BESS 依赖度较高。在考虑了需求侧管理的模式 2 下,只考虑系统总成本费用优化目标时,得到的系统总成本费用较低,但会对用户原用电负荷进行较大的优化调整,造成用户用电满意度仅为 0.9319,对用户用电影响较大;只考虑用户用电满意度优化目标时,几乎不对用户负荷进行调整,但此时风光储的装机容量和系统总成本费用偏高;当同时考虑了系统年总成本费用和用户用电满意度优化目标时,通过对原用电负荷进行少量优化和调整,在保证用户用电满意度高达 0.9961 的同时,使得系统总成本费用和 PV、BESS 的装机容量显著降低,且 BESS 的年总充放电量也明显减少,降低了系统运行对 BESS 的依赖度,保证系统能够更为经济、稳定的运行。

不难看出,需求侧管理虽然只针对少量负荷进行优化调整,却对整个系统配置和运行方式产生较大影响。考虑了需求侧管理的多目标优化能够在保证较高用户满意度的同时显著降低系统年成本费用。下面分析产生上述影响的原因。表 6.11 所示的是模式 1 和考虑多目标优化的模式 2 下计算得出的年总成本费用各组成部分对比,从表中可以看出如下内容。

表 6.10　两种模式下优化结果对比

模式	总成本费用/美元	用户用电满意度	WT 台数/PV 板数量/铅酸蓄电池个数	年购(售)电量/(kW·h)		BESS 年充(放)电量/(kW·h)		转移的可转移负荷/kW	中断的可调整负荷/kW
				购电量(占全年用电量的百分比/%)	售电量(占全年用电量的百分比/%)	充电量(占全年用电量的百分比/%)	放电量(占全年用电量的百分比/%)	数值(占全年总负荷的百分比/%)	数值(占全年总负荷的百分比/%)
模式 1	270 682	1	17/3320/1677	559251 (31.60)	542868 (30.67)	193641 (10.94)	141046 (7.97)	—	—
模式 2 下以系统总成本费用为优化目标	217 381	0.9319	16/2382/939	642489 (36.30)	451401 (25.51)	89705 (5.07)	65450 (3.70)	113640 (6.42)	6898(0.39)
模式 2 下以用户用电满意度为优化目标	326 552	1	29/5000/1159	417634 (23.60)	604640 (34.17)	165611 (9.36)	120442 (6.81)	0.40 (约为 0)	32.50 (约为 0)
模式 2 下多目标优化	223 601	0.9961	16/2387/939	656768 (37.11)	438793 (24.79)	118135 (6.68)	85991 (4.86)	6145 (0.347)	691(0.039)

(1)模式 1 下,WT、PV 相关的年成本费用均高于模式 2,主要因为模式 1 下 WT、PV 装机容量较高,而模式 2 下通过少数时段负荷的调整降低了对系统电源装机容量的要求,因而相关费用较低。

(2)模式 1 下,电网相关费用低于模式 2,主要是因为模式 1 下年售电量相对较多,同时年购电量相对较少,售电量相对较多主要是因为模式 1 下部分时段 WT、PV 出力过剩,而模式 2 下却因为负荷的优化调整而对 WT、PV 出力的直接利用更多,使系统向电网售电减少;同时从模式 2 下购电量增加这点可以看出,在当前 WT、PV 使用成本相对较高的背景下,对于微电网,不宜过分追求可再生能量的能量渗透率,通过使用经济成本相对较低的传统集中式发电对微电网进行补充可以有效降低当前微电网的经济成本。

(3)对于 BESS 的相关费用,模式 1 则远高于模式 2,这是因为模式 1 下 BESS 的装机容量较高,同时模式 1 下不但年充放电量高于模式 2,而且对 BESS 的使用更为频繁:模式 1 下 BESS 每年充、放电总时段数分别为 1485h 和 1426h,而模式 2 下每年充、放电总时段数分别为 1249h 和 1288h。

表 6.11 两种模式下年总成本费用各组成部分对比

模式	电源相关费用/美元				BESS 相关费用/美元	需求侧管理相关费用/美元
	WT	PV	电网	总费用		
模式 1	86951	81639	5900	174490	96192	0
模式 2 下多目标优化	81836	58697	28433	168966	54546	90

6.2.2 发供电匹配模式

1. 发供电匹配概述

发供电匹配的目的是通过改变可转移负荷的使用时间，使用电负荷与可再生能源发电功率在时序上更加贴近，从而有助于可再生能源并网发电，减少储能设备的配置需求，提高微电网的整体经济效益。将一天 24h 作为需求侧响应周期，每小时作为一个响应时段，要求在一天内可转移负荷得到满足。

用户先设定下一周期可转移负荷是否运行，再设定一个初始运行时间。微电网控制系统收集用户设定的信息，分析负荷和可再生能源发电数据，利用设计的需求侧响应求解方法重新给可以转移的负荷安排运行时间。被设定的负荷在接收系统指令信号后就会在指定时段自动运行，如果未收到信号则按初始时间运行。部分高峰期负荷会转移到光伏发电充足时段，使负荷与可再生能源发电功率在时序上更加贴近，发供电匹配效果如图 6.22 所示。参与需求侧响应并依据指令改变负荷使用时间的用户会得到相应的经济激励。采用基于激励的需求侧响应简单直接，从需求侧改变负荷特性，有效地降低光伏并网对系统运行的影响。

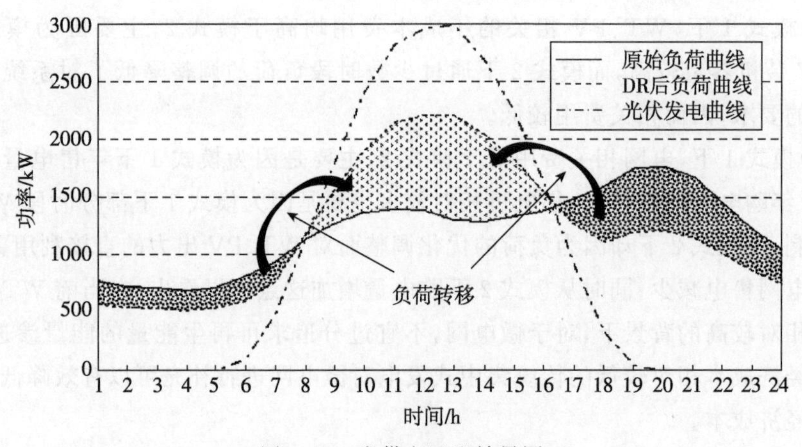

图 6.22 发供电匹配效果图

2. 发供电匹配模型

负荷转移的目的是让负荷需求和可再生能源发电曲线在时序上最大化贴近，尽可能即发即用，如式(6.42)所示。其中，考虑需求侧响应的情况下，优化后的负荷曲线如式(6.43)所示。

$$\min \quad \sum_{t=1}^{T} \left| P_{\mathrm{LM}}(t) - P_{\mathrm{RES}}(t) \right| \tag{6.42}$$

$$P_{\mathrm{LM}}(t) = P_{\mathrm{L}}(t) + P_{\mathrm{LI}}(t) - P_{\mathrm{LO}}(t) \tag{6.43}$$

式中，$P_{\mathrm{RES}}(t)$为 t 时刻的开再生能源发电功率；$P_{\mathrm{LM}}(t)$为 t 时刻的需求侧响应后负荷；$P_{\mathrm{L}}(t)$为 t 时刻的需求侧响应前负荷；$P_{\mathrm{LI}}(t)$为 t 时刻的转入负荷；$P_{\mathrm{LO}}(t)$为 t 时刻的转出负荷。

由于可转移负荷存在一定的供电持续时间 $h_{\max}$，在负荷转移至 t 时刻后，用电功率会持续到 $t+h_{\max}$时刻。因此，可转移负荷会影响连续的多个时段的负荷水平，并且不同的负荷特性导致供电持续时间不同，影响的时序范围也不同，如式(6.44)所示。

$$\begin{cases} P_{\mathrm{LI}}(t) = \displaystyle\sum_{k=1}^{N_{\mathrm{S}}} x_k(t) P_{l,k} + \sum_{h=1}^{h_{\max}-1} \sum_{k=1}^{N_{\mathrm{sa}}} x_k(t-h) P_{h+1,k} \\ P_{\mathrm{LO}}(t) = \displaystyle\sum_{k=1}^{N_{\mathrm{S}}} y_k(t) P_{l,k} + \sum_{h=1}^{h_{\max}-1} \sum_{k=1}^{N_{\mathrm{sa}}} y_k(t-h) P_{h+1,k} \end{cases} \tag{6.44}$$

式中，N_{S}为可转移负荷数量；N_{sa}为运行持续时间大于一个调度时段的数量；$h_{\max}$为可转移负荷单元供电持续时间最大值；$x_k(t)$为 t 时段开始运行的第 k 类负荷转入单元数；$y_k(t)$为 t 时段开始运行的第 k 类负荷转出单元数；$P_{l,k}$为第 k 类可平移负荷在第 l 个工作时段的功率。

3. 基于发供电匹配的微电网配置优化流程

负荷转移模型是非线性离散的组合最优化问题。一般组合优化问题通常带有大量的局部极值点，往往是不可微的、不连续的、多维的、有约束条件的、高度非线性的 NP 完全(难)问题或非线性的 NP 完全(难)问题。采用粒子群算法求解，但直接使用粒子群算法，一个粒子包含 24 个时段转入转出负荷的种类和单元数信息，则粒子元素组成极其复杂，一次迭代计算时间长，一般无法在少量迭代次数下找到满意解。只要负荷有效转移总量相同，负荷转移目标函数值不变，可先缩小可行解集合范围，先确定负荷转入转出时段，再确定各转出时段转移负荷的种类和单元数，最后使用粒子群算法求解负荷的转入结果，可有效减少计算量。

负荷转移算法求解具体过程如下。

(1)输入基础数据。输入响应周期内可再生能源发电数据和负荷数据，收集用户设定的可转移负荷信息。

(2)确定可转移负荷转入转出时段。计算出周期内每个时段光伏发电功率、负荷和可转移负荷。比较每个时段光伏发电功率和负荷。如果每个时段负荷都大于等于光伏发电功率，则本周期不转移负荷，进入下一周期；否则记录 $P_{\mathrm{RES}}>P_{\mathrm{L}}$时段为负荷转入时段，$P_{RES}<P_L$时段为负荷转出时段，如图 6.23 所示。

(3)确定转出时段可转移负荷种类和单元数。计算负荷转入时段光伏发电量与负荷电量差值总和为总可转入电量 P_{LI}，负荷转出时段负荷大于光伏发电量中可转移负荷部分总和为可转出负荷总量 P_{LO}，取两者较小值为本周期负荷总转移量 P_{LS}。以此按比例选取转出时段可转移负荷，确定每个转出时段可转移负荷种类和单元数，如图 6.23 所示。

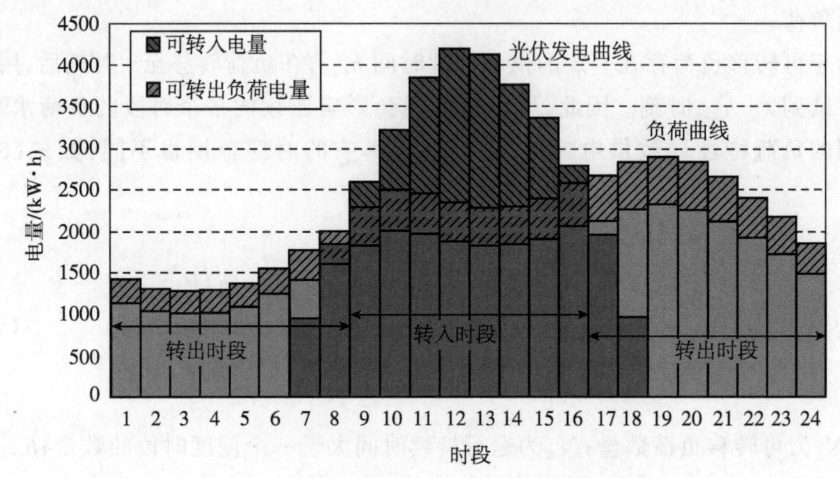

图 6.23　需求侧响应求解过程示意图

(4)求解负荷转入过程。根据负荷转移模型，采用粒子群算法求得各转入时段的负荷转入结果。输出负荷平移后曲线。

根据负荷转移算法进行微电网的负荷曲线优化，使优化后的微电网负荷曲线与可再生能源发电功率曲线相匹配，减小了的微电网过剩/不足电量，有助于降低储能设备的安装容量，提高微电网的经济效益。基于优化后的微电网负荷曲线进行微电网优化配置，相关数学模型和优化算法流程在第 4 和第 5 章中有详细阐述，此处不再复述。

4. 算例分析

1)仿真系统

算例以某一区域 10kV 馈线展开分析，该馈线光伏装机容量为 5500kW，全年总用电量约 8640MW·h，负荷平均功率为 986.2kW。该地区年负荷曲线和年光照辐照度曲线如图 6.24 所示。依据图 6.24 光照辐照度曲线，日平均辐照 4.13(kW·h)/(m^2·d)，全年光伏可发电量约 6636MW·h，平均发电功率为 757.5kW。

备选电源参数如下：光伏组件初始投资成本为 0.8 万元/kW，年运行维护费用为 20 元/kW；铅酸蓄电池规格为 2V/1000(A·h)，初始投资成本为 0.14 万元/个，年运行维护费用为 5 元/个。

蓄电池 SOC 设定范围为[0.45，0.95]，采用循环次数法对电池预期寿命进行评

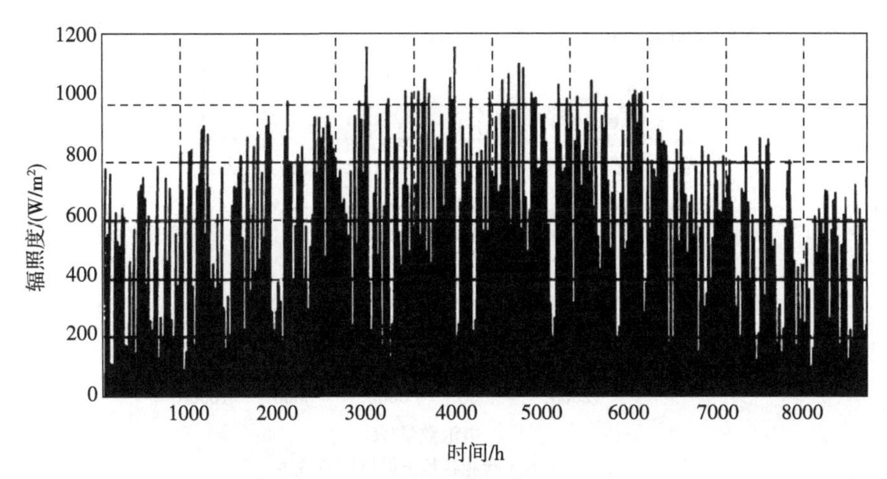

(a)光照辐照度曲线

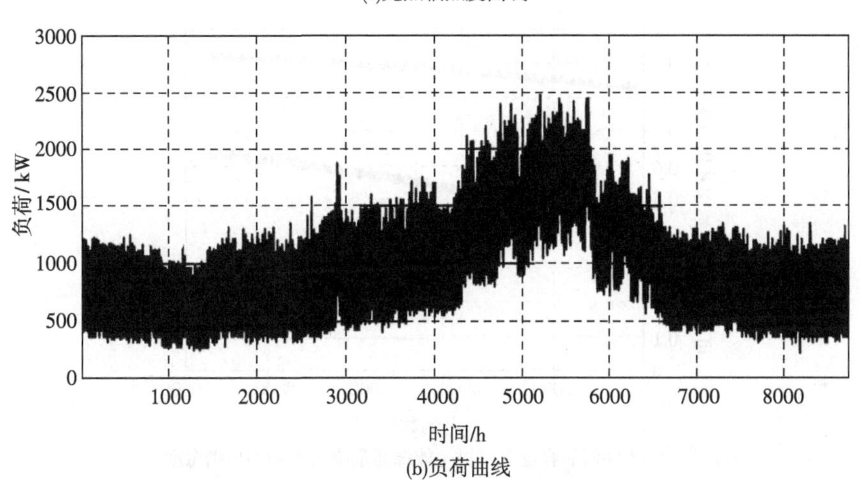

(b)负荷曲线

图 6.24　光照辐照度和负荷曲线

估；微电网可再生能源能量渗透率最低值设为 50%，最大倒送功率设为 1000kW。假设大电网工业电价每千瓦时为 1.0 元，分布式光伏发电上网电价每千瓦时为 0.485 元；每千瓦时累计补贴为 0.620 元，用户参与需求侧响应负荷转移每千瓦时补偿为 0.4 元。微电网规划年限为 20 年。

2)不考虑发供电匹配

假设光伏装机容量已确定，仅对储能容量进行优化配置，采用遍历算法求解不同储能容量下微电网运行结果。图 6.25 为随储能容量递增，系统总成本、可再生能源能量渗透率、用户满意度、电网净出力和光伏弃电量变化情况。

从图 6.25(a)可以看出，系统总成本曲线呈现 U 形，随着储能容量的增加，总成本先减少后增加，在蓄电池数量为 5200 只，容量达到 10400kW·h 时，得到微电网经济最优储能配置，总成本最低为 475.01 万元。从图 6.25 (b)和(c)可以看出，在蓄电

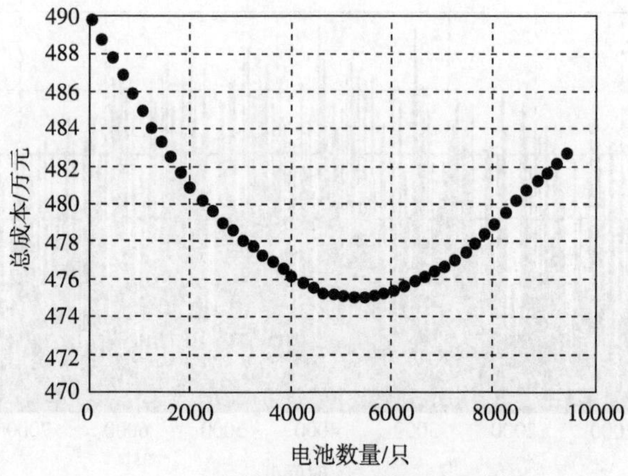

(a)不同储能容量下微电网总成本

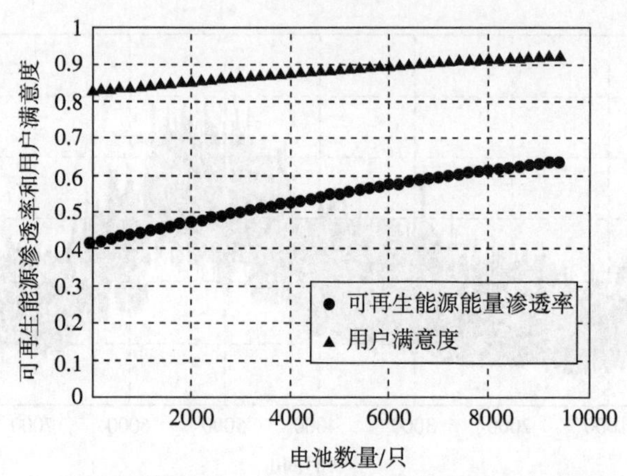

(b)不同储能容量下可再生能源能量渗透率和用户满意度

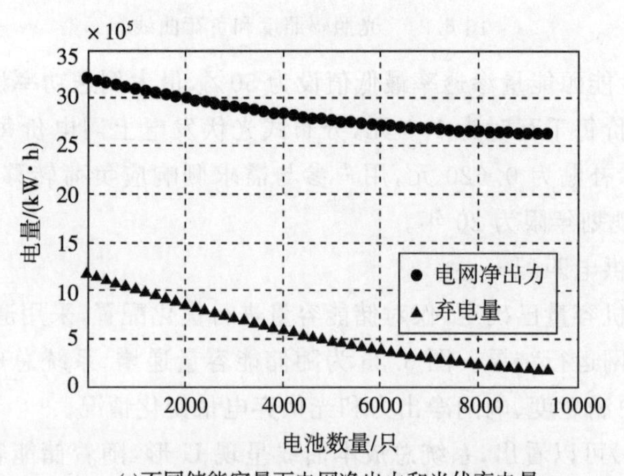

(c)不同储能容量下电网净出力和光伏弃电量

图 6.25　不同储能容量下微电网运行结果

池数量限制范围内,随着电池数量的增加,微电网内可再生能源能量渗透率和用户满意度均增加,向大电网购电量及光伏弃电量减少,都呈现单调向好趋势。

表 6.12 为不同方案下系统运行结果对比。方案 1 为只有分布式光伏的发电系统,未安装储能,不考虑需求侧响应。方案 2 为光储微电网,电池数量 5200 只,为不考虑需求侧响应时经济最优储能配置。方案 3 为光储微电网,储能配置与方案 2 相同,电池数量 5200 只,考虑需求侧响应,可转移负荷容量百分比为 10%。方案 4 为光储微电网,考虑需求侧响应,电池数量 3900 只,为可转移负荷容量百分比为 10% 时微电网经济最优储能配置。

表 6.12　不同方案下系统运行结果对比

方案	电池数量/只	可转移负荷百分比	电网出力/(kW·h)	倒送电量/(kW·h)	弃电量/(kW·h)	可再生能源能量渗透率	用户满意度	电池寿命/年	BESS成本/万元	Grid成本/万元	DR补偿/万元	PV补贴/万元	总成本/万元
1	0	0	3203796	1831237	1200487	0.415	0.831		0	415.52	0	337.00	489.70
2	5200	0	2758117	1060227	471397	0.558	0.892	6.44	115.62	330.41	0	382.21	475.01
3	5200	10	2597194	889089	335641	0.596	0.882	7.10	105.15	305.51	17.75	390.62	449.96
4	3900	10	2646179	1035054	445365	0.571	0.764	6.84	81.98	319.42	17.75	384.41	447.82

注:光伏成本为 411.18 万元

对比方案 1 和方案 2 可得出:添加储能组成光储微电网后,大电网净出力减少 445679kW·h,光伏弃电量减少 771010kW·h,而向电网购电成本减少 85.11 万元、光伏发电补贴增加 45.21 万元。尽管增加储能成本 115.62 万元,但安装储能带来的效益更大。方案 1 总成本为 489.70 万元,方案 2 总成本为 475.01 万元,比方案 1 的总成本减少 14.69 万元。另外,可再生能源渗能量透率大幅提高,从 41.5%增加到 55.8%,满足最低限制要求,相应的用户满意度也得到提高。由于系统设置倒送功率限制,多余电量可存储到储能中,向大电网倒送总电量从 1831237kW·h 降到 1060227kW·h,降幅达到 45%,而光伏弃电量从 1200487kW·h 降到471397kW·h,降幅达 62%。

由此可见,单一的分布式光伏发电系统增加储能组成光储微电网后可以有效提高系统的经济性和可再生能源能量渗透率,减少光伏并网对系统的影响,弃光限电问题会得到有效的改善。

3)考虑发供电匹配

图 6.26 为引入需求侧响应,可转移负荷容量百分比设为 10%时,不同典型天气条件下负荷曲线变化情况。图 6.26 中第一个 24h 为典型阴雨天气场景,光照弱,全天光伏发电功率始终小于负荷,无须进行负荷转移。中间 24h 为典型多云天气场景,光照强度一般,部分时段光伏发电功率大于负荷,在经需求侧响应负荷转移后,负荷与光伏发电功率曲线接近。最后 24h 为典型晴天天气场景,光照好,中午时段光伏发

电功率突出，即使负荷尽可能从其他时段转移到中午，光伏发电依然多于负荷。

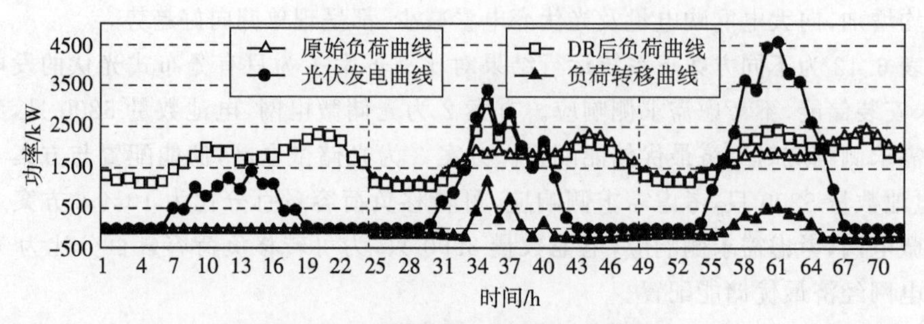

图 6.26　需求侧响下负荷变化情况

可以看出负荷发生转移时，整体趋势是负荷从其他时段尤其是负荷高峰时段转移到中午时段，有效改善了负荷特性，能够充分响应光伏发电特性。

图 6.27 为在光伏容量 5500kW，蓄电池数量 5200 只，容量 104000kW·h 时，随可转移负荷容量百分比（可转移负荷容量占总负荷的百分比）的增加，系统总成本、可再生能源能量渗透率、用户满意度、电网净出力、光伏弃电量和电池寿命的变化情况。

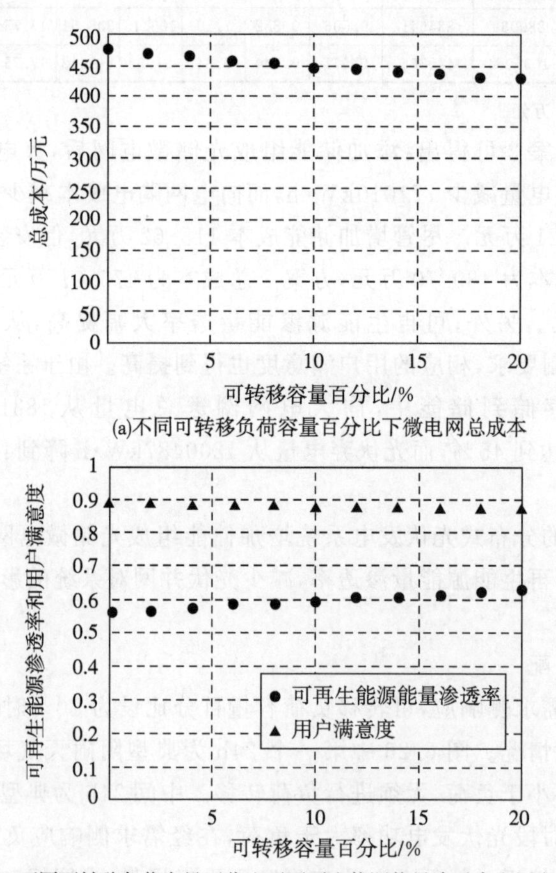

(a)不同可转移负荷容量百分比下微电网总成本

(b)不同可转移负荷容量百分比下可再生能源能量渗透率和用户满意度

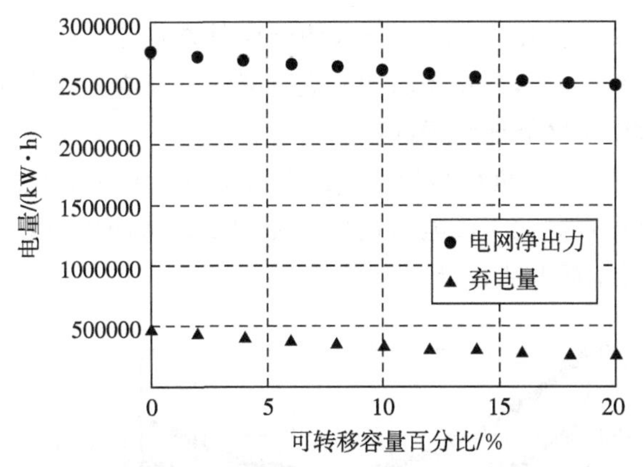

(c)不同可转移负荷容量百分比下电网净出力和光伏弃电量

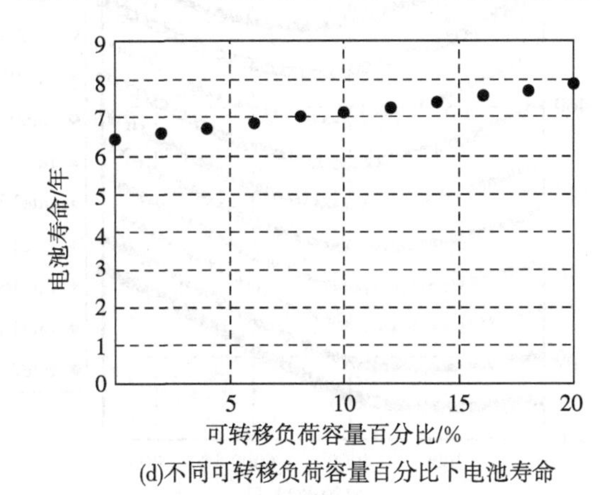

(d)不同可转移负荷容量百分比下电池寿命

图 6.27　不同可转移负荷容量百分比下微电网运行结果

从图 6.27 中看出，随着可转移负荷容量百分比的增加，系统总成本降低，向大电网购电量和光伏弃电量减少；可再生能源能量渗透率和电池寿命增加；而用户满意度略微下降。可见条件许可情况下，更多比例的可转移负荷会起到更大的负荷调节作用，使微电网运行改善。

对比方案 2 和方案 3 可得出：在储能配置相同的情况下，通过需求侧响应电网净出力和光伏弃电量分别减少近 160923kW·h 和135750kW·h，使得购电成本减少近 24.90 万元、光伏发电补贴增加近 8.41 万元，同时需求侧响应使蓄电池充放电次数减少，电池寿命延长，相应储能成本减少 10.47 万元，所获效益大于需求侧响应补偿成本 17.75 万元，系统总成本减少达 25.05 万元；光伏发电倒送电量减少 171138kW·h；由于需求侧响应部分负荷转移，购电满意度下降，尽管供电满意度提高，整体用户满意度变化不大。

需求侧响应改善微电网运行效果明显，进一步缓解光伏并网困难。同时比较增加储能和需求侧响应分别对降低系统成本的投资回报比，储能花费 115 万元总成本只减少近 15 万元，投资回报比为 13%，需求侧响应补偿成本 18 万元总成本减少达 25 万元，投资回报比为 139%，可见需求侧响应对降低系统成本性价比更高。

4)需求侧响应对微电网储能配置的影响

图 6.28(a)为不同可转移负荷容量百分比下储能和系统总成本关系，图 6.28(b)为不同可转移负荷容量百分比下微电网最优储能配置。从图中可以看出，可转移负荷容量百分比增加，所需蓄电池数量减少。

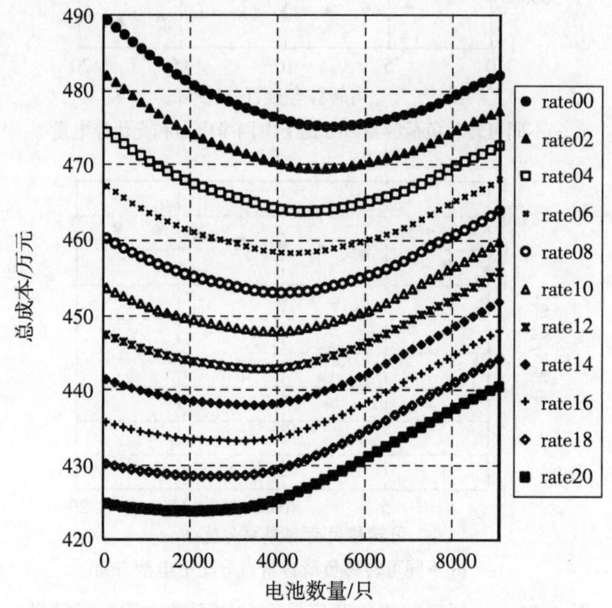

(a)不同可转移负荷容量百分比下电池数量和系统总成本关系

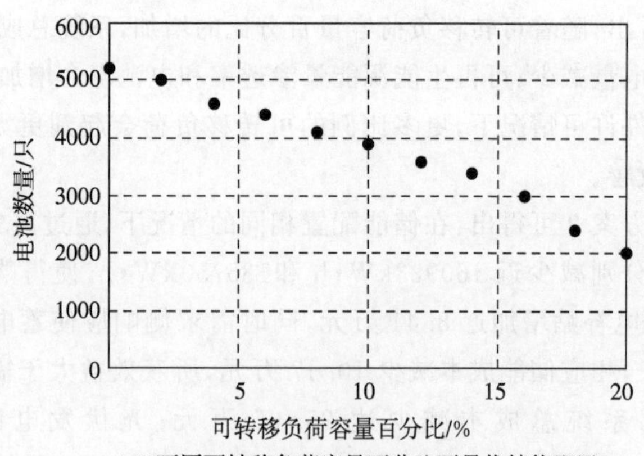

(b)不同可转移负荷容量百分比下最优储能配置

图 6.28　需求侧响应对微电网储能配置的影响

对比方案 2 和方案 4 可得出：在引入需求侧响应后，可转移负荷容量百分比为 10%下，最优储能电池数量从 5200 只减为 3900 只，可使储能成本减少 33.64 万元，购电成本减少 10.99 万元，大于增加的需求侧响应补偿成本，方案 4 总成本比方案 2 总成本减少 27.19 万元。可见从经济性角度出发，需求侧响应技术可以减少微电网的储能容量配置。

6.3　考虑储能因素

在微电网中，风光资源本身均具有随机性和不可控性，使得其出力无法满足时变的负荷需求。储能系统具有环保性好、能量双向流动、充放电功率连续可调等优点，还可以作为主电源提供电压频率支撑以维持系统稳定运行，使其成为微电网的重要组成部分。

对微电网系统进行优化分析时，在满足经济运行的基础上，应充分考虑蓄电池储能系统的使用原则，从而可以有效延长蓄电池的使用寿命。此外，储能技术包括能量型和功率型储能，复合储能系统发挥能量型储能和功率型储能的技术互补性，在小型微电网中的分析和应用得到广泛关注。

6.3.1　蓄电池寿命因素

蓄电池寿命特性是微电网运行策略制定和系统配置中需要考虑的重要因素。本节从微电网运行策略角度分析考虑蓄电池寿命特性对微电网工况的影响，从而说明考虑蓄电池寿命特性对系统配置的重要性。

1. 蓄电池寿命模型[4,5]

蓄电池储能系统寿命模型是微电网建模研究的重要组成部分，蓄电池储能系统预期寿命的准确与否对于微电网经济评估和优化配置至关重要。蓄电池储能系统的使用寿命一般与其运行工况紧密相关，其老化过程与许多因素相关，如充放电循环、不完全充电、运行温度等，不同因素之间存在复杂的联系，很难通过实验测试来分析不同因素之间的相互作用。因此，在进行蓄电池储能相关设计时，精确预测蓄电池储能使用寿命是十分困难的。为了获得相对可信的预期寿命，必须恰当地考虑这些因素及它们之间的相互作用。目前大致可分为 3 种蓄电池储能寿命模型。

1)物理-化学模型

采用详细的物理与化学模型，提供详细的电池信息，如温度、电势、电流、SOC、电解质浓度等状态变量。每个状态变量的老化影响单独检查，如重结晶过程中表面活性物质的损失，或者因腐蚀造成的网格导电率的下降等。基于不同状态变量与老化影响的关系，可以评估整个老化过程的作用与影响。老化过程造成的性能的改变被直接纳入模型中，状态变量会发生相应的变化。该模型考虑的因素较多，可以提供关于蓄电池储能的详细信息，但其十分复杂，实用性不强。

2)权重安时模型

权重安时模型基于寿命周期内安时吞吐量的影响，它假设在标准条件下，蓄电池储能达到寿命周期时的安时吞吐量是一定的，当蓄电池储能的总安时吞吐量达到寿命预期值时，即认为蓄电池储能达到寿命周期。例如，若某蓄电池寿命周期总安时吞吐量为 1000A·h，当蓄电池充电或放电 1A·h 时，其累积使用增加 1A·h，当累积使用量达到 1000A·h 时，即认为蓄电池达到寿命周期。偏离标准条件会造成实际安时吞吐量的增加或减少，如对于铅酸蓄电池，工作在低 SOC 条件下对其使用寿命是不利的，如图 6.29 所示。

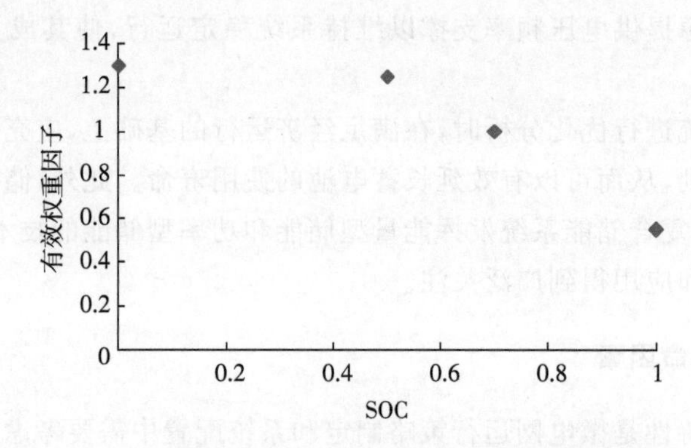

图 6.29 铅酸蓄电池寿命有效权重因子与 SOC 值的关系

图 6.29 表示工作在不同 SOC 水平时对铅酸蓄电池有效累积使用的影响。例如，当 SOC 为 0.5 时，铅酸蓄电池放电 1A·h，其有效累积使用大约增加了 1.3A·h，比其实际放电值(1A·h)略大；当 SOC 为 1 时，铅酸蓄电池放电 1A·h，其有效累积使用大约增加了 0.55A·h，比其实际放电值(1A·h)略小。这表明铅酸蓄电池工作在低 SOC 水平时寿命损耗会增大，会更快地达到有效累积寿命限值，对铅酸蓄电池的使用不利。因此，在铅酸蓄电池工作时应尽量避免其运行在低 SOC 水平。

3)事件导向模型

将不同事件引起的寿命损耗叠加是许多工程领域采用的标准寿命预测方法。对于电化学系统，若使用事件导向模型，需要满足以下条件：事件对寿命的影响可以通过实验测试或者专家知识来确定。事件必须是十分清晰的，并且与其他事件相区别。采用循环次数来表示蓄电池储能的寿命是典型的事件导向模型，如图 6.30 所示。

图 6.30 表示在不同放电深度(depth of discharge，DOD)下蓄电池储能系统达到寿命周期时的循环次数。例如，当蓄电池储能系统的放电深度为 50%时，若循环次数达到 2000 次，即认为蓄电池储能系统达到寿命周期。不同放电深度下对应的循环次数有所不同，可将不同放电深度下的循环次数进行等效转换，以便进行统计。循环次数法是当前应用较多的寿命计量方法。

显然不同类型储能系统的寿命特性存在一定的差异，如抽水蓄能使用寿命长达

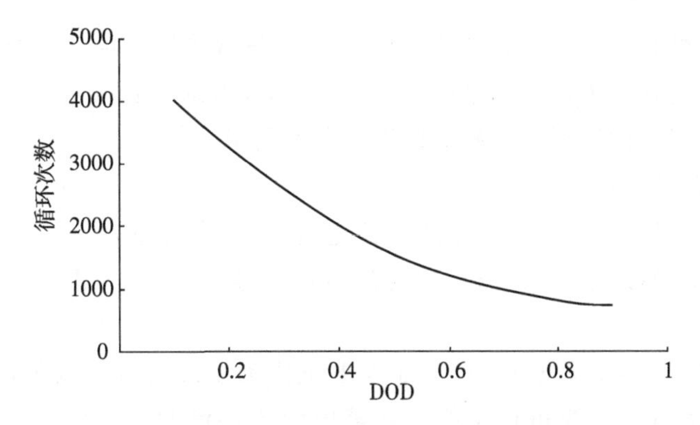

图 6.30　蓄电池储能循环次数与放电深度的关系

几十年。在计算储能系统使用寿命时，需要根据储能系统的具体类型选择相应的方法进行评估。

2. *考虑蓄电池寿命特性的微电网运行策略分析*

风光柴蓄微电网系统是典型的独立型微电网组合，较多采用循环充电运行策略，柴油发电机和蓄电池轮流作为主电源以提供参考频率和电压。其中，蓄电池作为重要供电电源，其输出功率应能满足最大负荷需求，柴油发电机应能满足最大负荷及一定的蓄电池充电需求。运行策略如图 6.31 所示。

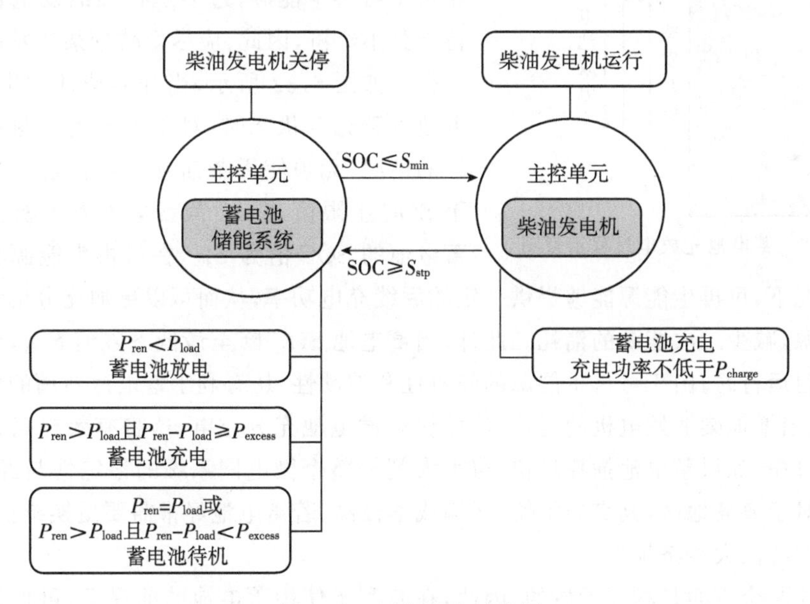

图 6.31　运行策略示意图

当蓄电池 SOC 大于 S_{min} 时，蓄电池作为主电源。此时，根据可再生能源发电、负荷情况及 P_{excess} 参数，蓄电池可处于充电、放电和待机状态。当可再生能源发电大于负荷，多余功率大于 P_{excess} 时，蓄电池充电。若多余功率小于 P_{excess}，则蓄电池不进行充电，多余功率可通过卸荷负载进行消耗。P_{excess}参数的设置可有效减少蓄电池充放电的转换次数，这有益于延长蓄电池的使用寿命，尤其对于铅酸蓄电池而言。当可再生能源发电小于负荷时，蓄电池放电以满足负荷需求。

当蓄电池 SOC 小于 S_{min}时，柴油发电机启动作为主电源，蓄电池进入充电状态。柴油发电机需在能力允许范围内保证蓄电池一定的充电功率，如不低于设定值 P_{charge}。当蓄电池 SOC 达到 S_{stp}时，柴油发电机关停，重新转入蓄电池作为主电源的模式。

在独立型风光柴蓄微电网中，柴油发电机作为系统的备用电源，主要有如下两个作用。①应急电源。当可再生能源和蓄电池无法满足负荷需求，或蓄电池 SOC 达到最低限值时，柴油发电机启动提供应急电力，从而保证微电网系统的供电可靠性。②补充电源。由于可再生能源发电的随机性和波动性，仅靠可再生能源很难保证对蓄电池的充电功率和充电时间，柴油发电机作为蓄电池的补充电源，可提供稳定的充电功率和有保证的充电时间，从而有效保护蓄电池，延长蓄电池的使用寿命。

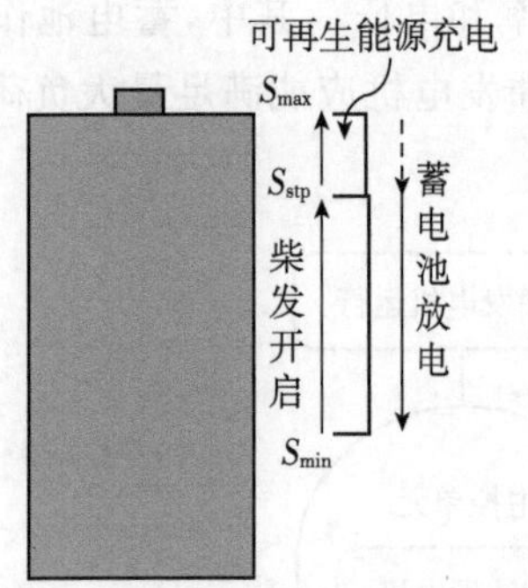

图 6.32　蓄电池充放电过程示意图

在微电网系统运行中，由于柴油发电机消耗燃油，同时会对环境造成一定程度的污染，且相对于可再生能源，过多运行柴油发电机也显得十分不经济，因此，应尽量减少柴油发电机的运行。如图 6.32 所示，当开启柴油发电机，蓄电池处于充电状态时，对于可再生能源状况较好的情况，无须使用柴油发电机将蓄电池充电至 SOC 上限值 S_{max}。假设柴油发电机关停时蓄电池的 SOC 值为 S_{stp}，在可再生能源状况较好的情况下，可再生能源能够提供一定的后续充电功率，从而可以更加充分地利用可再生能源，减少二次能源的消耗。此外，当蓄电池 SOC 降至最低下限值 S_{min}，柴油发电机开启运行时，由于可再生能源的随机性和波动性，从有利于蓄电池使用的角度出发，应适当增加柴油发电机的运行，从而保证蓄电池充分充电，这将有效提高蓄电池的使用寿命，如果蓄电池损耗过快，将大大削弱整个微电网系统的稳定性与经济性。尤其是对于海岛地区，其交通不便、运输成本极高，若蓄电池经常需要更换维护，将会带来潜在的巨大经济损失。

上述两个方面是相互矛盾的，因此，在有利于使用蓄电池的前提下，可根据可再生能源和负荷状况，优化运行策略中的 S_{stp}、P_{excess}和 P_{charge}参数，以达到优化柴油发电机和蓄电池运行工况。

基于以上考虑，将发电成本和蓄电池寿命折损作为优化目标，讨论此多目标经济运行问题，目标函数如下。

1)目标 1:电源发电成本

发电成本主要包括柴油发电机和可再生能源发电两部分,可表示为

$$C_{gen} = C_{de} + C_{ren} \tag{6.45}$$

$$C_{de} = C_{loss\text{-}de} + C_{om\text{-}gen} + C_{fuel} + C_{po\text{-}de} \tag{6.46}$$

$$C_{ren} = C_{loss\text{-}ren} + C_{om\text{-}ren} - C_{sub} \tag{6.47}$$

式中,C_{gen}为总发电成本;C_{de}为柴油发电机发电成本;C_{ren}为可再生能源发电成本;$C_{loss\text{-}de}$、$C_{om\text{-}gen}$分别为柴油发电机自身折损成本、运行维护成本;C_{fuel}为燃料费用;$C_{po\text{-}de}$为柴油发电机污染惩罚;$C_{loss\text{-}ren}$、$C_{om\text{-}ren}$分别为可再生能源发电自身折损成本、运行维护成本;C_{sub}为可再生能源发电补贴。

2)目标 2:蓄电池寿命折损成本

一定时间内,蓄电池累积吞吐的安时量可评估其寿命损耗水平,可表示为

$$L_{loss} = \frac{A_c}{A_{total}} \tag{6.48}$$

式中,L_{loss}为蓄电池寿命折算;A_c为一定时间内的安时吞吐量;A_{total}为蓄电池寿命周期内的安时总吞吐量。

A_c与蓄电池运行 SOC 及实际安时吞吐量 A_c'相关,可表示为

$$A_c = \lambda_{soc} A_c' \tag{6.49}$$

式中,λ_{soc}为有效权重因子,当 SOC 大于 0.5 时,有效权重因子与 SOC 近似呈线性关系,可表示为

$$\lambda_{soc} = k \cdot \mathrm{SOC} + d \tag{6.50}$$

式中,k 和 d 的值可通过蓄电池权重因子与 SOC 曲线拟合得到。

微电网运行遵守前述章节中的系统和设备运行约束,系统运行遵循前述运行策略。

3. 算例分析

现以某风光柴蓄系统为例进行分析,该系统组成及各部分成本参数如表 6.13 所示。将运行策略中的 S_{stp}、P_{excess}和 P_{charge}参数作为优化变量,采用 NSGA-Ⅱ算法对上述问题进行求解。种群规模设置为 200,迭代次数设置为 20。SOC 初始值为 0.6,S_{min}为 0.5,S_{max}为 0.95。该系统典型负荷如图 6.33 所示。

表 6.13　微电网系统组成及其成本

名称	规格	数量	容量	成本/万元
风电机组	30kW	7 台	210kW	420
光伏发电系统	180W	556 块	100kW	110
柴油发电机	200kW	1 台	200kW	15
铅酸蓄电池	2V/1000(A·h)	480 个	960kW·h	86.4

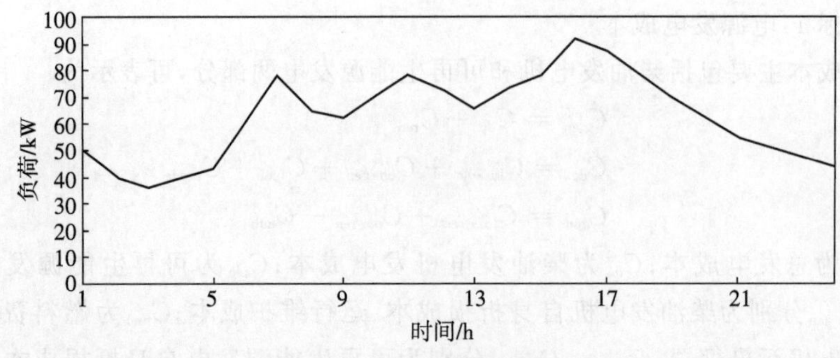

图 6.33　典型负荷曲线

在不同资源情况下，运行策略的优化参数会有所不同，在此选择资源较好和资源较差两种典型情况进行分析。

(1)资源较好情况下的风速、光照强度和温度曲线如图 6.34 所示。

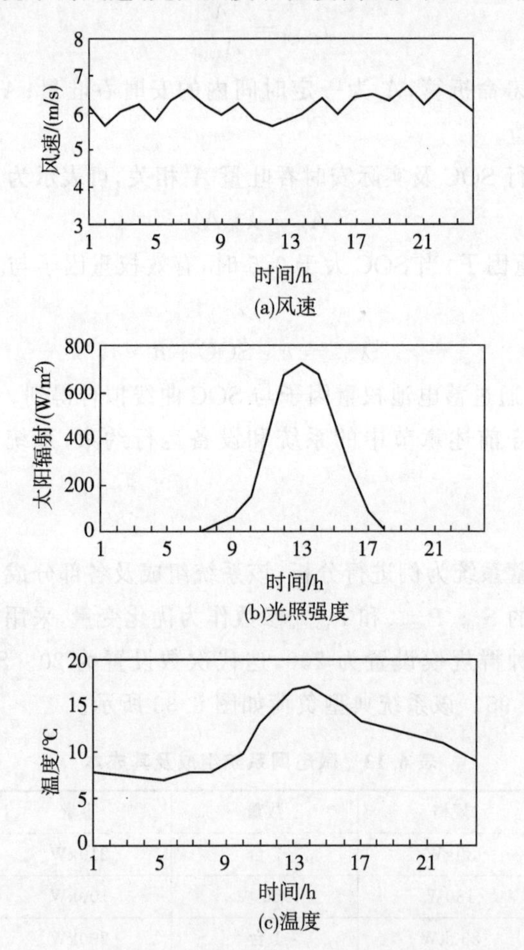

图 6.34　资源较好情况下的风速、光照强度和温度曲线

图 6.35 为资源较好情况下得到的优化结果。由图可见，两个目标之间相互制约，优化结果具体明细如表 6.14 所示。由于资源情况较好，发电成本和蓄电池折损成本相对较小，在此选取方案 1、4、5 进行详细分析，其运行结果如图 6.36 所示。

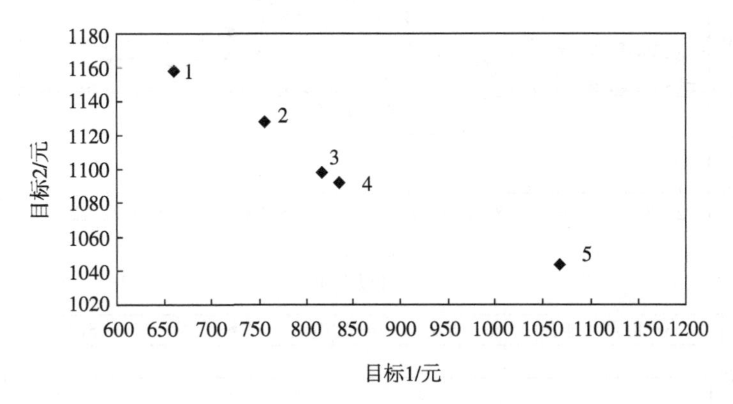

图 6.35　资源较好情况下优化结果

表 6.14　资源较好情况结果明细

序号	S_{stp}	P_{charge}/kW	P_{excess}/kW	目标 1/元	目标 2/元
1	0.61	54	0	660	1158
2	0.55	48	1	756	1128
3	0.56	48	15	816	1098
4	0.63	40	15	834	1092
5	0.54	40	15	1068	1044

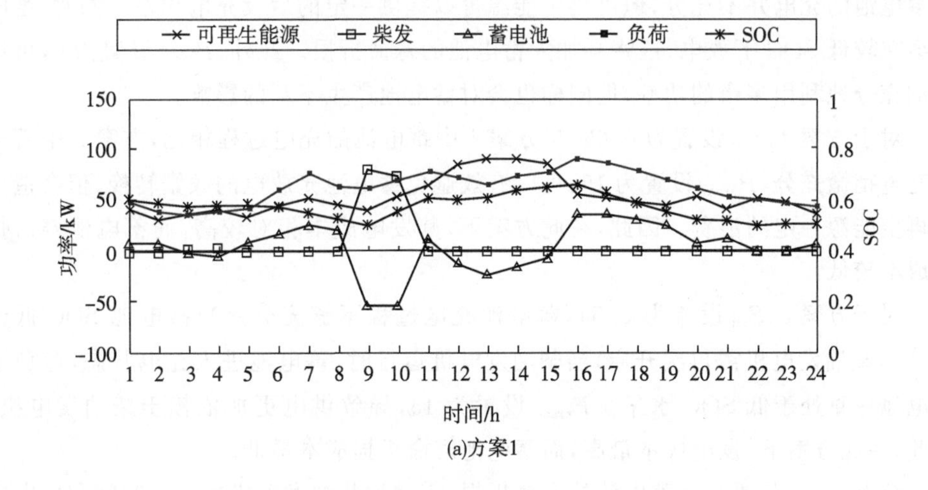

(a)方案1

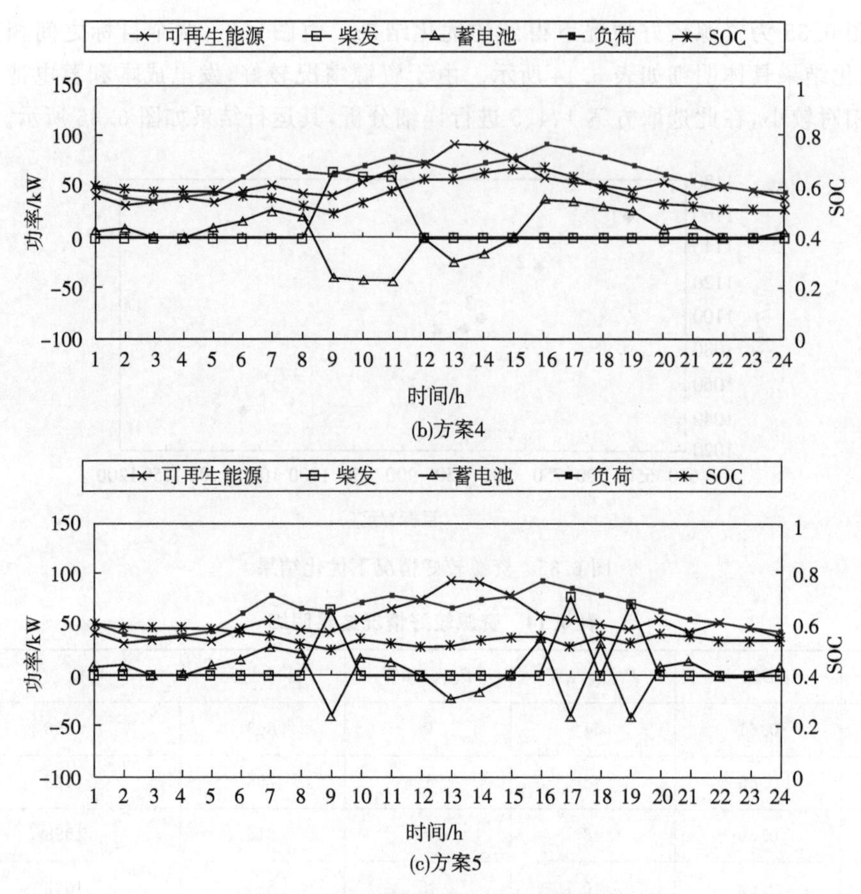

图 6.36 较好资源下的运行结果

对于方案 1，S_{stp} 设置为 0.61，柴油发电机的运行时间明显减少，虽然柴油发电机对蓄电池的充电并不充分，但可再生能源可以提供一定的后续充电功率。同时，蓄电池会在较低 SOC 下放电，这将会加大蓄电池的寿命折损。此外，P_{excess} 设置为 0，可以更加充分地利用多余的功率，但同样也会对蓄电池产生不利的影响。

对于方案 4，S_{stp} 设置为 0.63，与方案 1 中蓄电池的充电过程相比，方案 2 中蓄电池充电稍微充分，P_{excess} 设置为 15，可以有效避免蓄电池充放电的频繁转换，但会造成可再生能源一定的浪费。因此，在此方案下，其发电成本相对较高，而蓄电池寿命折损成本较低。

对于方案 5，S_{stp} 设置为 0.54，蓄电池充电过程不够充分。当蓄电池 SOC 低于 S_{min} 时，柴油发电机需再次开启，当柴油发电机运行时，蓄电池进入充电状态，避免了蓄电池一直处于低 SOC 水平。P_{excess} 设置为 15，导致供电更加依赖于柴油发电机。因此，在此方案下，发电成本最高，而蓄电池寿命折损成本最低。

综上可见，若要减小蓄电池的寿命折损，需增加柴油发电机的运行时间和发电成本。在资源较好的情况下，增加柴油发电机的运行对减少蓄电池寿命折损的作用有限，因此，在资源较好情况下，不宜过多开启柴油发电机。

在选择最终的优化参数时，可采用权重因子法来决定最终方案，如取发电成本和蓄电池寿命折损成本的权重因子均为 0.5，表 6.14 可转换为表 6.15。

表 6.15　较好资源情况下综合目标

序号	S_{stp}	P_{charge}/kW	P_{excess}/kW	综合目标/元
1	0.61	54	0	912
2	0.55	48	1	942
3	0.56	48	15	960
4	0.63	40	15	966
5	0.54	40	15	1056

(2)资源较差情况下的风速、光照强度和温度曲线如图 6.37 所示。

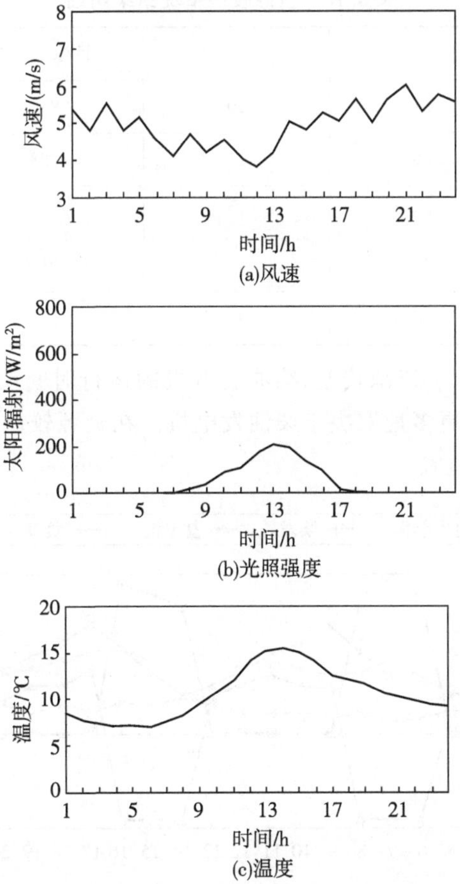

(a)风速

(b)光照强度

(c)温度

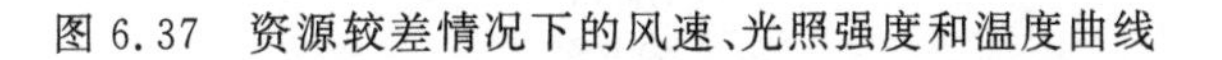

图 6.37　资源较差情况下的风速、光照强度和温度曲线

图 6.38 为资源较差情况下得到的优化结果,与资源较好情况下结果相似,两个目标之间相互制约,优化结果具体明细如表 6.16 所示。在此选取方案 1、3、5 进行详细分析,其运行结果如图 6.39 所示。

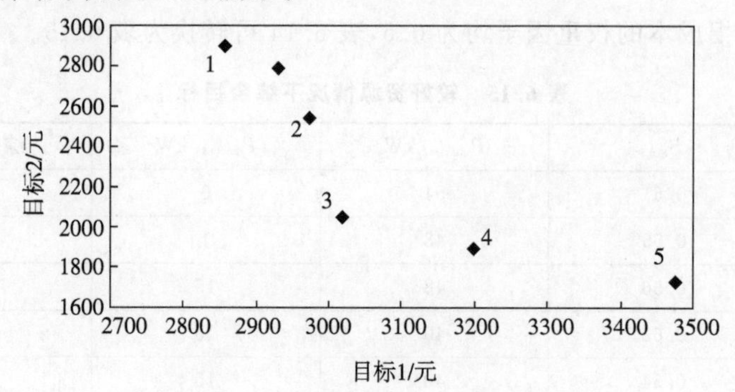

图 6.38 资源较差情况下的优化结果

表 6.16 资源较差情况结果明细

序号	S_{stp}	P_{charge}/kW	P_{excess}/kW	目标 1/元	目标 2/元
1	0.78	91	10	2856	2904
2	0.75	69	11	2928	2790
3	0.92	45	15	2970	2550
4	0.91	40	0	3018	2040
5	0.95	40	0	3198	1890

由图 6.39 可知,由于资源较差,柴油发电机的运行时间明显比资源较好情况下更长,蓄电池的工况也更多地取决于柴油发电机。在资源较差情况下,为达到经济运行,较高的 S_{stp} 值更加适宜。

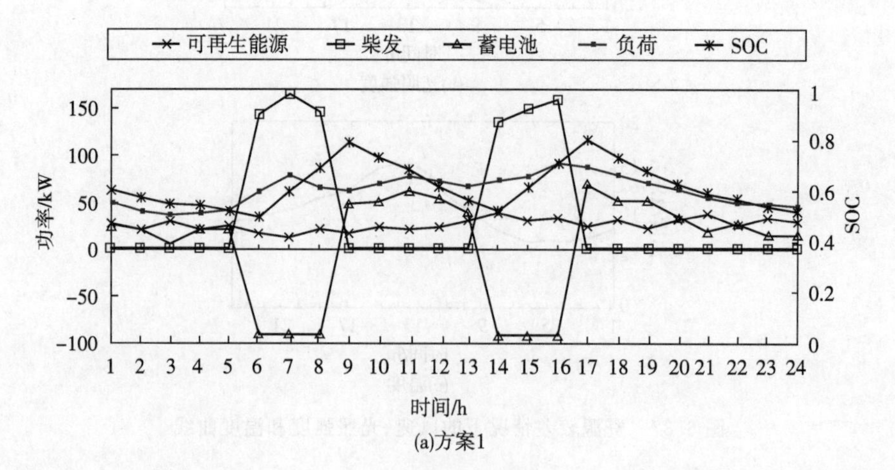

(a)方案1

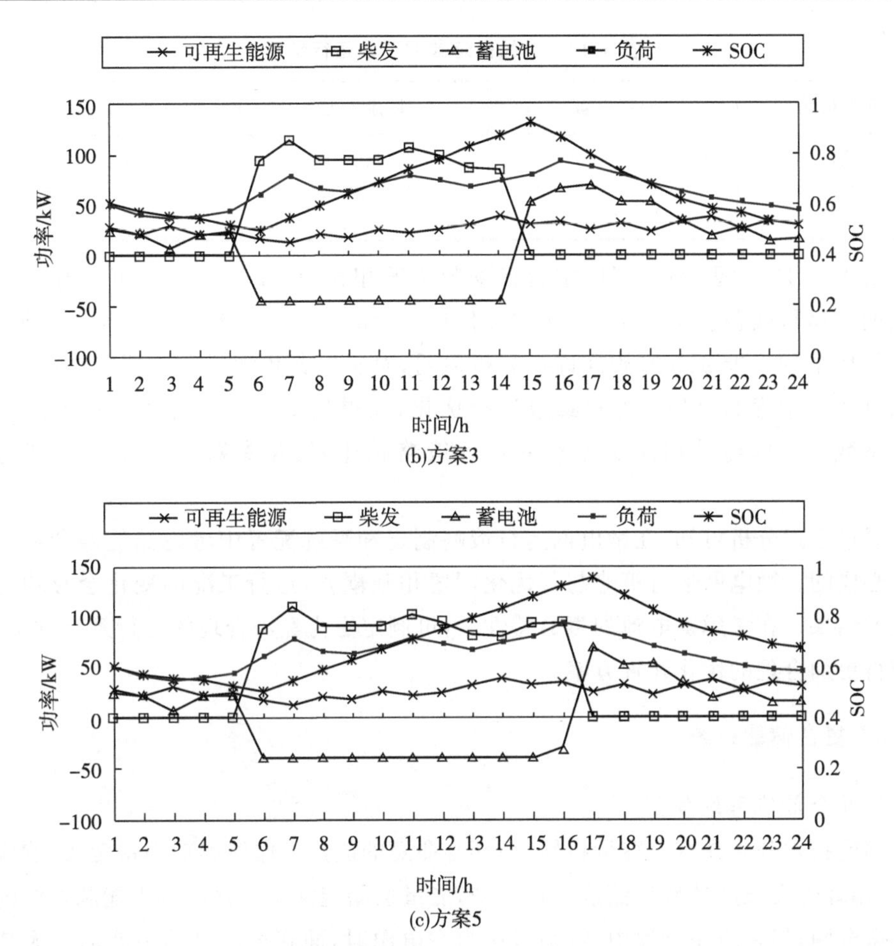

图 6.39　资源较差下的运行结果

同样采用权重因子法将目标进行整合，表 6.16 可转换为表 6.17。与资源较好的情况相比，资源较差情况下的运行成本明显增大。

表 6.17　资源较差情况下综合目标

序号	S_{stp}	P_{charge}/kW	P_{excess}/kW	综合目标/元
3	0.90	45	15	2532
4	0.90	40	0	2544
5	0.95	40	0	2604
2	0.74	69	11	2760
1	0.74	91	10	2880

将上述两种情况与采用固定运行参数的结果进行对比，固定运行参数为 S_{stp} 为 0.9，P_{excess} 为 0，P_{charge} 为 96，此情况下的目标值见表 6.18。

表 6.18　原始固定参数下的运行结果

资源情况	目标 1/元	目标 2/元	综合目标/元
较好	1440	1482	1462.2
较差	3696	2934	3315

由表 6.18 可见，与采用固定运行参数情况相比，优化运行参数可以有效改善微电网的运行效益。综上可见，通过优化运行策略参数可以对运行工况进行调整，以上算例采用一天 24h 的数据进行分析说明，对于气象预测手段落后的地区，可采用某月或某季度的典型数据对参数进行优化，以得到适合于某月或某季度的优化运行参数。与单纯采用固定参数的运行策略相比，优化参数可明显提高其运行效益。

通过上述分析可知，在微电网运行策略制定和系统配置中考虑储能寿命特性是十分必要的。微电网运行策略与其优化配置相互耦合，运行工况的变化会影响优化配置的结果。在考虑蓄电池的寿命特性后，可制定更为经济合理的运行策略方案，从而获得更加合理的优化配置方案。

6.3.2　复合储能系统

1. 复合储能系统模型[6,7]

储能技术分为具有大容量特性、循环寿命短的能量型储能和功率密度大、响应速度快、循环寿命长的功率型储能。近年来，能量型储能常用于含可再生能源发电的独立型微电网，但在应用过程中，特别是作为主电源时，面临充放电功率波动很大甚至频繁切换充放电状态的挑战。这将导致对充放电过程敏感的能量型储能寿命损耗加速，严重降低其性能。若将功率型储能与能量型储能联合使用，可实现技术特性互补。由电池和超级电容组成的典型复合储能系统，常用于偏远地区独立型微电网系统中。在复合储能系统中，各子储能系统的功率容量等参数直接影响其整体技术经济特性，应对其进行优化。

在独立型微电网复合储能系统优化的研究中，负荷缺电率或缺供电率指标被作为系统约束条件。作为最常用的可靠性指标之一，负荷缺电率和缺供电率都是反映特定负荷需求下的系统性能指标。当负荷缺电率或缺供电率等于 1 时，负荷从来没有被满足，系统需要重新设计；当负荷缺电率或缺供电率等于 0 时，系统始终能满足负荷需求。然而，独立型微电网与传统电网不同，不仅要满足负荷需求，还要尽可能使用可再生能源发电。为最大化利用可再生能源出力，定义储能系统有效率指标为式(6.51)，反映在特定负荷和可再生能源发电情况下的系统性能，以及对净负荷的满足程度。

$$R_{\mathrm{ESS}}=\left[1-\frac{\sum_{n=1}^{N_T}\left(\left|P_{\mathrm{ref\_ESS}(n)}-P_{\mathrm{out\_ESS}(n)}\right|\Delta T_{\mathrm{com}}\right)}{\sum_{n=1}^{N_T}\left(\left|P_{\mathrm{ref\_ESS}(n)}\right|\Delta T_{\mathrm{com}}\right)}\right]\times 100\% \tag{6.51}$$

式中，ESS为储能系统，可以是单一储能系统或复合储能系统；R_{ESS}为储能系统的有效率指标；$P_{\mathrm{ref_ESS}}$为储能系统功率指令；$P_{\mathrm{out_ESS}}$为储能系统输出功率；ΔT_{com}控制时间步长即采样时间间隔。

储能系统有效率指标R_{ESS}的数值范围为[0%,100%]。当作为主电源的储能系统实际输出功率与独立型微电网的净负荷之间的差距越小时，其值越大，对储能系统要求越高；仅当二者始终完全相等时，R_{ESS}等于100%。与可靠性要求类似，在独立型微电网储能系统优化分析中，可设定储能系统有效率指标约束R_{set}。在优化中，设定惩罚费用为式(6.52)。当储能系统有效率指标的约束条件始终满足时惩罚费用为0，否则为一个远大于其他费用的固定值F。

$$C_{\mathrm{pen\_ESS}}=\begin{cases}0, & R_{\mathrm{ESS}}\geqslant R_{\mathrm{set}}\\ F, & R_{\mathrm{ESS}}<R_{\mathrm{set}}\end{cases} \tag{6.52}$$

式中，$C_{\mathrm{pen_ESS}}$为惩罚费用；R_{set}为有效率指标约束；F为其他费用。

尽管锂电池和超级电容具有不同的技术特性，但都属于通过相应PCS、按需求进行充放电的储能技术。锂电池储能系统和超级电容储能系统的通用数学模型如式(6.53)～式(6.55)所示，包括储能系统的输出功率限制和SOC的计算公式，并考虑了自放电率和充放电效率的影响。

$$P_{\mathrm{clim\_ESS}(n)}=-\min\left\{\left[S_{\mathrm{max\_ESS}}-(1-\sigma_{\mathrm{ESS}})S_{\mathrm{ESS}(n-1)}\right]\frac{E_{n\_\mathrm{ESS}}}{\eta_{\mathrm{c\_ESS}}\Delta T_{\mathrm{com}}},\left|P_{\mathrm{cmax\_ESS}}\right|\right\} \tag{6.53}$$

$$P_{\mathrm{dlim\_ESS}(n)}=\min\left\{\left[(1-\sigma_{\mathrm{ESS}})S_{\mathrm{ESS}(n-1)}-S_{\mathrm{min\_ESS}}\right]\frac{\eta_{\mathrm{d\_ESS}}E_{n\_\mathrm{ESS}}}{\Delta T_{\mathrm{com}}},P_{\mathrm{dmax\_ESS}}\right\} \tag{6.54}$$

$$S_{\mathrm{ESS}(n)}=\begin{cases}(1-\sigma_{\mathrm{ESS}})S_{\mathrm{ESS}(n-1)}-P_{\mathrm{out\_ESS}}\eta_{\mathrm{c\_ESS}}\Delta T_{\mathrm{com}}/E_{n\_\mathrm{ESS}}, & P_{\mathrm{out\_ESS}}\leqslant 0\\ (1-\sigma_{\mathrm{ESS}})S_{\mathrm{ESS}(n-1)}-\dfrac{P_{\mathrm{out\_ESS}}\Delta T_{\mathrm{com}}}{\eta_{\mathrm{d\_ESS}}E_{n\_\mathrm{ESS}}}, & P_{\mathrm{out\_ESS}}>0\end{cases} \tag{6.55}$$

式中，$P_{\mathrm{clmt_ESS}(n)}$为第n个时间间隔ΔT_{com}内储能系统充电功率输出限制；$P_{\mathrm{dlmt_ESS}(n)}$为第n个时间间隔ΔT_{com}内储能系统放电功率输出限制；$P_{\mathrm{cmax\_ESS}}$、$P_{\mathrm{dmax_ESS}}$为储能系统的最大充放电功率；$P_{\mathrm{clim\_ESS}}(n)$、$P_{\mathrm{dlim_ESS}}(n)$为本时段充放电功率输出限值；E_{n_ESS}为储能系统的额定容量；$S_{\mathrm{max\_ESS}}$、$S_{\mathrm{min_ESS}}$为储能系统的SOC上下限；$S_{\mathrm{ESS}(n)}$、$S_{\mathrm{ESS}(n-1)}$为当前时刻和上一时刻的储能系统SOC；$E_{\mathrm{ESS}(n)}$、$E_{\mathrm{ESS}(n-1)}$为当前时刻和上一时刻的储能系统储能电量；$P_{\mathrm{out_ESS}(n)}$为第n个时间间隔ΔT_{com}内储能系统的实时输出功率，该功率值在某个确定时间间隔内是固定不变的。σ_{ESS}为储能系统自放电率；$\eta_{\mathrm{c_ESS}}$、$\eta_{\mathrm{d_ESS}}$为储能系统充放电效率。

2.复合储能系统控制策略

独立微电网复合储能系统的控制主要集中在功率分配，超级电容储能系统用于满足脉冲负荷，然而此时，锂电池储能系统的充放电功率仍可能快速变化，从而影响锂电池寿命。尽管现有复合储能系统控制研究中有很多其他方法可用于功率分配，但一阶滤波是目前最常用和广泛接受的方法。采用该方法，功率波动的高频部分由超级电容储能系统吸收，剩余相对平滑的部分由锂电池储能系统满足。这充分利用了超级电容的优点，有利于延缓锂电池寿命损耗。仅考虑功率分配的基本控制策略即为一阶滤波方法，如式(6.56)和式(6.57)所示。

$$P_{\text{out\_SC}}(s)=P_{\text{HESS}}(s)[sT_f/(1+sT_f)] \tag{6.56}$$

$$P_{\text{out\_LB}}(s)=P_{\text{HESS}}(s)-P_{\text{out\_SC}}(s)=P_{\text{HESS}}(s)/(1+sT_f) \tag{6.57}$$

式中，$P_{\text{out_SC}}$为超级电容储能系统输出功率；$P_{\text{out_LB}}$为锂电池储能系统输出功率；P_{HESS}为混合储能系统功率指令；T_f为滤波时间常数。

为了优化整体调节能力和提升整体性能，两种储能系统之间的协调配合应该被考虑，可提升复合储能系统的整体性能。协调控制策略主要包括功率初分配、超级电容状态调整、过充过放保护配合和最大功率限制配合四部分，如图6.40所示。

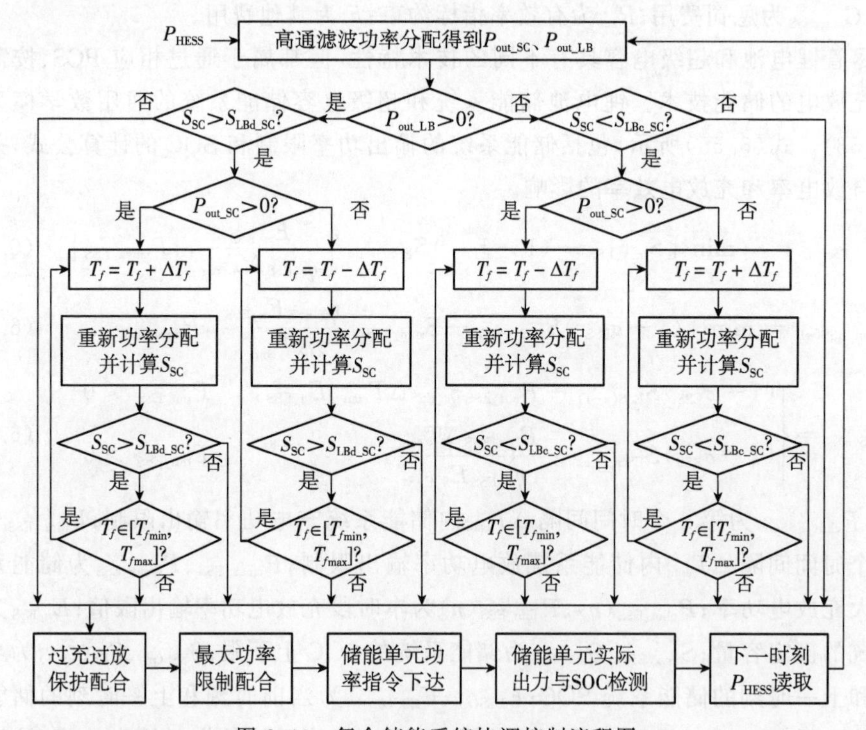

图6.40　复合储能系统协调控制流程图

功率初分配的计算公式如式(6.56)和式(6.57)所示，其中T_f为其初值T_{f0}。在整体调节能力优化中，T_f可在允许范围$[T_{f\min},T_{f\max}]$内以步长ΔT_f进行多次调整。

整体调节能力优化即超级电容储能系统SOC根据锂电池储能系统的充放电状态进行动态调整，是协调控制策略的核心，调整方法如图6.41所示。优化整体调节能力的实质为在锂电池储能放电时，超级电容储能预留充电裕量、充电时超级电容储能预留放电裕量，利用两类储能之间的状态配合提高复合储能系统的整体性能。由于原理相通，上述放电裕量和充电裕量相等，定义为超级电容储能SOC协调响应裕量指标，用ΔS_{co_SC}表示，数值上等于$S_{max_SC}-S_{LBd_SC}$或$S_{LBc_SC}-S_{min_SC}$。

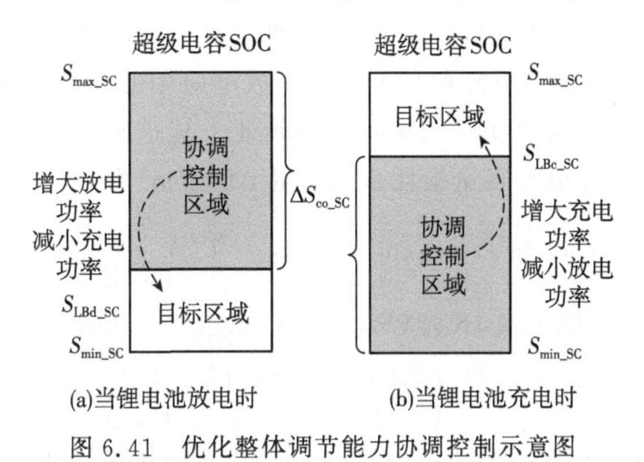

图6.41　优化整体调节能力协调控制示意图

3. 复合储能系统成本计算和寿命量化

复合储能系统成本主要包括初始投资成本和损耗折算成本。初始投资成本是指复合储能系统购置等费用，属于一次性投资成本。损耗折算成本是指复合储能系统在一定时间内的折旧费用，属于综合成本，即全寿命周期成本的一种形式。复合储能系统中不同组成部分具有不同的特性，简单以使用年限进行折旧已不合适，应分别进行寿命量化。

储能阵列通常由储能模块串并联组成，很大程度上决定了储能系统的储能容量。锂电池储能系统和超级电容储能系统的储能阵列总初始投资成本计算如式(6.58)所示。在实际应用中，PCS通常采用制式的整套设备，很大程度上决定储能系统的输出功率限制，其初始投资成本在某确定的额定功率等级下为固定值。锂电池储能系统、超级电容储能系统和复合储能系统整体的初始投资成本计算为

$$C_{initial\_HESSarr}=C_{unit\_LB}E_{r\_LB}+C_{unit\_SC}E_{r\_SC} \tag{6.58}$$

$$C_{initial\_LB}=C_{unit\_LB}E_{r\_LB}+C_{PCS\_LB} \tag{6.59}$$

$$C_{initial\_SC}=C_{unit\_SC}E_{r\_SC}+C_{PCS\_SC} \tag{6.60}$$

$$C_{initial\_HESS}=C_{initial\_LB}+C_{initial\_SC} \tag{6.61}$$

式中，$C_{initial_HESSarr}$为复合储能系统的储能阵列初始投资成本；C_{unit_LB}为锂电池储能系统的单位储能容量成本；C_{unit_SC}为超级电容储能系统的单位储能容量成本；E_{r_LB}为锂电池储能系统的额定储能容量；E_{r_SC}为超级电容储能系统的额定储能容量；$C_{initial_LB}$为锂电池储能系统的初始投资成本；C_{PCS_LB}为锂电池储能系统的PCS成本；$C_{initial_SC}$为超

级电容储能系统的初始投资成本；$C_{\mathrm{PCS_SC}}$为超级电容储能系统的PCS成本；$C_{\mathrm{initial_HESS}}$为复合储能系统的总初始投资成本。

电池使用寿命对复合储能系统整体性能具有重要影响，因为电池的使用寿命远小于复合储能系统的其他部件。因此，电池量化寿命和损耗折算成本是衡量复合储能系统技术经济特性的重要指标。电池使用寿命通常定义为实际容量退化为标称容量的80％时所对应的循环寿命(cycle life)或日历寿命(calendar life)。锂电池容量衰退与充放电功率、循环使用次数、放电深度、SOC波动和运行温度有关。学者Millner提出适用于实际应用特别是不规则充放电应用的磷酸铁锂电池寿命损耗算法，如式(6.62)所示，并通过实验和实际运行验证了其正确性，得到多次引用与直接应用。时间间隔τ内锂电池容量损耗系数增量$\Delta D_{\mathrm{LB}}(m)$为

$$\begin{cases}\Delta D_{\mathrm{LB}}(m)=D_2\cdot\exp\left[K_T(T_{\mathrm{LB}}-T_{\mathrm{ref}})\dfrac{T_{\mathrm{a\_ref}}}{T_{\mathrm{a\_LB}}}\right]\\ D_2=D_1\exp[4K_{\mathrm{SOC}}(S_{\mathrm{avg\_LB}}-0.5)][1-D_{\mathrm{LB}}(m-1)]\\ D_1=K_{\mathrm{co}}N_{\mathrm{LB}}\exp\left(\dfrac{S_{\mathrm{dev\_LB}}-1}{K_{\mathrm{ex}}}\dfrac{T_{\mathrm{a\_ref}}}{T_{\mathrm{a\_LB}}}\right)+\dfrac{0.2\tau}{\tau_{\mathrm{life\_LB}}}\end{cases}\tag{6.62}$$

式中，D_1、D_2为$\Delta D_{\mathrm{LB}}(m)$计算的中间变量；$K_T$代表温度每升高10℃锂电池寿命衰减率加倍，即$K_T=\ln(2)/10=0.0693$；$T_{\mathrm{ref}}$、$T_{\mathrm{LB}}$分别为参考环境温度和锂电池实际温度的摄氏温度值，单位为℃，其中$T_{\mathrm{ref}}=25$℃；$T_{\mathrm{a\_ref}}$、$T_{\mathrm{a_LB}}$分别为参考环境温度和锂电池实际温度的绝对温度值，单位为K，其中$T_{\mathrm{a_ref}}=T_{\mathrm{ref}}+273$，$T_{\mathrm{a\_LB}}=T_{\mathrm{LB}}+273$；$S_{\mathrm{avg_LB}}$为时间$\tau$内磷酸铁锂电池的SOC平均值；$D_{\mathrm{LB}}$为锂电池寿命损耗；$N_{\mathrm{LB}}$为$\tau$内磷酸铁锂电池的等效吞吐周期数；$S_{\mathrm{dev_LB}}$为$\tau$内磷酸铁锂电池的SOC归一化偏差；$K_{\mathrm{ex}}$为经验常数，取0.717；$\tau_{\mathrm{life_LB}}$为容量衰减为80％标称容量的日历寿命估算值；经验常数K_{co}、K_{ex}、K_{SOC}分别为3.66×10^{-5}、0.717、0.916，对于不同类型的锂电池可能不同，可根据其寿命数据进行修正。

寿命损耗系数总量$L_{\mathrm{array_LB}}$为M个周期后锂电池容量损耗系数增量ΔD_{LB}之和，其随着锂电池的使用从0(新电池)变为1(容量衰减为0)。$D_{\mathrm{lmt_LB}}=0.2$表示锂电池容量衰减为标称容量的80％。从0到$D_{\mathrm{lmt_LB}}$所经历的循环使用次数(使用时间长度)，即为锂电池的循环寿命(日历寿命)。

因此，考虑电池储能阵列寿命量化的损耗折算费用计算公式为

$$\begin{cases}L_{\mathrm{array\_LB}}=\sum\limits_{m=1}^{M}\Delta D_{\mathrm{LB}}(m)\\ C_{\mathrm{loss\_LBarr}}=L_{\mathrm{array\_LB}}C_{\mathrm{array\_LB}}/D_{\mathrm{lmt\_LB}}\end{cases}\tag{6.63}$$

式中，$C_{\mathrm{loss_LBarr}}$为锂电池储能系统储能阵列损耗折算费用；$C_{\mathrm{array_LB}}$为锂电池储能系统储能阵列初始投资成本。

由于超级电容循环使用次数多达100万次，远大于锂电池，其寿命衰减系数采用

近似计算模型，即超级电容已循环次数 N_{cycle_SC} 与其可循环总次数 N_{life_SC} 的比值如式(6.64)所示，对应的损耗折算费用为式(6.65)。

$$L_{array\_SC} = N_{cycle\_SC}/N_{life\_SC} \tag{6.64}$$

$$C_{loss\_SCarr} = L_{array\_SC}C_{array\_SC} \tag{6.65}$$

式中，L_{array_SC} 为超级电容的寿命衰减系数；N_{cycle_SC} 为超级电容已循环次数；N_{life_SC} 为超级电容可循环总次数；C_{loss_SCarr} 为超级电容储能系统储能阵列损耗折算费用；C_{array_SC} 为超级电容储能系统储能阵列初始投资成本。

PCS 通常不间断工作，其电力电子器件具有一定的使用寿命，在不计及故障的前提下，PCS 寿命衰减系数近似为已运行时间 T 与使用寿命 T_{life_PCS} 的比值：

$$L_{loss\_PCS} = T/T_{life\_PCS} \tag{6.66}$$

式中，L_{loss_PCS} 为 PCS 寿命衰减系数；T 为 PCS 已运行时间；T_{life_PCS} 为 PCS 使用寿命。

因此，复合储能系统整体寿命量化如式(6.63)、式(6.65)和式(6.66)所示，总损耗折算成本计算公式为式(6.67)～式(6.69)。

$$C_{loss\_LB} = C_{loss\_LBarr} + L_{loss\_PCS}C_{PCS\_LB} \tag{6.67}$$

$$C_{loss\_SC} = C_{loss\_SCarr} + L_{loss\_PCS}C_{PCS\_LB} \tag{6.68}$$

$$C_{loss\_HESS} = C_{loss\_LB} + C_{loss\_SC} \tag{6.69}$$

式中，C_{loss_LB} 为锂电池的损耗折算成本；C_{loss_SC} 为超级电容的损耗折算成本；C_{loss_HESS} 为复合储能系统的损耗折算成本。

在复合储能系统优化中，仅对成本和寿命考虑范围不全面，其优化结果可能并非是整体最优。全面考虑复合储能系统中各组成部分的寿命量化与成本折算，建立复合储能系统的整体优化模型，基于成本和寿命考虑范围不同设置 4 个不同的优化目标函数如式(6.70)～式(6.73)所示。

(1)优化目标 1。复合储能系统的所有储能阵列初始投资成本最小：

$$\min(C_{opt1\_HESS}) = \min(C_{initial\_HESSarr} + C_{pen\_ESS}) \tag{6.70}$$

(2)优化目标 2。复合储能系统的总初始投资成本最小：

$$\min(C_{opt2\_HESS}) = \min(C_{initial\_HESS} + C_{pen\_ESS}) \tag{6.71}$$

(3)优化目标 3。锂电池储能系统的储能阵列损耗折算费用最小：

$$\min(C_{opt3\_HESS}) = \min(C_{loss\_LBarr} + C_{pen\_ESS}) \tag{6.72}$$

(4)优化目标 4。复合储能系统的总损耗折算费用最小：

$$\min(C_{opt4\_HESS}) = \min(C_{loss\_HESS} + C_{pen\_ESS}) \tag{6.73}$$

式中，C_{opt1_HESS}、C_{opt2_HESS}、C_{opt3_HESS}、C_{opt4_HESS} 为复合储能系统的优化目标。

约束条件包括锂电池储能系统、超级电容储能系统的输出功率和荷电状态的运行范围及裕量指标允许范围，如式(6.74)～式(6.78)所示。

$$P_{clim\_LB} \leqslant P_{out\_LB} \leqslant P_{dlim\_LB} \tag{6.74}$$

$$S_{min\_LB} \leqslant S_{LB} \leqslant S_{max\_LB} \tag{6.75}$$

$$P_{\text{clim\_SC}} \leqslant P_{\text{out\_SC}} \leqslant P_{\text{dlim\_SC}} \tag{6.76}$$

$$S_{\text{min\_SC}} \leqslant S_{\text{SC}} \leqslant S_{\text{max\_SC}} \tag{6.77}$$

$$0 \leqslant \Delta S_{\text{co\_SC}} \leqslant (S_{\text{max\_SC}} - S_{\text{min\_SC}}) \tag{6.78}$$

式中，$P_{\text{clim\_LB}}$、$P_{\text{dlim_LB}}$为锂电池储能系统输出功率限制；$S_{\text{min\_LB}}$、$S_{\text{max_LB}}$为锂电池储能系统荷电状态限制；$P_{\text{clim\_SC}}$、$P_{\text{dlim_SC}}$为超级电容储能系统输出功率限制；$S_{\text{min\_SC}}$、$S_{\text{max_SC}}$为超级电容储能系统荷电状态限制；$\Delta S_{\text{co_SC}}$为超级电容储能系统协调响应裕量指标。

4. 复合储能系统应用方案

储能系统在实际偏远地区供电的微电网工程应用中，可能出现仅采用单一储能、在已有单一储能基础上新增超级电容储能和直接采用复合储能三种情况。

当储能系统为单一储能时，通常采用可 V/f 控制的能量型储能如锂电池等。仅采用单一储能的优化模型如式(6.79)所示，待优化的是锂电池储能系统功率容量$P_{\text{r_LB}}$和$E_{\text{r_LB}}$，约束条件如式(6.74)和式(6.75)所示。

$$\min(C_{\text{loss\_SESS}}) = \min(C_{\text{loss\_LB}} + C_{\text{pen\_ESS}}) \tag{6.79}$$

在已有工程单一储能基础上新增超级电容储能，优化模型如式(6.80)所示。锂电池储能系统的功率容量与仅采用单一储能时相同且固定不变，待优化的是超级电容储能系统的功率容量 $P_{\text{r\_SC}}$、$E_{\text{r_SC}}$和复合储能系统控制参数 T_{f0}、$\Delta S_{\text{co\_SC}}$。约束条件为式(6.74)～式(6.78)。

$$\min(C_{\text{loss\_SAESS}}) = \min(C_{\text{loss\_LB}} + C_{\text{loss\_SC}} + C_{\text{pen\_ESS}}) \tag{6.80}$$

直接采用复合储能系统的优化模型如式(6.81)所示，待优化的是复合储能系统中各储能系统功率容量 $P_{\text{r\_LB}}$、$E_{\text{r\_LB}}$、$P_{\text{r\_SC}}$、$E_{\text{r_SC}}$和控制参数 T_{f0}、$\Delta S_{\text{co\_SC}}$。约束条件为式(6.74)～式(6.78)。

$$\min(C_{\text{loss\_HESS}}) = \min(C_{\text{loss\_LB}} + C_{\text{loss\_SC}} + C_{\text{pen\_ESS}}) \tag{6.81}$$

此外，作为辅助分析指标，3 种应用方案下储能系统的总初始投资成本计算公式为

$$C_{\text{total\_SESS}} = C_{\text{initial\_LB}} \tag{6.82}$$

$$C_{\text{total\_SAESS}} = C_{\text{total\_SESS}} + C_{\text{initial\_SC}} \tag{6.83}$$

$$C_{\text{total\_HESS}} = C_{\text{initial\_LB}} + C_{\text{initial\_SC}} \tag{6.84}$$

式中，$C_{\text{total_SESS}}$为仅采用单一储能系统的总初始投资成本；$C_{\text{total_SAESS}}$为新增超级电容储能系统的总初始投资成本；$C_{\text{total_HESS}}$为直接采用混合储能系统的总初始投资成本。

5. 算例分析

1)仿真系统

图 6.42 所示是某独立型微电网一天的净负荷曲线，为实地测量的秒级数据；设定 $R_{\text{set}}=99.9\%$，$\Delta T_f=1\text{s}$，$F=10$ 万元；锂电池储能系统采用单级式 PCS、超级电容储能系统采用双级式 PCS，其使用年限均为 10 年，购置成本如表 6.19 所示；锂电池储能系统和超级电容储能系统的主要参数如表 6.20 所示。

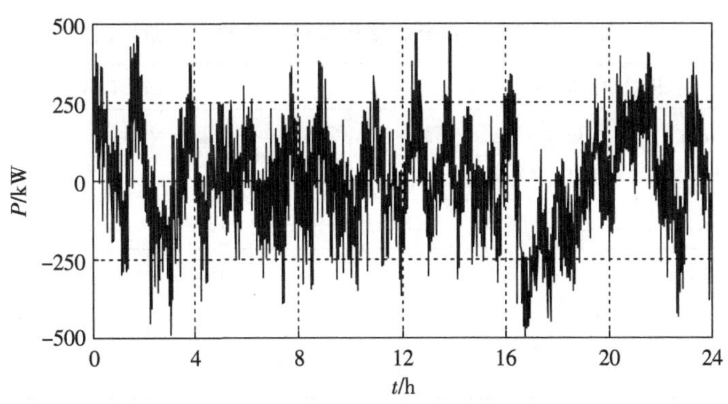

图 6.42　独立型微电网某天的净负荷曲线

表 6.19　两种储能系统的配套 PCS 购置成本

PCS 额定容量/kW	50	100	200	250	300	400	500
锂电池储能/万元	6.1	12.0	23.0	28.1	33.0	42.0	50.0
超级电容储能/万元	7.4	14.4	27.6	33.8	39.6	50.4	60.0

表 6.20　两种储能系统的主要参数设定

参数类型	锂电池	超级电容
荷电状态运行范围	0.25～0.95	0.2～0.9
荷电状态过充保护阈值	0.9	0.85
荷电状态过放保护阈值	0.3	0.25
初始荷电状态	0.8	0.8
充放电转换效率/%	90	95
自放电率/(%/s)	0	0.00017
单位容量成本/[万元/(kW·h)]	0.4	96

2)成本和寿命量化分析

针对不同的成本和寿命量化指标,如式(6.70)～式(6.73)所示,采用粒子群优化算法求解本节提出的优化分析模型,优化结果如表 6.21 所示。优化结果所对应的复合储能系统总初始投资成本和总损耗折算成本如表 6.22 所示。

表 6.21　不同成本和寿命量化指标下的优化结果

目标	最优参数						优化目标函数					
	P_{r_LB} /kW	E_{r_LB} /(kW·h)	P_{r_SC} /kW	E_{r_SC} /(kW·h)	T_{f0} /s	ΔS_{co_SC}	$C_{initial\_HESS}$ /美元	$C_{initial\_HESS}$ /美元	C_{loss_LBarr} /美元	C_{loss_HESS} /美元	C_{pen_ESS} /美元	C_{opt_HESS} /美元
1	500	779.4	300	1.73	15	0.52	783000	—	—	—	0	783000
2	500	779.4	300	1.73	15	0.52	—	930000	—	—	0	930000
3	500	749.6	300	5.92	43	0.68	—	—	406.3	—	0	406.3
4	500	756.8	300	3.17	24	0.63	—	—	—	464.7	0	464.7

表 6.22　不同成本和寿命量化指标下的投资和折旧成本

目标	初始投资成本					损耗折算成本				
	C_{array_LB}/万美元	C_{PCS_LB}/万美元	C_{array_SC}/万美元	C_{PCS_SC}/万美元	$C_{initial\_HESS}$/万美元	C_{loss_LBarr}/美元	C_{loss_LB}/美元	C_{loss_SCarr}/美元	C_{loss_SC}/美元	C_{loss_HESS}/美元
1	51.1	8.2	27.2	6.5	93.0	443.2	465.7	25.2	27.0	492.7
2	51.1	8.2	27.2	6.5	93.0	443.2	465.7	25.2	27.0	492.7
3	49.2	8.2	93.2	6.5	157.0	406.3	428.7	44.8	46.6	475.3
4	49.1	8.2	49.4	6.5	113.3	415.9	435.1	27.8	29.6	464.7

结合表 6.21 和表 6.22 所示的优化结果分析可知如下内容。

(1)目标 1 和目标 2 均以复合储能系统初始投资成本为优化目标,差别在于是否考虑配套 PCS 的成本。然而二者的优化结果相同,这是因为 PCS 在实际工程应用中通常为制式的整套设备,仅有几个可选的规格值。这种非连续变化的特点,使配套 PCS 的初始投资成本相对固定。但在工程预算中不计及这部分成本,将导致决策失误,如在本算例中将造成 14.7 万美元的额外开支。因此,在需要尽量减少复合储能系统初始投资的资金额度时,采用目标 2 进行优化更合理。

(2)对比在优化中采用目标 2 与采用目标 3、目标 4 的数据,分析初始投资成本优化与损耗折算成本优化的不同。对于复合储能系统总初始投资成本,采用目标 2 优化时为 93.0 万美元,比采用优化目标 3 时减少 64.0 万美元,降幅为 40.76%,比采用优化目标 4 时减少 20.3 万美元,降幅为 17.92%。同时,对于复合储能系统总损耗折算成本,采用目标 2 优化时为 492.7 美元,比采用优化目标 3 时增加 17.4 美元,增幅为 3.66%,比采用优化目标 4 时增加 28.0 美元,增幅为 6.03%。虽然采用初始投资成本优化时所需复合储能系统总初始投资成本比采用损耗折算成本优化时少,但其单位时间内的复合储能系统总损耗折算成本明显高于比采用损耗折算成本优化时。因此,从全寿命周期成本角度考虑,采用损耗折算成本优化对复合储能系统整体性能改善更有利。

(3)目标 3 和目标 4 均从全寿命周期成本角度进行优化,前者仅考虑锂电池的寿命损耗和成本折算,后者考虑整个复合储能系统的寿命损耗和成本折算。锂电池的寿命远小于复合储能系统中其他组成部分的寿命,是复合储能系统性能的主要影响因素。由表 6.22 可知,复合储能系统总损耗折算费用的最小值为 464.7 美元,即采用目标 4 优化的结果。而采用目标 3 优化时,复合储能系统总损耗折算费用为 475.3 美元,仅比最优值高 10.6 美元,相差 1.18%,可视为近似最优。同时,采用目标 3 优化时,锂电池储能系统的储能阵列损耗折算成本最低仅为 406.3 美元,比采用目标 4 优化时降低 9.6 美元,降幅为 2.31%。对于复合储能系统的总初始投资成本,采用目标 3 优化时比采用目标 4 优化时多 43.7 万美元,高出 38.57%。因此,采用目标3优化，尽管能使锂电池储能系统储能阵列损耗折算成本最低，得到复合储能系统总损耗折算成本的近似最小解，但需要付出沉重的经济代价。

综上，对所有储能阵列和配套PCS都进行寿命量化与成本折算，以复合储能系统总损耗折算成本最低为目标进行优化，才能使复合储能系统整体的技术经济特性最优。

3)应用方案对比分析

针对仅采用单一储能、新增超级电容储能和直接采用复合储能三种场景，采用粒子群优化算法求得所提出的优化分析模型，得到最优方案如表6.23所示。方案1仅采用单一储能；方案2新增超级电容储能；方案3直接采用复合储能。

表6.23　三种场景下储能系统的优化分析结果

方案	最优参数						折旧费用(时间 T 内)			购置成本		
	P_{r_LB} /kW	E_{r_LB} /(kW·h)	P_{r_SC} /kW	E_{r_SC} /(kW·h)	T_{f0} /s	ΔS_{co_SC}	C_{loss_LB} /万元	C_{loss_SC} /万元	C_{loss_HESS} /万元	C_{inital_LB} /万元	C_{inital_SC} /万元	C_{inital_HESS} /万元
1	500	781.5	—	—	—	—	0.3553	—	0.3553	362.6	—	362.6
2	—	—	300	3.58	28	0.54	0.2791	0.0187	0.2978	—	383.3	745.9
3	500	756.8	300	3.17	24	0.63	0.2676	0.0182	0.2858	352.7	343.9	696.6

根据表6.23中的数据可得如下内容。

(1)在三种场景的优化结果中，锂电池储能系统损耗折算费用分别为0.3553万元、0.2791万元和0.2676万元。与仅含单一储能时的锂电池储能系统损耗折算费用相比，新增超级电容储能后降低了21.4%，直接采用复合储能后降低了24.7%。这表明与单一储能系统相比，超级电容储能系统的使用可有效降低锂电池储能系统的损耗折算费用。

(2)与单一储能相比，新增超级电容储能后需追加383.3万元的购置成本，但储能系统仿真时间内总折旧费用从0.3553万元降低至0.2978万元。在单一储能基础上降低了16.2%。表明新增超级电容虽增加一次性投资，但有效降低了单位时间内独立微电网所需储能系统的总损耗，使其技术经济特性明显优于单一储能系统。

(3)直接采用复合储能的整体优化，储能系统满足独立型微电网需求的总损耗折算费用降低至0.2858万元，与仅采用单一储能系统相比降幅达19.6%。此外，与新增超级电容储能优化相比，直接采用复合储能整体优化不仅在总折旧费用上又进一步降低了4.0%，还使配置成本从745.9万元降低至696.6万元，节约一次性投资49.3万元。表明直接采用复合储能整体优化可使其技术经济特性进一步提升。

结合表6.23中各最优方案分析，可得到三种应用方案下各储能系统的输出功率曲线与SOC曲线如图6.43～图6.46所示。三种应用方案下，各储能系统的输出功率和 SOC 都已接近其正常运行所允许的限值,即各储能系统均以最小的功率和容量达到了该应用模式所要求的工作性能,并且后两种场景充分发挥了能量型储能和功率型储能的技术互补优势特性,从而实现了储能系统整体的最优配比与运行。

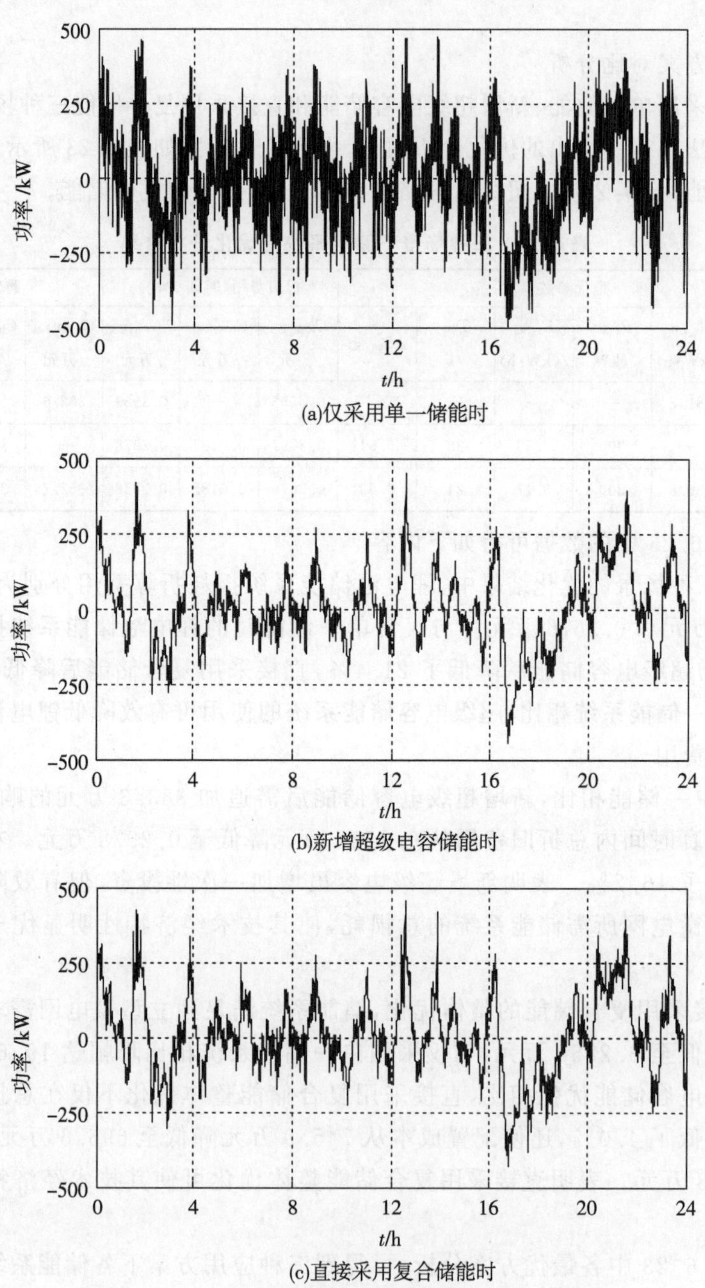

图 6.43 三种场景下锂电池储能系统输出功率曲线

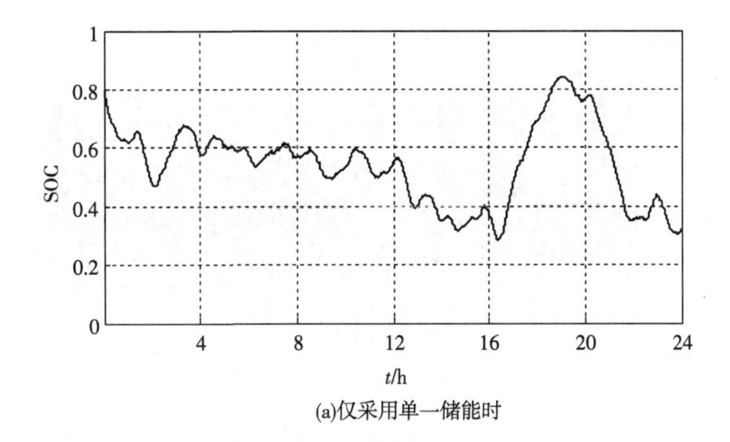

(a)仅采用单一储能时

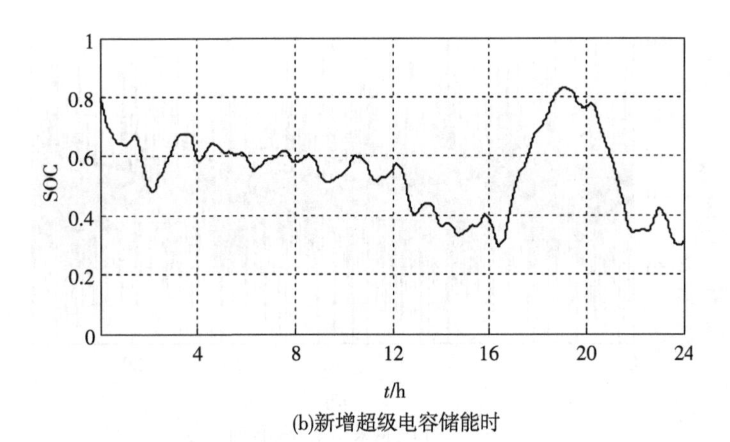

(b)新增超级电容储能时

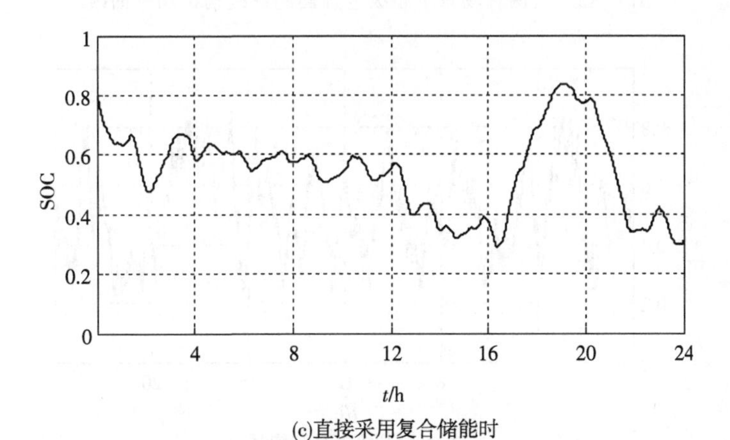

(c)直接采用复合储能时

图 6.44　三种场景下锂电池储能系统 SOC 曲线

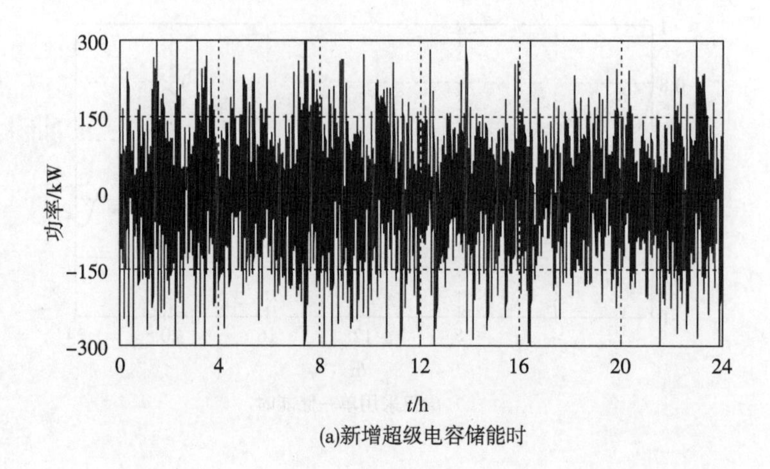

(a)新增超级电容储能时

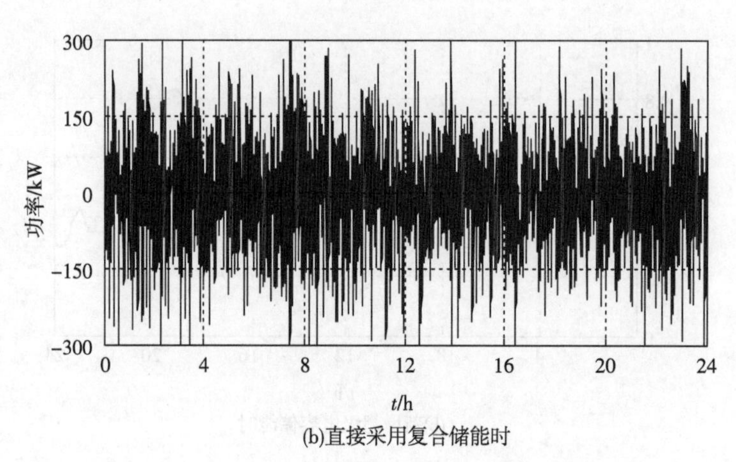

(b)直接采用复合储能时

图 6.45　后两种场景下超级电容储能系统输出功率曲线

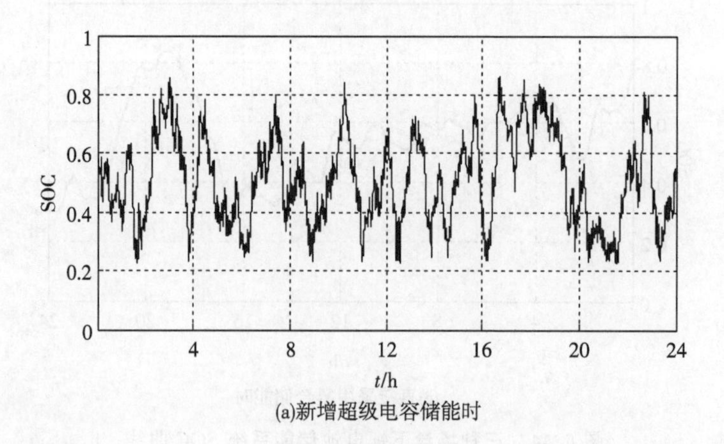

(a)新增超级电容储能时

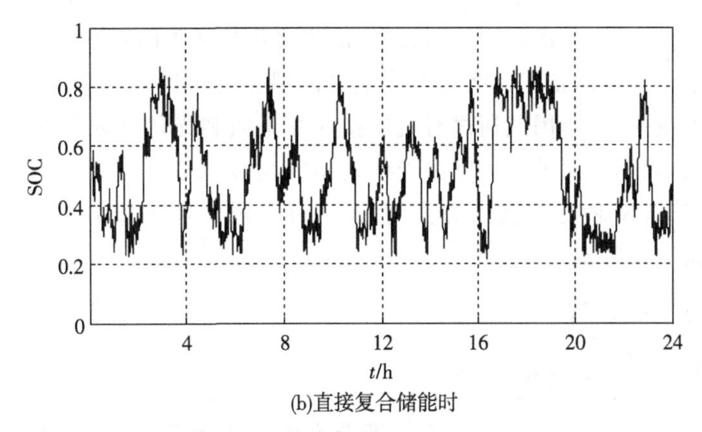

(b)直接复合储能时

图 6.46　后两种场景下超级电容储能系统 SOC 曲线

6.4　考虑光伏并网接纳能力因素

分布式光伏发电是我国推进能源结构调整的重要举措之一。近几年国家政策扶持力度不断加大,在一些工业园区已经形成了高渗透率的分布式光伏示范点。由于其随机性及波动性增加,对配电系统的安全运行带来了诸多挑战。因此,增加储能系统,形成光储一体化微电网是目前提高光伏消纳能力的主要措施之一。储能系统的定址定容是其需要解决的关键问题,储能系统定址定容的优化,不仅可以进一步提升可再生能源的消纳能力,还能兼顾可再生能源接入后的电压和潮流分布等系统运行的安全性问题。本节针对并网型光储一体化微电网,阐述储能系统的定址定容方法。

6.4.1　光伏消纳能力评估分析

区域配电网中的节点较多、负荷大小不一、负荷时序波动等因素,使光伏发电的接入点和接入容量方案众多,本节基于随机场景分析思想,根据光伏接入电网方式和节点负荷特征,进行微电网最大光伏消纳容量的随机场景评估[8],如图 6.47 所示。

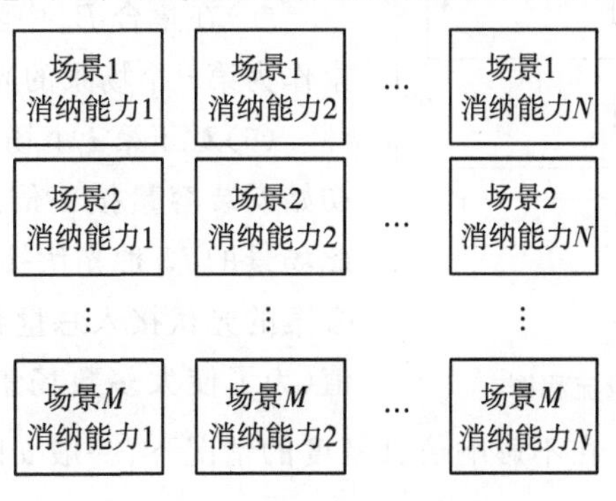

图 6.47　随机场景示意图

从图 6.47 中可以看出，随机场景评估法主要包括场景的获取和消纳能力的确定两部分。由于不同光伏接入方案的差异主要体现在光伏接入总个数、光伏接入位置和光伏接入容量三方面，因此通过对光伏接入总个数和光伏接入位置的随机来确定光伏接入场景，而不同消纳能力则由光伏初始安装容量按一定的变化规律得到。每一种随机场景下，N 种光伏接入方案对应 N 种不同的消纳能力，M 种场景可得到 $M\times N$ 种光伏接入方案。

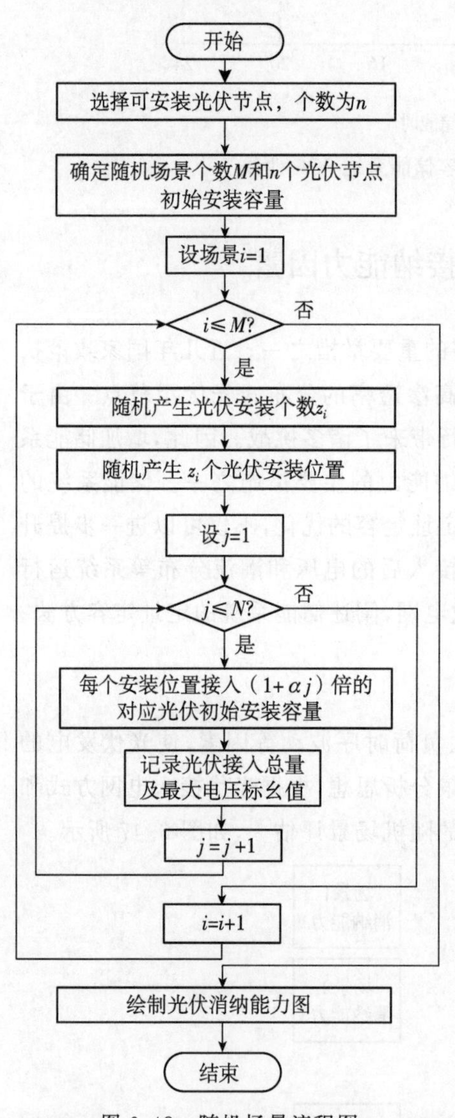

图 6.48 随机场景流程图

图 6.48 为随机场景流程图，具体步骤如下。

(1)按照规划要求，选择微电网中适宜负荷节点作为光伏安装节点，得到光伏可安装节点集合 $B_{us}=\{b_1,b_2,\cdots,b_n\}$，集合元素个数为 n。

(2)确定随机场景个数 M，M 取值应适当，若 M 取值过小，光伏接入方案过少，影响仿真精度；若 M 取值过大，仿真时间过长，影响仿真效率(结合场景总个数，采用试探法改变 M 值，取最大光伏消纳时的最小 M 值，本书 M 值取为 300)。

(3)选取每个光伏可安装节点的负荷峰值，作为集合 B_{us} 中每个节点的光伏初始安装容量，得到集合 $C_{\text{ref}}=\{c_1,c_2,\cdots,c_n\}$；

(4)随机产生 M 个 $0<z_i<n(1\leqslant i\leqslant M$ 且为整数)的整数形成集合 $N_{um}=\{z_1,z_2,\cdots,z_M\}$，作为 M 个场景中每个场景安装的光伏个数。

(5)在集合 B_{us} 中随机产生 z_i 个不同的元素作为第 i 个场景的光伏安装位置。

(6)对于第 i 个场景，将 z_i 个位置的光伏初始安装容量按 α 倍速率递增 N 次后得到此场景的 N 种光伏接入方案，同时记录每种方案的光伏接入总量和微电网最大电压标幺值(为了使大多数场景的光伏消纳容量在电压约束下达到最大值。在不影响仿真精度的情况下，一般 α 的取值为 0.1～0.3，N 的取值为 10～30)。

(7)重复步骤(4)和步骤(5)，完成 M 个场景的光伏随机接入，得到 $M\times N$ 组光伏消纳总量和微电网最大电压标幺值。

(8)绘制光伏消纳能力图，得到微电网系统最大光伏消纳能力。

随机场景评估法的主要特点如下。

(1)场景的随机性。首先是光伏接入节点数量的随机，其次是光伏接入节点位置的随机，两步随机使光伏接入更具普遍性和代表性。

(2)体现了光伏接入方式和节点负荷特征。在该微电网中，光伏是通过专用升压变压器接入负荷节点，光伏所发电量可直接为该节点负荷供电，因此对于每个可安装光伏节点，选择负荷峰值作为光伏的初始安装容量，光伏专用升压变压器容量则由光伏最终安装容量确定。

(3)该方法利用部分与整体的关系，用部分特征体现整体特征。方案 $M\times N$ 越多，所得的最大光伏消纳能力值越精确。

(4)该方法简捷快速，而且所得图形结果清晰直观，便于分析。

6.4.2　储能设备定址定容

基于以上随机场景对配电网光伏消纳能力评估后，若分布式光伏安装容量超出评估容量，需增加储能设备形成光储一体化微电网，提高光伏的消纳能力。对于储能设备，采用先定址后定容的方法。一方面是因为多目标优化问题中，权重因子的设定比较困难；另一方面是因为选址将储能位置选在系统的最薄弱节点，不仅使储能平抑光伏波动、提高电压质量和增大微电网系统的光伏消纳能力的作用得到极大发挥，而且便于接下来的容量选择。

1. 储能设备定址

由于光伏发电的间歇性、波动性特点，大规模分布式光伏的安装给系统带来了电压不稳定问题，而局部 L 指标 L_j 作为评价微电网系统各节点的电压稳定程度及与电压崩溃距离的裕度指标，可以用于判断光伏安装后系统的最薄弱节点。在薄弱节点安装储能设备，可以提高系统的电压稳定程度。L_j 的取值范围为[0,1]，L_j 值越接近1，该节点的电压越容易崩溃。

式(6.85)是系统节点导纳方程，按照电源(包括分布式电源和储能设备)和负荷进行节点划分，得到节点导纳方程如式(6.86)所示。进一步进行等式变换得到式(6.87)，其中矩阵 $\boldsymbol{F}_{\mathrm{LG}}$ 决定了设备接入后对电压的影响，因此定义局部 L 指标中 L_j 如式(6.88)所示。

$$\boldsymbol{I}=\boldsymbol{YV} \tag{6.85}$$

$$\begin{vmatrix}\boldsymbol{I}_{\mathrm{L}}\\ \boldsymbol{I}_{\mathrm{G}}\end{vmatrix}=\begin{vmatrix}\boldsymbol{Y}_{\mathrm{LL}} & \boldsymbol{Y}_{\mathrm{LG}}\\ \boldsymbol{Y}_{\mathrm{GL}} & \boldsymbol{Y}_{\mathrm{GG}}\end{vmatrix}\begin{vmatrix}\boldsymbol{V}_{\mathrm{L}}\\ \boldsymbol{V}_{\mathrm{G}}\end{vmatrix} \tag{6.86}$$

$$\begin{vmatrix} \boldsymbol{V}_{\mathrm{L}} \\ \boldsymbol{I}_{\mathrm{G}} \end{vmatrix} = \begin{vmatrix} \boldsymbol{Z}_{\mathrm{LL}} & \boldsymbol{F}_{\mathrm{LG}} \\ \boldsymbol{K}_{\mathrm{GL}} & \boldsymbol{T}_{\mathrm{GG}} \end{vmatrix} \begin{vmatrix} \boldsymbol{I}_{\mathrm{L}} \\ \boldsymbol{V}_{\mathrm{G}} \end{vmatrix} = \begin{vmatrix} \boldsymbol{Y}_{\mathrm{LL}}^{-1} & -\boldsymbol{Y}_{\mathrm{LL}}^{-1}\boldsymbol{Y}_{\mathrm{LG}} \\ \boldsymbol{Y}_{\mathrm{GL}}\boldsymbol{Y}_{\mathrm{LL}}^{-1} & \boldsymbol{Y}_{\mathrm{GG}} - \boldsymbol{Y}_{\mathrm{GL}}\boldsymbol{Y}_{\mathrm{LL}}^{-1}\boldsymbol{Y}_{\mathrm{LG}} \end{vmatrix} \begin{vmatrix} \boldsymbol{I}_{\mathrm{L}} \\ \boldsymbol{V}_{\mathrm{G}} \end{vmatrix} \tag{6.87}$$

$$L_j = \left| 1 - \frac{\sum_{i \in a_{\mathrm{G}}} F_{ji} V_i}{V_j} \right| \tag{6.88}$$

式中，$\boldsymbol{I}$ 为节点注入电流矩阵；$\boldsymbol{V}$ 为节点电压矩阵；$\boldsymbol{Y}$ 为节点导纳矩阵；$\boldsymbol{I}_{\mathrm{L}}$为负荷节点注入电流矩阵；$\boldsymbol{V}_{\mathrm{L}}$为负荷节点电压矩阵；$\boldsymbol{I}_{\mathrm{G}}$为电源节点注入电流矩阵；$\boldsymbol{V}_{\mathrm{G}}$为电源节点电压矩阵；$\boldsymbol{Y}_{\mathrm{LL}}$、$\boldsymbol{Y}_{\mathrm{LG}}$、$\boldsymbol{Y}_{\mathrm{GG}}$、$\boldsymbol{Y}_{\mathrm{GL}}$为节点导纳矩阵的子矩阵；$\boldsymbol{Z}_{\mathrm{LL}}$、$\boldsymbol{F}_{\mathrm{LG}}$、$\boldsymbol{K}_{\mathrm{GL}}$、$\boldsymbol{T}_{\mathrm{GG}}$为变换后的节点导纳矩阵的子矩阵；$L_j$为第 j 个负荷节点的局部指标；V_i为第 i 个发电机节点的复电压；V_j为第 j 个负荷节点的复电压；F_{ji}为负荷参与因子，即 $\boldsymbol{F}_{\mathrm{LG}}$矩阵的第 ji 个元素；a_{G} 为所有发电机的节点集合。

根据局部 L 指标进行节点排序，从而选择薄弱节点作为储能设备的接入位置，可以提高系统的电压稳定程度。

2. 设备定容

在储能设备接入位置确定后，进行储能设备容量优化，优化目标函数如式(6.89)所示，在满足约束条件的情况下使储能设备的安装容量最小。

$$\min F = \mathrm{Cap}_{\mathrm{stor}}\left(\sum P_{\mathrm{PV}}^{N}, V_i, P_{\mathrm{char}}, P_{\mathrm{dischar}}\right) \tag{6.89}$$

式中，$\mathrm{Cap}_{\mathrm{stor}}$为储能设备容量；$P_{\mathrm{PV}}^{N}$为光伏节点接入微电网的光伏功率；$V_i$为节点 i 处的电压幅值；P_{char}为储能设备的充电功率；P_{dischar}为储能设备的放电功率。

储能设备容量优化问题中约束条件分为等式约束和不等式约束。其中，等式约束为微电网的潮流平衡方程：

$$\begin{cases} P_{\mathrm{G}i} - P_{\mathrm{L}i} = V_i \sum_{j=1}^{N} V_j (G_{ij}\cos\delta_{ij} + B_{ij}\sin\delta_{ij}) \\ Q_{\mathrm{G}i} - Q_{\mathrm{L}i} = V_i \sum_{j=1}^{N} V_j (G_{ij}\sin\delta_{ij} - B_{ij}\cos\delta_{ij}) \end{cases} \tag{6.90}$$

式中，$P_{\mathrm{G}i}$、$Q_{\mathrm{G}i}$为节点 i 处的电源有功和无功输出；$P_{\mathrm{L}i}$、$Q_{\mathrm{L}i}$为节点 i 处的有功和无功负荷；V_i、V_j为节点 i、j 处的电压幅值；G_{ij}、B_{ij}为节点 i 和 j 之间的电导和电纳；δ_{ij}为节点 i 和 j 之间的电压相角差。

不等式约束包括微电网光伏消纳能力约束、光伏节点电压约束、储能设备 SOC 约束、充放电功率约束：

$$\begin{cases} \sum P_{\mathrm{PV}}^{N} \geqslant P_{\mathrm{PV}}^{\mathrm{ref}} \\ V_i \leqslant 1.05 \\ 0.2 \leqslant \mathrm{SOC}_{\mathrm{stor}} \leqslant 1 \\ 0 \leqslant P_{\mathrm{char}} \leqslant P_{\mathrm{char}}^{N} \\ 0 \leqslant P_{\mathrm{dischar}} \leqslant P_{\mathrm{dischar}}^{N} \end{cases} \tag{6.91}$$

式中，P_{PV}^{ref}为光伏规划安装容量；V_i为光伏节点i的电压幅值；SOC_{stor}为储能设备SOC；P_{char}、$P_{dischar}$为储能设备的充放电功率；P_{char}^{N}、$P_{dischar}^{N}$为储能设备的额定充放电功率。

根据式(6.89)～式(6.91)所述的储能设备容量优化模型，PSO算法寻优得储能安装点处的最优安装容量。

6.4.3 算例分析

1. 仿真系统

图6.49所示的拓扑结构图是一个典型的含高渗透分布式光伏的配电网，也是我国的分布式光伏发电示范区。

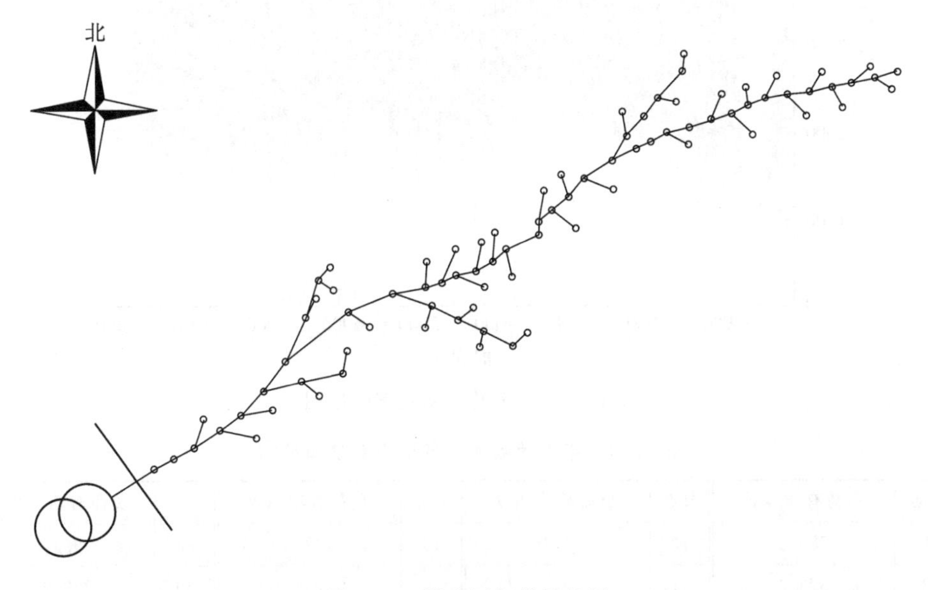

图6.49　微电网拓扑结构图

该网络拓扑结构为辐射型，线路所用导线为JKLY-185、DL-150、DL-70等12种类型，具有36个负荷节点，节点有功负荷最大值为1167.6kW，最小值为5.636kW。采集2013年7月1日至2014年6月30日期间各节点负荷的整点时刻数据，得到总有功负荷时序图如图6.50所示。

由图6.50可知，总有功负荷年最大值为5238.5kW，最小值为237.0kW，年平均负荷为2716.8kW，各节点有功负荷值如表6.24所示。年用电高峰期出现在6～7月份，低谷期出现在1～2月份。从局部放大图可用看到，日用电高峰期有两个时段，分别为9:00～11:00和13:00～17:00，为典型的工业负荷。

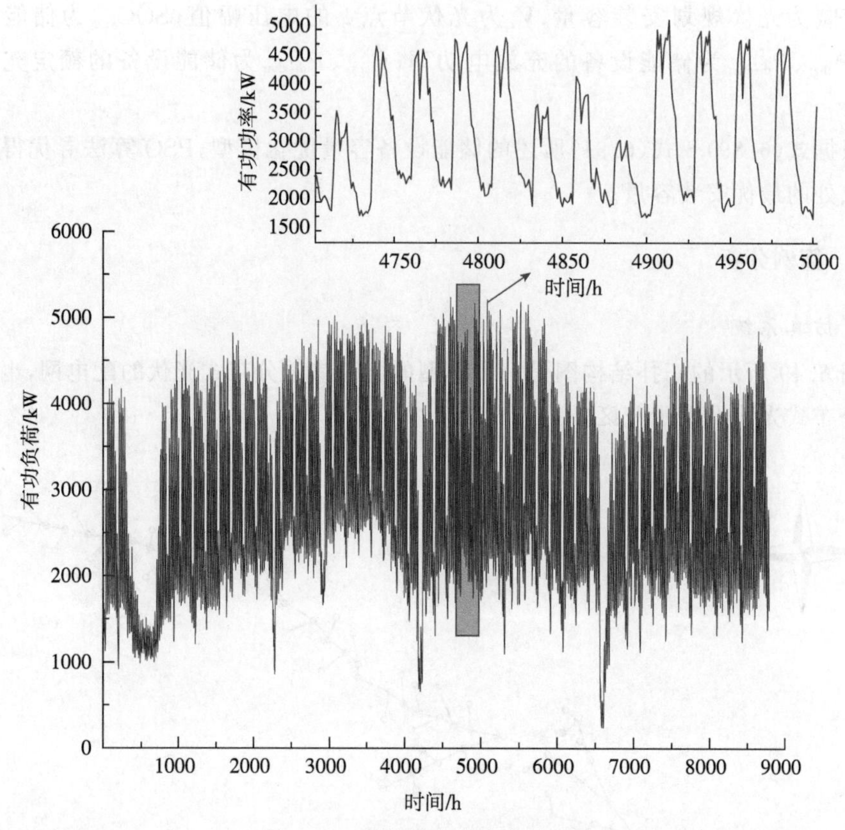

图 6.50　负荷总有功功率时序图

表 6.24　年负荷最大时各节点有功负荷值

节点	负荷有功/kW	节点	负荷有功/kW	节点	负荷有功/kW	节点	负荷有功/kW
1	789.3	10	4.4	19	147.5	28	9.4
2	573.6	11	9.4	20	0.1	29	222.7
3	37.5	12	14.1	21	9.4	30	410.7
4	468.6	13	31.9	22	5.9	31	23.8
5	9.4	14	9.4	23	0.1	32	68.1
6	4.4	15	121.8	24	205.4	33	12.7
7	979.6	16	197.3	25	121.8	34	31.9
8	7.9	17	68.1	26	121.8	35	83.4
9	9.4	18	147.5	27	198.1	36	82.0

2. 未加储能前光伏消纳能力分析

由于规划中光伏安装容量在 250kWp 以上，因此在 36 个负荷节点中，选择额定有功负荷大于 250kWp 的节点作为光伏接入节点，具体位置如图 6.51 数字位置所示。该微电网中宜安装光伏的节点共有 10 个，为了方便分析，将接入光伏的节点称作光伏节点，标号 1～10。

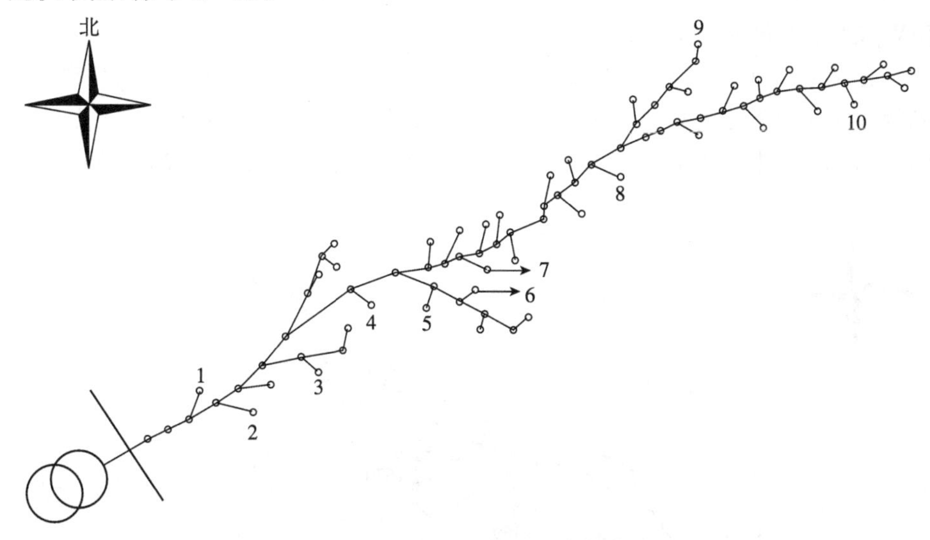

图 6.51　微电网光伏可安装位置图

系统额定电压为 10kV，微电网首段电压标幺值为 1.04p.u.。光伏发电系统参数设置如下：逆变器单位功率因数运行，逆变器切入切除功率百分比均为 10%，逆变器容量为光伏安装容量的 1.05 倍，辐照强度、环境温度由实测历史数据得到，逆变器功率-效率曲线通过厂家提供的数据插值得到。

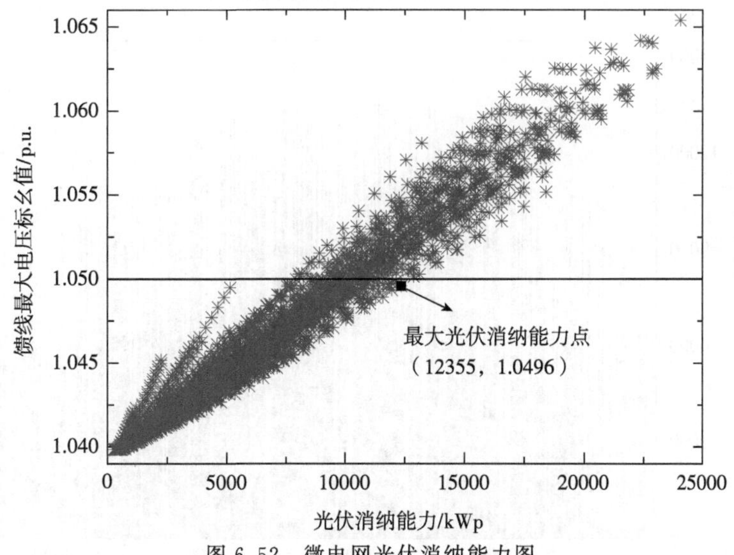

图 6.52　微电网光伏消纳能力图

图 6.52 是利用随机场景方法形成的光伏消纳能力图，其中包括 3200 种光伏接入方案。图中方点为该网络的最大光伏消纳能力点，即为电压低于 1.05p.u. 的所有

方案中光伏接入容量最大的点，值为(12355kWp,1.0496p.u.)。此时共有6个节点接入光伏，分别为光伏节点{1,2,3,5,7,8}。实际中，该地区光伏规划安装容量为15MWp,大于其最大消纳能力。

在光伏节点{1,2,3,5,7,8}安装光伏发电，以20%的递增速率递增安装容量。当光伏消纳能力满足规划要求时，光伏接入总量为15444kWp,各节点接入光伏容量如图6.53所示(未标注节点接入容量为0)，光伏总有功输出如图6.54所示。

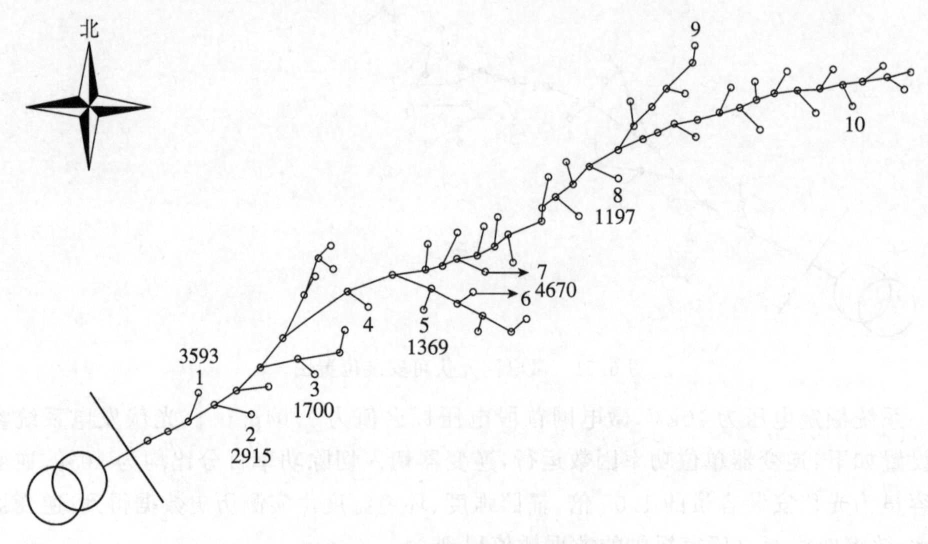

图 6.53　各节点接入光伏容量图

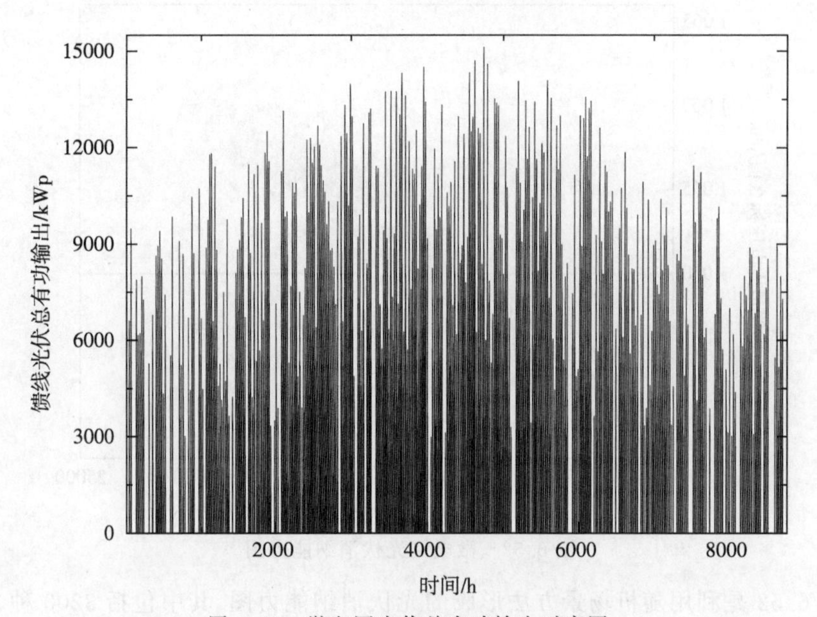

图 6.54　微电网光伏总有功输出时序图

结果显示，6月份时辐射强度最大，光伏输出达到全年输出峰值15135kWp，而光伏年利用小时数为1012h。

图6.55所示为光伏可用存储。光伏可用存储容量指某一时刻未被负荷消耗的，可以用于储能充电的光伏发电功率。如图6.55所示，可用存储小时数为2050h，占全年系统运行时间的23.4%；可用存储光伏功率最大为12332kWp，储能应大量吸收可用存储光伏功率进而减小光伏引起的过电压问题。但考虑到经济性及节点最大光伏安装容量，将储能额定功率设为4000kW。

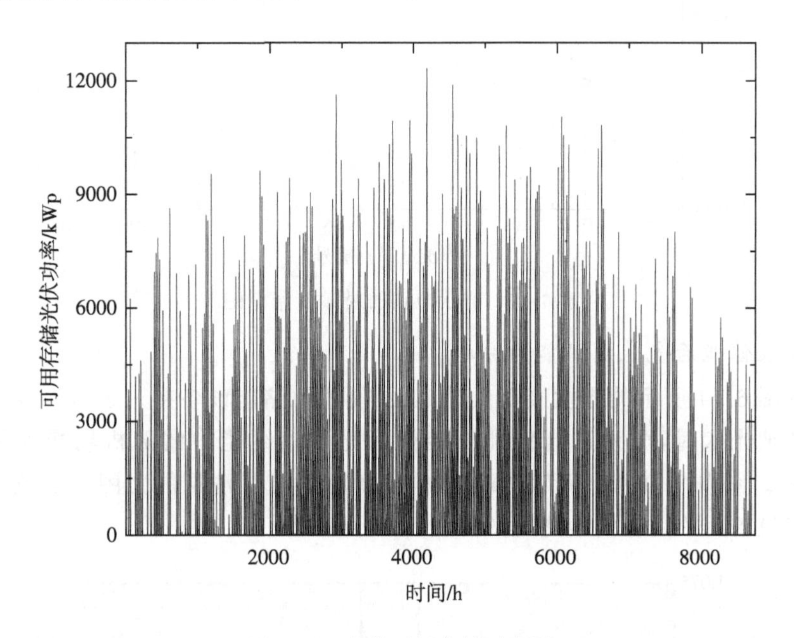

图6.55　光伏可用存储时序图

3. 储能设备定址定容

储能设备参数如下：额定功率为4000kW，备用容量为额定容量的20%，充放电效率均设为90%，自放电率为1%。

储能设备运行策略：当光伏发电功率大于负荷需求时，多余功率向储能充电；当光伏发电功率不能满足负荷需求时，缺额部分优先使用储能放电，仍不足则由电网补充。

采用图6.53所示的光伏接入方案，得到各光伏节点的L_j值如图6.56所示。结果显示，光伏节点8处的L_j值最大，达到0.1589，电压最易崩溃。因此，将光伏节点8作为储能设备的接入点。然后，利用PSO算法求得的储能设备的安装容量为19.4MW。

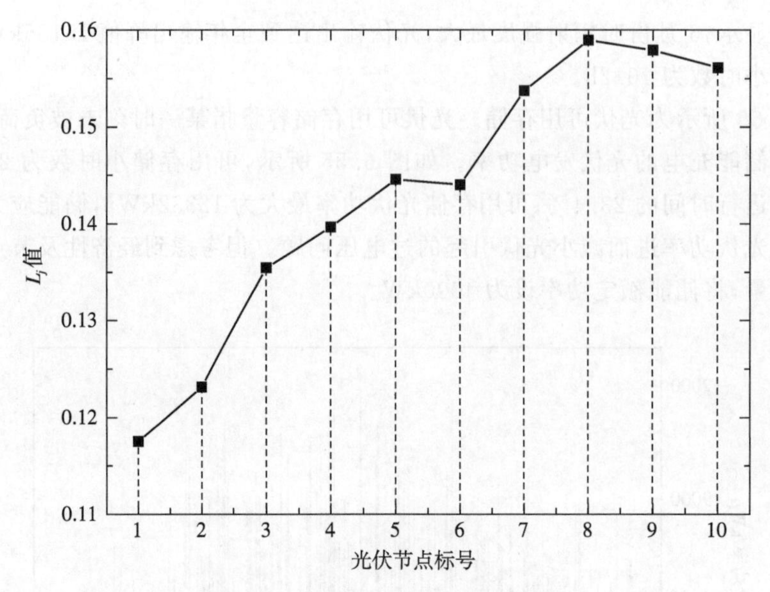

图 6.56 光伏节点的局部 L 指标图

4. 安装储能后光伏消纳能力分析

根据图 6.51 所示的光伏接入位置，以及前述的储能设备接入位置和安装容量，在完全消纳光伏时，分别进行储能安装前后光伏消纳能力的随机场景评估，如图 6.57 所示。图中，"白色十字"为未加储能设备时的光伏消纳能力图，"黑色星号"为加装储能设备后的光伏消纳能力图。

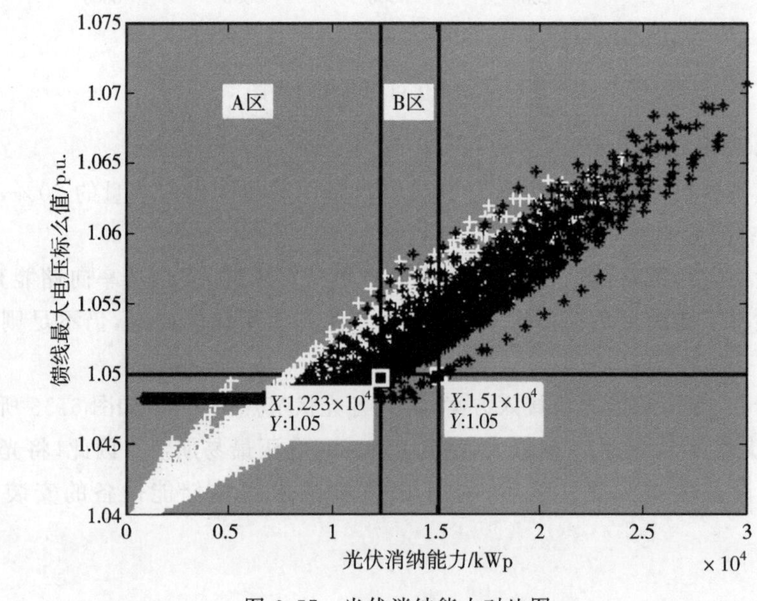

图 6.57 光伏消纳能力对比图

在未加储能设备前，最大光伏消纳能力为12355kW；加储能设备后，最大光伏消纳能力为15100kW。以此两点为坐标，在图6.57中标出A区和B区。未加储能设备前，位于A区范围内一定安装位置的光伏容量均可能被允许，而加入储能设备后，将此范围拓展至B区，此时可能被允许的光伏容量范围为A区与B区之和，且满足$\sum P_{PV}^{N} \geqslant 15\text{MWp}$的要求，进一步说明了储能的加入形成微电网后使光伏最大消纳能力大大提高。

另外，加装储能设备后，相对于“白色十字”，“黑色星号”的起始点纵坐标得到明显提升，发现起始点的微电网电压最大值出现在储能放电时刻。说明储能设备不仅可以通过吸收光伏峰值功率来避免系统过电压，而且可以作为电源发出有功功率，起到功率支撑的作用。在4MW/19.4(MW·h)的储能设备接入微电网后，微电网全局L_j指标由0.1253下降到0.1057，说明储能设备的加入使微电网的电压质量得到改善，大大提高了微电网系统的电压稳定性。

5. 适当弃光的影响

由于4MW/19.4(MW·h)的储能设备系统经济成本过高，考虑到光伏适当弃光可削减光伏峰值输出、改善微电网电压质量，从而达到储能设备安装容量减少、经济成本降低的效果。因此下面对系统弃光后的影响进行分析。

根据图6.53所示的光伏接入方案，利用逆变器的有功-电压控制功能，当检测到系统某个节点电压超过1.05p.u.时，线性衰减该节点光伏输出功率，通过适当弃光，避免节点电压越限，如图6.58所示。弃光后，光伏输出峰值得到有效控制，部分时刻输出功率减少。此时，光伏弃光率为0.98%，全年弃光量为153402kW·h，光伏年利用小时数为1002h，比未弃光时减小10h。

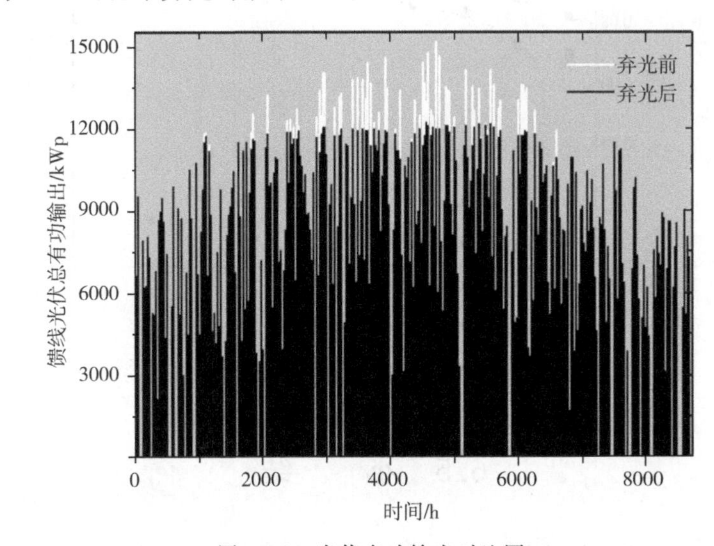

图6.58　光伏有功输出对比图

利用如前所述的储能设备定址定容方法，优化弃光后储能设备的额定功率、安装位置、额定容量，如表 6.25 所示。当光伏弃光率增加至 0.98%后，储能设备额定功率仍为 4000kW 且位置不变，容量由 19.4MW·h 下降至11.1MW·h，光伏弃光对储能设备容量影响较大，使储能容量大量削减，从而节约经济成本。

表 6.25　储能配置对比表

储能配置 \ 弃光率/%	0	0.98
额定功率/kW	4000	4000
容量/(MW·h)	19.4	11.1
位置(光伏节点)	8	8

图 6.59 为局部 L_j 指标对比图，倒三角为不接入光伏的局部 L_j 指标，方点为接入光伏后的局部 L_j 指标，圆点、正三角分别为接入 4MW/19.4(MW·h)储能和部分弃光后接入 4MW/11.1(MW·h)储能的局部 L_j 指标，可知四者的全局 L_j 指标分别为0.0183、0.1253、0.1057 和 0.1015。进一步分析可以看出，光伏接入后，微电网电压的不稳定程度大幅度增加；而储能安装和弃光后储能的安装会使光伏接入后的微电网电压稳定程度增大，并且弃光后储能的安装效果更好，但增加储能后并未使微电网电压稳定程度达到不接入光伏前。

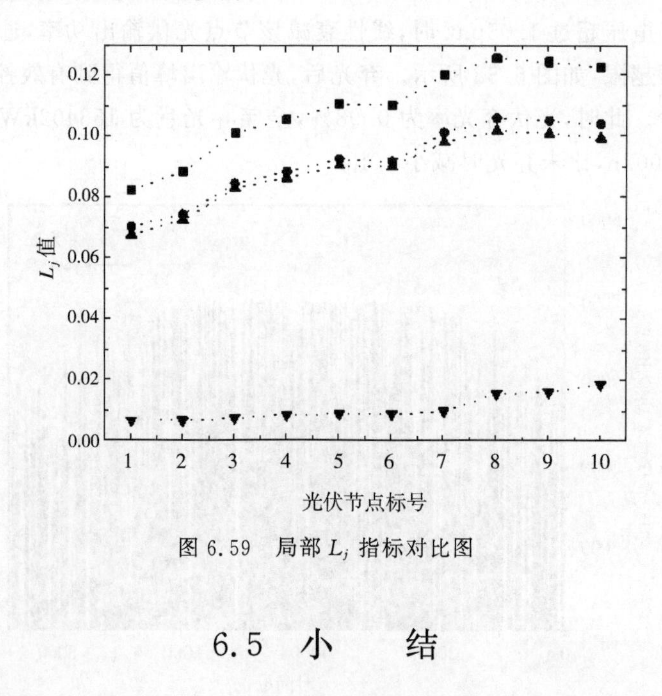

图 6.59　局部 L_j 指标对比图

6.5　小　　结

在第 4 和第 5 章中阐述了微电网优化配置的理论模型和优化方法，但是在工程应用中还需要根据具体的工程要求和应用背景，在理论模型和方法的基础上进行综合因素的考量。本章从实际工程应用角度出发，结合作者在微电网工程咨询和建设工作中遇到的实际问题，从源-荷-储三个维度及容量-位置两个方向，阐述在微电网优化配置过程中值得关注的问题及其解决方法。

(1)光伏发电等间歇性能源是微电网的重要组成部分，同时在微电网优化配置问题中引入了不确定性。具体体现在年发电总量和发电功率的随机性，不同年份发电总量有所差异，而发电功率在时序上的差别更大，这将导致微电网在不同年份的运行中出现发电量不足或者发电量过剩的情况。本章采用了随机场景和多状态建模两种技术，其核心思想都是将不确定性量化在一定范围内，确保大部分情况下微电网发电量的充足。

(2)需求侧管理在微电网中的应用尚处于起步阶段，管理方法和控制方式还比较简单。但是，需求侧管理的引入打破了仅考虑发电侧的管理模式，实现了发电和用电的双向互动，有利于间歇性能源的即发即用，不仅可以提高间歇性能源的利用率，还能减轻储能系统和可控电源的功率调节任务，以及实现削峰填谷等功能。因此，考虑需求侧因素后，不同类型的分布式电源和储能系统的容量配比将发生改变，带来经济和环保等综合社会效益。本章在用户满意度和发供电匹配两种管理模式下，探讨了微电网优化配置方法及其效果。

(3)储能系统是微电网的核心部分，承担了能量转移和平抑功率波动等重要职责，同时是微电网中更换最频繁的设备。储能系统的安装容量和运行方式，直接影响微电网配置和运行的优化目标，以及分布式电源的容量配比，因此需要根据实际情况，在储能系统和分布式电源的效益间进行取舍，实现微电网的综合效益最大化。本章采用储能系统寿命量化和复合储能系统两种技术，在优化配置的同时进行储能系统寿命评估，尽可能提升储能系统的价值。

(4)微电网容量优化和位置优化是一对相辅相成的问题，适当的源-荷-储的位置分布可以提高安装容量和利用效率，适当的源-荷-储的容量配比也能提升区域的电能质量。尤其是在并网型微电网中，接入位置的优化及储能系统的辅助，可以有效提升光伏接纳能力，改善光伏发电引起的过电压等问题。本章结合目前高渗透率分布式光伏发电并网的发展趋势，阐述了分布式光伏发电和辅助储能系统的定址定容方法，通过组成微电网的方法提升分布式光伏发电的接纳能力。

微电网优化配置中需要考虑的因素很多，本章根据目前微电网发展现状和趋势，针对以上四点在现阶段微电网工程中极有可能遇到的问题，阐述了对应的微电网优化配置模型和方法，以及作者的工程经验和思考。随着微电网技术的发展，在优化配置过程中还将遇到新的问题，作者只能在此抛砖引玉，不能一一解答。

参考文献

[1] 薛美东，赵波，张雪松，等.并网型微网的优化配置与评估.电力系统自动化，2015，39(3)：6-13.

[2] 陈健，赵波，王成山，等.不同自平衡能力并网型微电网优化配置分析.电力系统自动化，2014，38(21)：1-6.

[3] 余金龙，赵文会，赵波，等.基于多状态建模的独立型微网优化配置.电力系统自动化，2015，39(6)：11-17.

[4]赵波，张雪松，李鹏，等.储能系统在东福山岛独立型微电网中的优化设计和应用.电力系统自动化，2013，37(1)：161-167.

[5] 陈健，王成山，赵波，等.考虑储能系统特性的独立微电网系统经济运行优化.电力系统自动化，2012，36(20)：25-31.

[6] 李逢兵，谢开贵，张雪松，等.基于锂电池充放电状态的混合储能系统控制策略设计.电力系统自动化，2013，37(1)：70-75.

[7] 李逢兵，谢开贵，张雪松，等.基于寿命量化的混合储能系统协调控制参数优化.电力系统自动化，2014，38(1)：1-5.

[8] 赵波，韦立坤，徐志成，等.计及储能系统的馈线光伏消纳能力随机场景分析.电力系统自动化，2015，39(9)：34-40.

第7章　微电网优化配置软件

微电网优化配置分析计算所需的数据量一般都比较大，若需考虑多种控制策略及多目标的优化，计算量则呈指数级增长，通过优化配置软件进行辅助分析已成为微电网规划设计阶段必不可少的手段。第2章已对目前国内外主流的优化配置软件的功能特点及适用范围进行了详细的介绍，并指出其在功能和模型方面存在的不足，尤其是工程应用方面，需要进一步完善。含多类型分布式电源的微电网优化配置软件(英文简写暂定MG-ODS)是作者及团队成员在多年来微电网系统、分布式电源、储能等方面知识积累的基础上，参考该领域内国外著名软件如HOMER、Hybrid2等，并针对目前工具软件的局限性和不足，研制的可视化、智能化的微电网系统设计专业应用软件。

7.1　考虑稳态运行约束的优化配置方法

现有微电网系统优化配置方法及相关软件工具，多数仅从能量平衡的角度，以经济性指标为目标对微电网内各分布式发电系统容量进行优化，忽略了微电网稳态运行约束，可能导致所得配置方案下微电网无法稳定运行，因而不能有效地对优化配置方案进行全面评估。MG-ODS软件引入电力系统稳态分析手段，提出结合系统全年各时段电压和网损等潮流指标的优化配置方法，通过内嵌全年时序潮流算法，计及稳态运行约束，实现了微电网系统运行的精确模拟，可以详细评估优化配置方案，获得更加符合实际的方案，以满足用户多样化的需求。

7.1.1　潮流计算原理

MG-ODS软件内嵌全年时序潮流算法采用改进的Newton_Raphson稀疏矩阵求解方法[1,2]进行潮流计算，适用于各种三相平衡或不平衡电力系统。该方法利用直角坐标系下实部与虚部分离的节点注入电流矩阵方程求解，计算收敛速度快，具有比传统配电网中前推回代法更高的计算鲁棒性，具体潮流计算求解原理如下。

首先，建立节点注入电流方程：

$$
\begin{aligned}
\Delta I_k^s &= \frac{(P_k^{sp})^s - \mathrm{j}\,(Q_k^{sp})^s}{(E_k^s)^*} - \sum_{i\in\Omega_k}\sum_{t\in\alpha_p} Y_{ki}^{st} E_i^t \\
E_k &= V_{rk} + \mathrm{j}V_{mk} \\
(P_k^{sp})^s &= P_{gk}^s - P_{lk}^s
\end{aligned}
\tag{7.1}
$$

$$(Q_k^{sp})^s = Q_{gk}^s - Q_{lk}^s$$

式中，$s,t \in \alpha_p$；$\alpha_p \in \{a,b,c\}$；$k=\{1,\cdots,n\}$，n 为总节点个数；Ω_k 为连接到节点 k 上的节点；$(P_k^{sp})^s$、$(Q_k^{sp})^s$ 分别为节点 k 处 s 相特定注入的有功功率与无功功率；P_{gk}^s、Q_{gk}^s 分别为节点 k 处 s 相发电机输出的有功功率和无功功率；P_{lk}^s、Q_{lk}^s 分别为节点 k 处 s 相负荷吸收的有功功率和无功功率；Y_{ki}^{st} 为系统节点导纳矩阵元素。

$$Y_{ki}^{st} = G_{ki}^{st} + \mathrm{j}B_{ki}^{st} \tag{7.2}$$

将式(7.2)代入式(7.1)可出得到实部和虚部的表示形式如下：

$$\Delta I_{rk}^s = \frac{(P_k^{sp})^s V_{rk}^s + (Q_k^{sp})^s V_{mk}^s}{(V_{rk}^s)^2 + (V_{mk}^s)^2} - \sum_{i \in \Omega_k} \sum_{t \in \alpha_p} (G_{ki}^{st} V_{ri}^t - B_{ki}^{st} V_{mi}^t) \tag{7.3}$$

$$\Delta I_{mk}^s = \frac{(P_k^{sp})^s V_{mk}^s - (Q_k^{sp})^s V_{rk}^s}{(V_{rk}^s)^2 + (V_{mk}^s)^2} - \sum_{i \in \Omega_k} \sum_{t \in \alpha_p} (G_{ki}^{st} V_{mi}^t - B_{ki}^{st} V_{ri}^t) \tag{7.4}$$

式中

$$\Delta I_{rk}^s = (I_{rk}^{sp})^s - (I_{rk}^{calc})^s \tag{7.5}$$

$$\Delta I_{mk}^s = (I_{mk}^{sp})^s - (I_{mk}^{calc})^s \tag{7.6}$$

对式(7.3)和式(7.4)应用牛顿方法可以得

$$\begin{bmatrix} \Delta I_{m1}^{abc} \\ \Delta I_{r1}^{abc} \\ \Delta I_{m2}^{abc} \\ \Delta I_{r2}^{abc} \\ \vdots \\ \Delta I_{mn}^{abc} \\ \Delta I_{rn}^{abc} \end{bmatrix} = \begin{bmatrix} (\boldsymbol{Y}_{11}^{\cdot})^{abc} & \boldsymbol{Y}_{12}^{abc} & \cdots & \boldsymbol{Y}_{1n}^{abc} \\ \boldsymbol{Y}_{21}^{abc} & (\boldsymbol{Y}_{22}^{\cdot})^{abc} & \cdots & \boldsymbol{Y}_{2n}^{abc} \\ \vdots & \vdots & & \vdots \\ \boldsymbol{Y}_{n1}^{abc} & \boldsymbol{Y}_{n2}^{abc} & \cdots & (\boldsymbol{Y}_{nn}^{\cdot})^{abc} \end{bmatrix} \cdot \begin{bmatrix} \Delta V_{r1}^{abc} \\ \Delta V_{m1}^{abc} \\ \Delta V_{r2}^{abc} \\ \Delta V_{m2}^{abc} \\ \vdots \\ \Delta V_{rn}^{abc} \\ \Delta V_{mn}^{abc} \end{bmatrix} \tag{7.7}$$

在式(7.7)所示的导纳矩阵中，导纳矩阵非对角每一个元素都代表 6×6 的块矩阵：

$$\boldsymbol{Y}_{im}^{abc} = \begin{bmatrix} \boldsymbol{B}_{im}^{abc} & \boldsymbol{G}_{im}^{abc} \\ \boldsymbol{G}_{im}^{abc} & -\boldsymbol{B}_{im}^{abc} \end{bmatrix}, \quad i,m = 1,\cdots,n \tag{7.8}$$

导纳矩阵对角元素表达式如下：

$$(\boldsymbol{Y}_{kk}^{\cdot})^{abc} = \begin{bmatrix} (\boldsymbol{B}_{kk}')^{abc} & (\boldsymbol{G}_{kk}')^{abc} \\ (\boldsymbol{G}_{kk}'')^{abc} & (\boldsymbol{B}_{kk}')^{abc} \end{bmatrix} \tag{7.9}$$

式中，$\boldsymbol{B}_{kk}'$、$\boldsymbol{G}_{kk}'$、$\boldsymbol{G}_{kk}''$、$\boldsymbol{B}_{kk}'$ 是在考虑了不同负荷模型下的修正节点自导纳矩阵。

对于平衡节点，由于电压大小、相角均为已知，所以不需参加联立计算。

对于 PQ 节点，式(7.7)中电流修正量可以从下式获得

$$\Delta I_{rk}^s = \frac{V_{rk}^s \Delta P_k^s + V_{mk}^s \Delta Q_k^s}{(V_{rk}^s)^2 + (V_{mk}^s)^2} \tag{7.10}$$

$$\Delta I_{mk}^s = \frac{V_{mk}^s \Delta P_k^s + V_{rk}^s \Delta Q_k^s}{(V_{rk}^s)^2 + (V_{mk}^s)^2} \tag{7.11}$$

式中

$$\begin{cases}\Delta P_k^s = (P_k^{sp})^s - (P_k^{calc})^s \\ \Delta Q_k^s = (Q_k^{sp})^s - (Q_k^{calc})^s \\ (P_k^{calc})^s = V_{rk}^s (I_{rk}^{calc})^s + V_{mk}^s (I_{mk}^{calc})^s \\ (Q_k^{calc})^s = V_{mk}^s (I_{rk}^{calc})^s - V_{rk}^s (I_{mk}^{calc})^s \end{cases} \tag{7.12}$$

对于PV节点,节点电压给定。假设节点k为PV节点,连接到节点i及节点l,则相应的式(7.7)变化为

$$\begin{bmatrix} \Delta I_{m1}^{abc} \\ \Delta I_{r1}^{abc} \\ \vdots \\ \Delta I_{m_i}^{abc} \\ \Delta I_{r_i}^{abc} \\ \vdots \\ (\Delta I'_{mk})^{abc} \\ (\Delta I'_{rk})^{abc} \\ \vdots \\ \Delta I_{ml}^{abc} \\ \Delta I_{rl}^{abc} \\ \vdots \end{bmatrix} = \begin{bmatrix} (\boldsymbol{Y}_{11}^{\cdot\cdot})^{abc} & \cdots & \boldsymbol{Y}_{1i}^{abc} & \cdots & (\boldsymbol{Y}_{1k}^{\cdot\cdot})^{abc} & \cdots & \boldsymbol{Y}_{1l}^{abc} & \cdots \\ \vdots & & \vdots & & \vdots & & \vdots & \\ \boldsymbol{Y}_{i1}^{abc} & \cdots & (\boldsymbol{Y}_{ii}^{\cdot\cdot})^{abc} & \cdots & (\boldsymbol{Y}_{ik}^{\cdot\cdot})^{abc} & \cdots & \boldsymbol{Y}_{il}^{abc} & \cdots \\ \vdots & & \vdots & & \vdots & & \vdots & \\ \boldsymbol{Y}_{k1}^{abc} & \cdots & \boldsymbol{Y}_{ki}^{abc} & \cdots & (\boldsymbol{Y}_{kk}^{\cdot\cdot})^{abc} & \cdots & \boldsymbol{Y}_{kl}^{abc} & \cdots \\ \vdots & & \vdots & & \vdots & & \vdots & \\ \boldsymbol{Y}_{l1}^{abc} & \cdots & \boldsymbol{Y}_{li}^{abc} & \cdots & (\boldsymbol{Y}_{lk}^{\cdot\cdot})^{abc} & \cdots & (\boldsymbol{Y}_{ll}^{\cdot\cdot})^{abc} & \cdots \\ \vdots & & \vdots & & \vdots & & \vdots & \end{bmatrix} \cdot \begin{bmatrix} \Delta V_{r1}^{abc} \\ \Delta V_{m1}^{abc} \\ \vdots \\ \Delta V_{ri}^{abc} \\ \Delta V_{mi}^{abc} \\ \vdots \\ \Delta V_{mk}^{abc} \\ \Delta Q_k^{abc} \\ \vdots \\ \Delta V_{rl}^{abc} \\ \Delta V_{ml}^{abc} \\ \vdots \end{bmatrix} \tag{7.13}$$

式(7.13)中对角线元素表示如下:

$$(\boldsymbol{Y}_{kk}^{\cdot\cdot})^{abc} = \begin{bmatrix} \boldsymbol{M} & \boldsymbol{O} \\ \boldsymbol{N} & \boldsymbol{P} \end{bmatrix} \tag{7.14}$$

式中,矩阵$\boldsymbol{M}$和$\boldsymbol{N}$的元素表示如下:

$$m_{kk}^{st} = G'^{st}_{kk} - B'^{st}_{kk} \frac{V_{mk}^t}{V_{rk}^t} \tag{7.15}$$

$$n_{kk}^{st} = G''^{st}_{kk} - B''^{st}_{kk} \frac{V_{mk}^t}{V_{rk}^t} \tag{7.16}$$

而矩阵$\boldsymbol{O}$和$\boldsymbol{P}$表示如下:

$$\boldsymbol{O} = \begin{bmatrix} \dfrac{V_{rk}^a}{(V_k^a)^2} & 0 & 0 \\ 0 & \dfrac{V_{rk}^b}{(V_k^b)^2} & 0 \\ 0 & 0 & \dfrac{V_{rk}^c}{(V_k^c)^2} \end{bmatrix} \tag{7.17}$$

$$\boldsymbol{P}=\begin{bmatrix} -\frac{V_{mk}^{a}}{(V_{k}^{a})^{2}} & 0 & 0 \\ 0 & -\frac{V_{mk}^{b}}{(V_{k}^{b})^{2}} & 0 \\ 0 & 0 & -\frac{V_{mk}^{c}}{(V_{k}^{c})^{2}} \end{bmatrix} \tag{7.18}$$

式(7.13)中非对角线元素表示如下：

$$(\boldsymbol{Y}_{lk}^{\cdot\cdot})^{abc}=\begin{bmatrix} \boldsymbol{Q} & \boldsymbol{U} \\ \boldsymbol{R} & \boldsymbol{W} \end{bmatrix} \tag{7.19}$$

式中，$\boldsymbol{U}$ 和 $\boldsymbol{W}$ 为零矩阵；$\boldsymbol{Q}$ 和 $\boldsymbol{R}$ 中元素表示如下：

$$q_{lk}^{st}=G_{lk}^{\prime st}-B_{lk}^{\prime st}\frac{V_{mk}^{t}}{V_{rk}^{t}} \tag{7.20}$$

$$r_{lk}^{st}=G_{lk}^{\prime\prime st}-B_{lk}^{\prime\prime st}\frac{V_{mk}^{t}}{V_{rk}^{t}} \tag{7.21}$$

因此可以得到注入电流的表达式如下：

$$(\Delta\boldsymbol{I}_{mk}^{\cdot})^{abc}=\begin{bmatrix} \frac{V_{mk}^{a}\Delta P_{k}^{a}}{(V_{k}^{a})^{2}} & \frac{V_{mk}^{b}\Delta P_{k}^{b}}{(V_{k}^{b})^{2}} & \frac{V_{mk}^{c}\Delta P_{k}^{c}}{(V_{k}^{c})^{2}} \end{bmatrix}^{\mathrm{T}} \tag{7.22}$$

$$(\Delta\boldsymbol{I}_{rk}^{\cdot})^{abc}=\begin{bmatrix} \frac{V_{rk}^{a}\Delta P_{k}^{a}}{(V_{k}^{a})^{2}} & \frac{V_{rk}^{b}\Delta P_{k}^{b}}{(V_{k}^{b})^{2}} & \frac{V_{rk}^{c}\Delta P_{k}^{c}}{(V_{k}^{c})^{2}} \end{bmatrix}^{\mathrm{T}} \tag{7.23}$$

利用 Tinney-2 排序法[3]处理线性方程式(7.7)中的稀疏矩阵，可以得到电压的修正量 ΔV_{rmk}^{abc}，从而可得到新的解：

$$(\boldsymbol{V}_{rmk}^{abc})^{h+1}=(\boldsymbol{V}_{rmk}^{abc})^{h}+(\Delta\boldsymbol{V}_{rmk}^{abc})^{h} \tag{7.24}$$

式中

$$\boldsymbol{V}_{rmk}^{abc}=\begin{bmatrix} V_{rk}^{a} & V_{rk}^{b} & V_{rk}^{c} & V_{mk}^{a} & V_{mk}^{b} & V_{mk}^{c} \end{bmatrix}^{\mathrm{T}} \tag{7.25}$$

通过反复迭代计算，直至所有节点 $|\Delta\boldsymbol{V}_{rmk}^{abc}|<\varepsilon$ 为止。

7.1.2 稳态运行约束条件

考虑稳态运行约束条件时，需要遵循如下等式与不等式约束条件。

(1)功率平衡等式约束：

$$\sum_{k=1}^{n}P_{gk}^{s}=\sum_{k=1}^{n}P_{lk}^{s}+\sum_{k=1}^{n}\sum_{i=1,i\neq k}^{n}r_{ij}^{s}\;|I_{ij}^{s}|^{2},\quad s\in\{a,b,c\} \tag{7.26}$$

$$\sum_{k=1}^{n}Q_{gk}^{s}=\sum_{k=1}^{n}Q_{lk}^{s}+\sum_{k=1}^{n}\sum_{i=1,i\neq k}^{n}x_{ij}^{s}\;|I_{ij}^{s}|^{2},\quad s\in\{a,b,c\} \tag{7.27}$$

式中，P_{gk}^{s}、Q_{gk}^{s} 分别为节点 k 处 s 相发电机输出的有功功率和无功功率；P_{lk}^{s}、Q_{lk}^{s} 分别为节点 k 处 s 相负荷吸收的有功功率和无功功率。

(2)节点注入电流平衡等式约束：

$$\begin{bmatrix} \Delta I_{ml}^{abc} \\ \Delta I_{rl}^{abc} \\ \Delta I_{mg}^{abc} \\ \Delta I_{rg}^{abc} \end{bmatrix} = J \begin{bmatrix} \Delta V_{rl}^{abc} \\ \Delta V_{ml}^{abc} \\ \Delta V_{mg}^{abc} \\ \Delta Q_{g}^{abc} \end{bmatrix} \tag{7.28}$$

(3)电压不等式约束条件：

$$V_{\text{low}} \leqslant V_t \leqslant V_{\text{high}} \tag{7.29}$$

式中，V_{low}为最小电压运行值；V_{high}为最大电压允许值。

(4)线路热稳定不等式约束条件：

$$|P_{ij}^{\text{line}}|^i \leqslant P_{ij,\max}^{\text{line}}, \quad i,j \in [1,n] \tag{7.30}$$

式中，P_{ij}^{line}为通过线路中的实际功率；$P_{ij,\max}^{\text{line}}$为线路中允许通过的最大有功功率。

(5)变压器容量不等式约束条件：

$$S_{tr,f,t} \leqslant S_{\text{MVA}}$$

$$S_{tr,r,t} \leqslant S_{\text{rev,MVA}} \tag{7.31}$$

式中，$S_{tr,f,t}$为变压器正向潮流视在功率；$S_{tr,r,t}$为变压器逆向潮流视在功率；S_{MVA}为变压器额定容量，$S_{\text{rev,MVA}}$为变压器逆向潮流最大允许容量。

(6)发电机功率限制：

$$\sqrt{P_{gk}^2 + Q_{gk}^2} \leqslant S_{gk} \tag{7.32}$$

式中，P_{gk}、Q_{gk}分别为节点 k 处发电机输出的有功功率和无功功率；S_{gk}为节点 k 处发电机的容量。

考虑上述等式及不等式稳态约束条件，结合 7.1.1 节介绍的改进的 Newton_Raphson 稀疏矩阵求解方法，可实现微电网全年运行的精确模拟，对优化配置方案进行评估比较分析，是微电网优化配置软件 MG_ODS 的核心思想，也是特色之处。

7.1.3 算例分析

以某风光柴储系统为例进行分析，系统拓扑结构如图 7.1 所示。

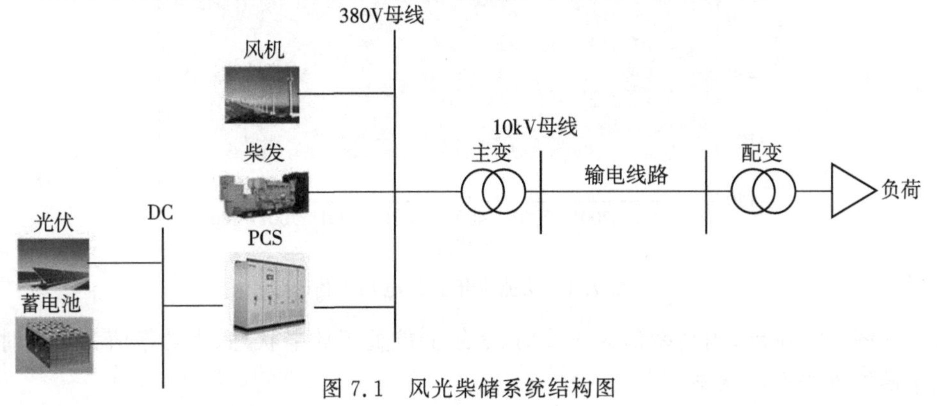

图 7.1　风光柴储系统结构图

首先根据优化配置算法得出具体的配置方案，以其中某一配置方案进行分析，结果参数如表 7.1 所示。

表 7.1　分布式发电系统组成

名称	规格	数量	容量
风电机组	30kW	7 台	210kW
光伏发电系统	180W	556 块	100kW
柴油发电机	200kW	1 台	200kW
铅酸蓄电池	2V/1000(A·h)	480 个	960kW·h

由优化配置算法可得到微源的全年时序功率，其中，全年光伏输出功率如图 7.2 所示。

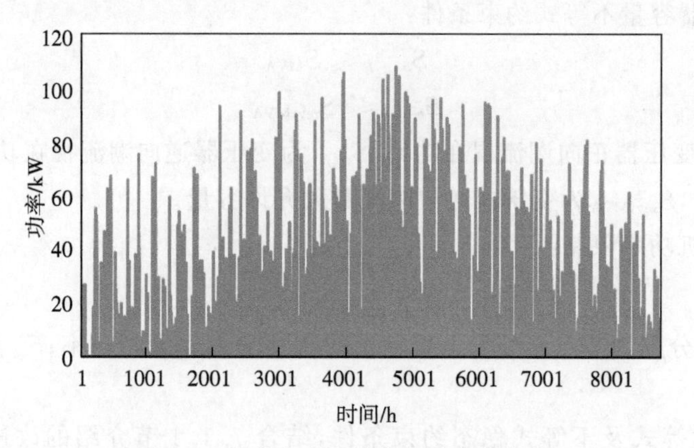

图 7.2　光伏发电系统全年输出功率值

全年储能充放电功率如图 7.3 所示。

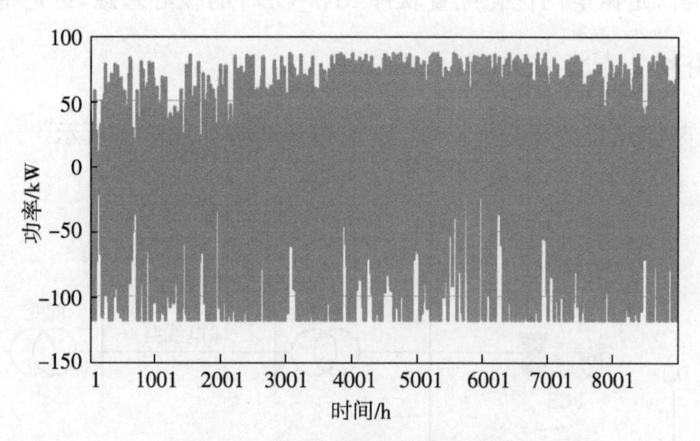

图 7.3　储能全年充放电功率值

如图 7.3 所示，当功率值为正值时，表示储能处于放电状态；当功率值为负值时，表示储能处于充电状态。

全年风机输出功率如图 7.4 所示，全年柴油发电机输出功率如图 7.5 所示。

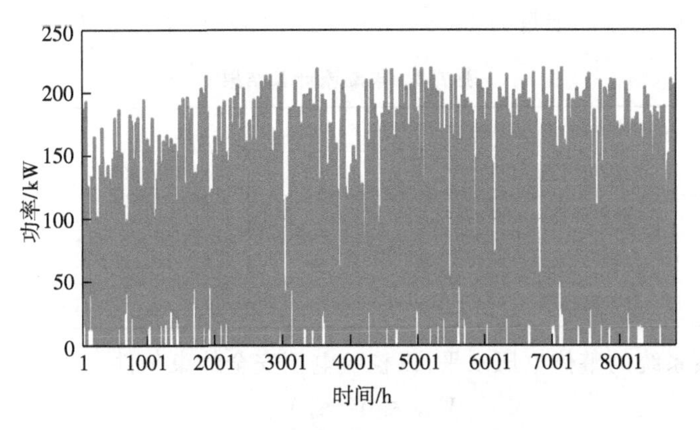

图 7.4　风机系统全年输出功率值

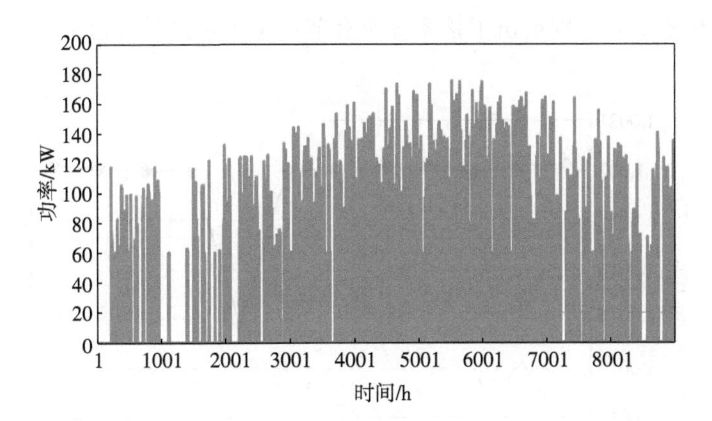

图 7.5　柴油发电机全年输出功率值

用户负荷全年的功率如图 7.6 所示。

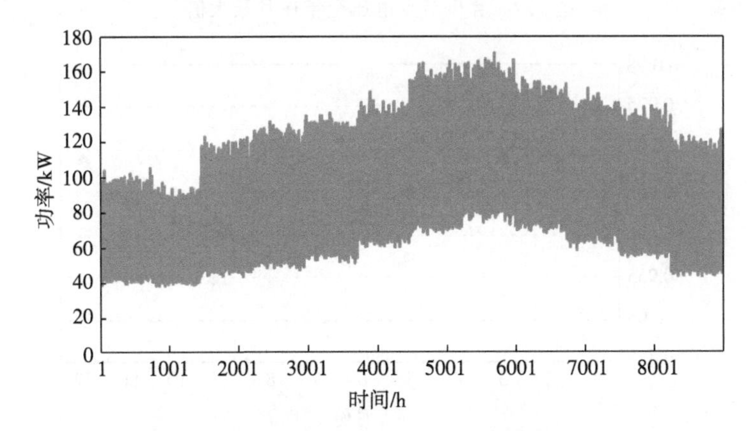

图 7.6　用户负荷全年消耗功率值

经全年每小时连续潮流仿真计算，结果如表 7.2 所示。表中全年中，全年负荷量为 839.5MW·h，全年网损量为 19.8MW·h，全年的网损率为 2.31%。

表 7.2　年潮流计算结果

指标	结果
全年负荷量	839.5MW·h
全年峰荷	170.7kW
全年网损量	19.8MW·h
全年网损率	2.31%

为了考察系统的整体电压水平，以校验电压安全约束条件。

$$V_{\text{low}} \leqslant V_t \leqslant V_{\text{high}} \tag{7.33}$$

式中，V_{low} 为最小电压运行值；V_{high} 为最大电压允许值。

图 7.7 和图 7.8 分别给出了该系统所有节点全年逐月最大值和全年逐月最小值电压水平。

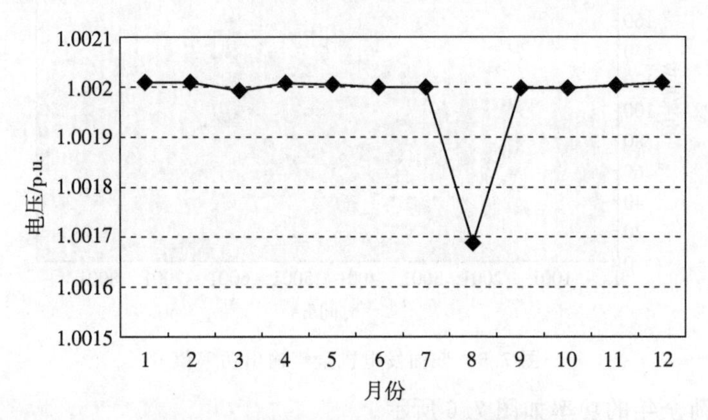

图 7.7　算例节点电压全年逐月最大值

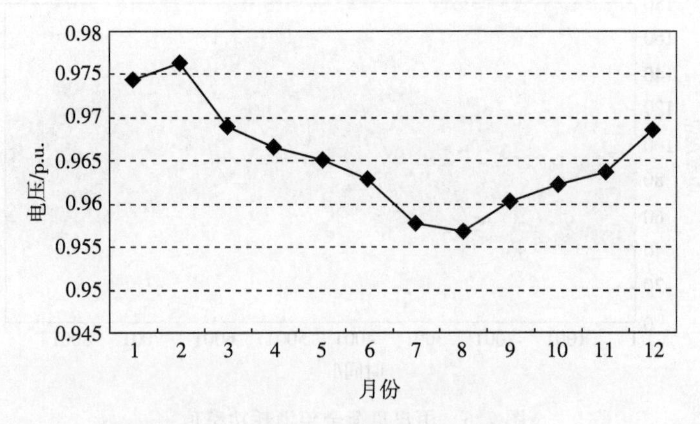

图 7.8　算例节点电压全年逐月最小值

由图 7.7 和图 7.8 可知，系统各节点电压位于 0.955～1.002p. u.，符合 GB/T 12325—2008《电能质量供电电压允许偏差》中“20kV 及以下三相供电电压偏差为标称电压的±7%”的规定。

10kV 主干输电线路负载率全年时序曲线如图 7.9 所示。

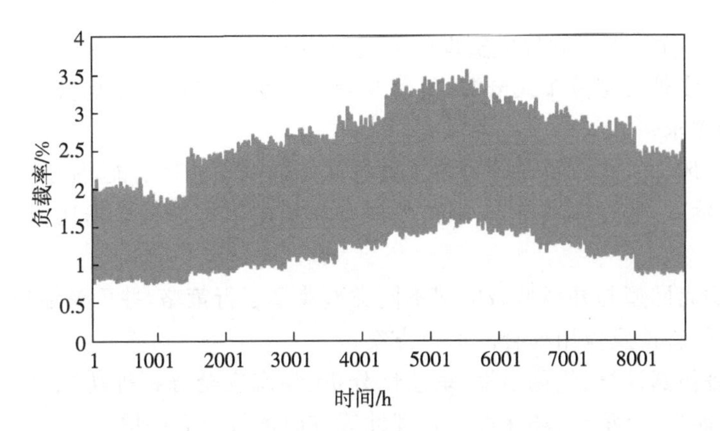

图 7.9　10kV 接入线路全年负载率

如图 7.9 所示，10kV 输电线路的最大负载率仅为 3.5%，满足线路热稳定安全约束，且有较大安全裕度。

系统全年网损变化情况如图 7.10 所示。

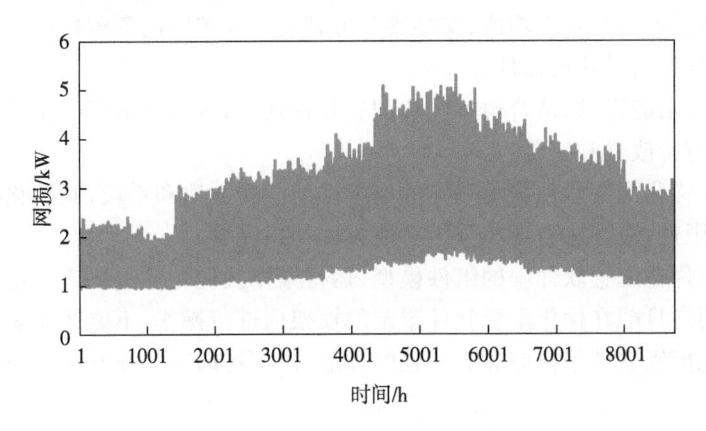

图 7.10　系统全年网损变化情况

由图 7.10 的计算结果可知，全年最大的网损量约为 5.3kW，此时网损率约为 3.3%，网损占系统发电量的比例较小。

通过上述方法可以对得到的优化配置方案进行全面评估，得到相应配置方案下全年电压、负载率及网损等指标，实现了对优化配置方案的精确模拟，获得更加符合实际的可行性方案，以满足用户多样化优化需求。

7.2 MG-ODS 优化配置软件

7.2.1 优化配置软件关键功能

MG-ODS 优化配置软件应实现的关键功能包括：

(1)提供多种类型分布式电源、负荷及储能系统的图模一体化模型，以满足实际不同应用的需求；

(2)提供风、光、水及负荷等可再生资源原始数据预处理功能，能够适应不同尺度的原始数据输入，通过地域特点、经济发展及相似的数据进行数据还原，并提供相应的置信区间；

(3)提供离网型与并网型微电网不同类型典型运行策略，并可灵活组合成遵循微电网实际运行特性及应用场合的运行方案；

(4)具备仿真计算、优化运算、敏感性分析、静态安全分析等功能，可对微电网配置方案的可靠性、经济性、环保性及合理性等方面进行全面评估；

(5)具备友好的操作界面，并提供直观的结果展示图形，结果显示与其他应用软件具有良好的兼容性；

(6)具备强大的数据管理功能，包括工程管理、输入数据管理、模型管理及输出数据的管理等，所有数据及计算结果均通过数据库进行管理，从而方便查询及处理；

(7)具备扩展与自定义功能，支持第三方开发工具编写的资源模型、设备模型、运行策略及优化算法模块或插件。

综合上述功能需求，结合现有优化配置软件现状，现有微电网优化配置软件在以下几个方面有待改进和完善：

(1)现有优化配置软件缺乏一定的电力系统分析方法和手段，其优化配置结果具有一定的局限性，应在电力系统分析手段方面加以完善；

(2)现有优化配置软件中的组件模型、运行策略及优化算法缺乏一定的灵活性和可扩展性，用户只能在优化配置软件限定的框架内进行操作，不能适应多样复杂的优化需求，优化配置软件平台应建立一定的标准，以支持第三方开发工具编写的自定义组件；

(3)现有优化配置软件对占地面积等实际因素的考虑不够充分，应密切结合微电网实际设计需要，以尽可能地符合实际需求；

(4)持续追踪和关注优化配置研究领域的新方法和新思路，改进和完善优化配置方法，提供多样化的优化求解功能。

7.2.2 优化配置软件体系架构

优化配置软件体系结构如图 7.11 所示，包含数据层、模块层、模型层、运算层、结果层和展示层。

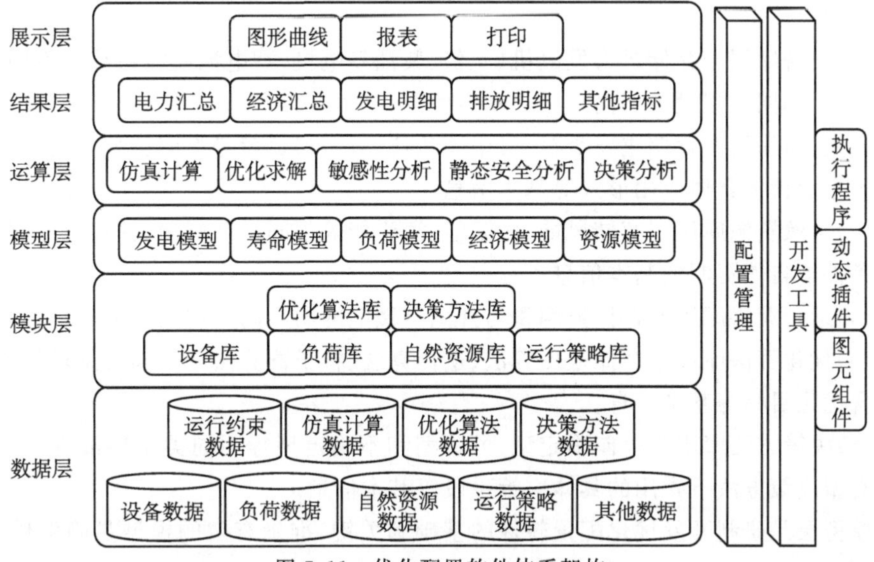

图7.11　优化配置软件体系架构

数据层是支撑优化配置软件体系的基础,数学模型、运算方法及优化分析的主要思想均要在数据层中得到体现,完整准确的数据库是保证优化配置软件正常运行及优化配置方案准确性的重要前提。数据层主要包括以下几个方面:

(1)设备数据用于存储设备型号、技术参数及经济参数等设备自身相关参数信息,其中技术参数主要为设备的电气参数,不同设备包含的电气参数有较大差异,经济参数主要包含初始投资成本、置换成本和运行维护成本等参数;

(2)负荷数据用于存储与负荷需求相关的参数信息,并涵盖负荷模型及负荷拟合相关的参数;

(3)自然资源数据用于存储风能、太阳能、海洋能等自然资源的参数信息,并涵盖资源模型及资源拟合相关的参数;

(4)运行策略数据用于存储定义运行策略的相关参数,如对于离网型微电网中循环充电运行策略,需定义蓄电池的充电截止SOC、容量等参数;

(5)运行约束数据用于存储定义约束条件限值的相关参数,如全年失负荷率的最大限值等参数;

(6)仿真计算数据用于存储仿真时长、仿真步长等参数信息;

(7)优化算法数据用于存储优化算法中需定义的参数信息,如对于遗传算法,包含种群规模、迭代次数、交叉概率和遗传概率等数据;

(8)决策方法数据用于存储决策方法中需定义的参数信息,如对于多目标问题,若采用权重因子法进行分析,则需定义不同目标的权重因子。

模块层是优化配置软件体系的基本构成,模块层以数据层为基础,是数据层的具体表现形式，完整合理的模块层对于优化配置软件至关重要。模块层主要包括以下几个方面：

(1)设备库用于存储风力发电机、光伏、柴油发电机、蓄电池储能系统等不同类型设备，以及相同类型设备不同型号等基本信息；

(2)负荷库用于存储重要负荷、可中断负荷、可转移负荷等不同类型负荷，并包含不同类型负荷的具体应用形式等基本信息；

(3)自然资源库用于存储风能、太阳能、海洋能等不同类型资源，并包含不同典型地理条件下自然资源的基本信息；

(4)运行策略库用于存储离网型与并网型微电网的不同类型运行策略；

(5)优化算法库用于存储遍历算法、遗传算法、粒子群算法等不同类型求解方法，并包含优化目标等基本信息；

(6)决策方法库用于存储确定型、风险型和不确定型等不同类型决策方法，以及不同类型决策方法下常用的具体决策手段等基本信息。

模型层是研制开发优化配置软件的基础和关键，准确有效的模型是确保仿真计算结果可靠的关键因素。模型层主要包括发电模型、寿命模型、负荷模型、经济模型及资源模型，模型具体内容介绍参见第3章。

运算层是优化配置软件的核心，是决定优化配置方案是否准确的关键因素。在数据层、模块层和模型层的基础上，运算层对建立的优化问题进行求解。运算层主要包括以下几个方面：

(1)仿真计算可对微电网的运行工况进行模拟，得到其相应的技术指标、经济指标和环保指标等结果，为进行优化求解及敏感性分析提供基础；

(2)优化求解可通过优化算法寻求设定目标下的优化配置方案，为用户设计提供直接参考；

(3)敏感性分析可以分析某一因素变化对微电网运行工况及配置方案的影响，从而可以得出影响微电网配置方案的关键因素，为用户设计提供重要参考；

(4)静态安全分析可以分析微电网运行过程中的电压、网损等指标，借助静态安全分析，可以对微电网配置方案进行进一步的安全校核，以得到较为符合实际的配置方案；

(5)决策分析可以对得到的若干优化配置方案做出评价和选择，为用户选择最终的配置方案提供直接参考。

结果层是优化配置软件的最终输出结果，主要包括以下几个方面：

(1)电力汇总包含微电网各组成部分的发电量结果，以及未满足负荷量、丢弃电量等结果，电力汇总体现微电网的整体运行性能；

(2)经济汇总包含微电网各组成部分的初始投资成本、置换成本、运行维护成本和残值等结果，以及在工程寿命周期内每年的现金流情况，经济汇总体现微电网整体经济效益；

(3)发电明细包含微电网各组成部分的详细发电数据，如最大功率、最小功率、平均功率及仿真步长功率等结果，可详细评估各设备运行工况；

(4)排放明细包含 CO_2、SO_2、CO 等污染气体的详细排放结果，为评估微电网环境效益提供参考；

(5)结果层还包括其他指标，如设备的预期寿命、置换次数等用户较为关心的结果。

在结果层的基础上，展示层提供了更为直观的结果展示，包括图形曲线、报表和打印等方面。

为保证优化配置软件的灵活性和可扩展性，可通过配置管理对以上几个方面进行新增、修改和删除等操作，并可以实现调用相应工具开发的执行程序、动态插件和图元组件等，以扩充和完善优化配置软件功能。

7.2.3　优化配置软件实现

基于现有优化配置软件架构，MG-ODS 优化配置软件的实现流程如图 7.12 所示。图中，系统配置主要是在当前优化配置软件现有参数及图元等不能满足优化计算的情况下进行自定义扩展，优化配置软件提供对外开放的规范规格以方便扩展。系统配置分为系统参数配置、元件图元配置和其他配置。其中通过参数配置，可以设置与图元、优化计算相关的参数，使数据库参数与优化计算所需参数相匹配，数据存储可采用 XML 等统一格式存储方式。通过图元配置，可以设置图元相关属性，新增优化计算所需的设备类型等，以扩展优化配置软件的适用范围。可通过插件模式动态加载所支持的图元模型显示在设备库中，以进行微电网结构设计。其他配置可以设置与第三方开发的动态库、算法插件等相关的配置参数，从而可以扩展优化配置软件的功能。

在图 7.12 中，静态安全分析对微电网系统稳态运行及预想事故后的稳态运行情况进行分析。通过静态安全分析，可以进一步评估优化配置方案在实际应用中的适用性和有效性，是进行优化设计时必要步骤之一。

基于图 7.11 所示的体系结构及图 7.12 所示的实现流程，采用 $C^{\#}$ 语言。现阶段初步实现了包含风光蓄柴微电网的优化配置软件开发，并结合潮流分析等电力系统分析手段，为全面评估微电网优化配置方案提供有力支撑。

图 7.13 是 MG-ODS 优化配置软件的系统结构设计界面。图 7.14 是元件参数界面。它是整个微电网结构设计的核心，拥有分布式发电系统结构设计、元件数据管理、元件模型添加修改删除等功能。通过插件模式动态加载所有支持的元件模型显示在模型库中，用户通过拖拽元件模型进行分布式发电系统结构设计，元件模型通过动态 DLL 的方式加载并呈现该元件的所有参数数据。同时，用户可以通过拖拽元件

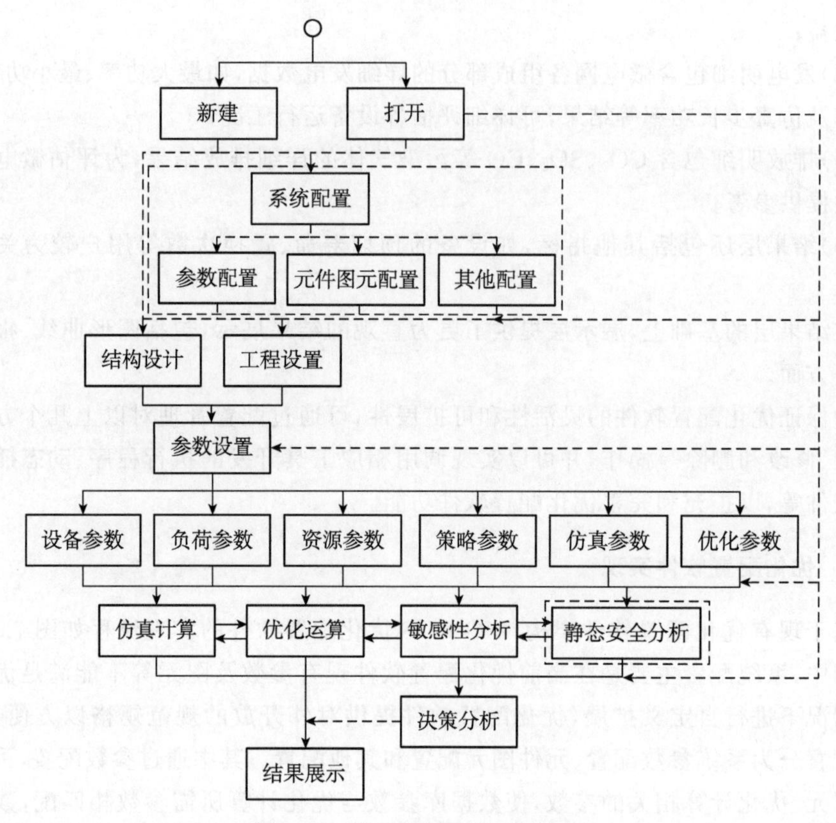

图 7.12 优化配置软件实现流程

库中的元件到绘图面板中进行布局，并且可以通过设置面板进行该元件相应的样式配置。当用户单击参数设置时可以动态加载该元件的 DLL 插件数据，进行该元件的参数配置。

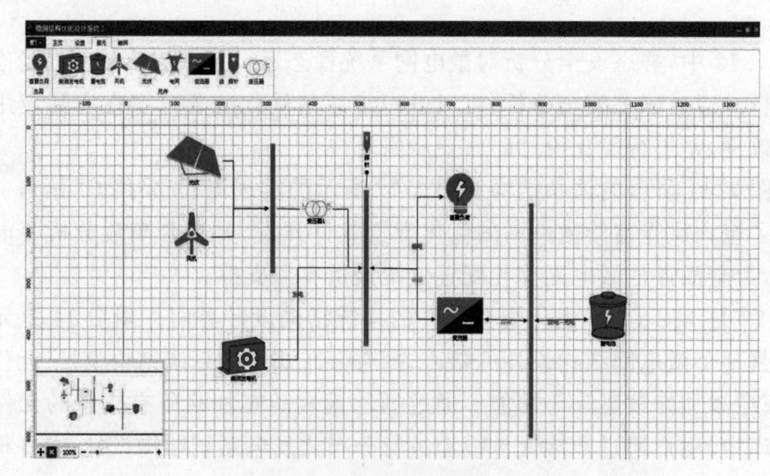

图 7.13 MG-ODS 优化配置软件系统结构设计界面

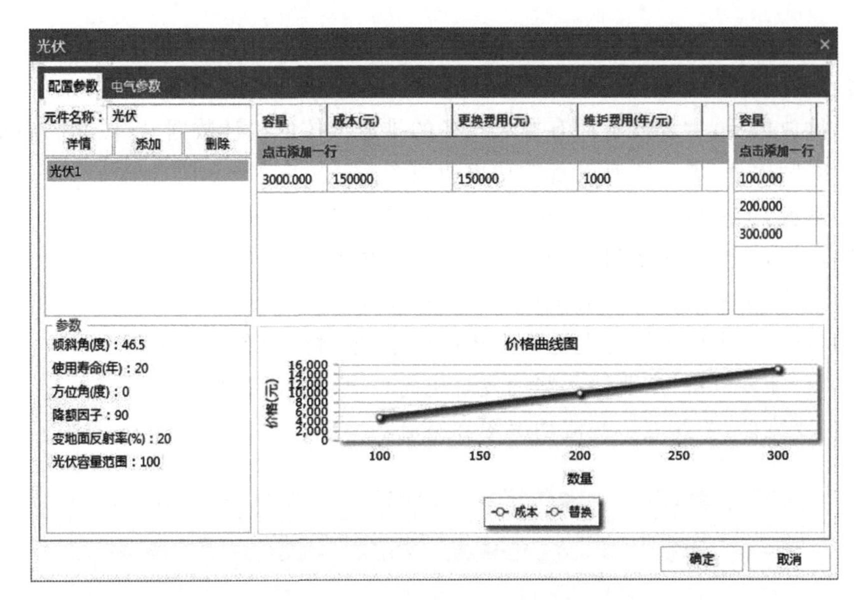

图 7.14　元件参数界面

图 7.15 是仿真计算结果界面。根据全局参数中设置的算法名称动态加载该算法的 DLL 插件，并将配置完成的参数文件传入算法中进行仿真计算。系统支持多种算法，当前默认为遍历算法，每个算法为一个 DLL 插件，通过外部独立的插件算法接口进行设计开发。不同算法选择调用不同的插件，插件统一放置在 Algorithm 文件夹下，每个算法一个文件夹。根据用户设计的结构、生成的配置数据及算法计算后生成的结果信息，用户可以通过单击每个解决方案进一步查看详细的分析数据信息。

仿真计算结果

权重分析　数据导出

#	风机型号	风机个数	光伏型号	光伏容量(kW)	蓄电池型号	蓄电池个数	柴油发电机型号	柴油发电机容量(kW)	变流器型号	变流器容量(kW)	控制策略	总净现值(元)	失负荷率(%)	燃料用量(L)
1	风机	1	光伏	100	蓄电池	100	柴油发电机	1	变流器	50	硬充电	124341427.44	0	69842.14
2	风机	1	光伏	100	蓄电池	100	柴油发电机	1	变流器	100	硬充电	323437017.32	0	69794.01
3	风机	1	光伏	100	蓄电池	100	柴油发电机	1	变流器	200	硬充电	1121398997.34	0	74480.71
4	风机	1	光伏	100	蓄电池	200	柴油发电机	1	变流器	50	硬充电	181139340.93	0	68374.06
5	风机	1	光伏	100	蓄电池	200	柴油发电机	1	变流器	100	硬充电	380603504.78	0	68999.8
6	风机	1	光伏	100	蓄电池	200	柴油发电机	1	变流器	200	硬充电	1177867827.41	0	72410.96

生成成功，共162条记录，总耗费11.44768370秒

图 7.15　仿真计算结果界面

图 7.16 是 MG-ODS 优化配置软件部分结果界面。结果展示分为经济汇总、现金流、电力统计、排放展示、时间序列、潮流及各个元件统计数据图表展示等。不同的选项卡拥有各自的功能，数据通过系统解析后，并采用图表和表格的形式呈现出来。每次单击一个展现选项卡后动态调用算法，算法根据类型动态计算并生成数据传回后呈现出来。

(1)经济汇总，主要展示当前配置下的各个设备的现金统计信息，以柱状图加图表的形式进行显示。

(2)现金流，主要展示整个工程周期下的现金流状态。

(3)电力统计,主要展示不同的设备在整个工程周期下的发电情况,通过多层柱状态展示。

(4)排放展示,主要展示拥有排放设备的排放气体的统计数据,以柱状图展示。

(5)时间序列,展示所有设备的功率曲线图。

(6)潮流,主要展示最大最小标幺值及网损率的曲线图。

(7)风机,主要展示风机的全年发电功率曲线图。

(8)光伏,主要展示光伏的全年发电功率曲线图。

(9)蓄电池,主要展示蓄电池的全年使用率,通过区域图加柱状图展示。

(10)柴油发电机,主要展示柴油发电机的发电功率图及其区域图。

(11)变流器,主要展示变流功率图和整流功率图。

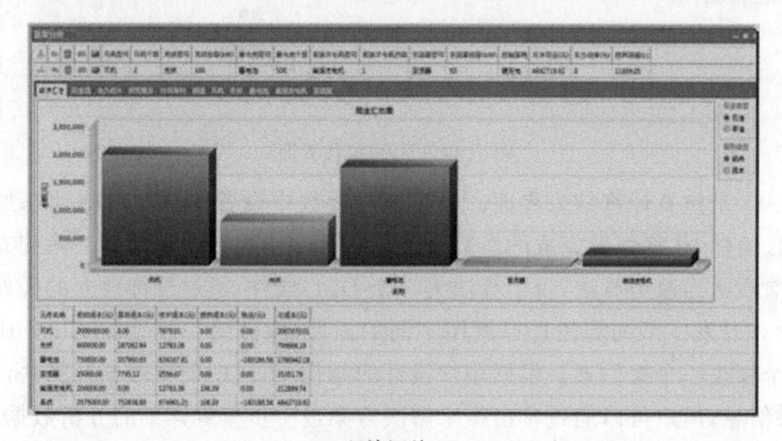

(a)经济汇总

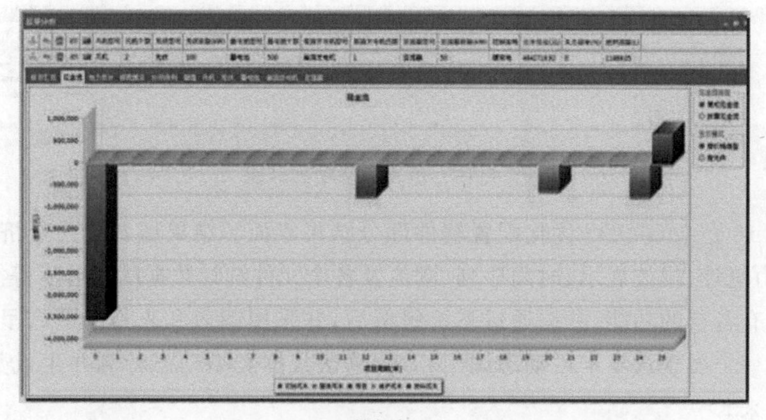

(b)现金流

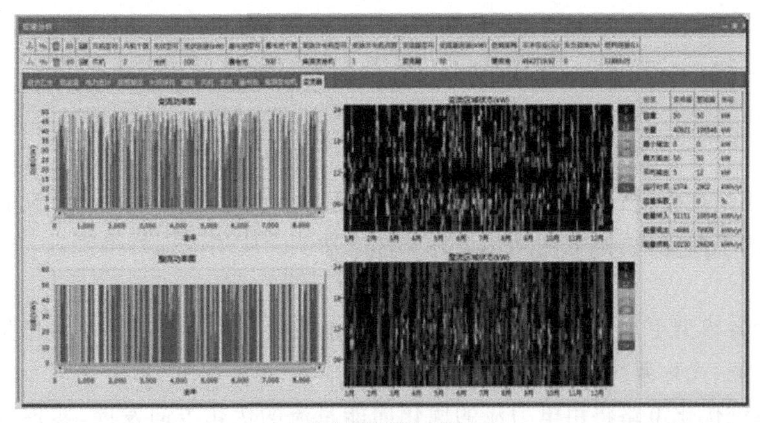

(c)变流器运行明细

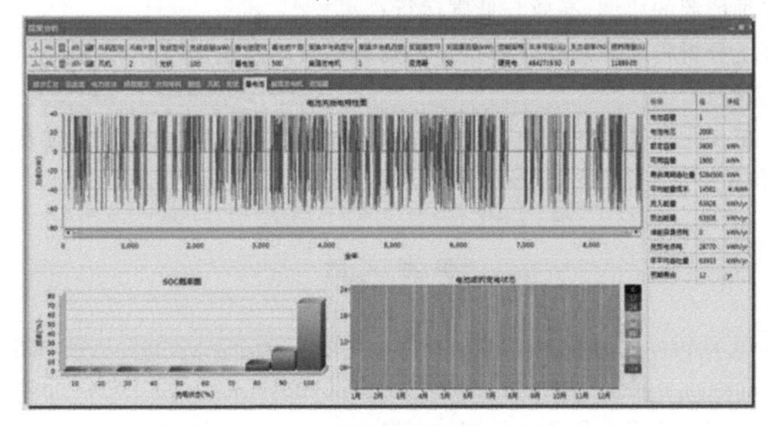

(d)蓄电池运行明细

图 7.16　软件部分结果界面

图 7.17 是 MG-ODS 优化配置软件潮流分析结果。潮流计算通过调用潮流算法接口,并将生成的配置数据进行分析计算,得出数据以表格的形式呈现。

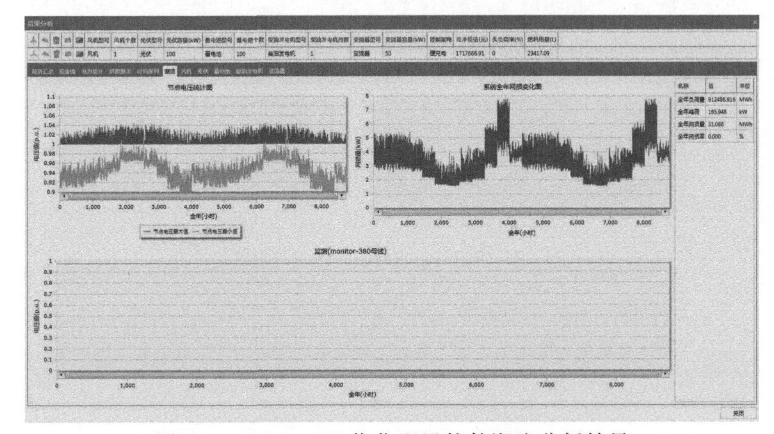

图 7.17　MG-ODS 优化配置软件潮流分析结果

7.3 微电网优化设计软件发展趋势

MG-ODS是一款针对含多种分布式能源的微电网优化设计软件。目前重点关注微电网容量优化设计与运行策略设计。但随着智能电网技术的不断发展，能源互联网概念的不断深入，微电网优化设计软件的功能及应用范围将得到进一步的拓展，主要包括：

(1)设备模型更加丰富，在分布式电源、储能及负荷类型上将进一步增加，如新型电池、海流能、光热系统及微型燃气轮机等；

(2)系统优化策略将由电力流的优化向能量流的优化方向发展，实现系统内冷、热、电等多种能源的协调、高效与低碳运行；

(3)系统分析将从静态安全分析拓展到暂态及动态稳定性分析，进一步评估优化方案的合理性；

(4)系统优化计算方法将由确定性计算向随机生产模拟方向发展，使优化结果更具有实用价值。

参考文献

[1] Garcia P A N，Pereira J L R，Carneiro Jr S，et al. Three-phase power flow calculations using the current injection method. IEEE Transactions on Power Systems，2000，15(2)：508-514.

[2] Araujo L R，Penido D R R，Carneiro S，et al. A comparative study on the performance of TCIM full Newton versus backward-forward power flow methods for large distribution systems. Power Systems Conference and Exposition，IEEE PES，2006：522-526.

[3] Tinney W F，Hart C E. Power flow solution by Newton's method. IEEE Transactions on Power Apparatus and Systems，1967，86：1449-1460.

第8章　典型案例分析

优化配置理论与方法最终要服务于实际工程的优化设计，作者团队近几年有幸主持或参与设计及集成调试了国内几个较有影响力的微电网示范工程。本章从实际工程案例出发，以东福山岛、渔山岛、鹿西岛和阿里地区不同类型微电网为例，对微电网优化配置流程和方法进行详细说明，为实际工程设计提供参考，使优化配置理论与方法具有重要的理论意义和工程实用价值。

8.1　东福山岛微电网案例分析

8.1.1　项目概述

浙江省的海岛数量居全国之首，全省拥有3061个岛屿，约占中国海岛总数的40%，海岛旅游产品正由观光型向观光度假型提升。近年来，浙江省及其沿海市县各级政府对海洋经济开发、海岛资源利用和海岛居民生活条件的提高日益重视。

东福山岛位于浙江舟山普陀区东部，是中国海疆最东的住人岛屿，东临公海，西南距普陀区沈家门镇45km，面积2.95km^2。岛上主峰庵基岗海拔324.3m，是舟山群岛东部中街山列岛中最高的岛屿。全岛仅设东福山1个村，常住居民约300人，以海洋捕鱼和外出打工为主。东福山还驻扎有海军，是祖国海防的东海第一哨，岛上有盘山公路，设有轮渡码头。东福山岛具有浓厚、古朴的渔家特色，阳光、碧海、岛礁、海味、海钓、石屋，气候宜人，水质清澈，在每年4～10月吸引了不少旅游者。

东福山岛居民长期由驻军的柴油发电机提供少量照明用电，由电力公司架设电网。但是驻军的柴油发电费用昂贵，居民用电困难。用水主要依靠现有的水库收集雨水净化及从舟山本岛运水。考虑到岛上用水用电的现实情况，加之岛上有较好的风能和太阳能等可再生能源可资利用，2010年由国电电力浙江舟山海上风电开发有限公司出资，作者团队提供技术支撑，联合建设了东福山岛风光储柴海水淡化独立供电系统，于2011年5月成功发电。该项目以建设生态海岛、环保海岛，促进海洋经济发展为目标，有效提高了海岛居民的生活品质[1]。

本节重点阐述东福山岛独立型微电网的优化设计流程，体现了运行策略在优化设计过程中的重要作用。首先提出一种基于储能设备协调的独立型微电网运行策略，通过直观监测主电源输出功率和储能设备SOC，进行3种运行模式的选择和切换;然后基于此运行策略,进行独立型微电网的优化配置;最后将全寿命周期成本、可再生能源渗透率和污染物排放量 3 个优化目标标幺化,通过改变目标权重可以提供多样化的微电网配置方案。

8.1.2 系统构成

东福山岛微电网是风光储柴海水淡化独立供电系统,其中海水淡化装置是可调节负荷,可以有效增加可再生能源的利用率,同时在用水紧张时段解决岛上的用水问题。

东福山岛微电网系统结构如图 8.1 所示,采用交直流混合的系统结构[2]。柴油发电机和风力发电机直接并联在交流侧;蓄电池和光伏电池经直流汇流,通过 PCS 并入交流侧。

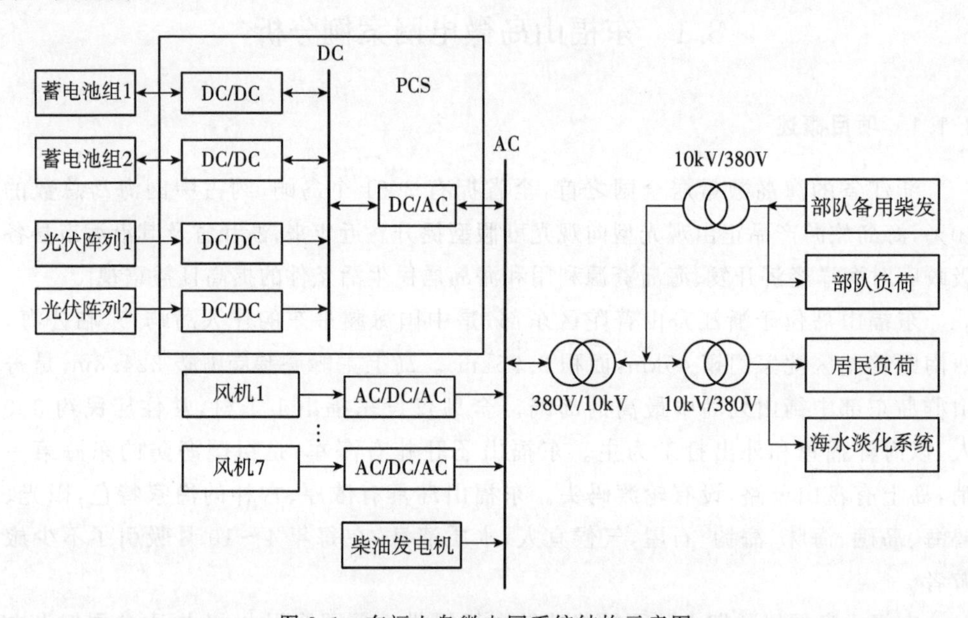

图 8.1 东福山岛微电网系统结构示意图

图 8.2 是微电网设备实物图。

(a)风力发电机组

(b)光伏

(c)柴油发电机

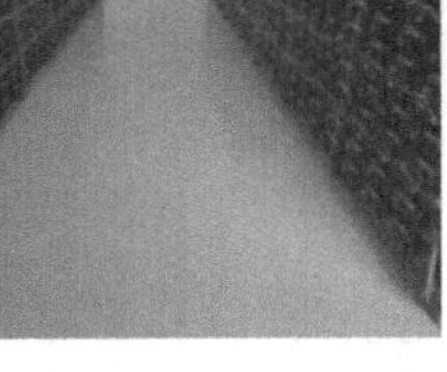
(d) 铅酸蓄电池

(e) 海水淡化

(f)光储一体化变流器

图 8.2　东福山岛微电网现场实物图

8.1.3　运行策略

运行策略是优化配置前需要考虑的重要因素之一。针对东福山岛微电网系统，项目组提出了一套独立型微电网运行策略，将蓄电池 SOC 状态作为模式切换的判断条件，并实时监测不同模式下主电源输出功率作为功率调节的依据，模式切换如图 8.3所示。柴油发电机和蓄电池都具有频率和电压调节功能，可在不同运行模式下作为系统的主电源，并认为主电源输出功率是系统当前的净负荷。虽然可以通过改变端电压调节光伏电池出力，以及投切风机发电机实现可再生能源功率调节，但是频繁调节会影响风机使用寿命。所以，在功率调节范围内，应优先调节主电源功率跟踪负荷和可再生能源功率波动。

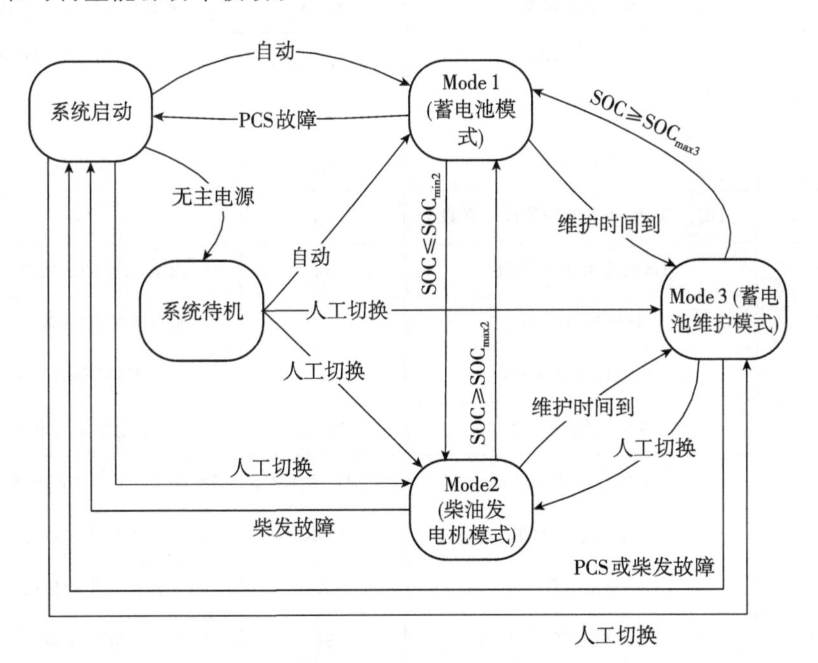

图 8.3　模式切换示意图

为了提高可再生能源的渗透率，设置主电源功率调节范围，使主电源小功率放电，提高可再生能源的输出功率。由于蓄电池的电能来自柴油发电机或者可再生能源，当蓄电池作为主电源跟踪可再生能源功率波动时，可以提高可再生能源渗透率，所以将蓄电池 SOC 状态作为模式切换的判断条件，减少柴油发电机的使用时间。

由于蓄电池充放电过程中损耗较大，定期维护的“全充全放”有利于提高使用寿命。根据厂家建议，充电过程包括预充、快充、均充和浮充，以蓄电池的电流和电压作为充电阶段的判断依据，是一个固定的充电过程。

如图 8.3 所示，运行策略包括系统启动和系统待机 2 个系统状态，蓄电池模式、柴油发电机模式和蓄电池维护模式 3 个运行模式。为了方便下面的介绍，本节相关符号说明见表 8.1。

表 8.1　符号说明

符号	说明	符号	说明
BS	蓄电池	$p_{c,max}$、$p_{c,min}$	蓄电池充电功率限制
DE	柴油发电机	$p_{d,max}$、$p_{d,min}$	蓄电池放电功率限制
PV	光伏发电设备	p_{de}	柴油发电机输出功率
WT	风力发电设备	$p_{de,j,h}$	柴油发电机小时发电量
RES	可再生能源	$p_{de,max}$、$p_{de,min}$	柴油发电机功率限制
PCS	功率控制系统	p_{l}	负荷
c_{f}	燃料价格	p_{net}	净负荷
c_{de}、c_{pv}、c_{wt}	DE、PV 和 WT 的安装成本系数	p_{pl}	峰荷
c_{se}、c_{sp}	BS 的安装成本系数	p_{re}	调整后的 RES 输出功率
c_{st}	标准发电成本	p'_{re}	调整前的 RES 输出功率
d_{0}	蓄电池放电持续时间	$p_{re,max}$	RES 的最大功率
DOD_{L}	蓄电池放电深度	$P_{c,con}$	蓄电池恒定充电功率
$E_{de,j}$	柴油发电机年发电量	P_{ss}、P_{wt}、P_{pv}、P_{de}	BS、WT、PV 和 DE 的额定功率
E_{ss}	蓄电池额定容量	POR	RES 的容量渗透率
E_{tot}	年用电量	Q_{st}	标准污染物排放量
i	折现率	SF	安全系数
i_{0}	电价的年增长率	SOC	电量状态

续表

符号	说明	符号	说明
i_{fc}	燃料价格的年增长率	SOC_{max1}、SOC_{min1}	蓄电池 SOC 期望限制
i_{k1}	k 部分价格的年增长率	SOC_{max2}、SOC_{min2}	蓄电池 SOC 运行限制
i_{k2}	更新导致的成本下降率	SOC_{max3}、SOC_{min3}	蓄电池 SOC 技术限制
i_{mc}	运行维护成本年增长率	RV_{ss}、RV_{wt}、RV_{pv}、RV_{de}	BS、WT、PV 和 DE 的残值
i_{bat}、v_{bat}	蓄电池电流和电压		
I_{fac}	蓄电池快充电流	V_{evc}	蓄电池均充电压
I_{prc}	蓄电池预充电流	V_{flc}	蓄电池浮充电压
IC_{ss}、IC_{wt}、IC_{pv}、IC_{de}	BS、WT、PV 和 DE 的安装成本	Δp_{re}	RES 调整功率
		η_{ss}	蓄电池转换效率
k_0	蓄电池组成部分	μ_1、μ_2、μ_3	目标权重
l_k	k 部分的更换次数	ω_1、ω_2、ω_3、ω_4、ω_5	污染物排放权重
m_{ss}、m_{wt}、m_{pv}、m_{de}	BS、WT、PV 和 DE 的运行维护成本系数	ξ_{SO_2}、ξ_{NO_x}、ξ_{CO_2}、ξ_{CO}、ξ_{Dust}	污染物排放系数
n	系统使用寿命	ξ_{ss}、ξ_{wt}、ξ_{pv}、ξ_{de}	BS、WT、PV 和 DE 容量渗透率
n_k	k 部分的使用寿命	γ_{ss}、γ_{wt}、γ_{pv}	BS 和 RES 的补贴
p_{bat}	蓄电池输出功率		

1)系统启动

进行设备检测。当所有设备正常时,系统默认进入蓄电池作为主电源的运行模式(Mode1),有利于提高可再生能源渗透率,减少柴油发电机使用时间;也可以手动切换到柴油发电机作为主电源的运行模式(Mode2)或者蓄电池维护模式(Mode3)。如果所有主电源故障,系统无法正常运行,进入待机状态。

2)系统待机

主电源故障导致系统无法正常运行或者系统维护检修。当故障排除后,系统默认进入蓄电池作为主电源的运行模式(Mode1);也可以手动切换到柴油发电机作为主电源的运行模式(Mode2)或者蓄电池维护模式(Mode3)。

3)蓄电池模式(Mode1)

蓄电池作为主电源,跟踪负荷和可再生能源功率波动,柴油发电机退出运行。图 8.4 是蓄电池模式流程图。

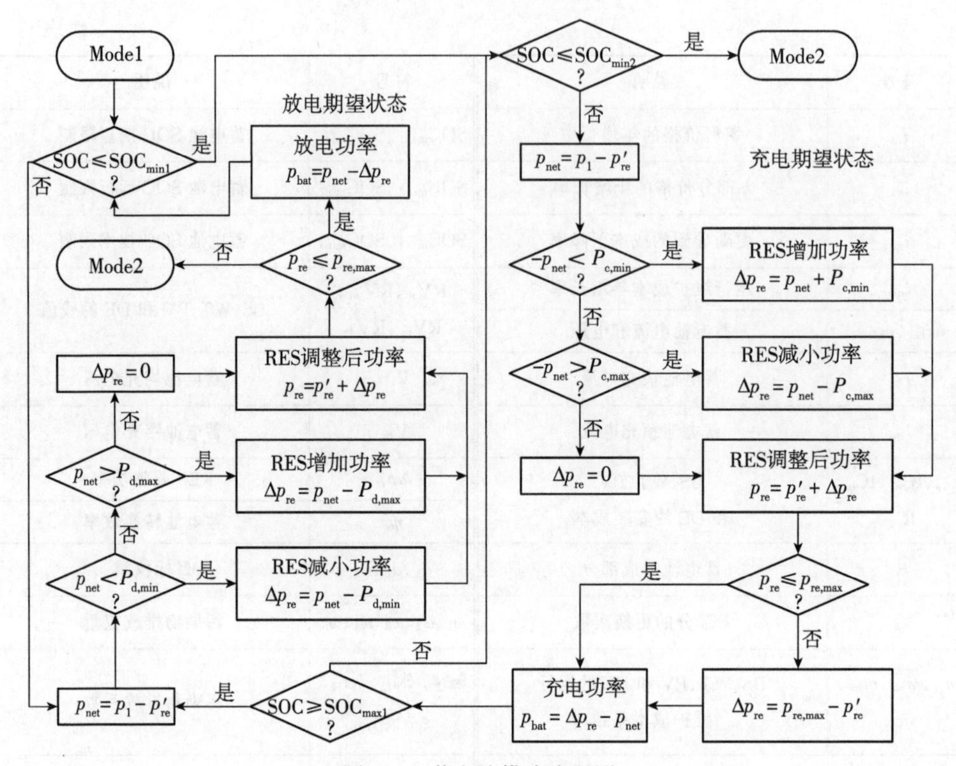

图 8.4　蓄电池模式流程图

当蓄电池 SOC 达到期望下限($SOC \leqslant SOC_{min1}$)时，蓄电池进入充电期望状态。利用可再生能源的过剩功率持续充电至期望上限($SOC = SOC_{max1}$)，但是由于受可再生能源最大功率限制，蓄电池也存在放电的可能。

(1)如果系统的净负荷小于蓄电池的充电功率下限($-p_{net} < P_{c,min}$)，那么投入备用的可再生能源。

$$\Delta p_{re} = p_{net} + P_{c,min} \tag{8.1}$$

(2)如果系统的净负荷大于蓄电池的充电功率上限($-p_{net} > P_{c,max}$)，那么切除多余的可再生能源。

$$\Delta p_{re} = p_{net} + P_{c,max} \tag{8.2}$$

(3)如果系统的净负荷满足蓄电池的充电功率限制($P_{c,min} \leqslant -p_{net} \leqslant P_{c,max}$)，那么不调节可再生能源出力。

$$\Delta p_{re} = 0 \tag{8.3}$$

可再生能源调整后功率为

$$p_{re} = p'_{re} + \Delta p_{re} \tag{8.4}$$

当调整后可再生能源功率需求小于可再生能源最大输出功率时($p_{re} \leqslant p_{re,max}$)，蓄电池充电功率为

$$p_{bat} = \Delta p_{re} - p_{net} \tag{8.5}$$

当调整后可再生能源功率需求大于可再生能源最大输出功率时($p_{re} > p_{re,max}$)，那么只能调整蓄电池的充电功率甚至放电。

$$\begin{aligned}\Delta p_{re} &= p_{re,max} - p'_{re} \\ p_{bat} &= \Delta p_{re} - p_{net}\end{aligned} \tag{8.6}$$

当放电至SOC运行下限($SOC = SOC_{min2}$)时，系统进入柴油发电机模式，依靠柴油发电机供电。

当蓄电池SOC达到期望上限($SOC \geqslant SOC_{max1}$)时，蓄电池进入放电期望状态。蓄电池放电满足不平衡功率，持续放电至期望下限($SOC = SOC_{min1}$)。

(1)如果系统的净负荷小于蓄电池的放电功率下限($p_{net} < P_{d,min}$)，那么切除多余的可再生能源。

$$\Delta p_{re} = p_{net} - P_{d,min} \tag{8.7}$$

(2)如果系统的净负荷大于蓄电池的放电功率上限($p_{net} > P_{d,max}$)，那么投入备用的可再生能源。

$$\Delta p_{re} = p_{net} - P_{d,max} \tag{8.8}$$

(3)如果系统的净负荷满足蓄电池的放电功率限制($P_{d,min} \leqslant p_{net} \leqslant P_{d,max}$)，那么不调节可再生能源出力。

$$\Delta p_{re} = 0 \tag{8.9}$$

可再生能源调整后功率为

$$p_{re} = p'_{re} + \Delta p_{re} \tag{8.10}$$

当调整后可再生能源功率需求小于可再生能源最大输出功率时($p_{re} \leqslant p_{re,max}$)，蓄电池放电功率为

$$p_{bat} = p_{net} - \Delta p_{re} \tag{8.11}$$

当调整后可再生能源功率需求大于可再生能源最大输出功率时($p_{re} > p_{re,max}$)，系统进入柴油发电机模式，依靠柴油发电机供电。

4)柴油发电机模式(Mode2)

在蓄电池不能满足功率需求时，柴油发电机作为主电源供电，蓄电池恒功率充电至SOC运行上限。图8.5是柴油发电机模式流程图。

(1)如果柴油发电机最小放电功率仍大于净负荷及蓄电池充电功率($p_{net} < P_{de,min}$)，那么切除备用的可再生能源。

$$\Delta p_{re} = p_{net} - P_{de,min} \tag{8.12}$$

(2)如果柴油发电机最大放电功率不能满足净负荷及蓄电池充电功率($p_{net} > P_{de,max}$)，那么投入备用的可再生能源。

$$\Delta p_{re} = p_{net} - P_{de,max} \tag{8.13}$$

(3)如果柴油发电机能够满足净负荷及蓄电池充电功率($P_{de,min} \leqslant p_{net} \leqslant P_{de,max}$)，

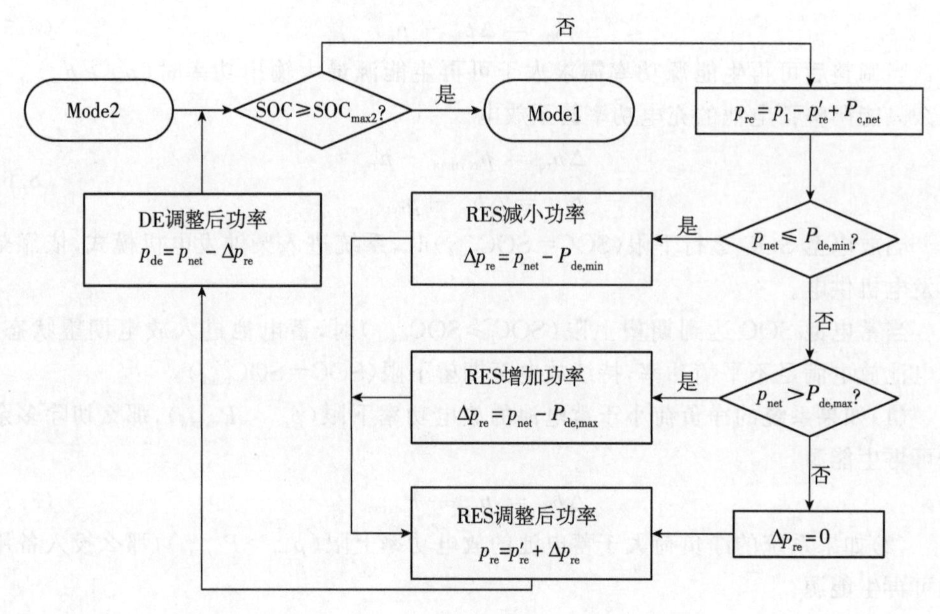

图 8.5　柴油发电机模式流程图

那么不调节可再生能源出力。

$$\Delta p_{re}=0 \tag{8.14}$$

可再生能源调整后功率为

$$p_{re}=p'_{re}+\Delta p_{re} \tag{8.15}$$

调整后柴油发电机功率为

$$p_{de}=p_{net}-\Delta p_{re} \tag{8.16}$$

系统进入柴油发电机模式,依靠柴油发电机供电。由于柴油发电机是系统的必用电源,在系统配置中柴油发电机容量应该能够满足负荷需求,不会出现 $p_{re}>p_{re,max}$ 的情况。

由于蓄电池以恒功率充电,当充电至 SOC 运行上限时,系统进入蓄电池模式。

5)蓄电池维护模式(Mode3)

为延长蓄电池的使用寿命,需要定期对蓄电池进行全充全放维护。维护期间系统手动切换至维护模式。首先令蓄电池以期望放电状态放电至 SOC 技术下限;然后经过预充、快充、均充和浮充,充电至 SOC 技术上限,期间柴油发电机作为主电源,平衡功率波动。当维护结束后,系统进入蓄电池模式,如图 8.6 所示。

综上,蓄电池模式是系统的主模式,利用可再生能源满足负荷需求,蓄电池用于能量转移和平衡功率。柴油发电机是系统的备用模式,在可再生能源出力不足时满足负荷需求,并快速为蓄电池充电,以便恢复到蓄电池模式。蓄电池维护模式是延长蓄电池使用寿命的一种手段。另外,在可再生能源功率调节过程中,首先调节光伏电池端电压以改变光伏电池出力,其次投入/切除风力发电机。考虑到操作难度和对设

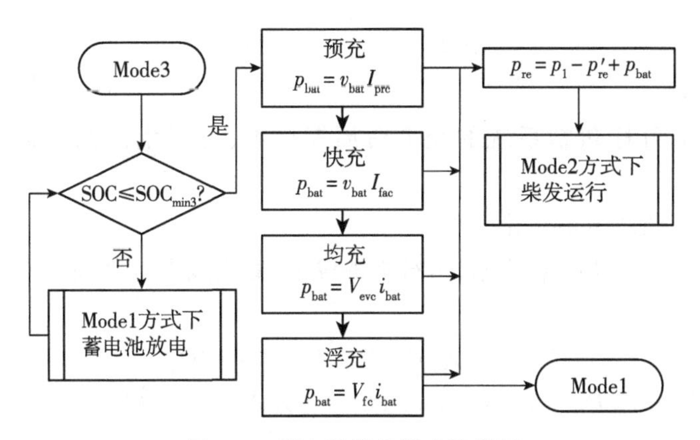

图 8.6　蓄电池维护模式流程图

备寿命的影响，风力发电机每日的投切次数有限，所以应该减少可再生能源的功率调节。

8.1.4　优化配置模型

微电网运行策略决定了分布式电源和储能设备的功能和用途，设置微电网运行的安全约束，以及其他需要考虑的因素，直接影响分布式电源和储能设备的运行方式，而不同的运行方式下配置方案所体现的性能也存在差异。因此，在微电网优化配置中必须充分考虑运行策略。基于前面所述的运行策略，进一步阐述东福山岛微电网优化配置模型。

1. 系统容量

在运行策略中，蓄电池或者柴油发电机作为主电源，必须满足一定的负荷需求，以应对可再生能源出力不足的情况。所以要考虑系统的安全系数，即系统的电源容量大于系统峰荷：

$$P_{\mathrm{pl}}(1+\mathrm{SF})=P_{\mathrm{ss}}+P_{\mathrm{wt}}+P_{\mathrm{pv}}+P_{\mathrm{de}}=(\xi_{\mathrm{ss}}+\xi_{\mathrm{wt}}+\xi_{\mathrm{pv}}+\xi_{\mathrm{de}})P_{\mathrm{pl}} \tag{8.17}$$

即

$$\mathrm{SF}=\xi_{\mathrm{ss}}+\xi_{\mathrm{wt}}+\xi_{\mathrm{pv}}+\xi_{\mathrm{de}}-1 \tag{8.18}$$

故运行策略中主要运行模式对应的安全系数表示为

$$\begin{cases}\mathrm{SF}_1=\xi_{\mathrm{ss}}+\xi_{\mathrm{wt}}+\xi_{\mathrm{pv}}-1\\ \mathrm{SF}_2=\xi_{\mathrm{de}}+\xi_{\mathrm{wt}}+\xi_{\mathrm{pv}}-1\end{cases} \tag{8.19}$$

如果令 $\mathrm{POR}=\xi_{\mathrm{wt}}+\xi_{\mathrm{pv}}$，那么

$$\begin{cases}\xi_{\mathrm{ss}}=\mathrm{SF}_1+1-\mathrm{POR}\\ \xi_{\mathrm{de}}=\mathrm{SF}_2+1-\mathrm{POR}\end{cases} \tag{8.20}$$

另外，蓄电池还需要具备一定的充放电能力，工程中表现为蓄电池额定放电功率下的持续放电时间

$$d_0 P_{ss} = \eta_{ss} E_{ss} \mathrm{DOD_L} \tag{8.21}$$

2. 优化目标

优化配置的目标包括系统的全寿命周期成本、可再生能源渗透率、污染物排放量。

1)全寿命周期成本最小化

全寿命周期成本由安装成本、运行维护成本、置换成本、燃料成本和残值组成。

安装成本表示为

$$\begin{aligned} \mathrm{IC} &= \mathrm{IC_{ss}}(1-\gamma_{ss}) + \mathrm{IC_{wt}}(1-\gamma_{wt}) + \mathrm{IC_{pv}}(1-\gamma_{pv}) + \mathrm{IC_{de}} \\ &= (c_{se}E_{ss} + c_{sp}P_{ss})(1-\gamma_{ss}) + c_{wt}P_{wt}(1-\gamma_{wt}) + c_{pv}P_{pv}(1-\gamma_{pv}) + c_{de}P_{de} \\ &= \left[\left(c_{se}\frac{d_0}{\eta_{ss}\mathrm{DOD_L}} + c_{sp}\right)(1-\gamma_{ss})\xi_{ss} + c_{wt}(1-\gamma_{wt})\xi_{wt} + c_{pv}(1-\gamma_{pv})\xi_{pv} + c_{de}\xi_{de}\right]P_{pl} \end{aligned} \tag{8.22}$$

式中,蓄电池的安装成本与额定功率和容量有关;其他设备只与额定功率相关,并考虑了政策补贴对可再生能源的影响。

运行维护成本表示为

$$\begin{aligned} \mathrm{MC} = &(\mathrm{IC_{ss}}m_{ss} + \mathrm{IC_{wt}}m_{wt} + \mathrm{IC_{pv}}m_{pv})\sum_{j=1}^{n}\left(\frac{1+i_{mc}}{1+i}\right)^j \\ &+ \sum_{j=1}^{n}(\mathrm{IC_{de}}m_{de} + c_{om}E_{de,j})\left(\frac{1+i_{mc}}{1+i}\right)^j \end{aligned} \tag{8.23}$$

式中,蓄电池和可再生能源长期运行,其运行维护成本与安装成本成比例;柴油发电机在运行和停机状态下,其运行维护成本有所不同,运行中的运行维护成本表示为发电量的函数。通过折现,将多年的运行维护成本折算为相同年份,置换成本和燃料成本也进行了相同处理。

置换成本表示为

$$\mathrm{VC} = \mathrm{IC_{ss}}\sum_{k=1}^{k_0} r_k \left\{\sum_{l=0}^{l_k}\left(\frac{(1+i_{k1})(1-i_{k2})}{(1+i)}\right)^{ln_k}\right\} \tag{8.24}$$

由于蓄电池是损耗最大且寿命最短的设备,所以重点考虑蓄电池的置换费用。不同的蓄电池结构不同,包括很多组成部分,如储液罐、交换膜、电极等的寿命差别很大,在系统使用寿命内更换次数也不同。各部分的置换费用表示为蓄电池安装费用的一部分,同时考虑到技术更新使成本下降及经济发展引起的价格上涨因素,将置换成本折算为相同年份。

燃料成本表示为

$$\mathrm{FC} = \sum_{j=1}^{n}\left[c_f \sum_{h=1}^{8760}\eta_{de}(p_{de,j,h})\right]\left(\frac{1+i_{fc}}{1+i}\right)^j \tag{8.25}$$

在不同的发电功率下,柴油发电机的耗油量有所不同,将多年柴油发电机消耗的柴油成本累加求和。

残值表示为

$$\mathrm{RV} = \frac{\mathrm{RV}_{\mathrm{ss}} + \mathrm{RV}_{\mathrm{wt}} + \mathrm{RV}_{\mathrm{pv}} + \mathrm{RV}_{\mathrm{de}}}{(1+i)^n} \tag{8.26}$$

设备残值是由于设备寿命(包含置换后的设备)大于系统的使用寿命,使用后的设备还具备价值,可以简化用设备寿命和系统使用寿命的比例关系乘以安装成本表示。

将系统的全寿命周期成本折算到每度电中,即

$$c_0 = \frac{C}{E_{\mathrm{tot}} \sum_{j=1}^{n} \left(\frac{1+i_0}{1+i} \right)^j} \tag{8.27}$$

2)可再生能源渗透率最大

可再生能源渗透率即光伏发电量和风力发电量占系统用电量的比例。

$$\lambda_{\mathrm{re}} = \frac{\sum_{j=1}^{n} E_{\mathrm{re},j}}{nE_{\mathrm{tot}}} = \frac{\sum_{j=1}^{n} (E_{\mathrm{wt},j} + E_{\mathrm{pv},j})}{nE_{\mathrm{tot}}} \tag{8.28}$$

3)污染物排放量最小

系统中污染物主要来自柴油发电机,通过单位发电量的污染物排放量计算。

$$Q_{\mathrm{de}} = \sum_{j=1}^{n} \left[\sum_{h=1}^{8760} (\omega_1 \xi_{\mathrm{SO_2}} + \omega_2 \xi_{\mathrm{NO}_x} + \omega_3 \xi_{\mathrm{CO_2}} + \omega_4 \xi_{\mathrm{CO}} + \omega_5 \xi_{\mathrm{Dust}}) p_{\mathrm{de},j,h} \right] \tag{8.29}$$

由于 3 个目标函数的单位不同,为了便于优化,将目标标幺化。其中可再生能源渗透率是百分比形式,以标准煤的单位发电成本和污染物排放量对全寿命周期成本和系统污染物排放量进行标幺得到

$$\min f = \mu_1 \frac{c_0}{c_{\mathrm{st}}} + \mu_2 \frac{1}{\lambda_{\mathrm{re}}} + \mu_3 \frac{Q_{\mathrm{de}}}{Q_{\mathrm{st}}} \tag{8.30}$$

这样,整体的权重系数为 1,通过调节权重系数可以得到满足不同性能要求的系统配置方案。

3. 优化流程

采用 GA 算法进行系统优化配置,如图 8.7 所示。

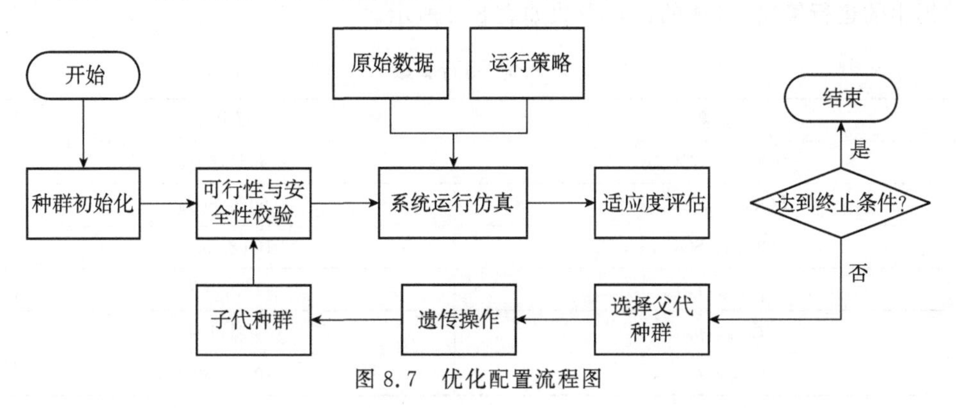

图 8.7　优化配置流程图

(1)设置优化目标权重,即优化配置中主要考虑的系统性能指标,或者各种性能指标间的优先级。

(2)初始化种群及检验。主要考虑系统安全系数、可再生能源渗透率及蓄电池的持续放电时间,筛选出满足系统基本要求的配置方案。

$$\begin{cases} SF_1 = \xi_{ss} + POR - 1 \geqslant SF_{1,\min} \\ SF_2 = \xi_{de} - POR - 1 \geqslant SF_{2,\min} \\ POR = \xi_{wt} + \xi_{pv} \geqslant POR_{\min} \\ 0 \leqslant \xi_{wt}, \xi_{pv}, \xi_{ss}, \xi_{de} \leqslant 1 + \delta \\ d_{0,\min} \leqslant d_0 \leqslant d_{0,\max} \end{cases} \tag{8.31}$$

(3)系统运行仿真。根据本书提出的运行策略,对每一种配置方案进行系统的全寿命周期的运行仿真,得到可再生能源的发电量、弃电量及柴油发电机的发电量、柴油消耗量等数据;仿真中考虑了柴油发电机的功率限制、可再生能源的最大功率限制、储能设备功率和 SOC 限制及充放电过程中的能量损耗。

$$\begin{cases} SOC_{t+1} = SOC_t + Tp_{bat,t}\eta_{ss} \\ SOC_{t+1} = SOC_t - Tp_{bat,t}/\eta_{ss} \end{cases} \tag{8.32}$$

(4)适应度比较。通过计算适应度(目标函数),比较配置方案的优劣,并获得最优方案。

(5)保留、交叉和变异。将种群分为两部分,一部分是在全寿命周期内负荷能够得到全部满足的配置方案,可以参与保留、交叉和变异过程中;一部分是在全寿命周期内负荷未得到全部满足的配置方案,可以参与交叉和变异过程中,确保基因多样性。

8.1.5 仿真分析

1. 系统描述

东福山岛微电网系统包括蓄电池、柴油发电机、光伏发电和风力发电设备,并采用提出的运行策略,具体的运行参数如表 8.2 所示。

表 8.2 运行参数

参数	百分比
SOC_{max1}, SOC_{min1}	85%,60%
SOC_{max2}, SOC_{min2}	90%,50%
SOC_{max3}, SOC_{min3}	100%,50%
$p_{c,\max}$, $p_{c,\min}$	10%,1%
$p_{d,\max}$, $p_{d,\min}$	3%,1%
$p_{de,\max}$, $p_{de,\min}$	100%,30%

考虑蓄电池模式和柴油发电机模式下系统的安全性和可靠性，设备额定功率满足

$$\begin{cases}\xi_{wt},\xi_{pv} \geqslant 0\\ \xi_{ss} \geqslant 1\\ \xi_{de} \geqslant 1+P_{c,con}/P_{pl}\end{cases} \tag{8.33}$$

如式(8.33)所示，为保证在可再生能源零输出的情况下，系统能够稳定运行，蓄电池额定功率满足系统峰荷需求，实现风光储协调运行(即蓄电池模式)；而柴油发电机额定功率能够同时满足系统峰荷和蓄电池恒功率充电需求，实现风光储协调运行及蓄电池的快速充电(即柴油发电机模式)。

考虑到岛上多雾，这将导致地面接收的太阳能总量有所降低，对光伏设备的发电量有一定影响；而规划中风机的安装地点位于岛的两端，导致捕获的风能总量也有所减少，对风机的发电量有一定影响。在微电网优化配置中需要充分考虑实际因素，包括上述气候天气和安装位置等，因此东福山岛微电网优化仿真过程中，在光伏和风力资源模型的基础上考虑了一定的转换效率，以反映实际因素对发电量的影响。

表8.3是风速和光照数据的最大值、平均值、可利用小时数及单位平方米上的能量。

表8.3　风光资源特性

资源	最大	平均
风速/(m/s)	22.70	6.64
光照/(W/m²)	878.80	422.52
可利用小时数/h	2427	1121
发电容量/(kW·h/m²)	1931.03	929.54

2.优化配置

由于目标函数中权重是可调节的，所以配置方案是具有多样性的。表8.4是不同权重下的配置方案及相应的性能指标。其中，配置方案1～3等同于单目标优化，配置方案4～6是双目标优化，配置方案7是多目标优化。

表8.4　不同权重下的配置方案

方案	权重 (μ_1-μ_2-μ_3)	额定功率/kW				BS容量 /(kW·h)	发电成本 /[元/(kW·h)]	RES渗透率/%	污染物排放量/(t/年)
		WT	PV	DE	BS				
1	1-0-0	194	115	192	86	772	2.55	55.26	55.09
2	0-1-0	198	190	272	156	1398	2.93	61.15	47.90
3	0-0-1	198	202	267	163	1453	2.90	61.07	48.01
4	1/2-1/2-0	193	187	218	103	923	2.71	58.53	51.09
5	1/2-0-1/2	197	199	223	120	1081	2.78	59.56	49.77
6	0-1/2-1/2	194	202	270	165	1482	3.01	61.20	47.82
7	1/3-1/3-1/3	193	115	202	90	801	2.57	55.59	54.69

比较仿真结果，系统中风力发电机的额定功率变化较小，即存在最佳容量。因为岛上风力资源较丰富，能够有效满足系统中的部分负荷，提高系统经济性、可再生能源渗透率等各方面的性能。但是进一步分析，若风力发电机安装容量过大，会导致弃风严重；容量过小，会严重依赖于柴油发电机，减少可再生能源的利用率。然而光伏设备只能在白天发电，加之岛上气候条件使辐照度并不理想，因此在方案1和2的比较中，虽然光伏容量翻倍，但是可再生能源渗透率只提高6%，说明增加的光伏设备利用率很低，而且需要更大的蓄电池容量转移过剩的能量。最后柴油发电机作为后备电源必须满足峰值负荷和蓄电池充电需求如式(8.33)所示，所以柴油发电机的容量也相对较大。

从表8.4中可知，方案1发电成本最小为2.55元/(kW·h)，与只依靠柴油发电机供电的模式有一定减少。如果考虑柴油运输费用及困难程度，微电网系统更具优势，且可再生能源渗透率达到55%左右，有效地节约了柴油，减小了柴油发电机的运行时间。

如图8.8所示，低渗透率下，可再生能源的输出功率直接为负荷供电；高渗透率下，可再生能源的过剩功率需要蓄电池进行转移。因此，提高可再生能源渗透率，虽然减少了柴油的消耗和柴油发电机的运行时间，但是增加了蓄电池的安装和置换成本。如图8.9所示，从左至右依次列出了每种方案的成本组成。其中，燃料成本占系统全寿命周期成本的比例较大，但是蓄电池容量变化较大，导致蓄电池安装成本变化较大，已经超出由可再生能源节省的柴油发电机燃料成本。此外，随着蓄电池安装容量的增大，蓄电池寿命却没有明显变化，说明达到最佳安装容量后继续增大蓄电池容量，对提高可再生能源利用率及延长蓄电池使用寿命的效果有限；反而因为可再生能源安装容量的持续增大，导致发电功率过剩而被切除，使可再生能源利用率下降，如图8.10所示。

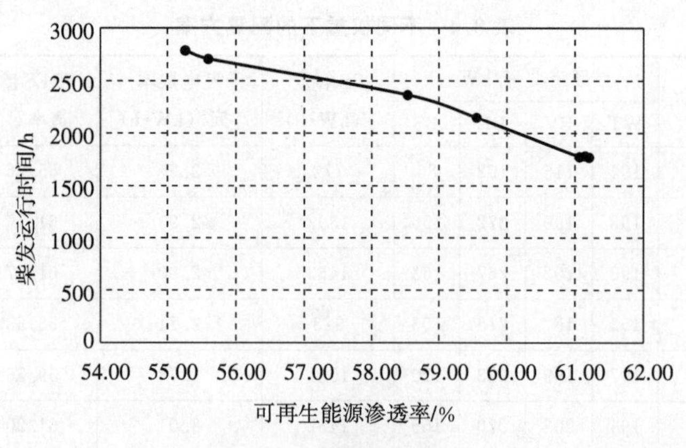

图8.8 柴发运行时间

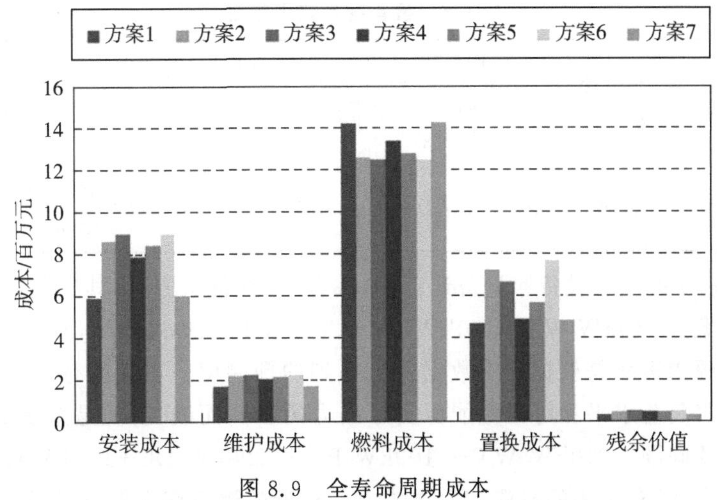

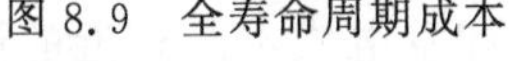
图 8.9　全寿命周期成本

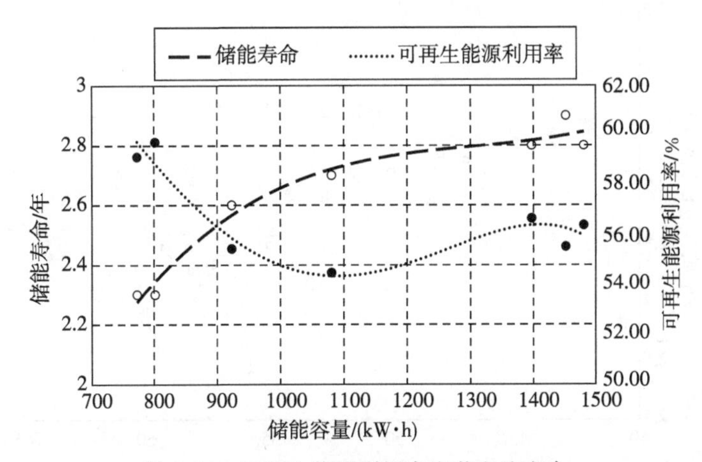

图 8.10　可再生能源利用率和蓄电池寿命

由仿真结果可知:①仅从发电成本考虑,含可再生能源的微电网系统优于只依靠柴油发电机供电模式;②提高可再生能源渗透率能有效减少柴油消耗量和柴油发电机使用时间;③系统存在最佳的可再生能源容量,超过这个容量,发电成本反而会增加,但是可再生能源会减小。

3. 配置分析

通过理论计算获得的最优解需要结合工程实际需求进一步分析以确定最终的优化配置容量。

以东福山岛为例,设备容量变化范围如表 8.5 所示。受限于直流侧电压和逆变器容量,风力发电机、光伏设备和蓄电池容量都是成组增长,而柴油发电机容量也要满足一定的规格标准。

表 8.5　设备容量变化范围

方案	WT	PV	DE	BS
组件	30kW	50kW (180W×278)	—	240kW·h [2V/1000(A·h)×240]
可选择容量	180kW、210kW	100kW、150kW、200kW	200kW、220kW、280kW	720kW·h、960kW·h、 1200kW·h、1440kW·h

根据表8.5 提供了设备容量备选范围，共有 54 种备选方案，其性能如图 8.11 所示。最优方案是 210kW WT＋150kW PV＋200kW DE＋960kW·h BS (方案 6)。但是可再生能源渗透率是根据历史数据仿真得到的预测值。实际运行中，可再生能源渗透率会随着负荷水平和可再生能源实际出力的不同而改变，但是系统的投资成本是客户关心的问题。210kW WT＋ 100kW PV＋ 200kW DE＋960kW·h BS (方案 7)的配置方案，具有更小的投资和发电成本及相近的渗透率水平，是最佳方案。

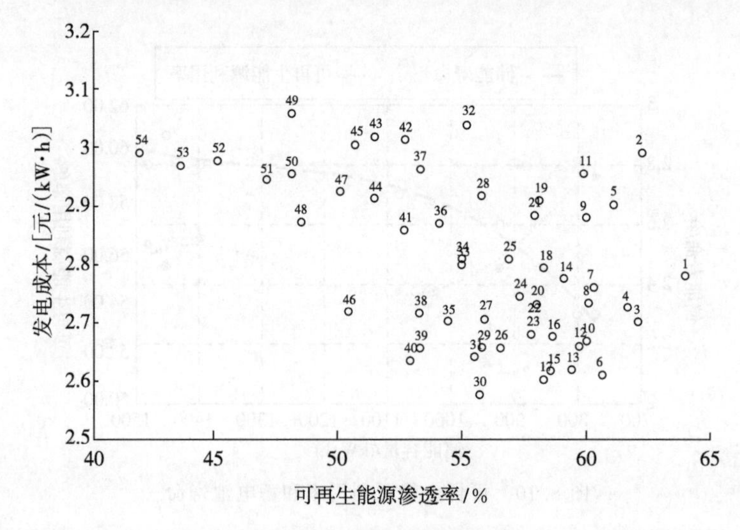

图 8.11　备选方案性能

8.1.6　实际运行情况分析

东福山岛系统于 2011 年 7 月正式移交给业主，各设备运转正常，储能系统性能达到设计要求。根据东福山岛的设计，全年可再生能源电量渗透率预计在 55％左右。通过运行实测数据分析，在每年 10 月～次年 3 月，东福山岛风力较好，预计柴油消耗量减少 60％，柴油机运行时间减少 70％；4～6 月，东福山岛风力一般，预计柴油消耗量减少 40％，柴油机运行时间减少 50％；7～9 月，东福山岛风力较差，预计柴油消耗量减少 35％，柴油机运行时间减少 40％。表 8.6 是 2011 年 8～12 月的实测数据统计分析表。

表 8.6　2011 年实际运行情况（8～12 月）

月份	负荷需求/(kW·h)	WT/(kW·h)	PV/(kW·h)	DE/(kW·h)	RES 渗透率/%	油耗/t
8	35996	11944	3334	20718	42.44	4.97
9	37384	9674	2937	24773	33.73	5.95
10	33330	10349	2904	20077	39.76	4.82
11	33257	11220	2603	19434	41.56	4.66
12	34773	14291	2889	17593	49.41	4.22

分析表 8.6 的运行数据有以下结论。

(1)东福山岛独立供电系统建成后，岛内空调等负荷的增加量超出预期，引起负荷峰谷差过大，但高负荷时段出现时间较短，对电量的需求量并不是很大。按照目前的装机容量，能够适应岛内未来一段时间的负荷发展，但是可再生能源渗透率会有所降低。

(2)东福山岛中小型风力发电机的可靠性有待进一步提高。由于受岛上地理位置的限制，最终 7 台风机在岛内的左右两侧分别安装 4 台和 3 台，不是同一风向，导致 7 台风机同时运行的概率降低；同时，小型风机的可靠性有待进一步提高，导致实际发电量比设计值要低。

(3)东福山岛受云雾影响尤其严重，太阳能的间歇性特征更加突出，导致实际光伏发电量低于设计值。这是海岛光伏设计尤其需要注意的一个问题。

(4)铅酸储能系统至今性能良好，没有更换，满足了 3 年预期使用寿命的要求，预计仍然能够工作 1～2 年，有效证明了运行策略的有效性。

(5)秋冬季风力充足时，岛上又属于旅游淡季，淡水供应有余，不需要海水淡化设施投入运行，弃风现象严重。

综上，可再生能源电量渗透率低于预期，是由于风机和光伏的实际发电量低于设计值，负荷增长却超过预期，导致柴油发电机发电量增加。但是总体看来，东福山岛微电网 4 年来能够稳定运行，可再生能源电量渗透率在 45%～50%，铅酸储能系统达到了预期的使用寿命，有效降低了柴油发电机的运行时间，完全达到了当初的设计要求。

8.2　渔山岛微电网案例分析

前面讨论了东福山岛微电网示范工程的优化配置情况及工程实际运行情况的分析。本节探讨在实际微电网的优化配置中，不同的地理特点、资源分布、负荷需求及不同的工作目标都将对优化配置方案的最后确定带来很大的影响。本节以一个实际旅游型海岛电网为例进行配置方案优化,并结合现场工程约束条件,进一步分析说明微电网优化配置的典型应用过程。

8.2.1 项目概述

1.项目背景

渔山岛被誉为亚洲第一钓场,是中国领海线基点所在地,距浙江宁波象山石浦东南 27nmile(1nmile=1.852km,约合 45km),处于南北洋流交汇带,属亚热带海洋季风气候区。渔山岛有南渔山岛和北渔山岛之分,通常说的渔山岛指的是北渔山岛。北渔山岛面积仅 0.5km^2,因为有丰富的淡水资源,常住居民三四百人左右。目前,该岛以海洋渔业和观光旅游产业为主。2014 年年底,象山政府提出打造全新绿色生态旅游岛屿的理念,计划展开全岛大改造。在电网方面,提出了将北渔山岛建设成为绿色能源微电网的目标。由作者所在的团队负责整个微电网的技术支撑工作。

2.电网现状

(1)电源现状。该岛远离大陆,为独立型电网,供电电源分为两大类:第一类是村集中供电,配置了 3 台装机容量为 100kW 的柴油发电机,日常采用“开一停二”运行方式,供电能力 70kW 左右,每度电耗油成本约 4 元;第二类是岛内部分单位自备柴油发电机,单机容量较小,负荷高峰时与村电网解列,自行发电。

(2)电网现状。电网电压等级为 380V,由 36 基电杆、4×95mm^2 低压集束线组成,供电半径 2km。由于供电距离远,在供电末端存在电压过低现象,供电安全无法保证。

(3)负荷现状。岛内缺乏精确的年、月、日用电数据记录,自行发电行为使负荷还原较为困难。岛上现有统计容量在 400kW 左右,考虑到旅游旺季的用电需求及正在建设的生活旅游配套基础设施,未来负荷总容量估计将达 1000kW。

3.规划原则

根据现场实际情况,基于以下原则建设该离网型微电网系统。

(1)为打造绿色能源生态岛屿,在保证满足 100%负荷需求的前提下,可再生能源(风力发电和光伏发电)全年的能量渗透率不低于 50%(即岛内 50%以上的负荷年用电量由风力发电和光伏发电等可再生能源提供)。

(2)该岛风能资源丰富,太阳能资源相对较差。作为旅游型岛屿,光伏出力与负荷用电匹配性较高,故微电网建设考虑风光互补形式,以风力发电为主、光伏发电为辅。

(3)一般情况下,微电网前期投资较大。但是对于海岛独立型微电网,后期的柴油运输成本、运维成本比内陆微电网更高,因此在前期规划时应综合考虑前期投资和后期运维费用等多方面的成本,即微电网的全寿命周期成本。

(4)基于上述设计原则进行微电网配置优化的理论计算,同时根据现场实际约束条件对优化结果进行调整,获得最终的优化配置方案。

8.2.2　资源及负荷分析

在进行优化配置前,首先需要对渔山岛的资源及负荷情况进行统计分析。

1. 资源分析

根据渔山岛附近的风速统计资料(测风点的海拔约为 50m),初步估算测风地点年平均风速约 7.1m/s,风能资源具有较好的开发价值。图 8.12 和图 8.13 分别为典型年各月份的平均风速与每小时风速的分布情况。

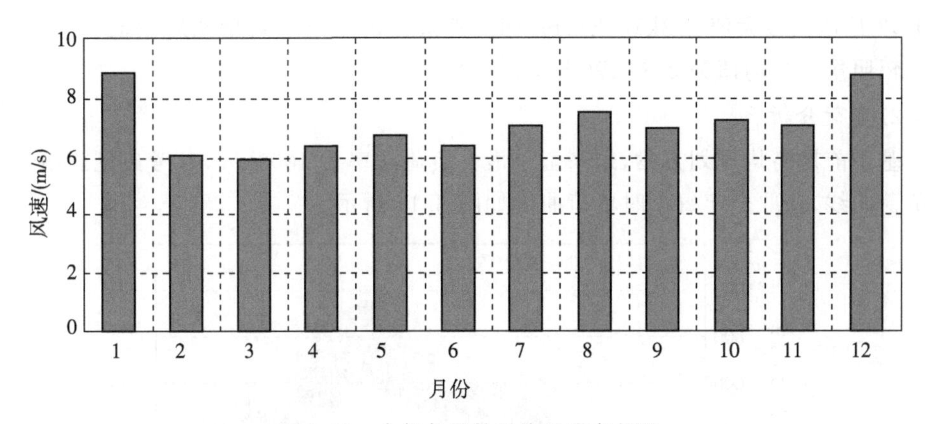

图 8.12　全年各月份平均风速直方图

如图 8.12 所示,2、3 月平均风速相对较小,略低于 6m/s,其余月份风力状况良好。其中,1 月和 12 月两个月份平均风速最大,达到 8m/s 以上。由此可见,该岛秋冬两季风力状况良好,春夏两季平均风速有明显下降,但风力状况仍然处于较好水平。如图 8.13 所示,每小时风速主要分布于 4～10m/s,根据该岛风力状况,适宜发展风力发电。

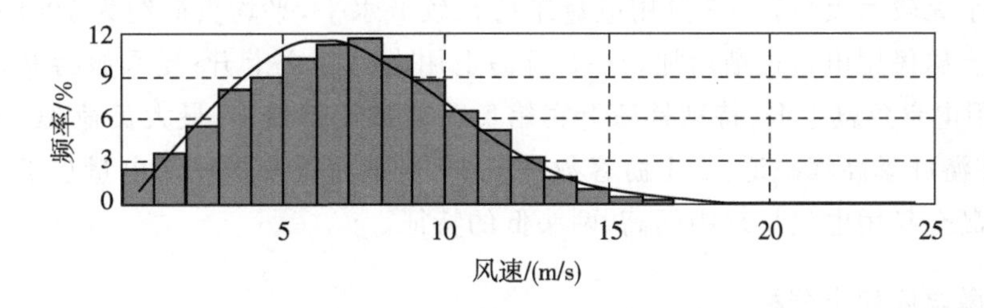

图 8.13　每小时风速分布频率直方图

根据渔山岛的太阳气象参数,采用 NASA 的数据构建系统分析的太阳辐照量模型。表 8.7 给出了典型年各月份的日平均辐照量变化情况。

表 8.7 全年各月日平均辐照量

月份	日平均辐照量/[kW·h/(m²·d)]	月份	日平均辐照量/[kW·h/(m²·d)]
1	1.988	7	4.833
2	2.444	8	4.370
3	3.104	9	3.777
4	3.372	10	3.001
5	4.034	11	2.451
6	4.194	12	2.152

该岛 4～10 月太阳辐射状况良好，尤其是 5～8 月太阳辐照量达到 4kW·h/(m²·d)以上，7 月达到最大值 4.8kW·h/(m²·d)，其余月份太阳辐射量相对较弱。经统计，其日辐照量年平均值为 2.89kW·h/(m²·d)。

2. 负荷分析

基于前期岛屿规划方案，未来全年最大负荷功率为 1000kW，参考典型旅游型岛屿负荷曲线，获取全年每小时负荷曲线如图 8.14 所示。

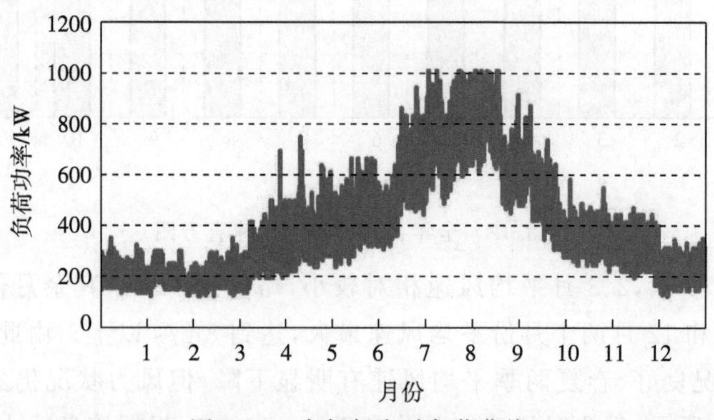

图 8.14 全年每小时负荷曲线

由图 8.14 可知，全年每小时负荷主要集中在 150～600kW。由于冬季岛上人烟稀少，几乎无较大负荷，1～3 月用电量维持在较低水平，平均负荷约为 190kW；春季来临，岛上居民用电量逐渐增加，4～6 月岛上用电量随之上升；夏季旅游旺季到来，7～9 月用电量急剧上升，特别是岛上宾馆负荷增加比例最多，最大负荷 1000kW；随着夏季旅游旺季高峰减退，岛上游客数量减少，当地宾馆和居民用电量也随之减少。因此，该岛全年用电量呈现中间高、两头低的特征。

8.2.3 微电网初步分析

由于北渔山岛面积仅有 0.5km²，土地面积十分稀缺，加之很多旅游景点环境保护的需要，能够建设微电网的地方非常有限。根据实际场地的考察，岛上最大允许光伏安装容量不能超过 500kWp。由于岛上码头运输能力的限制，风机的单机安装容量不应超过 100kW。风机虽然占地面积不大，但施工安装对周围环境有一定破坏，而且运行当中，风机噪声较大，需要远离居民和景区。如图 8.15 所示，北渔山岛旁有一座大礁岩，岩顶平坦，离码头仅 50m 左右，是风机理想的安装地，可以容纳 10 台 100kW 的风机。储能系统考虑选择适合于新能源的改进型铅酸电池，单节电池容量为 2V/800(A·h)。

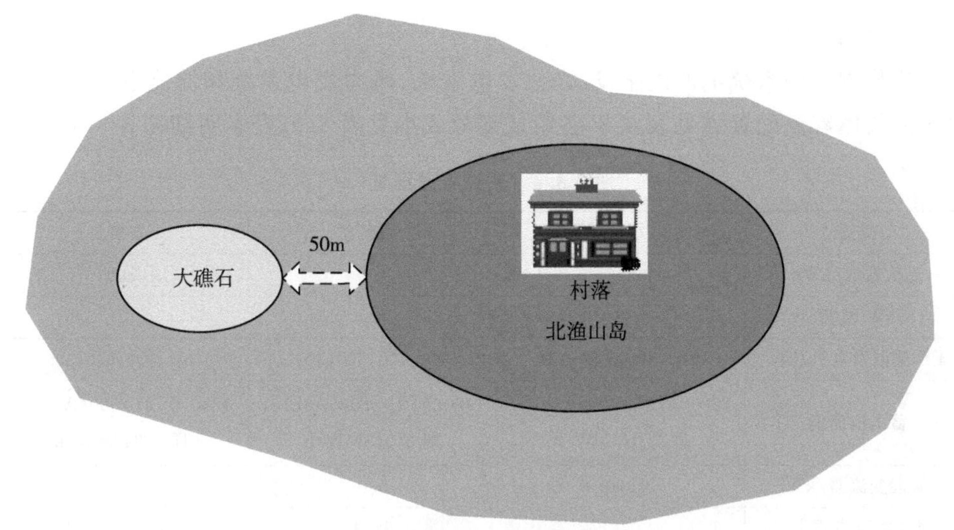

图 8.15　渔山岛地理图

考虑岛上的资源情况，初步考虑的微电网建设方案是以风力发电为主、光伏发电为辅，风机安装容量应大于光伏。在大礁石上建设风电及安装储能系统，形成北渔山岛微电网的主要能源地，并用海底电缆与北渔山岛互联。在北渔山岛根据负荷分布情况，就地分散建设光伏系统，期望光伏发电被负荷全部消纳。

8.2.4　优化配置分析

以 25 年作为系统考察的全寿命周期，优化过程中将每个部件的投资成本、置换成本、运维成本、燃料成本及残值等各种成本和收入(这里的收入只包括系统残值，不考虑电费的收取)综合起来获得该部件的年度成本，随后将各个部件的年度成本、其他成本如污染排放罚金等相加，得到系统的年度成本。考虑年利率及通货膨胀的影响，将系统考察寿命周期内的年度成本换算成当下的现金值——总净现成本，即最终的优化目标。其换算采用如下公式：

$$C_{\mathrm{NPC}} = \frac{C_{\mathrm{tot}}}{\mathrm{CRF}(i,N)} \tag{8.34}$$

式中，C_{NPC} 为总净现成本；C_{tot} 为系统年度成本；i 是年实利率(折现率)；N 为工程寿命；CRF(·)为资金恢复因素：

$$\mathrm{CRF}(i,N) = \frac{i\,(1+i)^N}{(1+i)^N - 1} \tag{8.35}$$

以总净现成本最小为优化目标，根据该岛的现状及发展规划，对该岛电网进行重新规划配置。由前面的分析可知，光伏安装容量最大不能超过500kWp。储能系统考虑选择适合于新能源的改进型铅酸电池，单节电池容量为2V/800(A·h)，单台风机容量考虑50kW和100kW两种类型。优化方案是在对现有资源分析及未来负荷预测的基础上形成的。

1. 优化方案

优化方案中系统电源由柴发、光伏发电系统、风力发电系统和储能系统构成，各电源的具体容量配置详见表8.8，各组成部分成本见表8.9，资本明细见表8.10。

表8.8 系统容量配置

配置	方案1	方案2	方案3
光伏发电/kWp	500	400	300
100kW风机/台	8	9	10
4台柴油发电机/kW	300,400,500,300	300,400,500,300	300,400,500,300
蓄电池储能	1280节[2V/800(A·h)]，即2.048MW·h	1280节[2V/800(A·h)]，即2.048MW·h	1280节[2V/800(A·h)]，即2.048MW·h
储能变流器/kW	500	500	500
可再生能源渗透率/%	52.1	52.4	52.5

表8.9 各部分成本明细 (单位：万元)

方案	光伏	风机	柴发	蓄电池	变流器	初始投资
方案1	700	1600	375	358	50	3083
方案2	560	1800	375	358	50	3143
方案3	420	2000	375	358	50	3203

表8.10 资本明细 (单位：万元)

方案	初始投资	燃油成本	置换成本	运维成本	残值	总净现成本	发电成本/[元/(kW·h)]
方案1	3083	7359	446	488	76	11300	2.629
方案2	3143	7295	443	537	79	11341	2.638
方案3	3203	7266	441	588	81	11417	2.656

从上述数据可以看出，在初期投资中，风机和光伏所占比例最大，对系统投资成本的影响也最大，其容量的配置对系统总初期投资起到重要影响。而在全寿命周期中，可再生能源的后续投资非常小，后期成本主要为柴油发电机带来的燃油成本。可见，可再生投资能源的主要投资集中在前期，后续只需要较少的运维成本和置换成本，而柴油发电机虽然初期投资少，但是长期运行下油费成本高(尚未考虑柴油发电

机环境污染带来的隐性罚金)。尤其是对于独立海岛,燃油需要通过船运至岛上,成本会进一步增加。

通过比较方案 1～方案 3,增加风机装机容量,并减小光伏装机容量,可以适当提高可再生能源渗透率。但由于风机投资成本较大,增加风机装机容量会提升总净现成本,因此,在理论上,方案 1 最优。

优化配置方案 1 中系统各电源的年发电量如表 8.11 所示,全年各月发电量明细如图 8.16 所示。

表 8.11　系统各电源的年发电量

名称	发电量/(kW·h/年)	百分比/%
光伏	504372	13
风机	1812028	46
柴油发电机(4 台)	1610052	41
总和	3926452	100

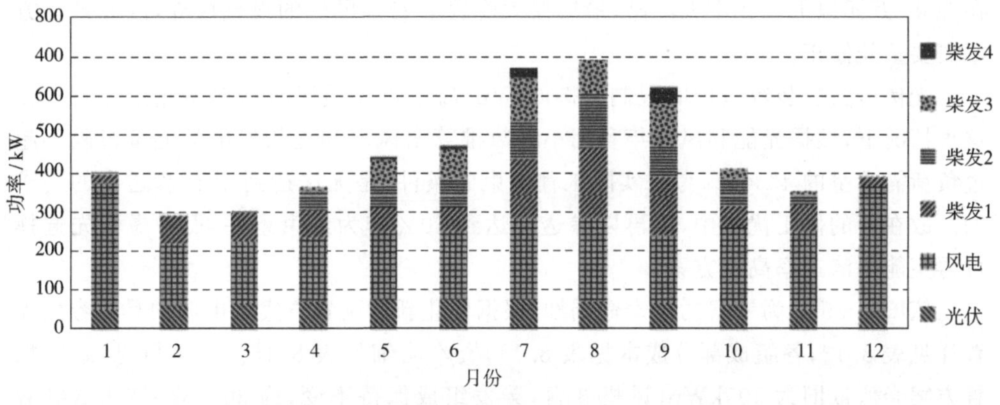

图 8.16　系统各电源全年各月平均发电功率

如表 8.11 所示,可再生能源发电量(包括光伏发电和风力发电)占总发电量的 59%,已经具备相当的规模,有效地减少了柴油发电机的运行。如图 8.16 所示,柴油发电机发电量在 7～9 月所占比重较大,其他月份柴油发电机发电所占比重较小。因此,该配置方案下可再生能源基本能满足负荷的需求,夏季负荷高峰时段,柴油发电机启动运行,冬季负荷低谷时段,风资源充足,可再生能源可以较好地进行负荷支撑,此时柴油发电机通常处于待机状态。

该配置方案下,柴油发电机的运行数据如表 8.12 所示。两台 300kW 柴油发电机中柴油发电机 1 运行时间较长,达到 3508h;柴油发电机 4 运行时间较短,仅有 631h,运行时间较大差别。长时间运行柴油发电机 1 会对柴油发电机的使用寿命带来严重影响,可通过相应的控制策略来控制柴油发电机的运行,使两台 300kW 柴油发电机运行小时数基本保持一致,维持在 2000h 左右。

表 8.12 柴油发电机全年运行数据

柴油发电机 1 年运行时间/h	柴油发电机 2 年运行时间/h	柴油发电机 3 年运行时间/h	柴油发电机 4 年运行时间/h	年耗油量/L
3508	1516	1233	631	599681

综上，该优化方案能够在保证供电充裕的情况下，较好地利用太阳能和风能，减少柴油发电机的运行时间和柴油消耗，降低运行和维护费用，促进可再生能源的开发利用，对实际配置方案的选择具有较好的参考意义。

2. 实际方案

虽然通过理论计算获得了一个较好的配置方案，但是在实际情况下，工程约束是必须考虑的环节。投资约束、占地面积及施工条件都会给最后方案的确定带来较大的影响。优化获得的配置方案中已初步考虑土地的限制，对光伏安装容量进行了限定。而理论上，风机可以安装到大礁岩上，但经过后期进一步的考察评估，因大礁岩坡度较陡，在大礁岩上安装风机，要达到其施工条件，即使是搭建临时码头其耗资也在 2000 万元以上。成本太高昂，最后在大礁岩上安装风机的设想放弃，因此最优方案需要重新修正。

光伏最大安装容量依旧限制为 500kWp，岛上可安装风机最多不超过 3 台。在这种情况下，根据光能和风能年利用小时数推算出风电和光伏发电的能量极限不超过负荷需求量的 40%，即考虑实际工程约束的条件，是无法达到 50%渗透率的要求的。故在新的修正优化中，不再以渗透率达到 50%作为约束条件，而考虑优先选择可再生能源渗透率高的方案。

依旧以 25 年为考察的全寿命周期，根据优化新的配置方案各电源的具体容量配置详见表 8.13，各组成部分成本见表 8.14，资本明细见表 8.15。由表可见，新的配置方案光伏依旧为 500kWp，风机 3 台，柴发组成保持不变，为 300kW×2＋400kW×1＋500kW ×1。从全寿命周期的角度来看，虽然可再生能源初期投资高，但是其后期运维成本相对较低，而且清洁环保、不需要耗油，故系统优化趋向于尽可能地开发利用可再生能源。表 8.15 中，单位发电成本为 2.98 元/(kW·h)，相对于理论优化方案的 2.63 元/(kW·h)增加了 0.35 元/(kW·h)。

表 8.13 系统容量配置

项目	配置
光伏发电/kWp	500
100kW 风机/台	3
4 台柴油发电机/kW	300/400/500/300
蓄电池储能	640 节[2V/800(A·h)]，即 1.024MW·h
储能变流器/kW	500
可再生能源渗透率/%	33

表 8.14　各部分成本明细　（单位：万元）

明细	光伏	风机	柴发	蓄电池	变流器	初始投资
成本	700	600	375	179	50	1904

表 8.15　资本明细　（单位：万元）

明细	初始投资	燃油成本	置换成本	运维成本	残值	总净现成本	发电成本/[元/(kW·h)]
成本	1904	10181	508	261	55	12799	2.98

该优化配置方案中，系统各电源的年发电量如表 8.16 所示。可再生能源发电量占总发电量的 35%（未考虑风光丢弃率），在一定程度上减少了柴油发电机的运行。风机台数减少到 3 台，风电输出随之减少，系统不确定性功率减少，弃风弃光率降低到 1.45%，相对于理想方案，可再生能源的减少导致系统柴油发电机发电的增加，即使在低负荷，高风速的冬季，可再生能源发电亦无法完全支撑负荷，柴油发电机需要启动运行以满足负荷的需求。

表 8.16　系统各电源的年发电量

名称	发电量/(kW·h/年)	百分比/%
光伏	504372	15
风机	679530	20
柴油发电机(4 台)	2244940	65
总和	3428842	100

该配置方案下，柴油发电机的运行数据如表 8.17 所示。柴油发电机的年运行小时数都有所增加，两台 300kW 的柴油发电机平均年运行小时数达 2905h，而总的年耗油量达 829642L。

表 8.17　柴油发电机年运行数据

柴油发电机 1 年运行时间/h	柴油发电机 2 年运行时间/h	柴油发电机 3 年运行时间/h	柴油发电机 4 年运行时间/h	年耗油量/L
5002	2109	1537	808	829642

综上所述，受实际工程约束条件的限制，新的优化方案在保证负荷需求的同时，尽可能地促进可再生能源的消纳，系统弃风弃光率低，但是相较于理论上的最优方案，系统柴油发电机运行时间、耗油量及全寿命周期的总净现值都相应增加。

3. 一期方案

考虑工程约束，实际的配置方案为 500kWp 光伏，3 台 100kW 风机，柴油发电机 4 台，组成为 300kW×2＋400kW×1＋500kW×1、2MW·h 储能及1000kW 储能变流器。如表 8.14 所示，系统的初始投资成本达 1904 万元，这对投资方的现金流提出了非常高的要求。同时考虑到风、光等电源建设需要较长的周期，经过商谈，决定分步实现本方案。一期规划先接入光伏和储能，待条件成熟后接入风机。结合实际规划方案，通过优化算法制定一期电源规划方案。

各电源的具体容量配置详如表 8.18 所示，各组成部分初始投资成本如表 8.19 所示。一期配置方案基于长期规划的方案，电源建设包含了 500kWp 光伏、4 台柴油发电机(300kW×2+400kW×1+500kW×1)、1MW·h 的储能蓄电池和500kW 的储能变流器。后期可以在风电容量及储能容量上进一步增加，其中在成本上，一期配置中光伏投资成本最大。在一期配置方案下，系统的发电成本为 3.24 元/(kW·h)。

表 8.18　系统容量配置

光伏发电/kWp	500
4 台柴油发电机/kW	300,400,500,300
蓄电池储能	640 节[2V/800(A·h)]，即 1.024MW·h
储能变流器/kW	500
可再生能源渗透率/%	14

表 8.19　各部分成本明细　　(单位：万元)

明细	光伏	柴发	蓄电池	变流器	总计
成本	700	375	179	50	1304

一期配置方案中系统各电源全年各月发电明细如图 8.17 所示。可再生能源发电量(光伏发电)占总发电量的 14%，渗透率相对较小，冬季光照弱，光伏功率较小，夏季光照强，光伏功率相对高，能够在一定程度上减少柴油发电机的运行。但整体来说，全年各月负荷供电主要是依靠柴油发电。由于光伏容量相对较小，在储能蓄电池的配合下可以非常充分地利用光伏发电容量，故弃光量很小，系统发电过剩能量仅占 0.28%。

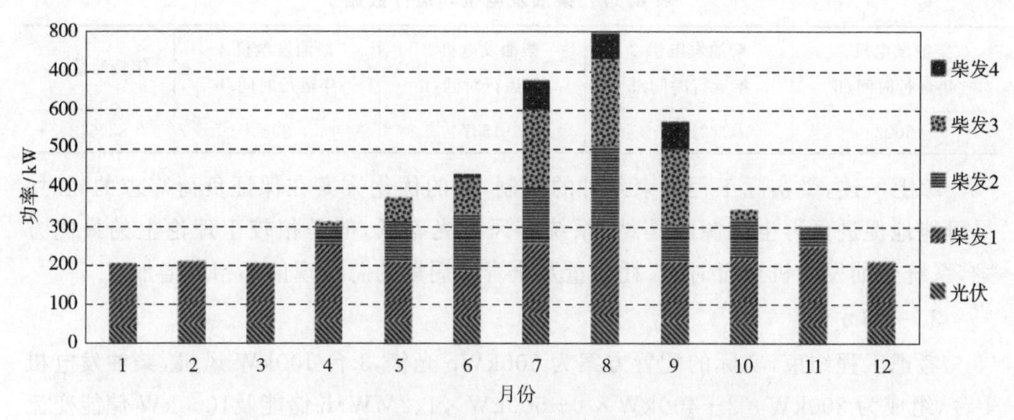

图 8.17　一期配置系统各电源全年各月平均发电功率

一期优化配置是考虑了长期规划配置的一个较好的初步方案，在保证供电充裕性的情况下能够充分利用可再生能源，同时为后期进一步加入风机、储能等打好基础。

通过对渔山岛案例的介绍，从最初的理论优化结果到结合实际约束条件进行进一步的优化修正，阐述了整个微电网优化配置的应用过程。应用实例表明，微电网前期的优化配置对微电网后期的系统建设有重要的影响，优化配置方案的确定是一个渐进的过程，需要针对微电网的实际情况综合多方面的约束条件进行不断修正。尤其在建设原则确定前，需要综合考虑资金限制、土地面积限制及交通运输限制的约束，优化得到一个切实可行的配置方案。本案例的展开介绍，为今后进行相关研究和工程设计起到了较好的参考作用。

8.3　鹿西岛微电网案例分析

前面讨论了独立型海岛微电网的优化配置问题，重点开展了风光储柴形式独立型微电网的优化配置分析。本节结合鹿西岛风光储并网型微电网系统，重点讨论并网型微电网的优化配置。在风机容量确定的情况下，探讨光伏和储能系统的最佳安装容量，以满足鹿西岛微电网经济可靠运行。

8.3.1　项目概述

鹿西乡位于温州洞头县东北部的鹿西岛上，以岛建乡，乡以岛为名，鹿西岛东西长 6.7km，南北宽 1.3km，岸线长 32.75km。全乡陆地面积 8.71km^2，东南临海，西隔黄大峡与大门岛相对，北与玉环县隔海相望，地形以丘陵为主。全岛有 9 座小山峰，主峰烟墩岗海拔 233m（古时建有烽火台）。沿岸曲折多岙，岸壁大多陡直，水际多延伸礁石，共有港湾、岙口 28 个，水位较深。气候属亚热带海洋性季风气候，冬春受台湾暖流影响明显，温暖湿润，四季分明，气温年月差较小，冬暖夏凉。

鹿西乡人民政府驻鹿西村，辖 6 个行政村，17 个自然村。截至 2009 年年底，全乡总人口为 8117 人，总户数为 2300 多户，是洞头县重点渔业乡之一，全乡现有 80t 以上作业渔轮 100 多对，鹿西岛将作为洞头主要的渔业捕捞基地和重要的水产品交易基地。此外，鹿西岛自然景点十分丰富，极具旅游开发潜力，旅游资源主要以鸟类岛屿资源及古村落资源见长。海岛有较好的风能、太阳能和海洋能等可再生能源可资利用。

根据鹿西乡经济、社会发展规划目标，“十二五”期间，把鹿西岛打造成为海外捕捞基地和海上休闲旅游基地，生产总值年均增长 10.23%。随着社会和经济的快速增长，鹿西乡的用电量也将快速增长。2010 年全乡最高负荷已达 3.31MW，预计鹿西乡供电负荷年增长率为 10%，届时仅靠一回 10kV 线路供电将会严重制约当地经济的发展。

岛内渔业和旅游业快速发展，随之而来的是用电量的大幅增长，现有单回 10kV 海缆输电线路已难以满足需求。自 2006 年以来，鹿西岛在用电高峰季节不得不用居民自备柴油发电机组供电，每年的 5～10 月需进行严格有序的用电控制。由于海缆经常被渔船驻锚损坏且夏季供电高峰期拉闸限电，鹿西岛居民的供电可靠性较差。根据鹿西海岛地域和经济发展的特殊性，鹿西岛用电紧张局面已经成为当前亟待解决的问题。随着鹿西岛用电量的增长，采用增加柴油发电机组解决供电的方式不符合国家节能减排的要求。因此，为了适应鹿西岛快速发展经济的需要，依托鹿西岛目前现有的资源，研究并提出一个有利于鹿西岛发展的电源解决方案是相当必要的。

最终，鹿西岛风光储并网型微电网成为国家 863 课题“含分布式电源的微电网关键技术研发”的示范工程之一，加快了鹿西岛微电网的建设步伐。该示范工程不仅是对鹿西岛能源供应的有效补充，而且作为绿色能源，有利于环境保护，促进地区经济的持续发展。

8.3.2 负荷分析

1. 用电量分析

鹿西岛用电类型主要为居民用电和工业用电，其中工业用电主要是制冰业。2009 年和 2010 年的用电量分布如图 8.18 所示。

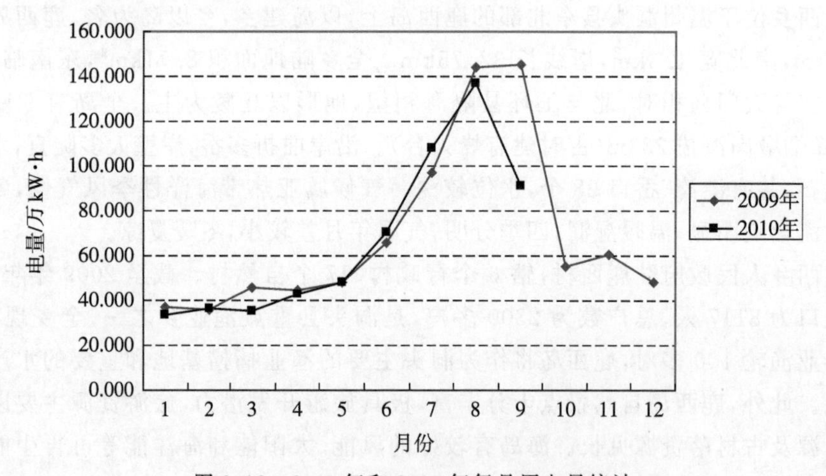

图 8.18 2009 年和 2010 年每月用电量统计

如图 8.18 所示，2009 年和 2010 年 1～5 月的用电量总体变化不大，维持为 30 万～45 万 kW·h，用电高峰期是在 7～9 月，达到 100 万～150 万 kW·h。说明鹿西岛随着禁渔期即将结束，制冰业的用电量达到高峰，10～12 月回落至 50 万 kW·h 左右。总体来说，2009 年和 2010 年用电量变化基本相同，呈现中间高两头低的状况。

2. 最大负荷时刻分析

如表8.20所示，7～9月的负荷高峰期出现在22:00以后，鹿西岛最大功率出现时刻反映了该岛由于禁渔期即将结束时，制冰业集中用电的状况。10～12月的负荷高峰主要是海鲜品冷库用电。图8.19是鹿西岛最大负荷分布图。

表8.20 全年月最大负荷日最大日功率时刻数据表

时段	日	时刻	功率/kW
2009年10月	6	11:00	2709
2009年11月	7	7:00	2390
2009年12月	4	22:00	2043
2010年1月	17	7:00	1515
2010年2月	5	17:00	1584
2010年3月	9	11:00	1281
2010年4月	29	18:00	1324
2010年5月	8	7:00	1300
2010年6月	30	11:00	1527
2010年7月	22	22:00	1864
2010年8月	28	22:00	2910
2010年9月	14	20:00	3314

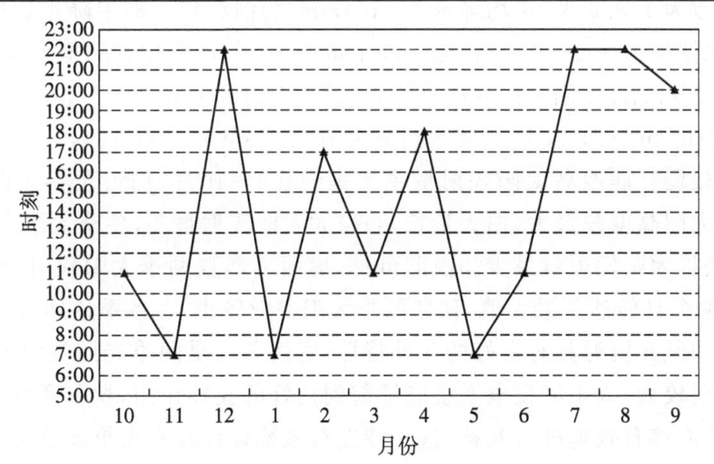

图8.19 全年月最大负荷日最大日功率时刻分布图

8.3.3 资源分析

1. 风资源

鹿西岛地处台湾暖流与江浙沿岸流交汇和交替消涨的海区，属亚热带海洋季风气候，夏无酷暑，冬无严寒。春夏多雨雾，夏秋多台风，冬季干燥多大风，年平均降水量为1164mm，年平均气温为16.5℃，立秋后气温还会有所增加，最高达35.2℃。鹿西岛灾害性天气时有发生，主要是受台风袭击较频繁。据多年气象统计资料，年均3.3次，主要集中在7～10月，最大风力达12级以上。根据现场测风和省气候中心对该场址风能资源评价报告，40m高处年平均风速为7m/s左右，平均风功率密度约为350W/m^2，具有较好的开发价值。

选择位于大门岛的黄岙山测风塔为代表测风塔，分析代表2004年3月～2005年2月一整年的测风资料。分析结果显示：测风塔年主导风向为北风，年平均风速为6.7m/s，12月风速最大，为7.8m/s，8月受台风等影响，风功率密度达804W/m^2，5月风速最小，仅5.3m/s，6月风功率密度最小，仅201W/m^2。从全年看，春夏季风速较小，秋冬季风速较大，全年平均风功率密度为380W/m^2，风功率密度等级为3级，有效风速小时数为6746h。

从风速风能日变化曲线上看，每天风速凌晨风速最小，随着日出风速逐渐增大，到日落前后达到最大，日落之后风速风能急剧下降。风速风能日变化呈明显的上午较小、下午较大的分布。

2.太阳能资源

浙江省地处北纬27°～31°，按照我国太阳能资源区划划分，属于Ⅲ类，即太阳能资料可利用带，每年太阳辐射量为1050～1400kW·h/(m^2·年)，相当于年平均日太阳辐照度为120～160W/m^2。鹿西岛雨水充沛，光照充足，年平均日照数为1765h，年平均降水日数为148.6天，年均降水量1164mm，为浙江省海岛中降水量最丰富的地区，主要降水期集中在5～8月，占全年降水量的73%，四季比大陆推迟40天。

鹿西岛4～10月太阳辐射状况良好，尤其是7月和8月两个月份，太阳辐射强度达到5.8kW·h/(m^2·d)以上，7月达到最大值6.27kW·h/(m^2·d)，其余月份太阳辐射强度相对较弱。鹿西岛太阳辐射量主要集中在4～10月，约占全年太阳辐射量的71%。夏季太阳高度角最大，白天最长，获得太阳能辐射最多，冬季太阳高度角最小，白天最短，获得太阳辐射量最少。由此可见，鹿西岛春夏两季太阳辐射量较大，夏季7月和8月两个月份达到最大值，秋冬两季太阳辐射较小，在冬季达到最小值。

鹿西岛的风光资源具有良好的互补特性，鹿西岛春夏两季光照资源丰富，加之7月和8月负荷较大，太阳能发电系统能够起到良好的互补作用，秋冬两季风力资源丰富，风光资源能够有效地进行互补，这一特性对系统设计具有很重要意义。

8.3.4 基础条件设定

如何配置风光储系统容量是设计的关键，优化的目的就是决定系统部件的最优容量。通过比较总净现成本及系统运行参数从成千上万种方案中找出最优的供需匹配，设计出适合负荷需求的优化系统模型，以获得最低的经济成本，最高的运行效率，从而提高系统效益。

鹿西岛微电网工程风光储优化配置基础条件设定如下。

(1)采用时间序列仿真法,将一年评估期分为 8760 个时间段,假设在 1h 时间间隔内,负荷需求、分布式电源输出功率等保持不变。

(2)需满足国家 863 计划下达的技术指标要求。根据 863 任务书的要求,鹿西岛微电网示范工程具有多种能源综合利用形式,系统间歇性能源容量不小于 1.8MW,满足鹿西全岛的用电需求,内部负荷的供电可靠性达到 99.99%,电能质量满足国家标准要求。

(3)鹿西岛微电网示范工程是并网型微电网,在充分考虑岛上实际可用资源的情况下(风、光、土地),满足系统稳定性、供电可靠性的基础上,实现资源的优化配置,使其投资最小化。

(4)2008 年 12 月岛上已建成 2×780kW 的风力发电机组,通过 10kV 鹿西 823 线并网运行,故将风机容量作为确定量,仅对光伏和储能系统容量进行优化。

(5)由于光伏占地面积较大,考虑鹿西岛实际可用土地安装面积,光伏安装容量不宜超过 400kW。

8.3.5 系统结构

鹿西岛微电网项目可再生能源装机容量 1.86MW。各系统包括:2.5MW 储能(3 组 500kW×2h 铅酸电池储能、1 组 500kW×2h 铅碳电池储能和 1 组 500kW×15s 超级电容功率型储能)、2 台 780kW 异步风力发电机和 1 座太阳能光伏电池峰值总功率为 300kW 的光伏电站。鹿西岛 500kVA 储能变流器(PCS)共 5 台,其中 4 台铅酸电池 PCS 为单级式,可以采用恒功率控制(P/Q 控制)或恒压/恒频控制(V/f 控制),1 台功率型变流器为双级式,采用 P/Q 控制。

并网型微电网存在并网模式和离网模式,接入电网方式决定了微电网的运行方式与控制策略,是微电网整个控制系统架构的基础。鹿西岛项目以示范高供电可靠性和灵活性为目标,在结构设计上设计了多子微电网、多并网点的网络结构,以满足内部负荷的供电可靠性达到 99.99%的要求。鹿西岛微电网系统结构如图 8.20 所示。鹿西岛微电网采用 10kV 单母分段结构,共有 3 个并网点,2 个分段母线分别经 1 号快速开关(KS1)和 2 号快速开关与鹿西变电站 2 条 10kV 出线相连,3 号快速开关作为分段开关。基于母线Ⅰ和Ⅱ分段结构,鹿西岛微电网设计了 1 号子微电网、2 号子微电网和大微电网 3 个微电网。KS1 和 KS2 是子微电网或大微电网的并网开关,KS3 是 2 号子微电网嵌入 1 号子微电网的并网开关。当 2 号子微电网嵌入 1 号子微电网后,2 号子微电网控制权交由 1 号子微电网,构成大微电网运行,这与 2 个微电网串联,分别独立控制的多微电网串联结构有所区别[3,4]。

在子微电网设计中,1 号子微电网接入岛内重要负荷,包括风、光、储分系统,从微电网示范研究的角度,1 号子微电网重点研究风光储微电网能量管理和多能协调

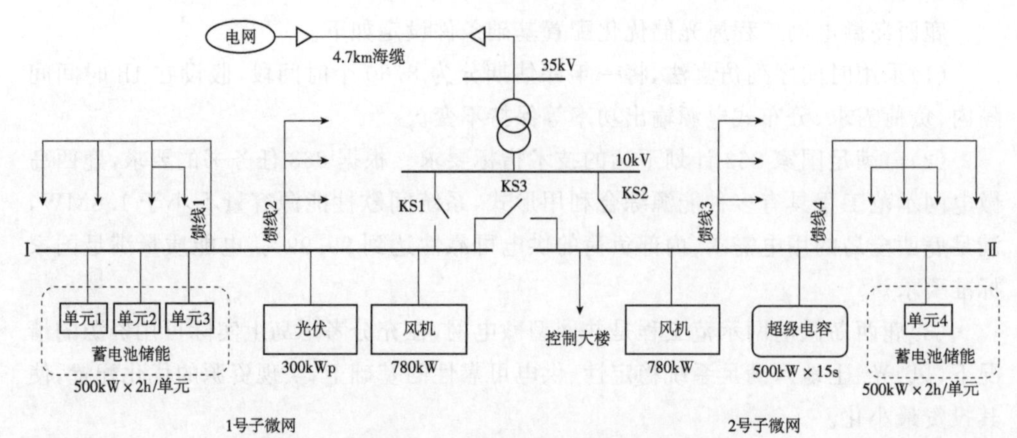

图 8.20　鹿西岛微电网结构

控制技术。2 号子微电网接入负荷为非重要负荷,包括功率型储能(超级电容)及能量型储能(铅酸蓄电池),2 号子微电网研究复合储能在平抑风电功率波动方面的应用。

鹿西岛微电网项目在微电源划分上将 2 组普通铅酸电池储能系统、1 组铅碳电池储能系统、1 号风机、光伏电站接入母线Ⅰ;将 1 组普通铅酸电池储能、2 号风机、超级电容接入母线Ⅱ。

在负荷划分上,鹿西岛微电网将岛上负荷按照地理位置按南北两片划分,分别接入母线Ⅰ和母线Ⅱ,在此基础上将东西片划分为不同的出线,最终微电网包括母线Ⅰ鹿港线(西北)、口筐线(东北),母线Ⅱ东臼线(东南)、鲳鱼线(西南),微电网所用变也接入母线Ⅱ。

结合配网环网改造及配网自动化,鹿西岛微电网在鹿港线与鲳鱼线之间、口筐线之间扩建了联络线及联络开关组成环网,因此在特殊运行方式下,鹿西岛电网可以将全部负荷转移至母线Ⅰ或Ⅱ,可靠性提高。

8.3.6　优化配置分析

1. 方案比较

首先对原有电网(原有电网含有风机)、增加 1 条海缆和建设微电网(添加储能系统构成微电网)3 种方案进行比较说明,如表 8.21 所示。

(1)原有电网:鹿西岛原有电网通过 35kV 海缆从主网获取电力,受电缆及其附属设施自身故障和渔船驻锚损坏影响,岛上供电可靠性和供电质量较差。

(2)增加 1 条海缆:形成双回海缆供电可以提高鹿西岛供电可靠性和供电能力,且海缆的投资成本会低于微电网的建设成本。但是,鹿西海缆损坏主要是由渔船驻锚造成的,而非海缆自身故障,两条海缆同时被渔船驻锚损坏的可能性也较大,所以对可靠性的提升比较有限。

(3)建设微电网:新建微电网后供电可靠性显著提高,由此带来的停电损失也相应减少。虽然鹿西岛微电网的投资成本较大,但是随着鹿西岛负荷水平的增加,原有电网的停电损失费用和购电费用将显著提高,而微电网的投资成本是固定的,增长的负荷反而可以充分利用过剩的可再生能源。微电网的建设将会促进本地经济发展,有利于提高居民的生活水平。

表 8.21　方案比较

性能	原有电网	增加 1 条海缆	建设微电网
供电可靠性	低	中	高
购电费用	高	高	低
投资费用	低	中	高
环保效益	低	低	高
可再生能源利用率	低	低	高
延缓电网投资作用	低	低	高
促进本地发展作用	低	低	高

综上所述,针对鹿西岛的电网情况,选择建设微电网是相对较优的选择,无论海洋经济发展、环境保护,还是居民用电需要,都需要安全、可靠、清洁的能源作为保障。

2. 配置方案

并网型微电网与大电网相连,可由大电网提供一定的电力支撑,并网型微电网依靠自身所能供应的负荷比例在一定程度上反映了其供电能力和对大电网的依赖程度。在进行并网型微电网优化配置时,应在经济性目标的基础上,结合并网型微电网的技术性能指标,对并网型微电网进行较为全面的优化配置分析。

现采用遍历法对鹿西岛优化配置方案进行分析。假设光伏以 50kWp 为一单元,蓄电池储能以 1000kW·h 为一单元,光伏最大安装容量为 400kWp,蓄电池储能最大安装容量设为 5MW·h。在此主要考虑自平衡率及并网型微电网的经济性,鹿西岛计算结果如图 8.21 和图 8.22 所示。

由图 8.21 可知,随着光伏装机容量的增加,由于微电网自身可再生能源发电量的增加,鹿西岛并网型微电网自平衡率随之增加。增加储能系统容量,可提高储能系统存储可再生能源发电的能力,减小可再生能源向外电网输送电量,可以对改善并网型微电网自平衡率起到一定的作用,但由于可再生能源发电量是有限的,扩大储能系统容量对于改善自平衡率的作用相对有限,因此,不宜盲目扩大储能系统容量。

由图 8.22 可知,由于储能系统成本较高且存在更换问题,储能系统容量对鹿西岛并网型微电网的经济性影响较大。随着储能系统容量的增加,系统等年值成本近似呈线性增长。相对而言,光伏容量对系统经济性影响较小,且投资光伏可减小从外电网购买电量,光伏使用寿命可达到 20 年,适当增加光伏容量,对于改善并网型微电网经济性有一定的作用。

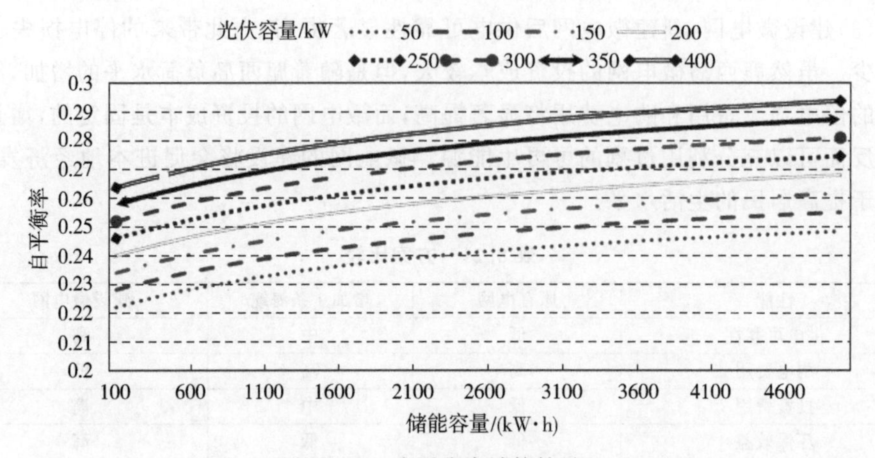

图 8.21　自平衡率计算结果

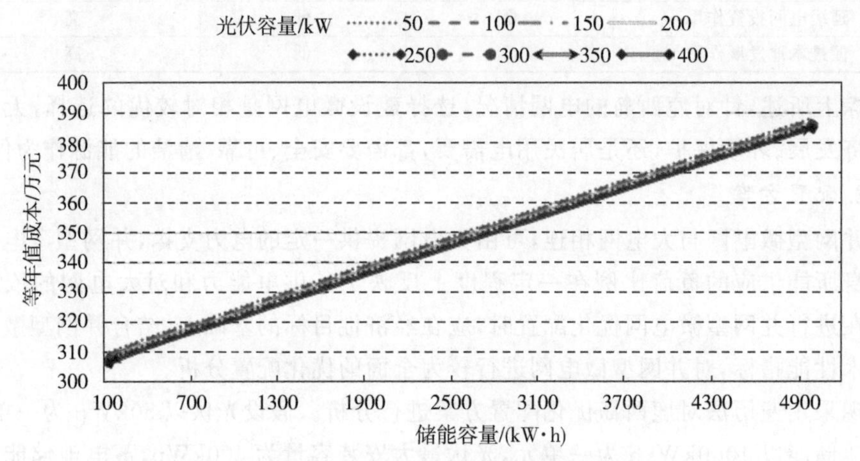

图 8.22　等年值成本计算结果

此外，鹿西岛并网型微电网应能保证在计划和非计划孤岛运行下岛内居民的正常用电，因此，储能系统容量需考虑微电网在独立运行方式下的运行需求，尤其是夏季负荷高峰时段。鹿西电网高峰负荷约 3.5MW，基荷约 1.5MW，其中重要负荷约 800kW。并网型微电网的主要设计目标之一是缓解夏季用电高峰的拉闸限电问题，将联络线功率限制在 1.5～2MW 之下，因此储能变流器的容量补偿差额约为 3.5－2＝1.5(MW)。考虑一台主机备用，设计 2MW 的变流容量是恰当的。

另外，针对鹿西海岛电网负荷特性的分析，峰谷差及峰荷持续 1～1.5h，考虑储能系统放电深度限制，将鹿西的微电网储能容量设计为 4MW·h，可以平抑 1～1.5h 的高峰负荷；同时，因外网失电要求鹿西岛微电网离网运行时，保证 800kW 的村民用电。在放电深度为 60%的情况下，也可以持续供电 3h 左右。

综合考虑鹿西岛并网型微电网自平衡率、等年值成本及孤岛运行需求等方面的因素，储能系统容量不宜安装多大，但应能保证微电网孤岛运行方式下岛内的供电，光伏容量需充分考虑鹿西岛安装面积约束及可再生能源总装机规模要求，并应能保证并网型微电网自平衡率达到约 28%。基于上述考虑，鹿西岛最终配置方案选择为光伏 300kWp，储能系统 4MW·h。

8.3.7 可靠性分析

最后对鹿西岛微电网在 2014 年 4 月 1 日至 2015 年 1 月 31 日的运行统计期限内，累计运行 7344h，期间共发生过 5 次用户强迫停运事件，根据 DL/T 836—2012《供电系统用户供电可靠性评价规程》计算得到年度供电可靠率 RS-1 为 99.9928%，用户平均停电时间 AIHC-1 为 0.5286h/户，用户平均停电次数 AITC-1 为 1.2128 次/户。

鹿西岛微电网 2014 年 4 月 1 日至 2015 年 1 月 31 日可靠性运行情况统计表见表 8.22。经统计，鹿西岛微电网共有中压用户 47 户。

表 8.22　供电系统可靠性运行情况统计表

事件序号	停电持续时间/h	影响中压用户数	影响停电时户数	停电原因
1	0.42	5	2.08	鹿西村支线 147-4＃杆断路器误动
2	0.41	11	4.51	105-40＃线路下树枝过长
3	0.42	7	2.92	105-18＃线路树枝过长
4	0.33	28	9.33	105-20＃断路器保护整定问题
5	1.00	6	6.00	138＃杆刀闸老化更换

注：统计期限为 2014 年 4 月 1 日至 2015 年 1 月 31 日

结合评价规程相关内容，评价指标计算过程如下。

(1)用户平均停电时间 AIHC-1：

$$\text{AIHC-1} = \frac{\sum(\text{每次停电持续时间}\times\text{每次停电用户数})}{\text{总用户数}}$$
$$= \frac{2.08+4.51+2.92+9.33+6}{47} = 0.5286(\text{h/户}) \quad (8.36)$$

(2)供电可靠性率 RS-1。鹿西岛微电网可靠性运行情况统计表的统计期限为 2014 年 4 月 1 日至 2015 年 1 月 31 日，共计 306 天，折合 7344h。

$$\text{RS-1} = \left(1-\frac{\text{用户平均停电时间}}{\text{统计期间时间}}\right)\times 100\% = \left(1-\frac{0.5286}{7344}\right)\times 100\% = 99.9928\% \quad (8.37)$$

(3)用户平均停电次数 AITC-1：

$$\text{AITC-1} = \frac{\sum(\text{每次停电用户数})}{\text{总用户数}} = \frac{5+11+7+28+6}{47} = 1.2128(\text{次/户}) \quad (8.38)$$

通过 10 个月实际运行数据的统计分析，鹿西岛微电网的可靠性达到了 99.9928%，满足了相关的指标要求，同时也进一步论证了该优化配置方案和结构设计及相关运行策略有效提高了鹿西岛的供电可靠性。

8.4 阿里地区微电网案例分析

前面重点讨论了东福山岛、渔山岛离网型微电网优化配置和鹿西岛并网型微电网优化配置，主要集中在风光储柴等分布式电源形式的微电网。作者有幸参与了几次阿里地区微电网建设的技术讨论会，基于对阿里案例的兴趣，分析了储能容量的优化配置。本节重点讨论光储水柴形式的离网型微电网的优化配置，而且是在光伏、小水电和柴发容量已经确定的情况下，理论证明储能的容量配置能够满足阿里电网稳定经济的运行。

8.4.1 项目概述

西藏自治区阿里地区位于西藏自治区的西北部，是西藏西部的经济文化中心和边境贸易中心。由于阿里地区地理位置偏远，至今没有连接西藏主网，仍是孤立电网运行，电力供应主要来自阿里狮泉河 6.4MW 水电站、华能集团援助建成的 10MW 柴油发电站和用户自备柴油机。随着气候的变化，阿里地区降水量不断减少，水电站的发电能力受限严重，当地水力发电已无发展潜力。柴油发电系统由于高原特性发电效率低、成本高且有一定的污染物排放，对阿里地区高原脆弱的生态环境影响较大。

考虑到阿里地区太阳能资源列全国首位，尤其是狮泉河镇日照年时数为 3545.5h，为西藏最高。2012 年，国电龙源电力在阿里狮泉河镇开始开展 10MWp 光储一体化项目的建设工作，与现有的 6.4MW 水电站及 10MW 柴油发电站组成独立型混合发电微电网系统，承担狮泉河镇的供电任务。该项目能够有效缓解阿里地区用电紧缺的矛盾，为地区经济发展提供电力支撑；同时通过优化运行策略，实现光水柴多能互补，推动我国以可再生能源为主体的微电网技术的发展。

项目分为两期实施。2012 年年底电站一期 5MWp 光伏＋5MW·h 储能并网发电；2013 年年底电站二期 5MWp 光伏＋5MW·h 储能并网发电，全面进入正式生产运行阶段。在项目实施前期，作者团队有幸参与了几次技术讨论，对项目有了进一步的了解。基于优化配置研究的目的，作者团队以阿里项目为背景，重点分析了二期建成后 10MWp 光伏＋10MW·h 储能系统在现有负荷和负荷还原两种情况下的运行结果，得到不同电源发电比例、光伏弃光率、柴油用量及储能系统预期寿命等详细技术指标，并通过进一步分析储能系统不同放电深度对运行结果的影响及不同技术指标之间的关系，为下一步制定系统优化方案提供依据。同时，针对现有负荷条件，优化计算10MWp光伏情况下的储能系统容量配置,综合分析经济性及光伏弃光率、柴油用量等技术指标,并进行敏感性分析,得到储能系统容量对以上技术指标的具体影响,为选取储能系统容量提供依据,为以可再生能源为主的光伏电站和狮泉河水电站的优化运行及储能系统的经济配置提供理论支撑,力求在最大化节约投资的情况下满足阿里地区负荷的发展需求。

8.4.2　阿里电网现状分析

西藏阿里电力公司成立于2005年7月1日,负责狮泉河镇党政机关及居民的生产、生活用电,工业用电基本靠自备电源解决。狮泉河电网的电源构成如下。①狮泉河水电站装机容量4×1.6MW。由于水库库容及流量限制,常年仅有1台或2台水轮发电机组发电。②狮泉河火电厂装机容量4×2.5MW,受地理因素制约,柴油发电机组的实际出力仅为4×0.8MW。③用户自备电源,如水泥厂等工业企业,没有接入电网,采用自发自用方式进行供电。当前,狮泉河水电站和狮泉河火电厂年发电量约为2400万kW·h,而电网年需电量约为3800万kW·h,电量缺口高达1400万kW·h。

狮泉河电网中主电源为狮泉河水电站,但在狮泉河水流量不足或电网负荷较大的情况下,狮泉河火电厂中的柴油发电机组将投入使用。由于阿里处于高海拔地区,柴发机组的实际出力受限(即降容使用);此外,柴发机组受最大运行小时数限制,一般只能开2台发电机,余下2台适时进行轮换。因此,目前狮泉河火电厂仅在一定程度上弥补电网的电力缺口,电网中的大用户还需自备电源以满足自身的电力需求。

狮泉河电网负荷主要为工业企业、信息企业、服务行业、金融业、居民、政府机关和部队,多数集中在方圆3km内的狮泉河镇上。随着国家加快西藏发展战略的逐步落实,阿里地区的用电需求近年逐步递增。截至2012年5月,电网接入最高负荷为5.95MW,出现在2012年1月22日(除夕),其他普通日最高负荷为5.46MW,出现在2012年1月12日,但狮泉河电网最大负荷已超过10MW,被限和未投入使用的平均负荷总计约为5MW,电力缺口较大。

通过对2011年5月~2012年4月水电站和火电厂发电数据的分析,可以得到每月阿里地区负荷的特点。2011年5月~2012年4月每月负荷总需求直方图如图8.23所示。由图可知,2011年5~9月,负荷需求相对稳定,但从2011年10月开始,负荷需求不断升高,并在2012年1月达到最高峰,之后负荷需求有所降低,但仍保持在较高水平。整体上,阿里地区夏秋季节负荷需求较低,冬春负荷需求较高,全年负荷需求峰谷差较大。在冬季负荷高峰拉闸限电现象经常发生,严重制约了西藏阿里地区经济的发展和农牧民生活质量的进一步提高。

综上所述,急需新建安全、经济、稳定和可持续供电的电源,以有效解决阿里地区用电紧缺的矛盾,为地区的经济发展提供电力支撑,同时提升边疆地区人民的生活品质。

图 8.23　2011 年 5 月～2012 年 4 月每月负荷总需求

8.4.3　太阳能资源分析及发电量评估

阿里位于 32.5°N、80.1°E，属高原亚热带季风半干旱气候。根据狮泉河气象站 1995～2006 年 DFY4 型总辐射表观测总辐射资料统计，狮泉河镇历年年平均太阳辐射量为 8366MJ/m²，即 2323.9kW·h/m²，参照《中国太阳能资源利用区划》等级，属一级太阳能资源丰富带。太阳辐照量有年际变化小、年内分配不均的特点，其中辐照量最大年(1995 年)、辐照量最小年(2006 年)分别为 9947 MJ/m² 和 7759 MJ/m²，两者比仅为 1.28，而辐照量年内分配集中期(4～8 月)占全年比例的 51%，低值期(11～2 月)仅占全年比例的 23.6%，且最高辐照度多出现在 7 月和 8 月。

狮泉河气象站 1995～2006 年各月平均日辐射量数据如表 8.23 所示，直方图见图 8.24。由图中可以看出，该地区月辐射量 4～7 月较强，11～翌年 2 月较弱，即夏季辐射强，冬季辐射弱。初步估算，该项目 10MWp 光伏发电系统年发电量约 2000 万 kW·h。

表 8.23　各月平均日辐射量　　(单位：kW·h/m²)

月份	1	2	3	4	5	6
辐射	4.16	5.33	6.66	7.47	8.22	8.33
月份 7	8	9	10	11	12	
辐射	7.77	7.02	6.63	5.83	4.86	3.88
均值	6.35					

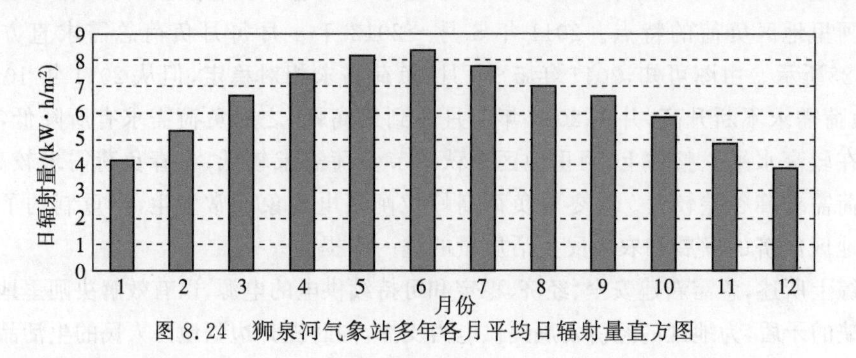

图 8.24　狮泉河气象站多年各月平均日辐射量直方图

8.4.4 基础条件设定

根据阿里地区的太阳能资源条件，计算光伏发电的输出功率，结合还原拟合的负荷数据，确定光伏、磷酸铁锂电池储能系统、水轮机和柴油发电机的运行情况，从而评估光伏发电的利用率、蓄电池储能系统的预期寿命、柴油发电机耗油量及各种电源的发电比例等技术指标，为以可再生能源为主的光伏电站和狮泉河水电站的优化运行及储能系统的经济配置提供理论支撑，力求在最大化节约投资的情况下满足阿里地区的负荷发展需求。

采用时间序列法，将评估期(2011 年 5 月～2012 年 4 月)分为 8784 个时间段。假设在 1h 时间间隔内，负荷需求、分布式电源输出功率等保持不变。在仿真计算时，遵循以下运行原则[5]。

(1)优先使用光伏发电。由于狮泉河水电站担任阿里电网的平衡机角色，因此在任何时刻，水轮机发电功率需至少保证最小基础出力 300kW，以满足下游生态用水需要。

(2)在白天时段，光伏发电大于供电负荷时，剩余部分将充入在储能系统中；当光伏发电功率不足时，储能系统在一定功率范围内放电以满足负荷需求。白天储能系统不宜大功率放电，其应主要用于夜晚高峰负荷，从而有效减少柴油发电机的启停次数和运行时间。

(3)当光伏和储能系统在规定功率范围内放电无法满足负荷需求时，在水资源允许的条件下，增大水轮发电机组出力。正常情况下，水轮机开启两台。若水轮发电机组达到最大出力时仍无法满足负荷，则储能系统以允许的最大功率进行放电；当光伏、储能和水轮机均以允许的最大出力进行发电而负荷仍无法满足时，开启柴油发电机供应不足部分。

(4)阿里地区柴油发电机的额定功率为 2500kW，实际正常发电功率为 800kW，不宜在更低功率值运行。因此，当柴油发电机开启运行时，工作在定功率输出模式，输出功率为 800kW，此时，根据实际功率情况，允许储能或水轮机减少出力。

(5)目前正常情况下开启两台水轮发电机组，今后光伏电站建成后，若水资源有大量富余，则允许在丰水期开启 3 台水轮发电机组。但当水资源较少时，应减少水轮机的运行，水轮机功率超过一定限值时，开启柴油发电机供应不足部分，以避免水库容量过低。

(6)在仿真计算过程中，负荷、太阳能辐照度和水流量数据按照 2011 年 5 月～2012 年 4 月的顺序进行排列。水流量数据采用 2011～2012 年同期实测数据进行分析。

(7)关于储能系统变换器容量的选择，阿里地区现有最大负荷接近 6MW，正常情况下，水电站额定功率为 3.2MW。为保证负荷高峰时段时尽量减少柴油发电机的运行,在光伏系统输出功率为零时,储能系统应能够供应水电站无法满足的负荷。因此,储能系统变换器宜选择为3MW左右。当前,10MW·h储能系统情况下,变换器选择为3.2MW的方案是合理的。在仿真计算时,10MW·h储能系统变换器设定为3.2MW。至于选择单台250kW或500kW容量的储能变换器的差异在容量优化配置中无法体现,需要在系统分析研究中进一步讨论。

(8)另外需要注意的是,在光伏电站建成后,会有一定的厂用电负荷,在仿真计算时,需在相应负荷还原数据的基础上增加厂用电负荷。此处,在全年每小时负荷数据上增加200kW厂用负荷。

8.4.5 计算分析

根据2010年5月～2011年4月的水资源数据,分别计算分析现有负荷情况下和负荷还原情况下最终建成10MWp光伏＋10MW·h储能系统的运行结果。

1)10MWp光伏＋10MW·h储能系统(现有负荷)

阿里项目最终建成10MWp光伏＋10MW·h储能系统,在现有负荷情况下,采用2011年5月～2012年4月的水资源数据,计算结果如表8.24所示。

表8.24 计算结果 (电量单位:万kW·h;水量单位:万m³)

储能放电深度/%		100	90	80	70	60	50
光伏	发电量	1396.4	1363.0	1327.9	1291.3	1253.9	1215.4
	比例/%	53.47	52.32	51.10	49.83	48.52	47.16
水轮机	发电量	1201.2	1227.6	1254.0	1280.2	1304.9	1329.4
	比例/%	46.00	47.12	48.26	49.40	50.49	51.58
柴发	发电量	13.8	14.5	16.6	20.1	25.7	32.4
	比例/%	0.53	0.56	0.64	0.77	0.99	1.26
弃光	弃电量	603.0	636.4	671.5	708.2	745.6	784.1
	比例/%	30.16	31.83	33.60	35.42	37.30	39.21
弃水	弃水量	6298.9	5984.0	5667.9	5351.5	5034.5	4723.7
	比例/%	20.70	19.67	18.63	17.59	16.55	15.53
充放电损耗电量		68.3	62.0	55.3	48.4	41.3	34.0
柴油/t		58.8	61.9	70.8	85.8	109.8	138.5
储能系统寿命/年		4.9	5.2	5.8	7.0	9.0	12.4

注:光伏容量:10MWp;储能容量:10MW·h;负荷:现有负荷水资源(2011～2012年)

由表8.24可知,在现有负荷情况下,建成10MWp光伏＋10MW·h储能系统后,柴油用量将降到非常低的水平,柴油年用量可降到60～140t。根据现有柴油发电机发电数据估算,当前柴油年用量约3000t,减少幅度超过95%。但同时,光伏的弃光率也比较高,达到30%～40%,说明需引导光伏发电时段的负荷,释放部分原先用电限制所压制的负荷，有效利用光伏资源，减少弃光率。在此种情况下，光伏发电比例为 47%～54%，水轮机发电比例为 46%～52%，柴油发电机发电比例为 0.5%～1.3%，柴油发电机可完全作为应急备用。在不同放电深度下，弃光电量、柴发发电量和储能系统寿命结果如图 8.25 所示。

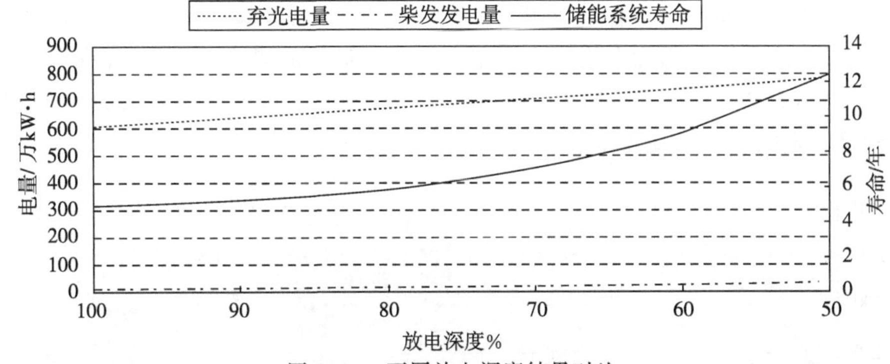

图 8.25　不同放电深度结果对比

储能系统不同的放电深度决定了其充放电可利用容量的大小。放电深度越大则充放电可利用的容量越大，但放电深度越大，储能系统寿命衰减越快。由图 8.25 可知，储能系统不同放电深度对柴油发电机发电量的影响较小，但对光伏弃光电量和储能系统寿命的影响十分明显，当放电深度由 100%减小到 50%时，光伏弃光电量由 603 万 kW·h 增大到约784 万 kW·h，弃光率由约 30%增大到 39%，放电深度与弃光电量两者近似呈线性关系，放电深度每减小 10%，光伏弃光电量增加约 36 万 kW·h，弃光率增加约 1.8%。此外，当放电深度由 100%减小到 50%时，储能系统理论寿命可提高至两倍多。可见，增大光伏资源的利用效率和有效延长储能系统运行寿命是相互制约的，需要综合评估各方面参数以制定较优方案。

在实际使用时，考虑储能系统寿命特性及实际影响因素，其放电深度不宜设置过大。现以放电深度 70%为例，对系统具体运行工况进行说明。在放电深度为 70%的情况下，光伏、水轮机和柴油发电机的发电量及其比例如图 8.26 所示。

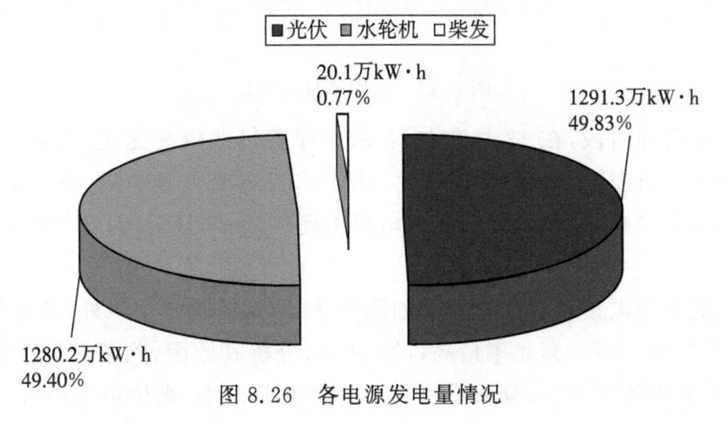

图 8.26　各电源发电量情况

现对全年不同电源发电量进行月份统计，每月发电量明细如图 8.27 所示。全年柴油发电机较少运行，仅在 1～3 月负荷高峰时段提供短时电力供应，且光伏发电所占的比例较大，尤其是 5～9 月，光伏发电比例超过 50%。另外，光伏电站建成后，夏秋季节水电厂发电的用水量大大减少，将有利于水电厂在冬春季节的发电，水库容量如图 8.28 所示。即使在冬春季节水资源在一定的消耗后，水库库容仍能保持在相对较高的水平，这在一定程度上也减少了柴油发电机运行的概率。可见，在现有负荷情况下，建设 10MWp 光伏＋10MW·h 储能系统后，该地区供电状况会大大改善，甚至能够满足一定的增长负荷需求。

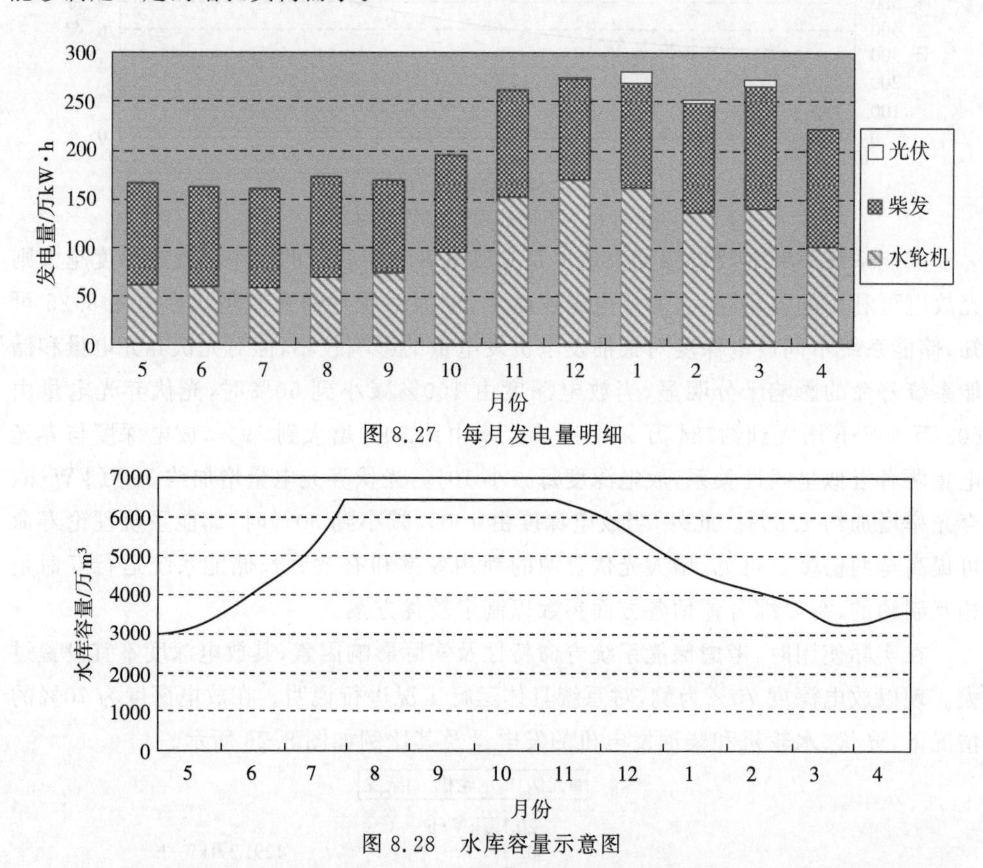

图 8.27　每月发电量明细

图 8.28　水库容量示意图

冬春负荷高峰时段，在 12 月左右，若水库库容仍然较为充足，当负荷较大时，允许开启 3 台水轮机发电，而在 12 月之后，由于水资源的大量消耗，库容下降较快，只允许开启两台水轮机，这会导致柴油发电机主要在 1～3 月运行，这与图 8.27 的结果是一致的。

每月光伏弃光电量及弃光率明细如图 8.29 所示。除冬季以外，其他月份弃光率都较高，尤其是 5～9 月，弃光率最高可达 50%，分析其原因，除了储能系统容量有限外，另外一个重要的原因是，夏秋季节白天时段负荷较小，光伏资源较好，10MWp 光伏发电量远远大于负荷需求，从而造成光伏发电的浪费。这也表明在 10MWp 光伏建成后，应该通过行政调解手段有选择性地引导一些负荷在此时段使用，有效提供光伏电站的利用效率，同时也能提高光伏电站的经济运行指标，推动阿里地区经济的发展。

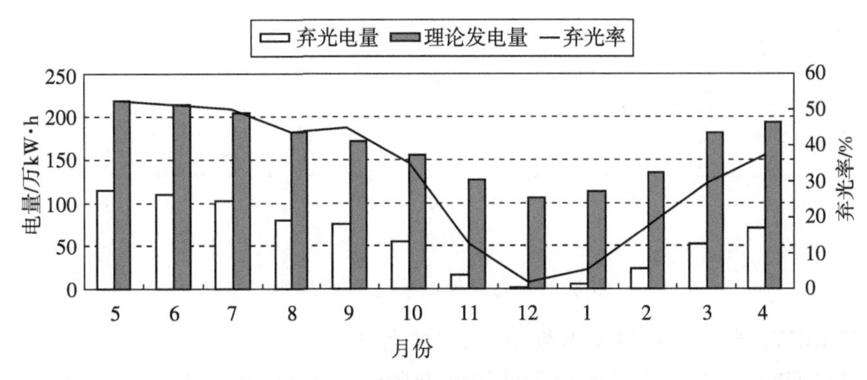

图 8.29　每月弃光电量及弃光率明细

储能系统是使用寿命相对较短的组件，其使用寿命与运行工况紧密相关。全年储能系统 SOC 区间频率如图 8.30 所示，每月储能系统 SOC 明细如图 8.31 所示。在 5～9 月，即光伏弃光电量较大的时段，储能系统 SOC 达到 0.9 以上的小时数较多，储能系统能够得到充足充电；同时储能系统 SOC 在 0.4 以下也达到一定的小时数，白天时段储能系统吸收的光伏发电量被调节至夜间时段使用。而在11～2 月，储能系统 SOC 达到 0.9 以上的小时数相对较少，尤其是 12 月，储能系统得不到充足充电，这也从另外一个角度说明了此时段光伏发电大部分被负荷消耗；同时储能系统 SOC 有较多时间处于 0.4 以下，尤其是 1 月，这说明在夜晚负荷高峰时段，储能系统存储的电量被迅速消耗，因在夜间得不到有效补充，大部分时间处于低 SOC 状态。

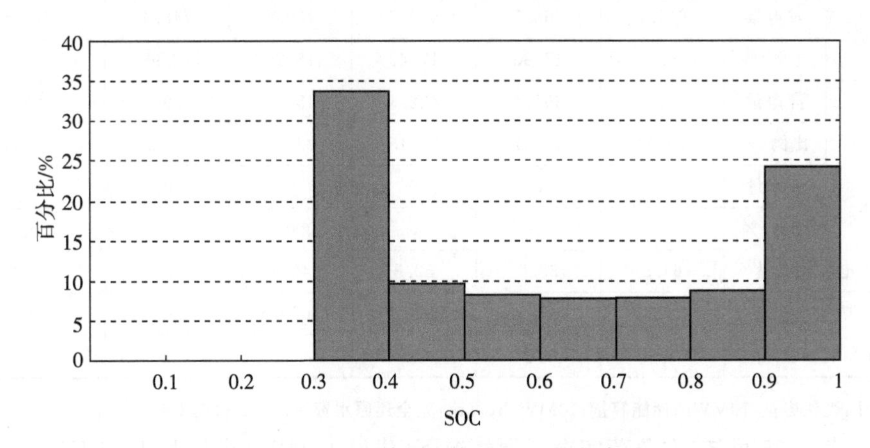

图 8.30　全年储能系统 SOC 区间频率图

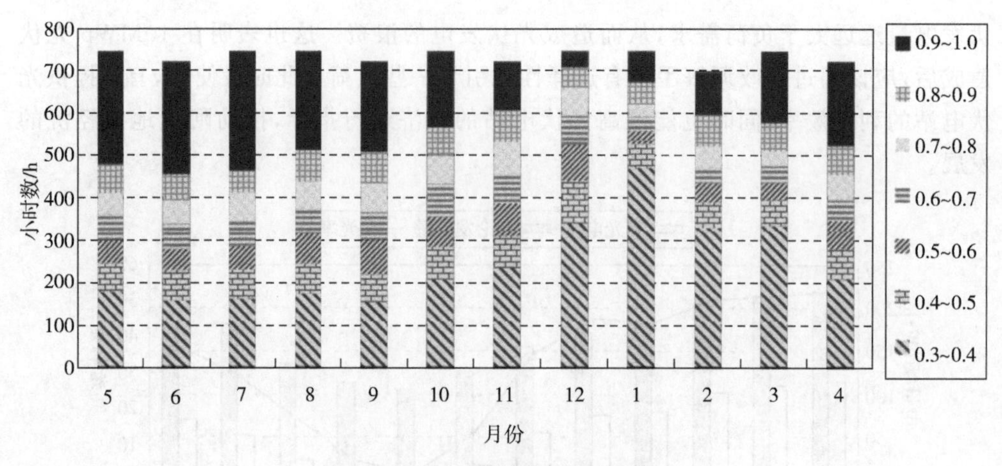

图 8.31 每月储能系统 SOC 明细

2)10MWp 光伏+10MW·h 储能系统(负荷还原)

根据阿里供电公司提供的负荷使用和受限情况资料,在不考虑负荷增长的情况下,对现有受限负荷进行释放,还原狮泉河镇现有负荷的真实情况。阿里项目最终建成 10MWp 光伏+10MW·h 储能系统,在负荷完全还原情况下,采用 2011 年 5 月～2012 年 4 月的水资源数据,计算结果如表 8.25 所示。

表 8.25 计算结果 (电量单位:万 kW·h;水量单位:万 m³)

储能放电深度/%		100	90	80	70	60	50
光伏	发电量	1638.1	1608.1	1576.7	1543.9	1509.7	1473.4
	比例/%	41.18	40.48	39.75	38.98	38.18	37.33
水轮机	发电量	1695.9	1695.9	1695.9	1695.9	1695.9	1695.9
	比例/%	42.63	42.69	42.76	42.82	42.89	42.97
柴发	发电量	644.1	668.5	693.9	720.6	748.4	777.8
	比例/%	16.19	16.83	17.49	18.20	18.93	19.70
弃光	弃电量	361.4	391.4	422.8	455.6	489.8	526.0
	比例/%	18.07	19.57	21.15	22.78	24.5	26.31
弃水	弃水量	0	0	0	0	0	0
	比例/%	0	0	0	0	0	0
充放电损耗电量		64.5	58.8	52.8	46.6	40.1	33.2
柴油/t		2753.7	2858.0	2966.7	3080.6	3199.7	3325.2
储能系统寿命/年		4.9	5.2	5.8	7	9	12.4

注:光伏容量:10MWp;储能容量:10MW·h;负荷:完全还原水资源(2011～2012 年)

由表 8.25 可知,在负荷完全还原情况下,建设 10MWp 光伏和 10MW·h 储能系统后,柴油用量将大幅度减少,所占比例均不到 20%,可见 10MWp 光伏电站建成后，即使受限负荷完全还原，也可以较好地改善阿里电网的供电能力。相比现有负荷情况，负荷完全释放后，柴油年用量为2700～3320t，与当前每年柴油发电用油量也仅在3000t左右基本持平，可见负荷还原的一部分负荷需要由柴油发电机来满足。因此，阿里电网不应在10MWp光伏电站建成后没有计划性地释放所限制的负荷，是否需要完全释放还需要从经济性和环境性两个方面综合考虑。

在此种情况下，光伏发电比例为37%～41%，水轮机发电比例约为42%，柴油发电机发电比例为16%～20%，柴油发电机发电占到了一定的比例。不同放电深度下，弃光电量、柴发发电量和储能系统寿命的结果如图8.32所示。

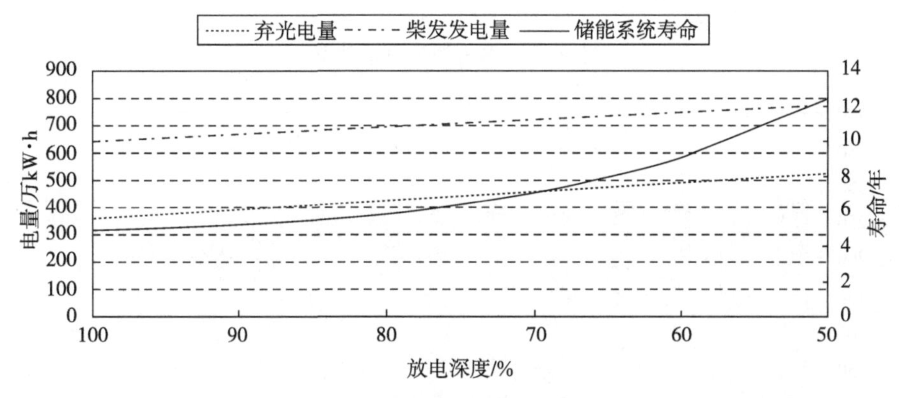

图8.32　不同放电深度结果对比

由图8.32可知，在负荷完全还原后，储能系统不同放电深度对光伏弃光电量、柴发发电量和电池寿命的影响都比较明显。放电深度与光伏弃光电量和柴发发电量近似呈线性关系，放电深度越小，光伏弃光电量和柴发发电量越大。当放电深度由100%减小到50%时，光伏弃光电量由361万kW·h增大到526万kW·h，柴发发电量由644万kW·h增大到约777万kW·h，即放电深度每减小10%，光伏弃光电量增加约33万kW·h，光伏弃光率增加约1.65%，柴发发电量增加约27万kW·h。可见，有效增大储能系统可利用容量对改善光伏利用率和柴发发电状况是十分有利的，能够有效提高整个阿里电网的经济效益。

现以放电深度70%为例，对系统具体运行工况进行说明。在放电深度为70%的情况下，光伏、水轮机和柴油发电机的发电量及其比例如图8.33所示。

每月发电量明细如图8.34所示。负荷完全还原后，每月都需要柴油发电机提供一定的电力供应，其中冬春负荷高峰时节柴油发电机运行时段较多，夏秋负荷低谷时节柴油发电机运行时段较少。建设10MWp光伏和10MW·h储能系统后，水库库容仍会大量消耗，水库库容如图8.35所示。由于负荷还原后整体负荷较高，在水资源丰富的夏季，水库库容仍位于不高的水平，在冬春季节水库库容会被迅速消耗，水库库容很难得到保证。

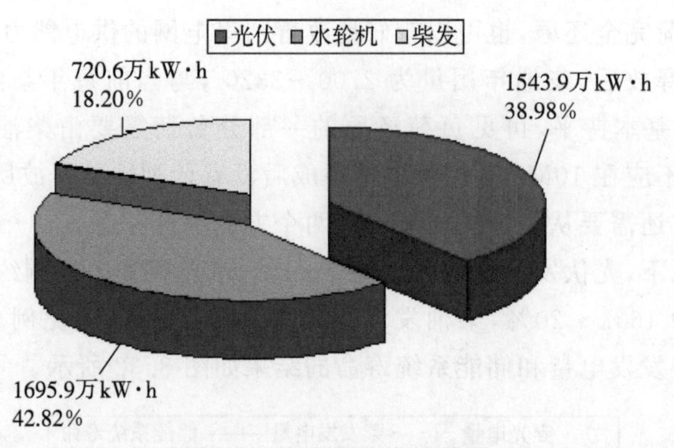

图 8.33　各电源发电量情况

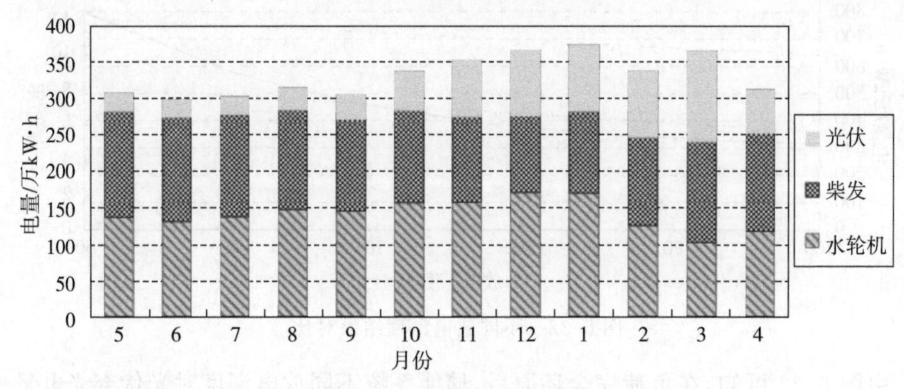

图 8.34　每月发电量明细

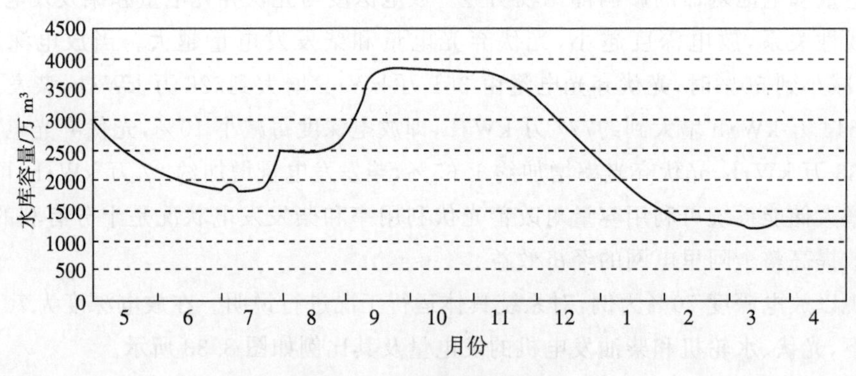

图 8.35　水库容量示意图

每月光伏弃光电量及弃光率明细如图 8.36 所示。负荷完全还原后，在夏秋负荷低谷时段，10MWp 光伏发电仍无法完全消耗，弃光率仍能达到 30%。分析其原因，是由于受限还原的负荷对增大夏秋季节白天时段负荷的作用有限。

全年储能系统 SOC 区间频率如图 8.37 所示，每月储能系统 SOC 明细如图 8.38 所示。储能系统 SOC 位于 0.4 以下占到相当大的比例。由于负荷的完全还原，在全

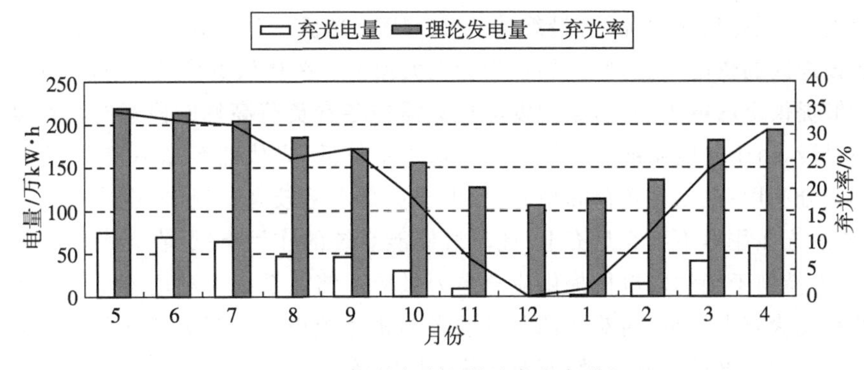

图 8.36　每月弃光电量及弃光率明细

年每月中，储能系统 SOC 低于 0.4 的小时数都较多，尤其是 12 月。这说明在冬春负荷高峰时节，10MWp 光伏发电被高负荷实时消纳，不足以对储能系统进行完全充电。

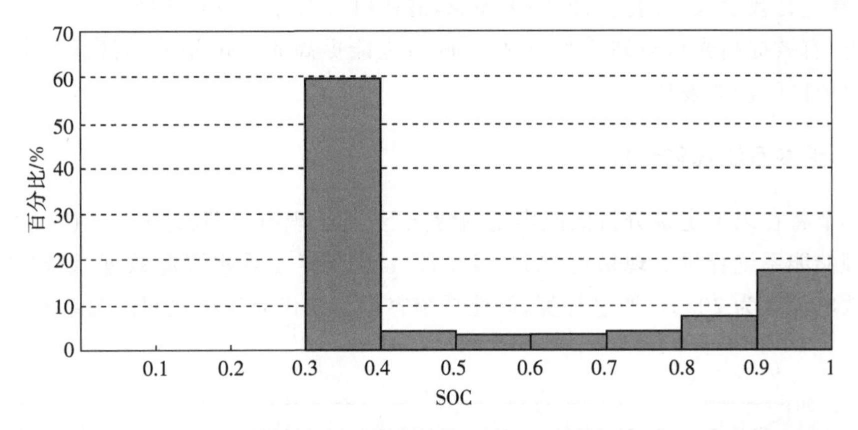

图 8.37　储能系统 SOC 区间频率图

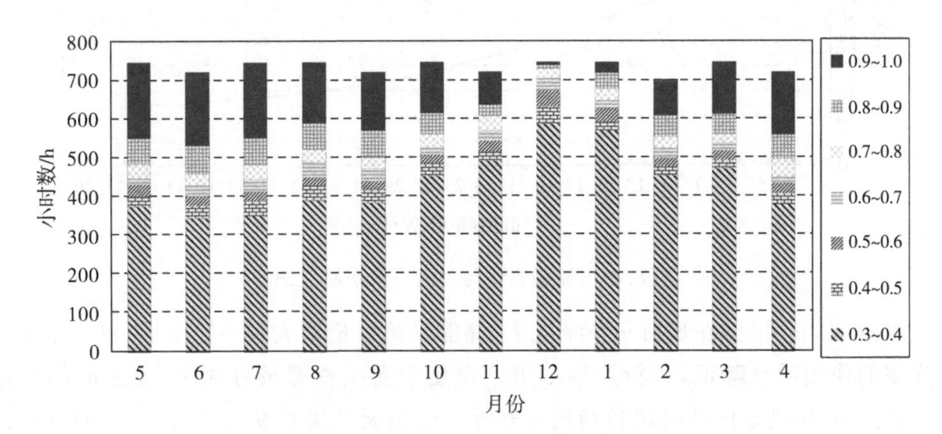

图 8.38　每月储能系统 SOC 明细

综上,在现有负荷情况下,最终建成 10MWp 光伏＋10MW·h 储能系统均能有效改善该地区的供电状况,柴油用量均会大大减少。在夏秋负荷低谷时段,光伏和水电厂能够提供全部电力供应,柴油发电机只需在冬春负荷高峰时段运行。在夏秋负荷低谷时段,由于储能系统容量限制及负荷水平较低,光伏的弃光率较大,光伏发电得不到充分利用;在冬春负荷高峰时段,由于负荷水平较高,光伏发电剩余的电量有限,储能系统往往得不到充足充电,此时段储能系统的作用有限,在负荷需求不满足时,需过多借助于柴油发电机提供应急电力供应。储能系统可利用容量的大小更多影响的是光伏弃光电量,而对柴油用量的影响相对较小。水资源条件更多影响的是水电厂和柴油发电机的发电量,而对光伏的影响较小。

最终 10MWp 光伏和 10MW·h 储能系统建成后,若负荷完全还原,柴油用量与现有负荷未建设光伏电站柴油用量基本持平,柴油用量仍处于较高的水平,且水资源会比较紧张。因此,10MWp 光伏和 10MW·h 储能系统的供电能力也是比较有限的,应通过行政手段限制负荷的完全还原,但在白天部分时段有选择性地引导部分负荷用电,有效提高光伏电站的利用效率,同时也能提高光伏电站的经济运行指标,推动阿里地区经济的发展。

8.4.6 储能系统优化分析

本节将在以上定量分析储能容量的情况下,基于现有负荷,计算 10MWp 光伏下的合理储能系统容量。现采用 2011 年 5 月～2012 年 4 月水资源数据,设定储能系统的放电深度为 70%。通过计算,储能系统容量与光伏弃光率之间的关系如图 8.39 所示。

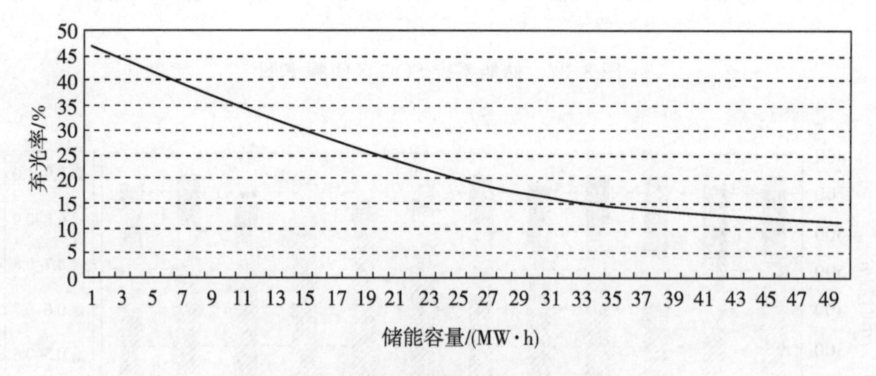

图 8.39 储能容量与弃光率关系示意图

由图 8.39 可见,在现有负荷情况下,储能系统容量增大到一定值后,对减小光伏弃光率的作用明显降低,分析原因如下。在夏季光照资源较好时节,光照时间长达 14h 左右,但阿里地区此时段负荷通常较低。若白天光伏总发电量达到 60MW·h,而白天同时段负荷量为 35MW·h,考虑同时段水电站的最小发电量约 5MW·h,若富余的近 30MW·h 电能都充入储能系统，但到下一天光伏发电时刻之前，夜间 10h 的负荷总需求仅为 20MW·h 左右，这样，就会造成储能系统中电能无法完全释放，下一天储能系统就有可能会提前充满，从而造成光伏发电的丢弃。

导致此问题发生的主要原因是阿里地区夏秋季节负荷偏小，盲目增大储能系统容量无法合理有效地解决此问题。因此，借助某些手段和措施来改变现有负荷状况，增加夏秋季节白天时段负荷，将能有效改善光伏系统的发电利用率。

在放电深度为 70%的情况下，采用 2011 年 5 月～2012 年 4 月的水资源数据，储能系统容量与柴油用量之间的关系如图 8.40 所示。

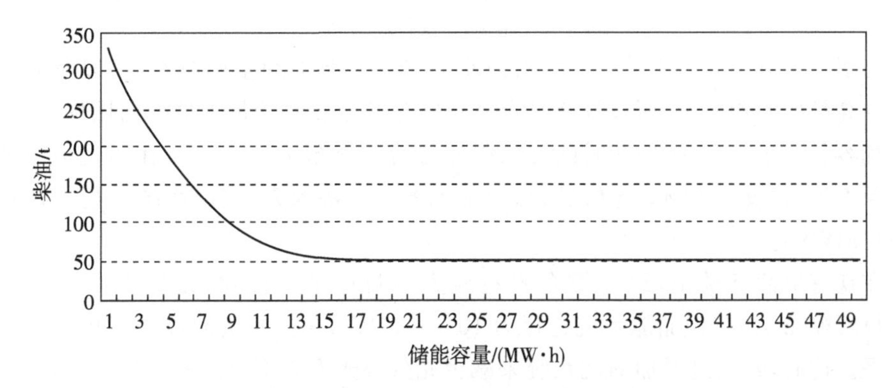

图 8.40　储能容量与柴油用量关系示意图

综上，在现有负荷条件，建设 10MWp 光伏的情况下，储能系统容量并不是越大越好，而是在一定容量限度内，储能系统所起的作用较明显，而储能系统容量大于一定值时，其所起的改善作用就已经很小。从减小光伏弃光率角度出发，当储能系统容量大于 30MW·h 时，储能系统对于减小弃光率的作用已经很小。此时，限制弃光率的主要因素是负荷情况，已不是单单增加储能系统容量所能解决的问题。从减小柴油用量角度出发，当储能系统容量大于 13MW·h 时，储能系统对于减小柴油量的作用已经很小。此时，限制柴油量的主要因素是光伏富余的电量情况，由于 10MWp 光伏是确定的，其白天富余的电量有限，单单增加储能系统无法有效解决此问题。

因此，需从多角度考虑储能系统容量大小的影响，从而确定储能系统的优化容量。这里将结合光伏弃光率和柴油用量两方面开展分析，并考虑光伏电站售电效益、储能系统购置成本及柴油成本，以年综合收益最大为目标进行优化，优化目标为

年综合收益＝光伏电站年售电效益－储能系统购置成本/预期寿命
　　　　　－年柴油成本

以此为目标寻求年综合收益的最大化，以取得最大经济效益。

现假设光伏电站的售电价格为 1.2 元/(kW·h)，柴油价格为 10 元/L，储能系统的价格为 250 万元/(MW·h)。在此条件下，采用 2011 年 5 月～2012 年 4 月的水资源数据，计算结果如图 8.41 所示。

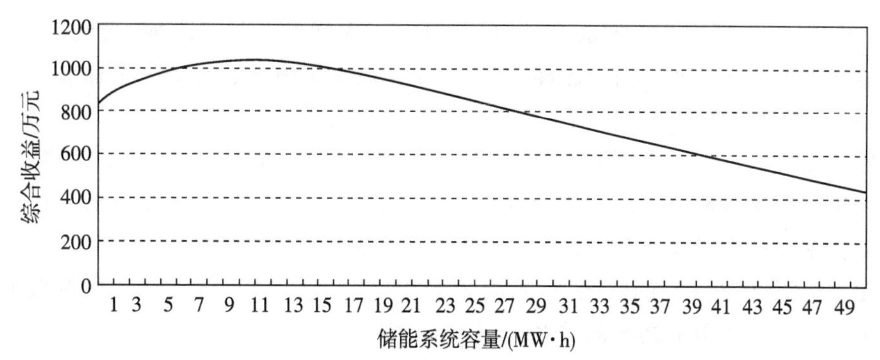

图 8.41 年综合收益计算结果

由图 8.41 可知，由于储能系统对减小弃光率和柴油用量影响有限，以及储能系统自身高昂的购置成本，所以计算结果中存在年综合收益的最大值。由图中可知，储能系统容量为 10～11MW·h 时能够取得年综合收益最大值。因此，在阿里地区现有负荷条件下，建设 10MWp 光伏后，综合考虑各种影响因素，储能系统容量宜选择为 10～11MW·h。

在现有负荷条件下，以年综合收益最大为目标进行优化，则储能系统选择为 10～11MW·h 为宜。但储能系统选择为 10～11MW·h 时，光伏的弃光率仍处于较高的水平。这时，若通过增加储能系统来减少光伏弃光率是不经济的。因此，可以借助某些调节手段，提高负荷低谷时段白天时段的负荷，改善光伏的发电利用率，这也将进一步提高光伏电站的年综合收益。

参 考 文 献

[1] Zhao B, Zhang X S, Li P, et al. Optimal sizing, operating strategy and operational experience of a stand-alone microgrid on Dongfushan Island. Applied Energy, 2014, 113: 1656-1666.

[2] 赵波，张雪松，李鹏，等. 储能系统在东福山岛独立型微电网中的优化设计和应用. 电力系统自动化，2013，37(1)：161-167.

[3] 张雪松，赵波，李鹏，等. 基于多层控制的微电网运行模式无缝切换策略研究与实现. 电力系统自动化，2015，39(9)：179-184.

[4]李鹏，张雪松，赵波，等. 多微网多并网点结构微电网设计和模式切换控制策略. 电力系统自动化，2015，39(9)：172-178.

[5]Zhao B, Xue M D, Zhang X S, et al. An MAS based energy management system for a stand-alone microgrid at high altitude. Applied Energy, 2015, 143: 251-261.